古建筑木结构性能退化研究

谢启芳　张利朋　张保壮　著

中国建筑工业出版社

图书在版编目（CIP）数据

古建筑木结构性能退化研究 / 谢启芳，张利朋，张保壮著. -- 北京 ：中国建筑工业出版社，2024. 12.

ISBN 978-7-112-30056-3

Ⅰ. TU366. 2；TU746. 3

中国国家版本馆 CIP 数据核字第 2024TG3599 号

本书通过试验研究和理论分析介绍了古建筑木结构材料、构件、节点、整体结构的力学性能与抗震性能的退化规律。全书共分 15 章，主要内容包括：古建筑木结构残损分析；腐朽、老化木材力学性能退化研究；高温后木材力学性能退化研究；自然干裂木梁受弯性能退化研究；自然干裂木梁受剪性能退化研究；自然干裂木柱受力性能退化研究；腐朽木柱受压性能退化研究；腐朽、拔榫直榫节点抗震性能退化研究；腐朽、虫蛀燕尾榫节点抗震性能退化研究；腐朽柱脚抗震性能退化研究；松动直榫节点抗震性能退化研究；松动致斜直榫节点抗震性能退化研究；受力致斜直榫节点抗震性能退化研究、歪闪斗栱节点抗震性能退化研究；整体平面抗侧力体系性能退化研究——以木构架倾斜为例。

本书可供中国古建筑木结构领域的科研人员及工程技术人员参考。

责任编辑：沈文帅　张伯熙

责任校对：张惠雯

古建筑木结构性能退化研究

谢启芳　张利朋　张保壮　著

*

中国建筑工业出版社出版、发行（北京海淀三里河路 9 号）

各地新华书店、建筑书店经销

北京科地亚盟排版公司制版

鸿博睿特(天津)印刷科技有限公司印刷

*

开本：787 毫米×1092 毫米　1/16　印张：17¼　字数：423 千字

2025 年 3 月第一版　　2025 年 3 月第一次印刷

定价：**98.00** 元

ISBN 978-7-112-30056-3

(43170)

前言

中国古建筑是中华民族在历史长河中的生存智慧、建造技艺和建筑艺术结晶，蕴含着中华文明的基因，也是世界文明的重要组成部分，具有极高的历史、文化、艺术和科学价值。古建筑木结构是中国古建筑中最主要的形式，沿着“构木成架”的结构体系发展，在艺术造型、结构构造及受力体系等方面风格独特，在世界建筑中形成独树一帜的建筑结构体系，影响了日本、韩国等国家建筑文明的发展。因此，保护古建筑木结构，对于传承中华优秀传统文化具有重要意义，符合国家文物事业发展的战略规划。

然而，因年代久远，加之人为与自然灾害的破坏，现存绝大多数古建筑木结构在木材、构件、节点、整体结构等层面都出现了不同类型、不同程度的残损。例如，木材的老化、腐朽，梁柱构件的腐朽、开裂，榫卯节点的拔榫、松动、腐朽；柱脚节点的腐朽，斗栱节点的歪闪，木构架的倾斜等。残损将导致木材、木构件、节点、整体木结构的力学性能、抗震性能退化，进而导致整体结构容易在地震作用下发生破坏甚至倒塌。因此，掌握残损古建筑木结构的力学性能、抗震性能是古建筑木结构防震减灾的重要基础，符合国家文化事业保护的重大需求。

为此，作者及其所在课题组对古建筑木结构木材、梁柱构件、榫卯节点、斗栱节点及木构架等在不同类型、不同程度残损影响下的力学性能、抗震性能进行了系统性试验研究和相关理论分析，得到了木材、木构件、节点、木构架残损后的力学性能、抗震性能退化规律。这项工作历经十余年，得到了国家自然科学基金项目（51108373、51278399、51878550、52178303）和陕西省自然科学重大基础研究项目（20116DJC-23）等项目的大力支持。

本书由谢启芳、张利朋、张保壮等共同撰写，谢启芳统稿。书中凝聚了课题组全体成员的研究成果，另外，硕士研究生崔雅珍、杨正雷、王玄、陈立涛、杨柳洁、苗壮、王彪、吴威、汲怡彤、张天伟、李作清、姜浩阳等都对本书的出版做了许多工作。本书能得以顺利完成，还要感谢关心古建筑木结构研究的诸多学者，他们对课题组的研究给予了大力支持与帮助，对书中内容都提出了不少宝贵意见。除此之外，本书在编写过程中参考了大量论文、教材和著作，在此向文献的作者一并表示感谢。

本书是对课题组前期研究工作的总结，殷切希望本书在引起读者对古建筑木结构更多关注的同时更能够为后续古建筑木结构的研究提供必要的基础信息，为古建筑木结构的研究和保护工作添砖加瓦。

限于作者水平，书中难免会有不足之处，希望各位专家学者以及读者多提宝贵意见，不胜感激。

谢启芳

2024 年 8 月

目录

第1章
古建筑木结构残损分析

古建筑是历史发展的见证和民族特殊文化兴衰潮汐的影映，是不可再生的珍贵文化资源，具有极高的历史、文化、艺术和科学价值，现存的古建筑已成为各国甚至世界的重要文化遗产。

我国古建筑主要沿着“构木成架”的木结构体系发展，形成了世界古建筑中自成系统、独树一帜的结构体系。我国古建筑木结构以其艺术精湛、技术高超、风格独特而闻名于世，是我国五千年璀璨文明的重要载体。最具代表性的有：现存最古老的木结构古建筑——五台山南禅寺大殿，现存尺度最高、体量最大的高层木结构塔式建筑——应县佛宫寺释迦塔（应县木塔），现存规模最大、保存最完好的木结构古建筑群——北京故宫。

然而，由于古建筑木结构所用材料——木材为一种生物质材料，木材在长时间使用过程中容易受到周围环境的影响导致木材老化，或受到各种微生物的危害导致木材腐朽等病害，从而导致木材性能退化。

除材料层次的性能退化外，木柱、木梁等构件的干缩裂缝、受力劈裂、变形等均会导致构件性能退化，材料干缩或反复挤压变形导致的榫卯连接松动使得节点性能退化，进而导致整体结构出现倾斜、扭转等残损情况，使结构安全性和可靠性能降低。

除此之外，随着古建筑传承时间的增加，各层次残损在荷载的持续作用下不断发展，结构性能退化越发严重，而潜在地震更是威胁着已处于残损状态的古建筑木结构的安全。因此，掌握古建筑木结构残损状态下的力学和抗震性能，以及其性能退化规律，对古建筑木结构的性能评估及修缮方案的制定具有重要意义。

1.1 木材主要残损类型

为掌握古建筑木结构所用木材的树种，《古建筑木结构维护与加固技术标准》GB/T 50165—2020编制组对11个省、自治区、直辖市的古建筑木材进行了实地勘查，情况如下：

(1) 北京地区，明朝遗存的古建筑木材以楠木居多，如太庙、长陵棱恩殿、恭王府庆颐堂和故宫部分宫殿等，清朝的古建筑木材则多是黄花落叶松，在一般古建筑中通常采用松、云杉、柏木和毛白杨。

(2) 河北地区，如承德、曲阳、易县等地通常采用油松、黄花落叶松、红松、白松（云杉）、柏木、榆木、杨木等。

（3）内蒙古呼和浩特地区，如大昭寺和辽代万严经塔等，几乎全部用油松木材。

（4）山东曲阜地区，如孔庙奎文阁、大成殿等，用楠木、油松、榆木、椒木和毛白杨。

（5）山西地区，如应县、大同、五台、介休等多用华北落叶松（红杆）和油松。

（6）陕西西安地区，如城隍庙牌楼及大皮院清真寺大殿等主要使用华山松、榆木和槐木。

（7）四川地区多用楠木、柏木和杉木，如峨眉飞来殿用楠木、柏木；平武报恩寺用楠木；遂宁广德寺和阆中张飞庙用柏木；一般民居多用杉木。

（8）湖北地区使用的树种较多，如宜昌黄陵庙禹王殿用楠木、柏木、杉木；当阳玉泉寺大雄宝殿用楠木、杉木、马尾松；荆州开元观三清殿用楠木、柏木、杉木、松木；江陵太晖观金殿、元妙观玉泉阁及紫皇殿用楠木、杉木；武当山太子坡中种古建筑用杉木、柳木、榆木、松木等。

（9）湖南地区，如衡阳、大庸、岳阳等多用楠木、柏木、杉木、松木、樟木等。

（10）福建地区，如福州、泉州、邵武等地多用杉木、柏木，在民居中亦见有使用木荷、柠檬桉等树种。

（11）江浙地区主要使用楠木、柏木、栗木和杉木，另外还使用香樟、杨木、山核桃和木荷。

以上调查结果表明，古建筑木构件如梁、枋、柱、椽等，其用材在我国南方地区，主要为楠木、柏木、杉木，其次为松木（马尾松）。北方地区主要为油松、落叶松和华山松，民居中使用杨木和榆木，但重要的大式古建筑，也常用南方的楠木。这就是说，除某些要求很高的古建筑外，一般多是就地取材，川鄂地区之所以多用楠木和柏木，是因为当时这些树种在这一带蓄积量很大，使用得就多，但现在由于日渐稀少而显得珍贵。

古建筑木结构在历经几百年甚至上千年后，其木材材质将发生退化。木材材质退化是古建筑木结构多层次残损中最为普遍的残损类型，也是进一步引起整体结构性能退化的根本原因。木材材料层次的残损类型主要包括木材老化、腐朽等残损。木材老化、腐朽、蠕变均会引起木材力学性能发生不可逆的劣化，从而引起古建筑木结构构件性能发生退化，进一步导致整体结构的安全性与可靠性降低。国内外学者已对木材材料层次残损行为进行了大量的研究，并从不同角度分析了其残损机理。木材之所以会发生老化、腐朽等残损，与木材的化学组成息息相关。木材化学组成可以分为主要成分（约95%）和次要成分（约5%），主要成分有纤维素、半纤维素和木质素。

1.1.1 木材老化

古建筑通常暴露于自然环境之中，必然受到光照、温湿度变化、空气化学组分侵蚀等环境因素的影响，这些因素均会导致木材材质发生不同程度的老化，影响木材的稳定性和耐久性，进而影响力学性能，且随着时间的推移，老化程度会越来越严重。

在上述环境因素中，光照是导致木材老化的最主要因素。木材中的大部分成分均有较好的吸光性能，其中纤维素对波长在200nm以下的光线具有很强的吸收能力，对波长为200～300nm的光线有吸光的表现；半纤维素对光能的吸收特性与纤维素类同；木质素对200nm以内的光线具有很强的吸光能力，在280nm处有强吸收峰，之后吸收能力下降；

抽提物通常在波长 300～400nm 具有吸光能力。当木材吸收的紫外光（波长范围是 295～400nm）和可见光（390～780nm）达到一定程度时，木材将发生光化学反应，产生老化。其中紫外光是导致木材表面光氧化降解的最主要因素，红外光（400～800nm）对木材的老化具有加速作用。

木材吸收紫外光后，会使木材表面形成自由基类物质，在氧气和水的作用下，形成过氧化氢类物质。自由基类物质和过氧化氢类物质可以引发一系列的分子链断裂，从而降解木材中的木质素、纤维素和半纤维素。木材光老化最直接的表现就是木材天然的纹理和花色发生变化，影响其美观，如图 1.1-1 所示。

图 1.1-1　光老化导致的木材纹理和颜色变化

光谱分析结果表明，氙灯灯光与太阳光的光谱最为接近，可采用氙灯灯光来实现对木材的加速老化、研究木材的光老化机理。通过氙灯人工模拟太阳光对南方松和西部红柏的加速老化试验结果表明：木材在光老化前后的化学成分发生了显著变化。古建筑木结构维护与加固规范编制组利用古建筑维修时更换下来的旧木构件进行的木材物理力学性能试验结果同样表明，某些化学成分含量下降，抽提物增多，力学性能降低。

1.1.2　木材腐朽

木材容易受到木腐菌、变色菌、霉菌等微生物损害，其中木腐菌是对木材危害最大的微生物。在温湿度适宜条件下，木腐菌侵蚀木材细胞壁等组分，致使其微观结构和化学成分发生变化，即导致木材腐朽。

在生物分类学上，木腐菌属于担子菌门（Basidiomycotina）的真菌。根据对木材的损害情况，木腐菌可分为褐腐菌、白腐菌和软腐菌等，其中褐腐菌和白腐菌是主要的菌种。常见的褐腐菌有密粘褶菌（Gloeophyllum trabeum）、绵腐卧孔菌（Postiaplacenta）、干朽皱孔菌（Serpula lacrymans）等。常见的白腐菌有采绒革盖菌（Coriolus versicolor）、黄孢原毛平革菌（Phanerochaete chysosporium）、毛革盖菌（Stereum hirsutum）等。

褐腐菌分解木材的多糖，使以多糖为主要成分的纤维素和半纤维素降解，相对地提高了木材中木质素的占比，导致腐朽木材呈褐色，称为木材褐腐。严重褐腐的木材，纤维素、半纤维素损失率可达 85%以上。褐腐木材呈环状或大理石状或纵、横向均产生裂纹，成为典型的方块形裂纹，常称为龟裂。木材在褐腐过程中，半纤维素葡甘聚糖和纤维素木聚糖都发生降解，但前者的降解速度明显快于后者，这主要是因为半纤维素包裹在纤维素微纤维四周，形成了一个类似于保护罩的包壳，褐腐菌侵入木材中需先降解半纤维素形成的包壳，进而再对纤维素进行降解，因此，可以认为半纤维素的降解是木材褐腐的关键。

白腐菌分解木材的多糖和木质素，导致腐朽木材呈白色，称为木材白腐。白腐木材呈海绵状或表面呈大理石花纹状，其表面凹凸不平，纤维断裂变短。白腐菌在自然环境中对树木的腐朽，优先降解木材中的木质素。在已经白腐的木材中，超过95%～98%的木质素以及大量的半纤维素被分解。通过扫描和透射电子显微镜观察白腐过程中木材细胞内的微观形态和超微结构变化，可以发现，在白腐的木材中，所有细胞壁层都从内腔逐渐移向中层，从而形成侵蚀槽或小孔，并且在这些孔隙中可以观察到大量聚集成团的菌丝。

木材腐朽在古建筑木结构中非常普遍，且其危害比木材老化更大，特别是腐朽发生在木构件内部。木材腐朽的宏观表现为木材表面形貌变化、质量损失、力学性能降低，进而引起木构件、古建筑木结构发生严重破坏甚至倒塌。

1.2　木构（部）件主要残损类型

古建筑木结构中有各式各样、名称不一的构（部）件，但从受力角度来分的话，主要包括：以受压为主的竖向构件木柱、以受弯或弯剪为主的水平构件木梁（枋）、梁柱连接部位榫卯连接、斗栱等。因其所处位置、受力状态不一，残损类型也有所区别。

1.2.1　木柱主要残损类型

作为主要竖向受力构件，木柱在环境影响、荷载等作用下，柱表层容易发生木材材质老化、腐朽，柱身易发生干裂、劈裂、虫蛀、内部腐朽、倾斜，柱脚易发生糟朽，柱与柱础之间可能发生错位等残损。周乾、李铁英分别针对故宫、应县木塔木柱的典型构造和受力特点，归纳了其不同的残损类型。

1. 柱身径向开裂

古建筑木结构中，绝大多数柱都有弦面开裂、沿径向发展的现象。裂缝在断面沿径向（木射线向）发展，宽度大小不一，在柱高方向形成宽度不一的通长或不连续裂缝。径向裂缝包括干缩裂缝和受力引起的劈裂裂缝，如图1.2-1所示。

(a) 干缩效应引起的顺纹裂缝

(b) 西藏某古建筑木结构柱身开裂

图1.2-1　柱身干裂、劈裂（一）

(c) 故宫某柱子开裂　　(d) 应县木塔柱通体径面劈成数块

图 1.2-1　柱身干裂、劈裂（二）

干缩裂缝是由于木材内外各层不均匀的干燥引起的。木材干燥时，表层木材水分首先蒸发，当表面层含水率降低至纤维饱和点以下时，表层木材开始收缩。此时邻接的内层木材含水率尚在纤维饱和点以上而不发生收缩，导致表层木材的收缩受到内层木材的限制、不能自由收缩，因而在木材中产生表层木材受拉、内层木材受压的内应力。当表层木材拉应力超过木材横纹抗拉强度，则木材组织被撕裂，由于沿木射线组织的抗拉强度较邻近的木纤维的强度小，所以裂缝首先沿木射线产生。由于几百年前的古建筑木结构应该都是自然干燥的，所以干缩裂缝是不可避免的。

当已有干缩裂缝木柱受到不均匀的压力，柱头、柱脚处受到水平的晃动或柱身受扭，都会加剧此类裂缝的发展，严重时形成劈裂裂缝，木柱被分裂为几块。

柱子径向开裂后，裂缝较小时一般不会显著降低柱子的承载能力，但裂缝的发展会使得构件内部的木纤维直接暴露在空气中，加速木材老化，甚至会引起或加剧夹木柱的糟朽，从而降低柱身的承载性能。裂缝较大或劈裂裂缝，会显著降低柱的承载能力。

2. 柱内部腐朽、虫蛀

木柱除容易发生表层腐朽外，也容易发生内部腐朽或虫蛀，导致木柱内部出现空洞等缺陷。

柱子内部由于受到微生物（如木腐菌）的破坏，会出现材质疏松、粉末、空洞等腐朽问题，并导致其受力性能产生退化。柱内部腐朽常见于包砌在墙内的木柱，由于其通风不好，湿度较高，容易发生腐朽。

柱子被白蚁、蠹虫、木蜂等蛀虫侵害后，常使木材组织造成损伤，木柱表面出现虫眼、内部出现虫道，或出现较大的空洞，使得木柱承载力显著下降，严重时可能导致整体结构发生破坏。如北京碧云寺西配殿 1963 年突然塌架，后检查发现柁已被白蚁蛀空。

3. 柱脚糟朽

柱脚直接浮搁在础石之上，易遭受雨水的侵蚀，从而引起柱脚的糟朽。柱脚糟朽一般发生在古建筑木结构的外檐柱脚外侧，腐朽深度最大可达 15cm 以上，有的深度可达到柱径的一半，如图 1.2-2 所示。当柱脚产生糟朽后，木材强度发生显著退化，最外层木材可能完全丧失强度。

(a) 雨水浸泡引起的柱脚糟朽

(b) 柱脚朽损

(c) 飞云楼柱脚缺损

图 1.2-2　柱脚糟朽

柱脚糟朽减小了柱子的有效受压截面，无法保证柱子在外力作用下仍提供充分的承载力，故而易发生歪闪，并有可能导致柱周边构架产生局部失稳，因而是一个较为严重的残损问题。

4. 柱脚支撑面积减小

古建筑木柱通常平摆浮搁于础石之上，在水平荷载作用下，柱脚容易发生滑移，一方面有效减小了地震能量输入，同时易导致柱脚与础石间的接触面即柱脚支撑面积减小。地震灾害调查和振动台试验结果均证实柱脚易发生滑移而导致支撑面积减小，如图 1.2-3 所示。

(a) 汶川地震后法藏寺某古建筑柱底

(b) 觉苑寺西厢房柱底侧移

(c) 祖师殿木柱的柱脚滑移

图 1.2-3　柱脚支撑面积减小

柱脚滑移、支撑面积减小后，直接结果就是柱受压面积减小，同时会导致木柱处于偏心受压的不利状态，木柱承压能力显著降低。更为严重的是，柱滑移后导致柱处于倾斜状态，很容易引起整体结构倒塌，因此应及时复位发生柱脚滑移的木柱。

1.2.2　木梁（枋）主要残损类型

木梁（枋）等受弯构件，既要承受竖向荷载，也是将各柱连接在一起从而形成木构架抗侧力体系的主要构件。与木柱类似，在环境影响下，梁表层容易发生木材材质老化、腐朽，梁端易发生开裂，梁身易出现干裂、虫蛀、内部腐朽等残损类型，如图 1.2-4 所示。

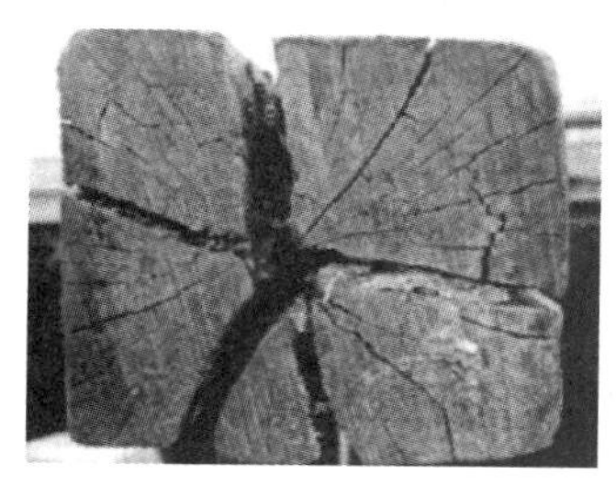

(a) 端部开裂

(b) 飞云楼老角梁上部糟朽

(c) 纵向开裂

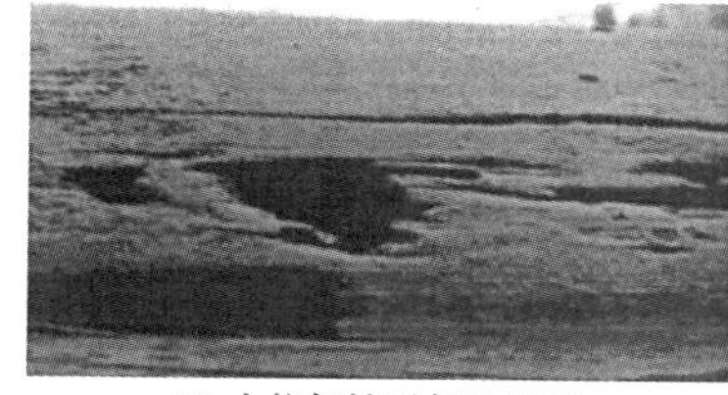

(d) 虫蚁侵蚀引起的糟朽

(e) 古木楼阁飞云楼某枋开裂

图 1.2-4　梁端开裂与梁身干裂

木梁（枋）出现上述残损后，削弱了其抗弯及抗剪有效截面尺寸，均会导致木梁（枋）抗弯刚度、承载力等性能降低，从而导致其弯曲变形增大，严重时发生弯折断裂。潘禹臣对开裂木梁开展了相关研究，认为损伤木梁构件的破坏主要发生在跨中，尤其是在跨中存在裂缝的部位。

1.2.3　榫卯节点主要残损类型

榫卯连接是我国古建筑木结构显著区别于现代木结构的最大特色之一，梁柱构件间的连接采用榫卯连接，无需一铁一钉。我国使用榫卯的历史十分悠久，距今六七千年的浙江余姚河姆渡遗址出土的木构件上已有榫卯。

历经几千年发展和更新，中国木结构古建筑中采用的榫卯形式种类繁多。马炳坚对榫卯节点类型及作用进行了较为详细、全面的介绍。其中，常用的榫卯节点有直榫（单向直榫节点、透榫节点和半榫节点）和燕尾榫节点两大类。

榫卯节点作为古建筑木结构的关键连接部位，在地震作用时，主要起到减震耗能的作用。其在环境影响和荷载作用下，容易发生拔榫、松动、横纹挤压变形（即结构倾斜导致），也可能发生腐朽、虫蛀。其中，拔榫、松动、横纹挤压变形是榫卯节点特有的残损类型。

1. 拔榫

榫卯节点拔榫（图 1.2-5）是常见的残损之一，是指榫头从卯口中部分拔出的现象。拔榫主要是由外力作用所致，在水平外力（风、地震、人为因素等）作用下，很容易导致梁枋与柱之间发生相对滑移与转动，从而致使榫头从卯口中拔出。因各类榫卯节点构造方式不同，直榫节点较容易发生拔榫，而燕尾榫节点较直榫节点来说不易拔榫。

(a) 某穿插枋节点拔榫

(b) 梁柱节点拔榫(一)

(c) 梁柱节点拔榫(二)

图 1.2-5　榫卯节点拔榫

由于拔榫后榫卯之间相互接触面积减小、抵抗弯矩力臂缩短，导致榫卯之间抗弯能力减弱，节点连接强度大大降低。葛威珍对不同程度拔榫的透榫节点抗弯性能进行了相关试验研究，结果表明节点的抗弯性能随着拔榫程度增加而降低。拔榫很可能造成结构局部失稳，影响构架的整体稳定性。因此，节点拔榫对古建筑木结构的整体抗震性能具有不可忽视的影响。拔榫不同于脱榫，拔榫构件仍有一定的连接和承载力，及时采取加固措施可避免构架破坏。

2. 松动

松动也是榫卯节点较常见的残损类型之一。榫卯节点松动是指榫卯的榫头与卯口之间不能完全契合，出现缝隙，连接不紧密的情况。节点松动主要是由两方面原因造成：（1）在地震作用下，榫头会从卯口中反复拔出、挤压，导致卯口两侧变大、榫头两侧变窄，榫头、卯口产生间隙导致节点松动，如图 1.2-6（a）所示。（2）榫头部位截面较小，由于年代久远，受环境中含水率变化的影响，榫头易产生收缩变形及腐朽，进而导致节点松动，如图 1.2-6（b）所示。

(a) 地震所致的松动　　(b) 干缩所致的松动

图 1.2-6　榫卯节点松动

由于挤压、摩擦是节点耗能的主要方式，节点松动致使节点摩擦力减小或为零，节点耗能能力大大削弱。随着节点松动程度的增大，节点承载力逐渐降低。故而，节点松动对结构抗震性能有较大的影响。西安建筑科技大学的夏海伦、王玉迪、李义柱分别对不同松动程度的透榫节点、直榫节点、燕尾榫节点进行了相关抗震性能研究。研究均表明，松动程度越大，节点抗震性能越弱。榫卯节点发生松动后，容易导致木构架或结构发生倾斜。

1.2.4　斗栱主要残损类型

在古建筑柱顶、额枋和屋檐或构架间有一层叠交叉组合构件，宋代《营造法式》中称为铺作，清代工部《工程做法则列》中称斗科，通称为斗栱。

斗栱在中国有很久远的历史。大约在商周时期，中国的建筑结构中就已经有斗栱的雏形了。斗栱构造复杂，形式多样，不同时期斗栱有其不同特色，如图 1.2-7 所示。

斗栱在竖向和水平荷载作用下，其残损类型主要表现为整攒斗栱的明显歪闪、变形或错位，局部栱的弯曲、折断以及局部斗的压陷、移位、脱落。除此之外，在环境影响下可能发生木材老化、腐朽或虫蛀。

1. 整攒斗栱歪闪、变形、错位

整攒斗拱的残损主要表现为整体歪闪、局部变形或错位。由于斗栱是由很多“斗”和“栱”构成的，且这些部件多处于横纹受压作用下，极易发生局部不均匀压缩，长期累积就会造成斗栱的局部变形、错位、歪闪。引起斗栱不均匀压缩的因素很多，除竖向荷载外，地基的不均匀沉降、地震、风荷载、木材老化等均有可能。我国重要古建筑木结构中的斗栱歪闪情况如图 1.2-8 所示。

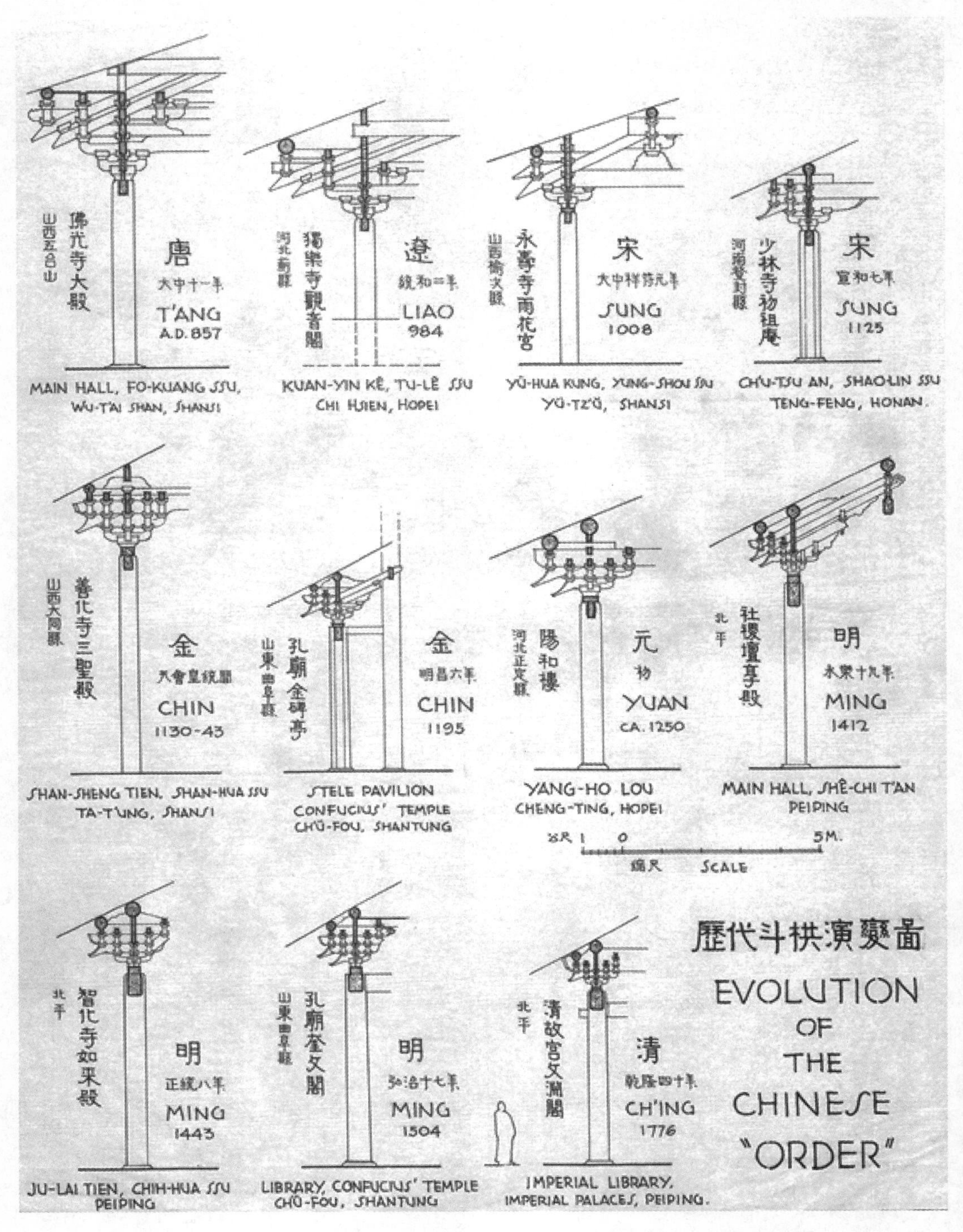

图 1.2-7　历代斗栱演变图［本图出自《图像中国建筑史》(手绘图)］

(a) 应县木塔歪闪斗栱　　(b) 五台山南禅寺大殿歪闪斗栱

图 1.2-8　我国重要古建筑木结构中的斗栱歪闪情况

2. 局部栱弯曲、折断与局部斗的压陷、移位、脱落

随着时间的推移，常发生栱弯曲、折断、散斗劈裂的情况，如图 1.2-9 所示。张建丽详细介绍了应县木塔内各层铺作的残损状况，得出铺作的残损主要是华栱和斜华栱折断，其次是栌斗劈裂的结论。

(a) 斗耳缺失

(b) 散斗压酥

(c) 大斗压陷、劈裂

图 1.2-9　局部栱、斗的残损

局部栱、斗残损主要是受结构自重和长期复杂的外力作用以及木材蠕变的影响，使得斗栱的各部件产生局部应力集中，进而引起斗和栱的劈裂和折断等损伤。例如，应县木塔二层、三层斗栱层的华栱折断较为严重，这是由于受到侧向力作用，乳栿与柱轴的夹角有变化，夹角变小，华栱即承受悬挑压力，容易折断；由于二层、三层水平位移较大，故华栱折断严重。

1.3　整体结构的残损类型

古建筑木结构的抗侧力体系主要是半刚性连接的梁柱木构架，其抗侧刚度较小，同时，由于楼盖或屋盖整体性较差，在水平荷载作用下很容易发生局部倾斜甚至整体倾斜。倾斜使整体偏心距增大，降低了结构承载能力，进一步增大偏移，甚为危险。

1.3.1　局部倾斜

古建筑木结构局部倾斜是常见的残损类型，主要指单个或几个木构架由于各种不同的原因产生的倾斜、歪闪现象。

古建筑木结构局部倾斜原因主要有地基不均匀沉降和下层木构件的局部不均匀变形累积效应：(1) 造成地基不均匀沉降的因素很多，如地基土薄厚分布不均，地基土的岩性不一致，地基土受雨水侵蚀或影响等，均会导致地基不均匀沉降，从而导致结构倾斜或倾斜加扭转；（2）关于下层木构件的局部不均匀变形累积引起的古建筑木结构整体倾斜，大多发生在较高层的结构中，由于榫卯连接和斗栱连接的机动性，木梁、木柱、榫卯节点的松动等局部构件/部件残损累积不断向上部结构传递，这些部件的变形不均匀，使得上部结构的自重存在偏心作用，致使整体结构不断发生倾斜的趋势，如图 1.3-1 所示。

(a) 四川观音殿某梁架歪闪

(b) 局部木构架倾斜

图 1.3-1　局部倾斜

此残损类型影响着结构的整体稳定性，极大地削弱了古建筑木结构的抗震性能。

1.3.2　整体倾斜

整体倾斜指古建筑木结构整体发生偏移、倾斜的情况。在目前现存的著名古建筑木结构当中，此残损类型以应县木塔最为典型。

古建筑木结构在遭受如风、地震等侧向作用之后，将发生侧向变形，在不断的水平摇晃过程中，柱脚的“平摆浮搁”特殊构造，在起到一定“隔震”作用的同时，也可能使得整体结构发生水平移动，当古建筑木结构没有恢复到原来位置时，最主要的表现之一就是结构的整体移位。

由于结构自重作用，在原有倾斜的状态下，整体倾斜（图 1.3-2）将随着时间不断加剧，对结构整体的抗震性能及稳定性有着极大的影响。

(a) 整体歪闪倾斜

(b) 整体移位

(c) 应县木塔整体倾斜

图 1.3-2　整体倾斜（一）

(d) 汶川地震后法藏寺某古建筑整体移位

(e) 应县木塔屋架倾斜

图 1.3-2　整体倾斜（二）

第2章

腐朽、老化木材力学性能退化研究

古建筑通常暴露于自然环境之中，在光照、温湿度变化、空气化学侵蚀以及菌虫腐蚀等环境因素的影响下，会导致木材材质发生不同程度的腐朽和老化，影响木材材质的稳定性和耐久性，进而影响其力学性能和古建筑木结构及其构件的力学性能，且随着时间的推移，腐朽与老化程度会越来越严重，甚至给古建筑木结构的安全性造成威胁。因此，在古建筑木结构科学保护中必须考虑木材腐朽和老化后的力学性能退化问题，掌握木材腐朽、老化后的力学性能退化规律也是残损古建筑木结构受力分析的基础。

在腐朽木材力学性能退化方面，针对古建筑木结构中最常见的木材褐腐问题，通过木材加速褐腐试验，分析木材褐腐后的表面形貌、质量损失率及力学性能的变化规律，建立腐朽木材力学性能退化与其质量损失率之间的定量关系；进一步分析木材不同腐朽程度下综纤维素、纤维素、半纤维素含量的变化规律，建立了木材力学性能损失与纤维素结晶度的相关关系，探明木材褐腐的微观机理。

在老化木材力学性能退化方面，分析了古旧木材历经年限对木材强度的影响和横向裂纹对木材抗弯强度的影响，建议了古建筑木结构修缮加固时木材材料强度的取值方法，可为古建筑木结构在修缮加固时考虑材料性能退化问题提供参考。

2.1 腐朽木材力学性能退化

2.1.1 木材腐朽试验

1. 试件设计与制作

选用古建筑木结构中常用的红松木材作为试材制作试件。试材为树龄约30年、直径约40cm的成熟边材，且无腐朽、虫蛀等缺陷。按国家标准《无疵小试样木材物理力学性质试验方法 第2部分：取样方法和一般要求》GB/T 1927.2—2021规定，并根据木材力学性能试验标准加工四类试件，即顺纹抗拉强度试件、顺纹抗压强度试件（30mm×20mm×20mm）、顺纹抗弯试件（300mm×20mm×20mm）、顺纹抗压弹性模量试件（60mm×20mm×20mm），如图2.1-1所示。由于腐朽试验中高温灭菌锅内部空间较小，无法直接按照国家标准《无疵小试样木材物理力学性质试验方法 第14部分：顺纹抗拉强度测定》GB/T 1927.14—2022加工顺纹抗拉强度试件，需对其尺寸进行调整，经多次试验后确定其尺寸和形状，如图2.1-1（d）所示。

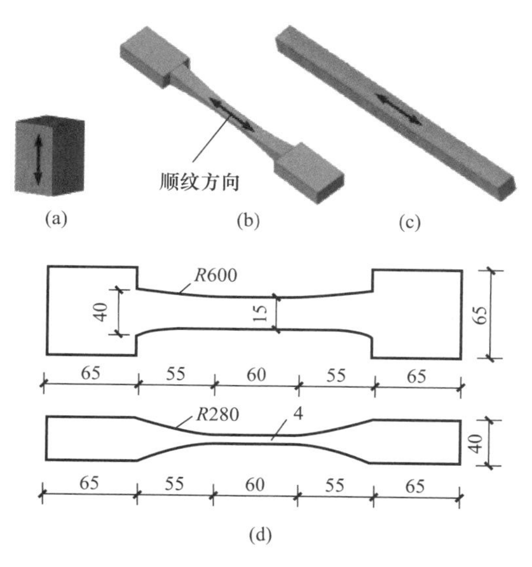

图 2.1-1　顺纹抗拉试件（单位：mm）

本试验制作了四类试件，即顺纹抗压强度试件、抗弯试件，顺纹抗拉强度试件、顺纹抗压弹性模量试件，合计 400 个，其中每类试件 100 个。所有试件共分 8 组，包括 7 组不同腐朽时长的试件和 1 组未腐朽试件，见表 2.1-1，为方便，四类试件分别用字母“C”“B”“T”“E”表示。

褐腐红松试件分组　　表 2.1-1

组别	试件数量（个）	腐朽时长（周）	试件编号
对照组	12	0	X0-01；X0-02；…；X0-12
第一组	12	2	X2-01；X2-02；…；X2-12
第二组	12	4	X4-01；X4-02；…；X4-12
第三组	6	6	X6-01；X6-02；…；X6-06
第四组	6	8	X8-01；X8-02；…；X8-06
第五组	12	10	X10-01；X10-02；…；X10-12
第六组	12	12	X12-01；X12-02；…；X12-12
第七组	12	14	X14-01；X14-02；…；X14-12

注：X 代表“C”“B”“T”和“E”。

2. 试验过程

木材腐朽试验包括培养箱制作、蛭石锯屑培养基制作、菌种选取、接种、试件受菌腐朽等主要过程。

1）培养箱制作

由于按木材力学性能试验标准制作的试件大于国家标准《木材耐久性能 第 1 部分：天然耐腐性实验室试验方法》GB/T 13942.1—2009 规定的用锥形瓶作为腐朽培养容器所采用的试样尺寸，因此需对腐朽培养容器进行改造。国内外学者已采用多种改进方法，Piotr 等采用已经放置了培养基的 1000mL 的大量筒作为培养箱，对抗弯试件进行褐腐培养。Winandy 等针对大尺寸试件开发了“蛋糕盘”式实验室加速腐朽试验技术，将灭菌处理过的蛋糕盘内装入培养基作为腐朽培养箱。杨忠等对“蛋糕盘”技术进行改造，采用纸箱作为培养箱。王雪亮、葛晓雯、赵柔等采用了“箱＋袋”组合方式的腐朽培养箱以适应试件尺寸要求。本试验借鉴前人经验并考虑到纸箱在高温灭菌锅中容易被水打湿发生槽烂以及腐朽试验需要严格控制杂菌污染等问题，采用内径尺寸为 320mm×205mm×105mm 的带盖耐高温保鲜盒作为培养箱，每个培养箱同时放 2 个抗拉试件、2 个抗弯试件、2 个抗压试件和 2 个弹性模量试件，如图 2.1-2 所示。

图 2.1-2　试验用培养箱及试件排放

2）蛭石锯屑培养基制作

每个培养箱中蛭石锯屑培养基成分为：蛭石 160g、杨木锯屑 80g、玉米粉 50g、麦芽糖红糖混合液 500mL（麦芽糖 47g、红糖 5g）。制备流程如下：用天平秤取 160g 蛭石、80g 杨木锯屑、50g 玉米粉，依次倒入培养箱，用玻璃棒搅拌均匀，避免出现分层现象；然后与调配好的 500mL 麦芽糖红糖混合液混合均匀，蛭石锯屑培养基的配制如图 2.1-3 所示。

(a) 蛭石

(b) 杨木锯屑

(c) 玉米粉

(d) 麦芽糖红糖混合液

(e) 混合均匀的培养基

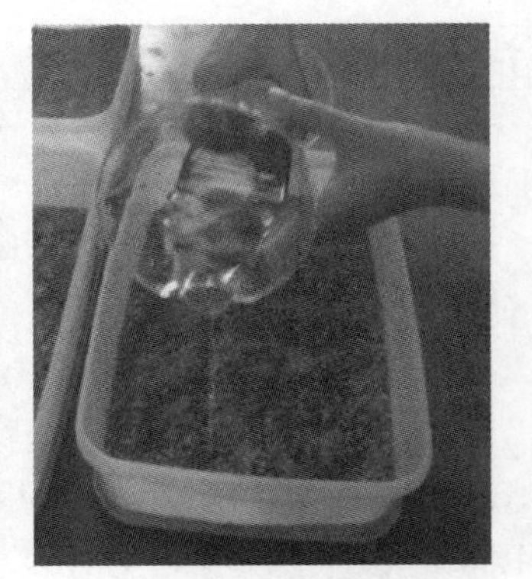

(f) 配制完成的培养基

图 2.1-3　蛭石锯屑培养基的配制

3）菌种选取

根据国家标准《木材耐久性能 第 1 部分：天然耐腐性实验室试验方法》GB/T 13942.1—2009 的规定，选取中国林业科学研究院菌种保藏中心的密粘褶菌（菌种编号为：CFCC86617）为腐朽菌。该腐朽菌活性较强，可对木材造成褐腐降解。

菌种自冷藏库取出后，经激活处理，接种在马铃薯-蔗糖琼脂培养基（PDA 培养基）上进行扩大培养，以备接种。

4）接种

接种前，将所有试件放入温度为 70℃的电热烘箱（图 2.1-4）中，48h 后测量质量并记录，每隔 2h 测一次质量并记录，直至试件烘至恒重为止（两次测量质量差值在 0.05%之内），记录恒重质量 m_0，作为该试件腐朽前的质量。

将烘干后的试件晾至室温，放入装好培养基的培养箱中，盖上培养箱盖子，放入压力为 0.14MPa、温度为 121℃的高温蒸汽灭菌锅（图 2.1-5）中进行灭菌处理，持续 50min。

接种过程在无菌超净工作台上进行。从高温蒸汽灭菌锅中取出培养箱，放置于超净工作台上冷却至室温，打开紫外线灯照射 5min，对培养箱外表进行再次灭菌处理，打开培养箱盖子进行培养基接种。

图 2.1-4　电热烘箱

图 2.1-5　高温蒸汽灭菌锅

用无菌打孔器对已经在 PDA 培养基上扩大培养 10 天的密粘褶菌活力最强的菌丝进行分割。为减少杂菌污染和方便操作，采用经高温高压灭菌处理后的一次性牙签进行接种。采用点式接种法，即用牙签拾取带有 PDA 培养基的小菌块，将其埋置于两试件间隙培养基下约 5mm 的位置。一个培养箱中接种 4 个小菌块，并保证每个培养箱接种位置相同，整个接种流程如图 2.1-6 所示。

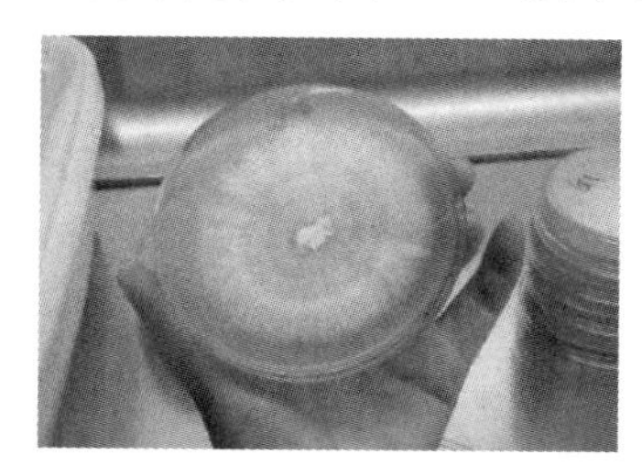

(a) 培养10天的密粘褶菌

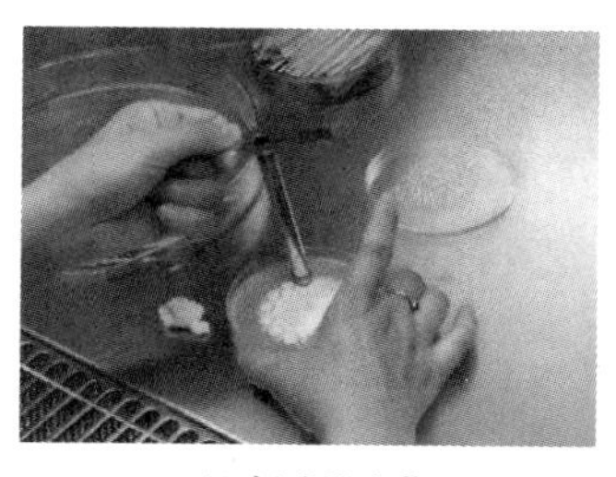

(b) 打孔器取菌

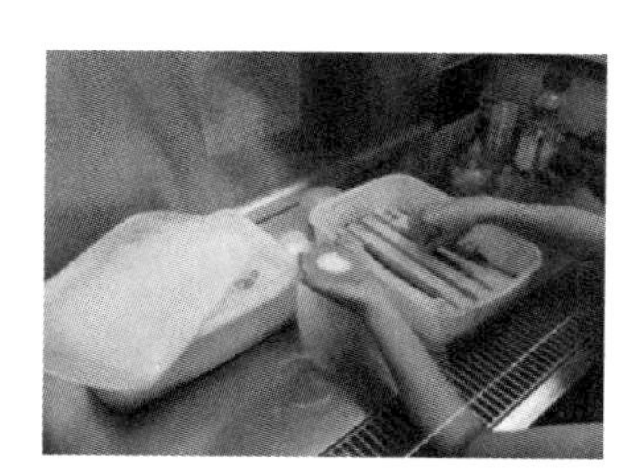

(c) 接种至培养基

图 2.1-6　接种全过程

图 2.1-7　恒温恒湿环境箱

5）试件受菌腐朽

将已接种的培养箱放入最适宜密粘褶菌生长的温度 28℃、湿度 89%的恒温恒湿环境箱中培养，如图 2.1-7 所示。每隔 4 天观察一次，约 7～8 天后，培养基表面长满白色菌丝，然后将培养箱转移至恒温恒湿室内，开始计算腐朽时间，进入为期 2～14 周的褐腐过程。

3. 试验现象

1）表面变化

木材腐朽后，表面颜色随褐腐时间的增加发生明显变化，如图 2.1-8 所示。

(a) 抗拉试件

(b) 抗压、弹性模量试件

(c) 抗弯试件

图 2.1-8　抗弯强度试件颜色变化（各图中从左到右依次为腐朽 0～14 周后的试件）

（1）表面颜色呈黄褐色，且随着腐朽时间增长色度逐渐加深；

（2）腐朽 2～4 周后，试件表面变色区域不均匀，变色主要发生在离接种点较近部位，特别是尺寸较大的抗弯和抗拉试件；

（3）腐朽 6～10 周后，腐朽变色区域逐渐由最初接种位置向试件周围扩散，颜色相对于腐朽 2～4 周的试件加深；

（4）腐朽 12～14 周后，试件表面基本完全被腐朽菌侵蚀变色。

试件表面变色的原因是：木材褐腐过程中，褐腐菌分泌的纤维素酶和半纤维素酶降解木材细胞壁中的纤维素和半纤维素，使得遗留下来的呈褐色的木质素的相对含量逐渐增加，引起木材腐朽后的表面颜色变为黄褐色。

除颜色变化外，腐朽后木材质地酥软。腐朽 6～10 周的试件表面明显观察到纤维流失产生的细小沟壑，腐朽 12～14 周的试件表面的纤维流失更加严重，表面变得凹凸不平，部分试件甚至出现边角缺失现象，手轻轻一掐，即可在表面留下痕迹。

2）质量损失率

质量损失率是衡量木材腐朽程度的重要指标。在褐腐菌腐朽木材的过程中，木材内部微观化学成分（纤维素、半纤维素）被褐腐菌产生的纤维素酶、半纤维素酶分解，在宏观上表现出试件质量的损失。通常用质量损失率来衡量木材腐朽后的质量损失程度。

质量损失率的具体测试步骤如下：（1）轻轻刮去从培养基中取出的试件表面的菌丝；（2）将其放入温度设定为 70℃的电烘箱中烘 48h 后，称重记录；（3）放入烘箱中继续烘干，每隔两小时称重记录，直至达到恒重（两次质量相差 0.5%之内），记录恒重质量 m_1。

质量损失率 W 按式（2.1-1）计算：

$$W=(m_0-m_1)/m_0\times100\% \tag{2.1-1}$$

顺纹抗压强度试件、顺纹抗压弹性模量试件、顺纹抗拉强度试件和抗弯试件的平均质量损失率随腐朽时间的变化趋势如图 2.1-9 所示。可以看出，上述四类试件腐朽 2～4 周后的质量损失率都较小，腐朽 4 周时抗弯试件的质量损失率最大，为 3.33%。腐朽 6～12 周后，四类试件的质量损失率明显加快。腐朽初期，腐朽菌大量生长，所需养料大多由接种时的 PDA 培养基以及培养箱中的培养基提供，尚未侵入木材内部降解木材，部分进入木材内部的腐朽菌仅解聚纤维素，降低纤维聚合度，但并不消化降解产物，因此该阶段试件并未发生明显的质量损失。腐朽中期，大量降解产物被腐朽菌消化，质量损失率大幅度提高。腐朽后期，质量损失率进一步提高并达到最大值，但随着降解产物被大量消耗，降解速率也逐渐变慢，质量损失的增长速度明显变小。

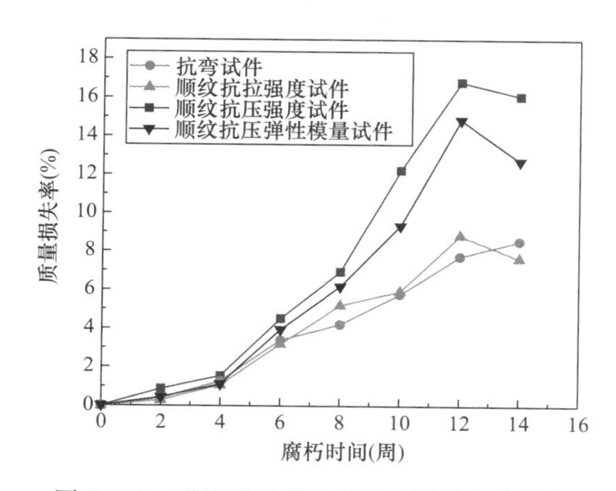

图 2.1-9　平均质量损失率随时间的变化曲线

随着腐朽时间的增加，试件平均的质量损失率整体呈上升趋势，并且顺纹抗压试件和顺纹抗压弹性模量试件的平均质量损失率始终大于顺纹抗弯试件和顺纹抗拉试件，主要是因为：当试件尺寸相对较大时，腐朽菌不容易浸透整个试件，所以在同样时间内，小尺寸试件的腐朽降解要大于大尺寸的试件。

2.1.2　腐朽木材力学性能试验

进行腐朽木材力学性能试验前，将褐腐试件放入温度为 22℃、湿度为 65%的恒温恒湿箱中调整至 12%平衡含水率水平。

1. 力学性能测试

1）顺纹抗压强度

顺纹抗压强度的测试按照国家标准《无疵小试样木材物理力学性质试验方法 第 11 部分：顺纹抗压强度测定》GB/T 1927.11—2022，在 DNS300 型电子万能试验机上进行，如图 2.1-10 所示。将试件放置于试验机球面活动支座的中心位置，采用位移控制加载法，加载速率为 1mm/min，保证试件在 1.5～2min 内破坏，记录破坏荷载，然后继续加载，待荷载降至峰值荷载的 80%左右时结束试验，破坏后的抗压试件如图 2.1-11 所示。

图 2.1-10　抗压试件试验装置

图 2.1-11　破坏后的抗压试件

测试完成后，按式（2.1-2）计算顺纹抗压强度：

$$\sigma = \frac{P_{\max}}{bt} \tag{2.1-2}$$

式中，σ 为木材顺纹抗压强度；$P_{\max}$ 为破坏荷载；t 和 b 分别为试件厚度和宽度。

2）抗弯强度与抗弯弹性模量

抗弯强度和抗弯弹性模量的测试按国家标准《无疵小试样木材物理力学性质试验方法 第 9 部分：抗弯强度测定》GB/T 1927.9—2021 和《无疵小试样木材物理力学性质试验方法 第 10 部分：抗弯弹性模量测定》GB/T 1927.10—2021 进行，如图 2.1-12 所示。首先进行弹性模量测试，以 1mm/min 的速度在上下限荷载 300～700N 之间进行三次往复加载，读取并记录百分表示数。然后撤去百分表，对于同一试件以 5mm/min 的速度加荷至试件破坏，记录破坏荷载，完成抗弯强度测试，破坏后的试件如图 2.1-13 所示。

图 2.1-12　抗弯试验装置

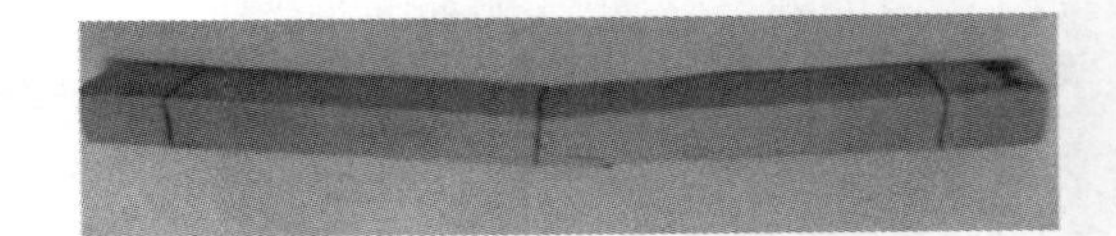
图 2.1-13　抗弯试验后的试件

测试完成后，按式（2.1-3）和式（2.1-4）计算抗弯弹性模量和抗弯强度：

$$E = \frac{23Pl^3}{108bh^3 f} \tag{2.1-3}$$

$$MOR = \frac{3P_{\max} l}{2bh^2} \tag{2.1-4}$$

式中，E 和 MOR 分别为木材抗弯弹性模量和抗弯强度；P 为上下限荷载的差值；$P_{\max}$ 为破坏荷载；l 为两支座间跨距；b 为试件宽度；h 为试件高度；f 为上下限荷载间的试件变形值。

3）顺纹抗拉强度

顺纹抗拉测试按照国家标准《无疵小试样木材物理力学性质试验方法 第 14 部分：顺纹抗拉强度测定》GB/T 1927.14—2022 进行，如图 2.1-14 所示。采用位移控制法加载，加载速度 1mm/min，1～2min 后试件发生脆性破坏，记录破坏荷载，破坏后的抗拉试件如图 2.1-15 所示。测试完成后，按式（2.1-5）计算顺纹抗拉强度：

$$\sigma_{\mathrm{T}}=\frac{P_{\max}}{tb} \tag{2.1-5}$$

式中，σ_{T} 为木材顺纹抗拉强度；$P_{\max}$ 为破坏荷载；b 为试件宽度；t 为试件厚度。

图 2.1-14　抗拉试验装置

图 2.1-15　破坏的抗拉试件

4）顺纹抗压弹性模量

顺纹抗压弹性模量的测试按照国家标准《无疵小试样木材物理力学性质试验方法 第 13 部分：横纹抗压弹性模量测定》GB/T 1927.13—2022 的测试方法进行，在试件径面和弦面中心位置处粘贴电阻应变片，如图 2.1-16 所示。采用位移控制法加载，沿木材顺纹方向以 0.5mm/min 速度加载。由于木材腐朽后质地变松软，在正式试验前，每组选出 2 个试件进行预测试，从荷载-变形图中确定该组试件的上下限荷载，并重复加卸载 6 次，完成顺纹抗压弹性模量测试。

测试完成后，按式（2.1-6）计算顺纹抗压弹性模量：

$$E=\frac{Pl}{bt\Delta l} \tag{2.1-6}$$

式中，E 为木材顺纹抗压弹性模量；P 为上下限荷载的差值；l 为试件的原始长度；b 为试件宽度；t 为试件厚度；Δl 为上下荷载间的变形差值。

图 2.1-16　顺纹抗压弹模试件

2. 试验结果分析

1）顺纹抗压强度的退化

图 2.1-17 给出了试验所得不同腐朽周期下顺纹抗压强度损失率随腐朽时间的变化。可以

看出，随腐朽周期的增加，抗压强度损失率逐渐增长。2～4 周时，抗压强度平均损失率相对较低，其中 2 周时试件最低损失率为 2.28%，4 周时的试件最低损失率为 1.93%。经过 6 周的褐腐培养的试件，顺纹抗压强度开始出现明显减退，褐腐 6 周试件的平均抗压强度损失率达到 22.79%。这主要是因为在 0～4 周的腐朽前期，大多数腐朽菌仍处于生长时期，并未开始对木材内部的化学成分进行分解，随着腐朽周期的延长，腐朽菌逐渐侵入木材内部。8～14 周的腐朽周期内，顺纹抗压强度损失率继续上升，14 周时抗压强度损失率达 32.13%。

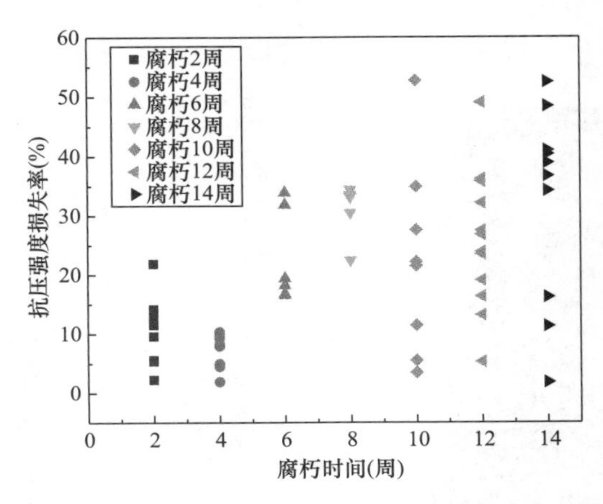

图 2.1-17　不同腐朽周期下顺纹抗压强度损失率随腐朽时间的变化

褐腐 8 周时试件的平均强度损失率高于 10 周和 14 周，这可能是因为腐朽真菌是生物体，在生长过程中很难人为控制生长活性，所以可能出现 8 周试件所在的培养基里的褐腐菌在 8 周时的生长情况要优于 12 周试件所在培养基里的褐腐菌在 12 周的生长情况，进而造成 8 周试件的腐朽情况比 12 周的严重，导致 8 周腐朽试件的抗压强度损失率高于 10 周和 14 周。

图 2.1-18 为试验过程中腐朽菌生长情况对比，样本离散性较大的原因在：同时期不同培养基内菌种活性的差异性；由于试验条件受限，并未完全区分早材和晚材，造成试件有可能是早材，也有可能是晚材，更有可能既有早材又有晚材，早晚材对腐朽抵抗能力不同，所以造成即使同一腐朽周期内，不同抗压试件强度损失也有所不同；木材腐朽之后，抗压试件破坏，试件之间差异性增大，出现不同种破坏模式，不同破坏模式对试件的抗压强度产生影响。

(a) 8周试件腐朽培养基

(b) 12周试件腐朽培养基

图 2.1-18　试验过程中腐朽菌生长情况对比

图 2.1-19 为质量损失率和顺纹抗压强度损失之间的关系。随着质量损失率的增长，顺纹抗压强度损失率逐渐升高，大致呈线性变化趋势。二者之间的显著性 $P=1.786\times10^{-8}<0.01$，具有显著性意义。相关系数 $R^2=0.558>0.5$，为强相关，即质量损失率与抗压强度损失率在 0.01 水平上显著相关。这与葛晓雯和 Mizumoto 所得结果相同。

Mizumoto 发现，褐腐对针叶材树种的腐朽在质量损失率为 2%、5%和 9%时，抗压强度（试件尺寸为：40mm×20mm×20mm）分别下降 10%、22%和 42%。本试验得到在质量损失率为 1.96%、5.33%和 10.78%左右时，抗压强度平均下降 11.3%、25.11%、34.67%，与 Mizumoto 的研究结果基本一致。在本试验中，即使在质量损失率仅为 1%左右时，顺纹抗压强度的损失都可高达 10%。在质量损失非常小时，即使试件外表可能还没发现明显的腐朽时，顺纹抗压强度就已经发生明显损失了，说明顺纹抗压强度损失率对腐朽的响应要比质量损失率更敏感。

2）抗弯强度及抗弯弹性模量的退化

图 2.1-20 给出了试验所得不同腐朽周期下抗弯强度损失率随腐朽时间的变化。随着腐朽周期的增加，试件抗弯强度平均损失率虽有波动但总体呈增长趋势，在 14 周时，平均强度损失率可高达 40.81%。在腐朽的 2～6 周内，抗弯强度损失率急剧上升。在腐朽 8 周时，强度损失率反而低于 6 周，在腐朽的 10～12 周内，抗弯强度损失率达到平台阶段，上升速率放缓。在腐朽的 14 周时，抗弯强度损失率又迅速增加，样本显示的抗弯强度损失率的最高值可达到 85.35%。同抗压试件类似，抗弯试件也出现了样本数据离散化较大的现象。

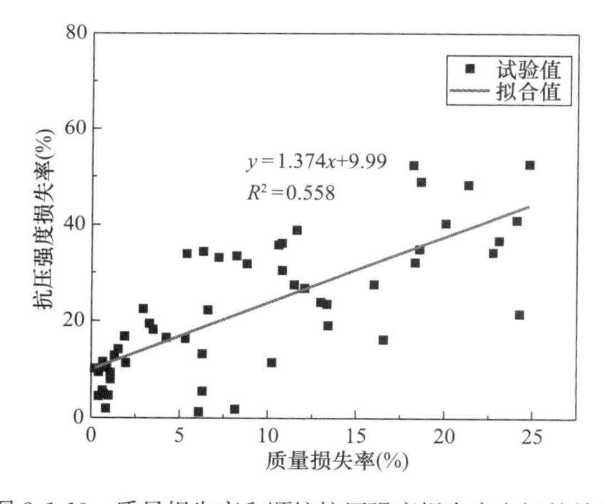

图 2.1-19　质量损失率和顺纹抗压强度损失率之间的关系

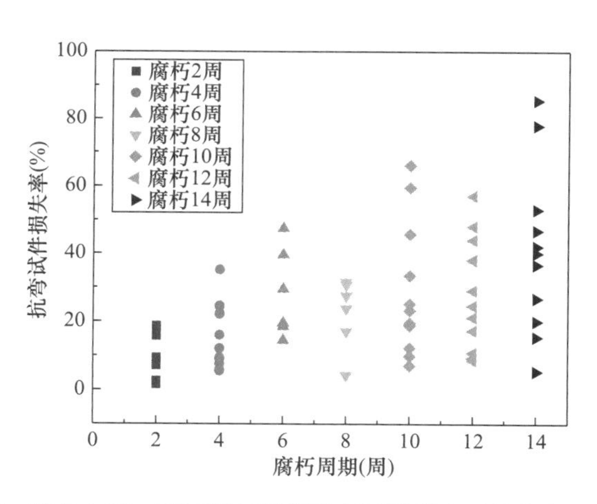

图 2.1-20　不同腐朽周期抗弯试件样本区间分布

图 2.1-21 给出了试验所得不同腐朽周期下抗弯弹性模量损失率随腐朽时间的变化。由于试验条件和时间的限制，只对抗弯试件每组内的 6 个试件进行抗弯弹性模量的测试，所以每组样本数均减至 6 个。随着腐朽时间的增加，抗弯弹性模量损失率逐渐增高。在腐朽 6 周时，抗弯弹性模量损失率平均值达 15.82%。在腐朽 14 周时，抗弯弹性模量损失率平均值达 29.96%。对比抗弯强度的退化可发现，在同腐朽时间内，抗弯强度的损失率普遍高于抗弯弹性模量损失率。

图 2.1-22 给出了不同腐朽周期抗弯试件的质量损失率和抗弯强度损失率之间的关系（剔除了质量损失率和强度损失率为负的试件）。随着质量损失率的增长，抗弯强度损失率

大致呈线性增长。二者之间的显著性为 $P=2.738\times10^{-5}<0.01$，具有显著性意义。相关系数 $R^2=0.638>0.5$，为强相关，即质量损失率与抗压强度损失率在 0.01 水平上显著相关。

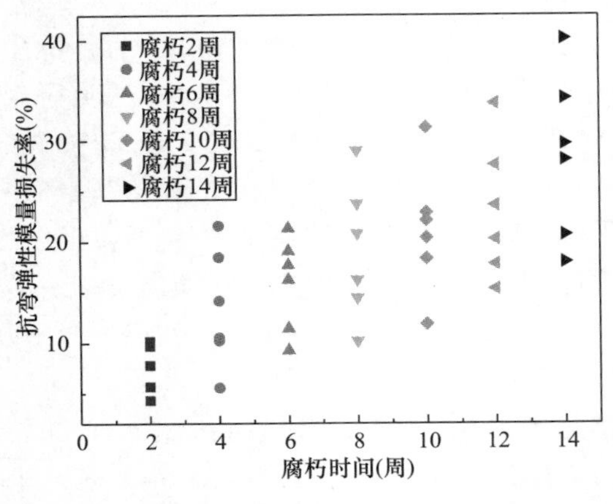

图 2.1-21　不同腐朽周期下抗弯弹性模量损失随腐朽时间的变化

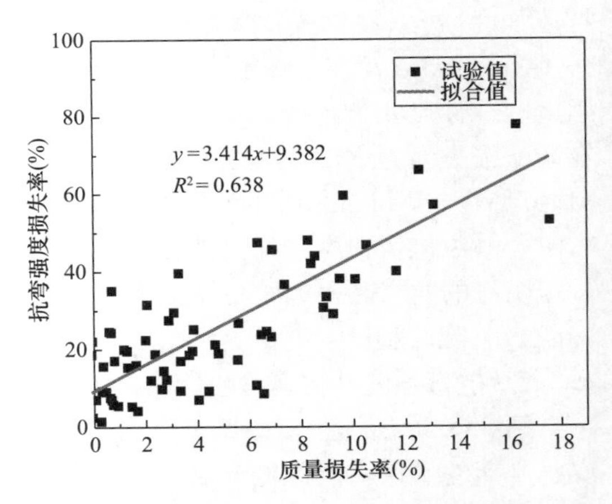

图 2.1-22　不同腐朽周期抗弯试件的质量损失率和抗弯强度损失率之间的关系

质量损失率为 1%～14%时，抗弯强度损失率为 5%～53%。由图可知，在质量损失率为 5%时，抗弯强度损失率为 20%左右；质量损失率为 9%时，对应抗弯强度损失率为 35%左右。这与 Mizumoto 所得到的针叶材褐腐后，在 5%和 9%质量损失率时，弯曲强度（试件尺寸：400mm×20mm×10mm）分别下降 16%和 36%的结果基本一致。本试验所得的红松木材褐腐后的质量损失率和抗弯强度损失率大致呈 1∶4 的关系，这与 Winandy 所得的结果基本一致。同抗压强度的损失情况类似，在质量损失率很小时，抗弯强度损失率就可达到高值，这说明了抗弯强度损失率对腐朽的响应速度要快于质量损失率。并且与抗压强度损失率对比可得，在同等质量损失率时，抗弯强度损失率要远远高于抗压强度损失率，即可认为抗弯强度对腐朽的响应速度比抗压强度更快。总结可得，抗弯强度损失率的腐朽响应速度最快，顺纹抗压强度损失率次之，质量损失率的响应速度最慢。

3）顺纹抗拉强度的退化

图 2.1-23 给出了试验所得不同腐朽周期抗拉强度损失率的变化情况，同抗压强度损失率和抗弯强度损失率的变化趋势相似，随着腐朽周期的增加，抗拉强度损失率在波动中上升。抗拉试件在褐腐 2 周、4 周和 6 周时，平均抗拉强度分别为 8.5%、14.74%和 28.36%。这与程献宝研究的小尺寸（长×宽×厚=90mm×10mm×1.5mm）抗拉试件在褐腐 2～6 周时，平均抗拉强度损失率为 5%～30%的试验结果大致相似。与抗弯和抗压试件的强度损失相比，抗拉试件的强度损失在同样的腐朽周期内能达到更高。这主要是抗拉试件中间核心受拉区域尺寸比较小，试件厚度相对较小，所以腐朽菌更容易浸透整个受拉截面，造成抗拉强度的大量的损失。

图 2.1-24 给出了试验所得不同腐朽周期顺纹抗拉试件质量损失率和顺纹抗拉强度损失率之间的关系（剔除了质量损失和强度损失为负的试件）。顺纹抗拉试件的质量损失率和强度损失率大致呈线性正相关关系。二者之间的显著性 $P=1.232\times10^{-13}<0.01$，具有显著性意义，相关系数 $0.3<R^2=0.359<0.5$，为中等相关，即质量损失率与抗压强度损

失率在0.01水平上显著相关。随着质量损失率的增长，顺纹抗拉强度率不断上升，顺纹抗拉强度不断下降，强度损失率不断增加。

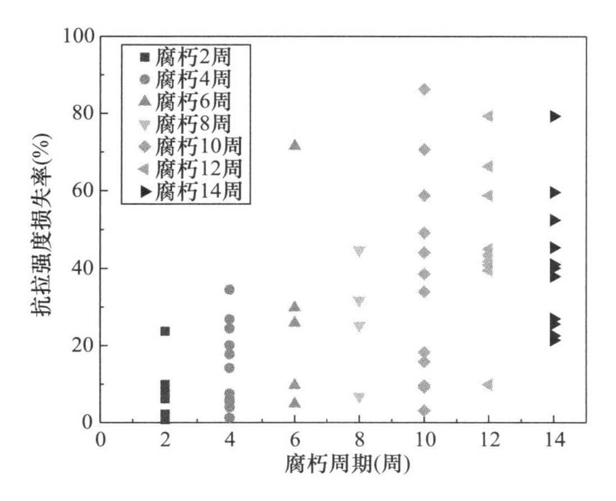

图2.1-23 不同腐朽周期抗拉损失率的变化情况

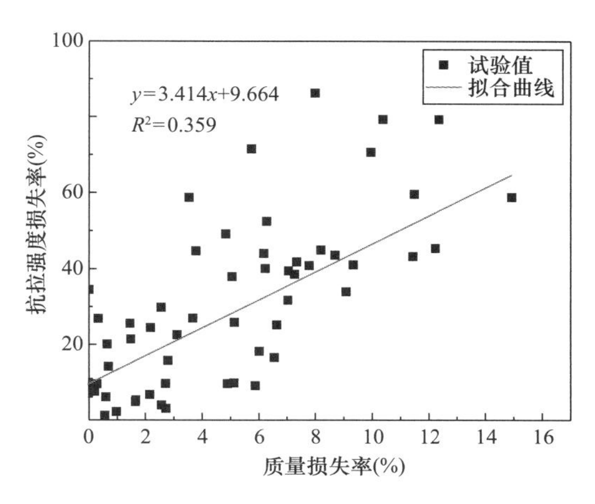

图2.1-24 不同腐朽周期顺纹抗拉试件质量损失率和顺纹抗拉强度损失率之间的关系

4）顺纹抗压弹性模量的退化

表2.1-2给出了不同腐朽周期下试件的顺纹抗压弹性模量及损失率，由表2.1-2可知试件在14周腐朽周期内，弹性模量数值处于无规律波动状态，相比顺纹抗压强度，顺纹抗压弹性模量退化程度较小。前面已经给出了腐朽14周内试件抗压强度损失率最大可高达52.66%，而顺纹抗压弹性模量在14周内的损失率最大值却只有17.39%。有关研究表明，木材的弹性模量和强度有关，然而对于腐朽木材这一相关性却不适用。针对弹性模量损失较小的原因，推测是14周腐朽周期内，褐腐菌仍处于大量降解半纤维素阶段，对决定弹性模量的纤维素的降解较少，所以造成弹性模量损失相对较少。在腐朽10周、12周和14周的顺纹抗压弹性模量损失率显著低于腐朽前期，针对此现象可能是因为木材离散性过大，木材腐朽后，由于表面纤维的流失，表面变得凹凸不平，所以造成应变片的贴置位置不恰当，对试验结果造成影响；不同腐朽培养盒内菌种生长情况不同等原因。本试验中得到的弹性模量损失和质量损失率并无明显变化规律，因此在此不做特别讨论。

不同腐朽周期下试件的顺纹抗压弹性模量及损失率 表2.1-2

腐朽周期（周）	0	2	4	6	8	10	12	14
弹性模量（MPa）	1737	1618	1530	1554	1435	1697	1752	1627
损失率（%）	0	6.89	11.99	10.55	17.39	2.31	−0.87	6.38

2.1.3 腐朽木材力学性能退化机理

本节通过扫描电镜观察腐朽后不同程度力学性能损失时试件内部细胞壁的降解情况，化学成分分析法定量地分析腐朽后不同程度力学性能损失时试件的综纤维素、纤维素、半纤维素含量的变化，X射线衍射法测定腐朽后不同程度力学性能损失时木材内部纤维素结晶度的变化。

1. 试验取样

通过对第 2.1.2 节所得力学性能测试结果的综合评估，挑选顺纹抗压、顺纹抗拉、抗弯试件进行微观试验，以此探究试件腐朽后力学性能降低的微观机理。

将强度损失率作为腐朽程度的评价指标，根据强度损失率的数值大小对试件进行再排序分组，由于一个试件无法进行磨粉，并且磨出的粉末重量不够化学分析试验所用，所以尽量选用 2～3 个质量损失率和强度损失率均相近的试件作为一组，一起进行粉碎。化学成分分析试验的取样情况如表 2.1-3～表 2.1-5 所示。再取表 2.1-3 中第一组（空白对照组），第二组（较低强度损失率时），第六组（较高强度损失率时）；表 2.1-4 中第一组（空白对照组），第二组（较低强度损失率时），第七组（较高强度损失率时）；表 2.1-5 中第一组（空白对照组），第二组（较低强度损失率时），第五组（较高强度损失率时）中的任一试件，手工切取 3mm（长）×3mm(宽)×1mm（厚）的切片，作为扫描电镜的试验试样，为减少材性破坏性测试对扫描电镜观察结果的影响，选用试件集中破坏区域外的部分进行切片。完成切片取样后，剩余试样放回原组，等待粉碎。

抗压试件化学试验取样 **表 2.1-3**

组别	样本数	样本名称	质量损失率（%）	强度损失率（%）	平均质量损失率（%）	平均强度损失率（%）
第一组	3	C0-04	0	0	0	0
		C0-05	0	0		
		C0-07	0	0		
第二组	3	C2-04	0.66	11.46	0.67	10.39
		C4-07	0.48	9.32		
		C4-09	0.88	10.39		
第三组	3	C12-12	5.30	16.15	4.34	17.00
		C6-07	4.23	16.64		
		C6-12	3.49	18.22		
第四组	3	C12-01	11.4	27.48	12.14	26.06
		C12-05	12.05	26.80		
		C12-09	12.98	23.89		
第五组	3	C12-04	18.65	34.81	19.93	33.73
		C10-01	18.40	32.18		
		C8-12	22.75	34.2		
第六组	2	C8-11	20.04	40.96	22.07	40.97
		C6-09	24.09	40.98		

抗弯试件化学试验取样 **表 2.1-4**

组别	样本数	样本名称	质量损失率（%）	强度损失率（%）	平均质量损失率（%）	平均强度损失率（%）
第一组	3	B0-02	0	0	0	0
		B0-04	0	0		
		B0-05	0	0		

续表

组别	样本数	样本名称	质量损失率（%）	强度损失率（%）	平均质量损失率（%）	平均强度损失率（%）
第二组	2	B2-08	0.79	15.6	0.82	15.675
		B2-01	0.85	15.75		
第三组	2	B8-06	3.84	29.36	3.80	29.805
		B8-02	3.80	30.25		
第四组	2	B8-10	8.97	45.67	8.91	46.43
		B6-12	8.85	46.43		
第五组	2	B10-07	8.27	58.80	7.815	57.53
		B12-05	7.36	56.26		
第六组	1	B10-11	9.48	65.46	9.48	65.46
第七组	1	B8-11	12.56	85.07	12.56	85.07

顺纹抗拉试件化学试验取样　　**表 2.1-5**

组别	样本数	样本名称	质量损失率（%）	强度损失率（%）	平均质量损失率（%）	平均强度损失率（%）
第一组	3	T0-03	0	0	0	0
		T0-04	0	0		
		T0-05	0	0		
第二组	2	T6-03	1.48	21.43	1.06	20.76
		T4-12	0.64	20.09		
第三组	2	T12-02	7.04	39.47	7.02	40.15
		T12-04	7.78	40.87		
		T8-10	6.22	40.10		
第四组	2	T6-09	11.48	59.61	13.20	59.19
		T12-07	14.93	58.78		
第五组	2	T12-05	10.37	79.31	11.36	79.30
		T8-11	12.35	79.29		

为方便研磨，将所有待粉碎的试件置于温度设定为 105℃的烘箱中，烘 8h。抗压试件不必进行分割，直接放入粉碎机进行研磨；抗弯试件截取试件中部 100mm 核心受力区域研磨；抗拉试件截取夹具段，选用中间核心受拉区域进行研磨；对试件进行粉碎、研磨后，筛取通过 40 目但无法通过 60 目的木粉进行装袋，用于化学成分分析试验；继续筛取通过 80 目但无法通过 100 目的木粉装袋，用于 X 射线衍射测试，如图 2.1-25～图 2.1-28 所示。

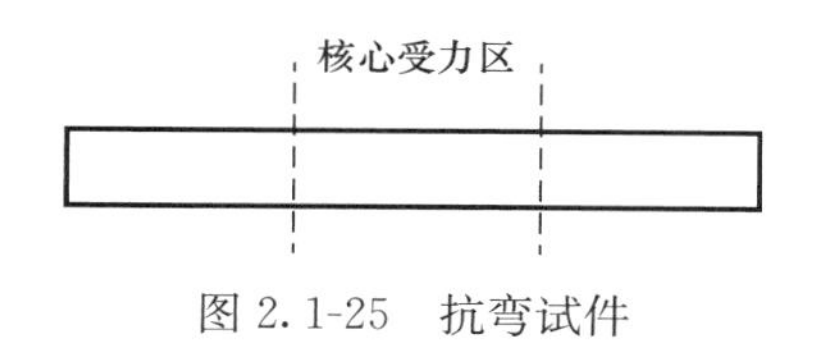

图 2.1-25　抗弯试件

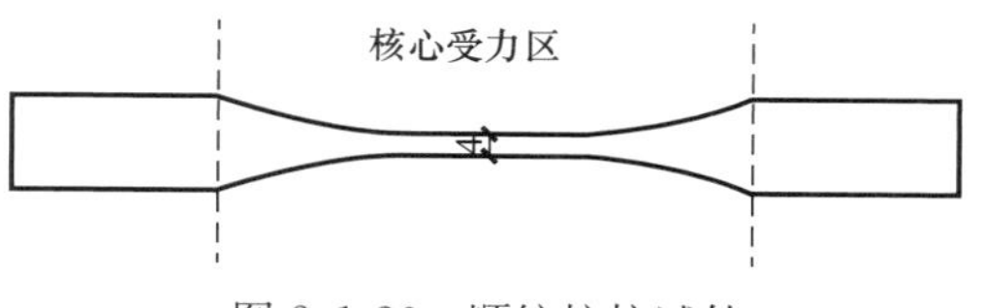

图 2.1-26　顺纹抗拉试件

图 2.1-27　手工筛取木粉

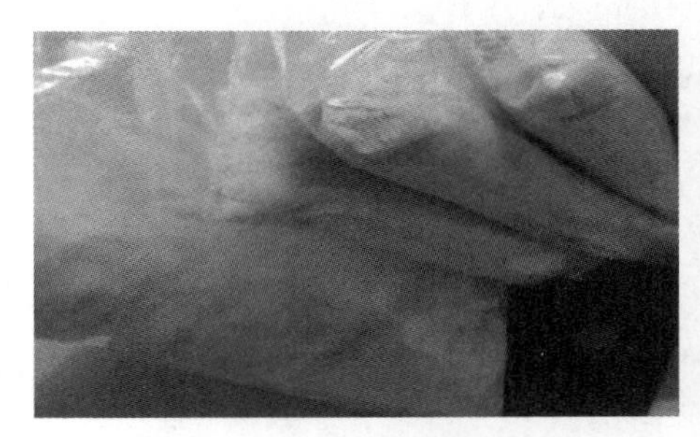

图 2.1-28　待试验的木粉

2. 褐腐红松木材显微构造的观察

利用扫描电镜观察腐朽导致的不同强度损失的木材细胞壁的损伤，以及褐腐菌丝在木材细胞内部的生长情况。

1）试验样品和试验设备

将已切取的木材切片进行抛光处理，由于木材的不导电性，所以还需在其表面粘贴导电胶，最后放入小型离子溅射仪（图 2.1-29）中，进行表面喷金处理，喷金后待观察的试样如图 2.1-30 所示。用型号为 Quanta 200 扫描电镜（图 2.1-31）对不同类型不同强度损失的试件切片进行观察。

图 2.1-29　小型离子溅射仪

图 2.1-30　喷金待观察试样

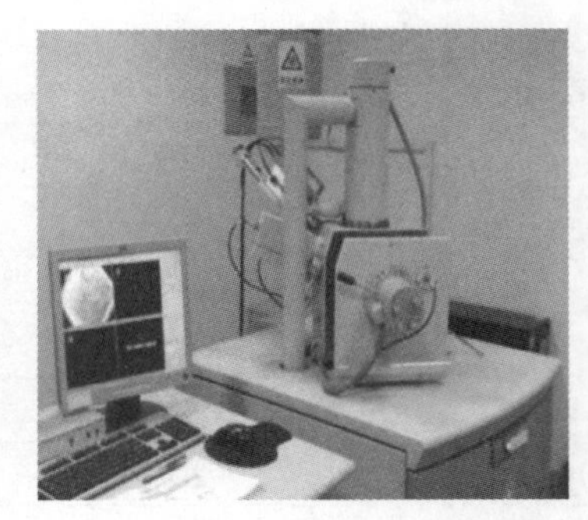

图 2.1-31　Quanta 200 扫描电镜

2）试验结果分析

在未腐朽的木材切片的扫描电镜图（图 2.1-32）中可以清晰地观察到木材导管壁上纹孔排列整齐，细胞壁完整，未有溃烂现象，并且未发现明显的菌丝。当抗压强度损失率为19.43%时（图 2.1-33），观察到有少量菌丝附着在胞腔内，视野区域内未观察到明显的细胞壁降解。在抗压强度损失率为 38.89%的切片视野［图 2.1-34（a）］区域内可以观察到细胞壁发生明显的破裂，针对图中黑色箭头指向的明显拉断的细胞壁破裂现象，分析认为主要是破坏性测试以及切片时的切削制作工艺造成的机械性的细胞壁扭曲破裂，这也从侧面反映了与未腐朽材相比，腐朽材细胞壁抵抗外力的能力显著下降；针对图中箭头所指的纹孔边缘出现的微裂纹分析认为主要是腐朽菌造成的细胞壁降解，并且在视野［图 2.1-34（b）］区域内观察到大量菌丝聚集成团。抗弯强度损失率为 58.8%（图 2.1-35）和85.07%（图 2.1-36）的试件切片，可以明显发现细胞壁的降解，且强度损失较高的试件切片中观察到的细胞壁的降解更为严重。在抗弯强度损失率为 58.8%的木材切片的其他视野中，还观察到了大量菌丝聚集成团附着在胞腔内的情况，具体见图 2.1-35 中箭头指向。强度损失率为 79.02%（图 2.1-37）的抗拉试件切片上同样观察到了细胞壁的降解现象。

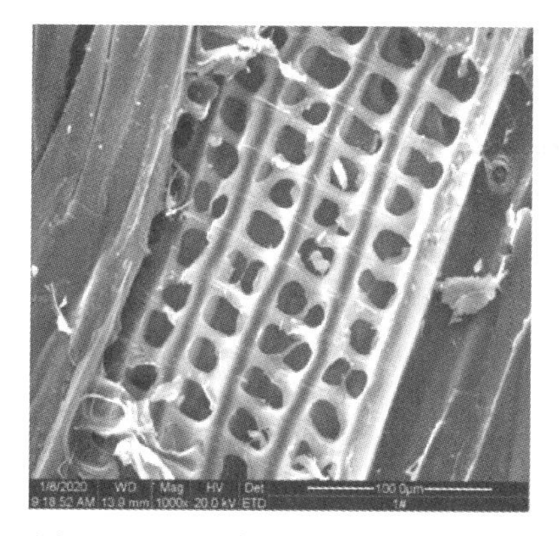

图 2.1-32 未腐朽木材放大 1000 倍

图 2.1-33 抗压强度损失率为 19.43%的抗压试件放大 500 倍

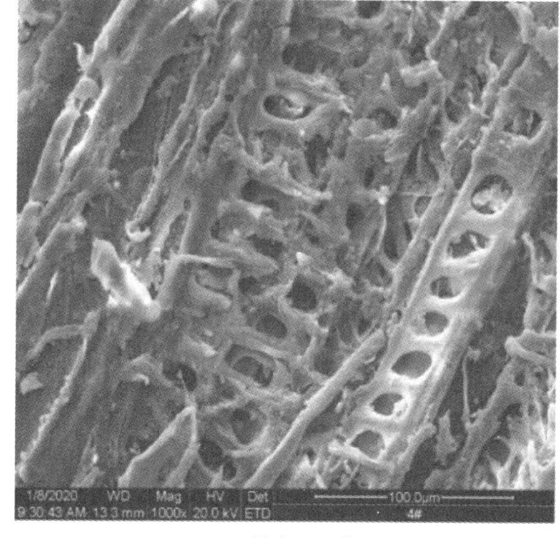

(a) 放大1000倍

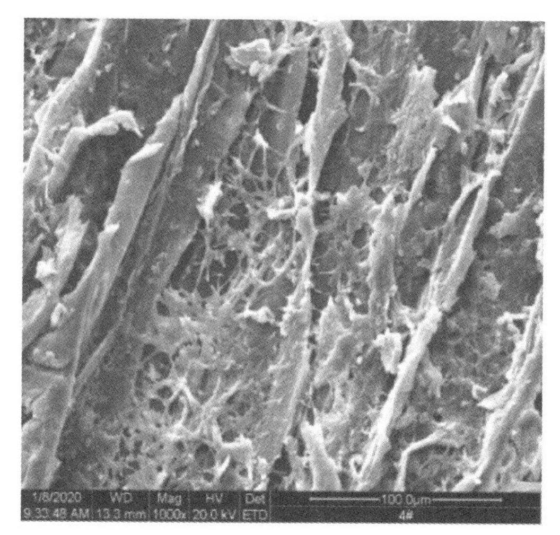

(b) 放大1000倍

图 2.1-34 抗压强度损失率为 38.89%的抗压试件

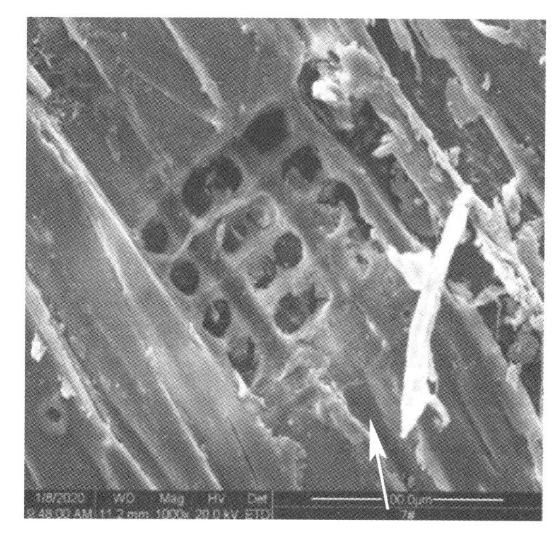

(a) 放大1000倍

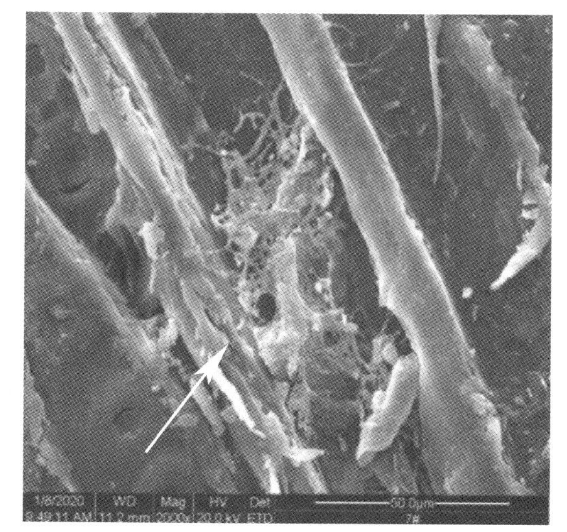

(b) 放大1000倍

图 2.1-35 抗弯强度损失率为 58.80%的抗弯试件

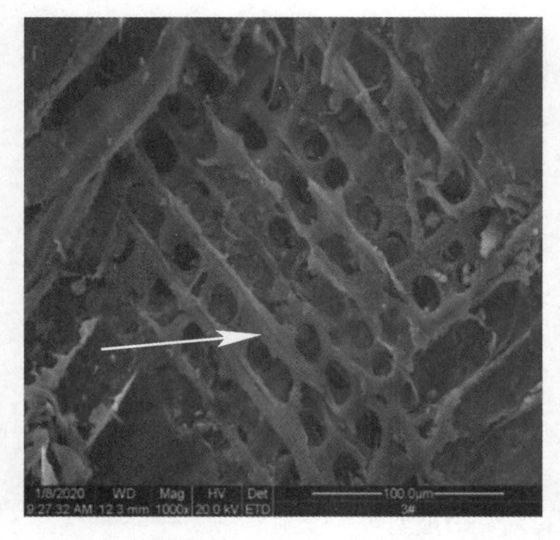

图 2.1-36　抗弯强度损失率为 85.07%的抗弯试件放大 1000 倍

图 2.1-37　抗拉强度损失率为 79.02%的抗拉试件放大 1000 倍

综上，细胞壁是木材的骨架结构，是提供木材强度的重要组成部分。所以试验观察得到无论何种类型的试件，强度损失越大，细胞壁的破坏程度也就越深。从腐朽损伤的微观机理角度出发，正是由于腐朽菌的侵蚀，造成木材细胞壁的破坏，进而导致宏观力学强度的损失。

3. 褐腐红松木材化学成分测定

褐腐主要降解木材中的半纤维素和纤维素，因此本书利用化学成分分析试验，定量地测定了腐朽前后木材内部半纤维素以及纤维素的含量变化。但由于半纤维素含量较难测定，所以目前大多学者采用先测定综纤维素含量，利用综纤维素含量减纤维素含量的方法，间接得到半纤维素的含量。

1）综纤维素含量的测定

本章中综纤维素的测定按照国家标准《造纸原料综纤维素含量的测定》GB/T 2677.10—1995 进行。在试验前，测定每组木粉试样的含水率。

测定原理为：木材中的主要成分为纤维素、半纤维素、木质素。利用酸性亚氯酸钠溶液洗去木质素，使其溶于抽提溶液中，剩余残渣即为综纤维素。

采用的试剂为亚氯酸钠、2∶1 苯醇混合液和冰醋酸；采用的试验设备有：可控水浴锅、索式抽提器、锥形瓶、烘箱、砂心漏斗（型号：G2）、真空泵、电子天平（精度 0.0001g）。

图 2.1-38　抽取木粉中的树脂

试验步骤如下：抽取木粉中的树脂：精准称量 2g 试样，装进定性滤纸并包好用棉线进行捆扎；按照《造纸原料有机溶剂抽出物含量的测定》GB/T 2677.6—1994 进行苯醇提取（图 2.1-38），去除树脂，最后将试样包风干；洗去木质素：将风干后的试样全部倒入锥形瓶中，再加入 65mL 的蒸馏水，0.5mL 的冰醋酸，0.6g 的亚氯酸钠，然后在锥形瓶口扣上一小烧杯，再置于温度设定为 75°的水浴锅中加热 1h；之后，再次补加 0.5mL 的冰醋酸，0.6g 的亚氯酸钠。如此反复 4 次，即水浴 4h 后，锥形瓶内试样变白即可；将装有试样的锥形瓶自水浴中取出后，置于冰水中冷却，然后将试样倒入已经恒重处理的砂心漏斗中，并用蒸馏水对试样进行冲洗，直至用酚酞试纸测得滤液不成酸性为止。再用丙酮溶液清洗三次试样，并用真空泵吸干滤液；最后将盛装试样的砂心漏斗放入温度设定为 105°的烘箱中烘干至恒重，并进行记录。为了减小试验操作中的误差，每组试样进行两次测试，对所得结果进行对照分析。

试验结果计算见式（2.1-7）：

$$X_1 = \frac{m_1 - m_0}{m} \times 100\% \tag{2.1-7}$$

式中，X_1 为木材原料中综纤维素的含量；m 为试样的绝干质量；m_0 为砂心漏斗的质量；m_1 为烘干至恒重后试样和砂心漏斗的质量。

2）纤维素含量的测定

木粉中纤维素的测定有硝酸-乙醇抽提法、比色法等，本试验采用硝酸-乙醇抽提法对纤维素的含量进行测定。

测定原理为：纤维素含量测定关键在于洗去木粉试样中的半纤维素和木质素，剩余部分即为纤维素的含量，纤维素测定原理如图 2.1-39 所示。

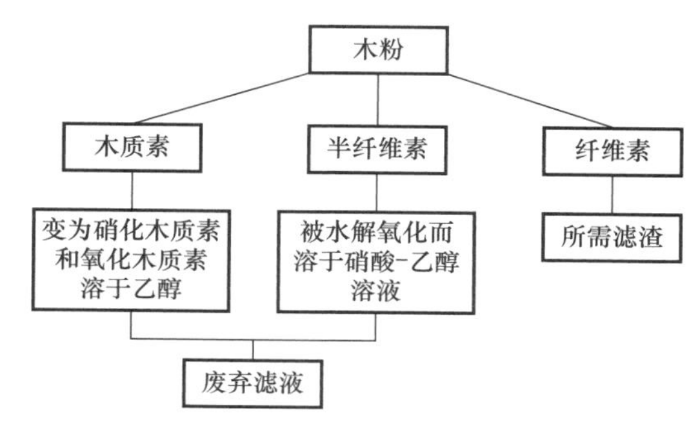

图 2.1-39　纤维素测定原理

采用的试剂为体积比为 1∶4 的硝酸-乙醇溶液、纯度 99% 的分析乙醇溶液和酚酞试纸。

采用的试验设备为可控水浴锅、锥形瓶、冷凝回流管、真空泵、烘箱、砂心漏斗（型号：G2）。

试验步骤包括：精准称取 1g 试样置于锥形瓶中，加入 25mL 的硝酸-乙醇混合液，为了防止试验过程中溶液暴沸试样跳动，在锥形瓶中加入沸石；在锥形瓶上装回流冷凝管，置于温度设定为 100℃的水浴锅上（图 2.1-40）热 1h；试样加热 1h 后，移去冷凝管，将锥形瓶从水浴锅中取出，放置片刻，然后将试样连同滤液倒入砂心漏斗中，并用真空泵吸干滤液；将砂心漏斗中剩余的试样残渣转移进锥形瓶中，重复第一步操作，如此重复约 4 次，直至试样残渣变白为止（图 2.1-41）；待试样残渣变白后，用 10mL 的硝酸-乙醇混合

图 2.1-40　水浴锅

图 2.1-41　多次洗涤后变白的残渣

溶液冲洗砂心漏斗中的试样残渣，再用大量热水洗涤，直至用酚酞试纸测得洗涤液不呈酸性为止；最后再用乙醇洗涤两次，吸干洗涤液后，将装有试样的砂心漏斗放入温度设定为105℃的烘箱中烘干至恒重，并进行记录。

为了减小试验操作中的误差，每组试样进行两次测试，对所得结果进行对照分析，试验结果计算：

$$X_2=\frac{m_1-m_0}{m}\times 100\% \tag{2.1-8}$$

式中，X_2 为木材原料中纤维素的含量；m 为试样的绝干质量；m_0 为砂心漏斗的质量；m_1 为烘干至恒重后试样和砂心漏斗的质量。

3）试验结果分析

图 2.1-42～图 2.1-44 描述了化学成分含量（综纤维素、纤维素、半纤维素）与抗压强度损失率之间的关系。图 2.1-45 给出了化学成分损失率与抗压强度损失率之间的关系。综纤维素、纤维素以及半纤维素含量与抗压强度损失率之间的显著性 P 均小于 0.01，具有显著性意义。且二者之间的相关系数分别为 $R^2=0.952>0.5$、$R^2=0.788>0.5$、$R^2=0.932>0.5$，即可得综纤维素、纤维素以及半纤维素含量与抗压强度损失率均在 0.01 水平上显著相关。

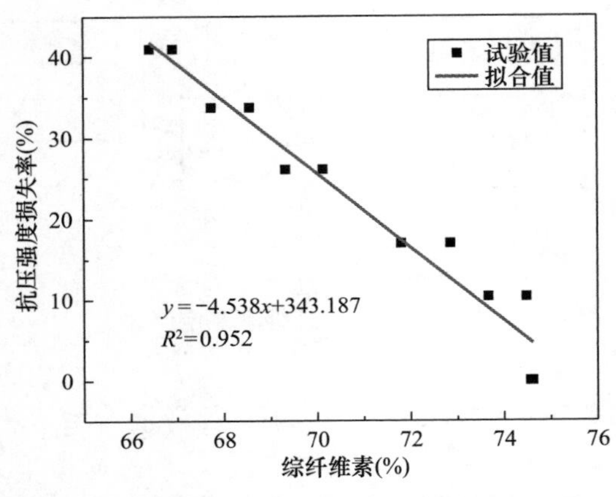

图 2.1-42　综纤维素含量与抗压强度损失率关系

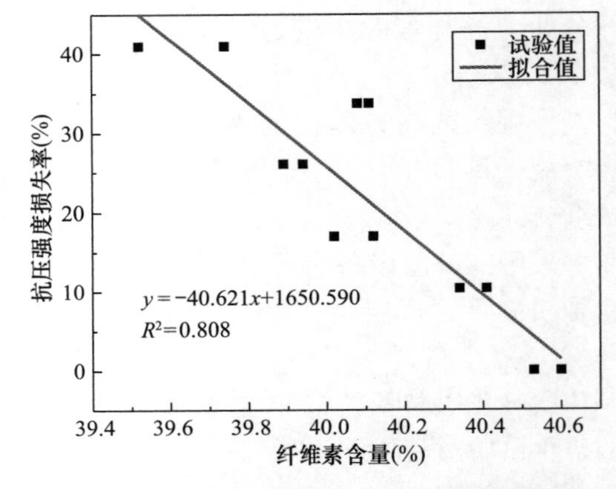

图 2.1-43　纤维素含量与抗压强度损失率的关系

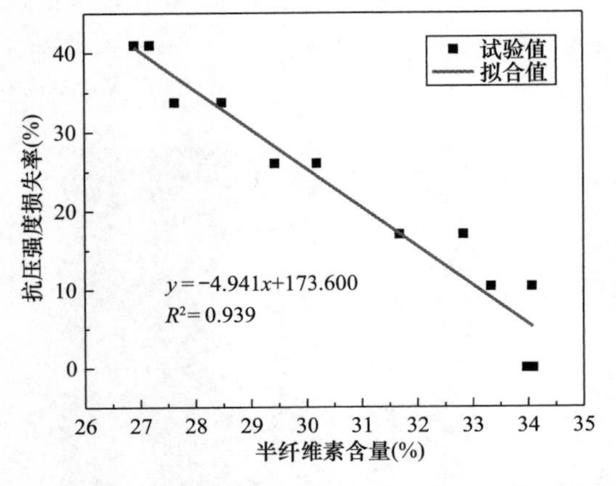

图 2.1-44　半纤维素含量与抗压强度损失率的关系

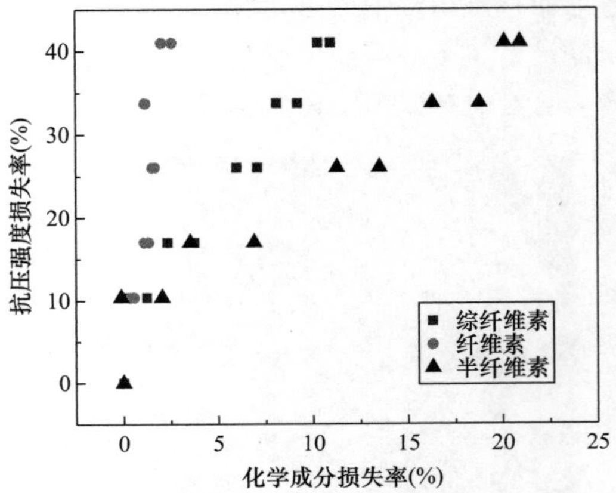

图 2.1-45　化学成分损失率与抗压强度损失率的关系

在本试验所设置的抗压强度损失率为0到40.97%时，综纤维素的实测含量由74.57%（74.62%）下降到66.42%（66.92%）；纤维素的含量在40.60%（40.53%）到39.52%（39.74%）之间波动，下降程度不明显；半纤维素的含量由34.09%（33.97%）下降到26.9%（27.18%）。腐朽程度越大，强度损失越高的试件，其化学成分含量越低。与未腐朽试件相比，腐朽导致抗压强度损失率为40.97%的试件的各种化学成分含量均有明显的下降，其中半纤维素的含量下降显著。腐朽菌侵入木材内部，将细胞内部的化学成分作为养料，进行降解，从而宏观表现出物理力学性能的损失。从图2.1-45可得，在化学成分损失率较低时（2.5%以内），抗压强度损失率即可高达10%左右。在综纤维素损失率在10%左右时，抗压强度的损失率即可高达40%，大致呈4倍关系。半纤维素的损失率与抗压强度损失率大致呈2倍关系。

图2.1-46～图2.1-48描述了化学成分含量（综纤维素、纤维素、半纤维素）与抗弯强度损失率之间的关系。图2.1-49给出了化学成分损失率（综纤维素、纤维素、半纤维素）与抗弯强度损失率之间的关系。综纤维素、纤维素以及半纤维素含量与抗弯强度损失率之间的显著性 P 均小于0.01，具有显著性意义。且二者之间的相关系数分别为

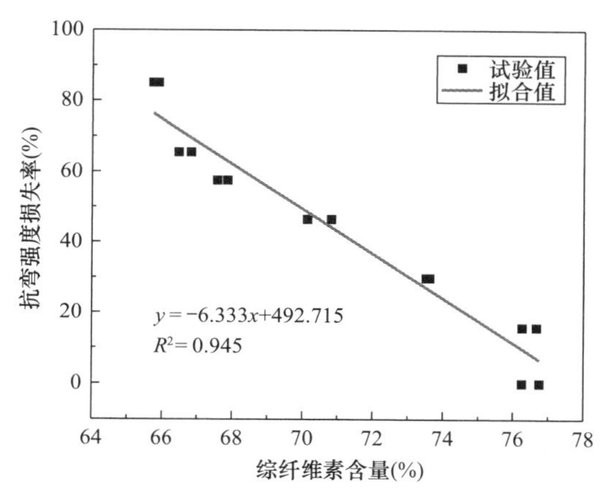

图2.1-46 综纤维素含量与抗弯强度损失率关系

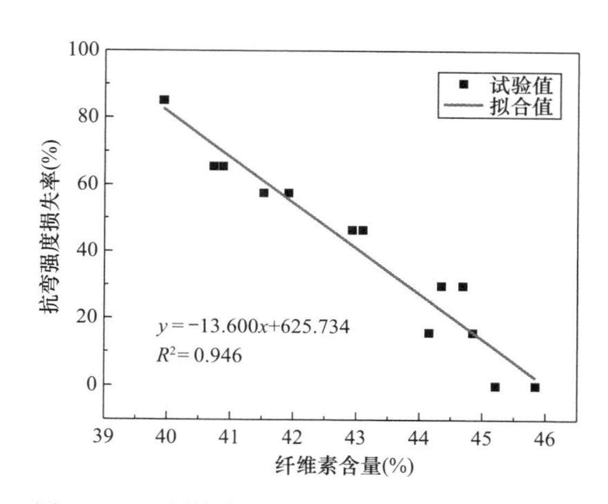

图2.1-47 纤维素含量与抗弯强度损失率的关系

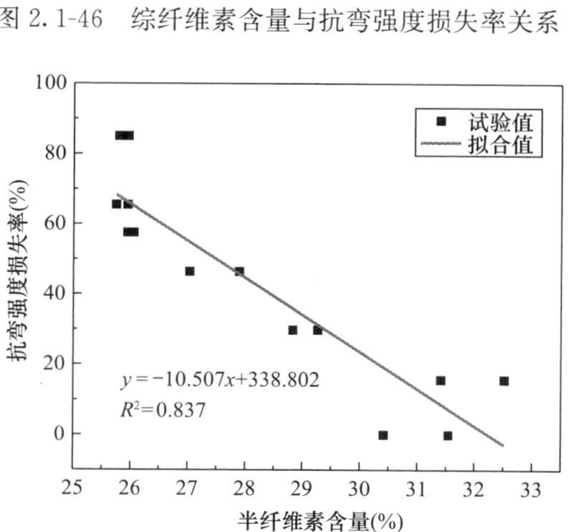

图2.1-48 半纤维素含量与抗弯强度损失率的关系

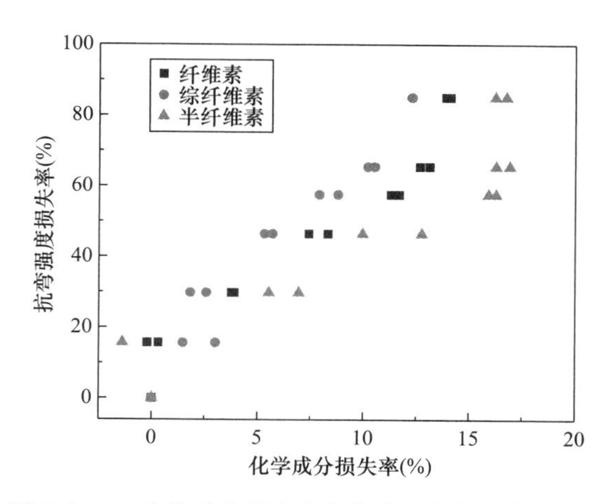

图2.1-49 化学成分损失率与抗弯强度损失率的关系

$R^2=0.945>0.5$、$R^2=0.946>0.5$、$R^2=0.837>0.5$，即可得综纤维素、纤维素以及半纤维素含量与抗弯强度损失率均在 0.01 水平上显著相关。

在本试验所设置的抗弯强度损失率 0 到 85.07%范围内，综纤维素、纤维素、半纤维素的实测含量分别由 72.26%（76.75%）下降到 65.88%（65.73%），45.84%（45.21%）下降到 39.93%（39.94%），31.54%（30.42%）下降到 25.79%（25.95%），并且二者存在显著负相关关系。抗弯强度的损失归其原因在于腐朽造成的试件内部微观结构的改变以及化学成分的损失，图 2.1-49 由试验所得数据，清晰地给出了化学成分损失率（综纤维素、半纤维素、纤维素）与抗弯强度损失率之间的关系，随着化学成分损失率的提高，抗弯强度损失率逐渐增大。在综纤维素损失率仅为 7.5%左右时，抗弯强度损失率就可高达 45%，接近一半。在综纤维素损失率仅为 14%，纤维素损失率仅为 12.27%，半纤维素损失率仅为 16.75%时，抗弯强度损失率达 85.07%，即试件的抗弯抵抗力基本丧失时。

图 2.1-50～图 2.1-52 描述了化学成分含量（综纤维素、纤维素、半纤维素）与抗拉强度损失率之间的关系。图 2.1-53 给出了化学成分损失率（综纤维素、纤维素、半纤维素）与抗拉强度损失之间的关系。综纤维素、纤维素以及半纤维素含量与抗拉强度损失率

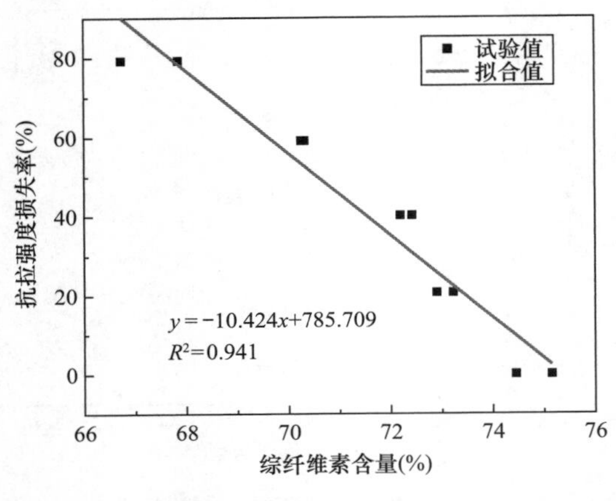

图 2.1-50　综纤维素含量与抗拉强度损失率的关系

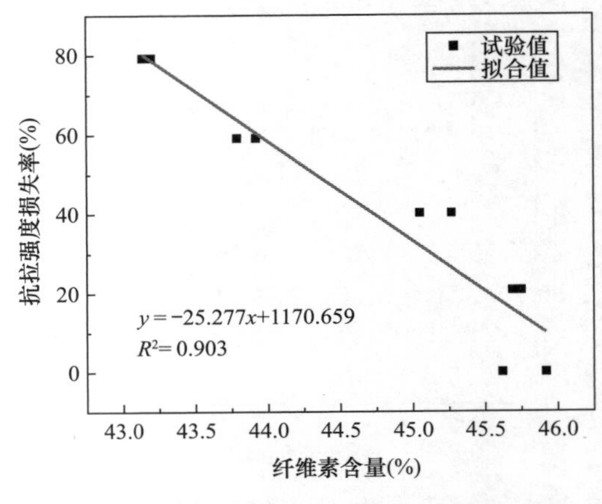

图 2.1-51　纤维素含量与抗拉强度损失率的关系

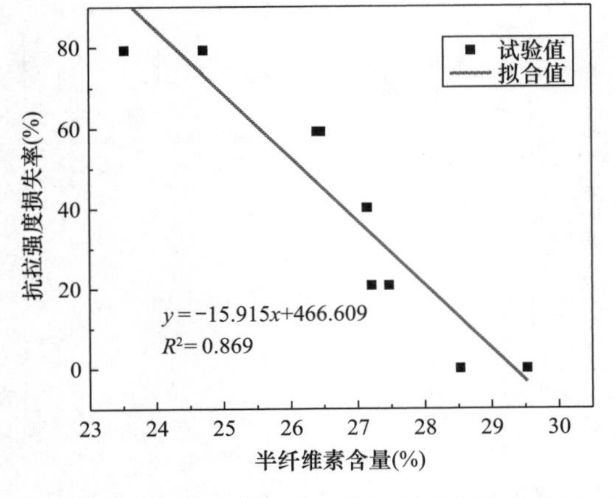

图 2.1-52　半纤维素含量与抗拉强度损失率的关系

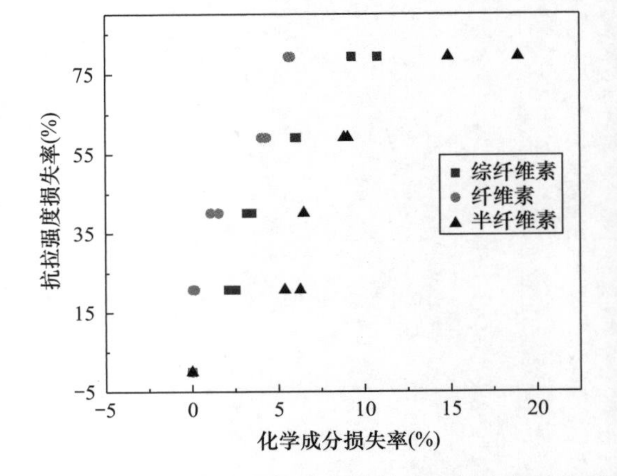

图 2.1-53　化学成分损失率与抗拉强度损失率的关系

之间的显著性 P 均小于 0.01，具有显著性意义。且二者之间的相关系数分别为 $R^2=0.941>0.5$、$R^2=0.903>0.5$、$R^2=0.869>0.5$，即可得综纤维素、纤维素以及半纤维素含量与抗拉强度损失率均在 0.01 水平上显著相关。

在本章所研究的抗拉强度损失率为 0 到 79.30%时，试验所得实测综纤维素、纤维素、半纤维素含量分别由 74.45%（75.15%）下降到 66.73%（67.85%），45.92%（45.62%）下降到 43.2%（43.14%），28.53%（29.53%）下降到 23.53%（24.71%），且综纤维素、纤维素、半纤维素的实测含量与抗拉强度损失率均呈强烈的负相关关系，在抗拉强度损失率相对较低时，纤维素实测含量相比综纤维素和半纤维素变化不明显，只存在小范围波动现象，这主要是因为在腐朽程度较低时即抗拉强度损失相对较少时，处于腐朽的初期，因为半纤维素被纤维素包裹，所以褐腐真菌只先对半纤维素进行分解，所以造成此时半纤维素含量有明显地降低，纤维素含量基本不变。当腐朽程度较高时即抗拉强度损失率在 79.3%时，综纤维素实测含量降至 66.73%（67.85%），纤维素实测含量降至 43.20%（43.14%），半纤维素实测含量降至 23.53%（24.71%），相对对照组试件，三者均有较大幅度的变化。

由试验所得数据，图 2.1-53 总结得出了化学成分损失率与抗拉强度损失率之间的关系。木材腐朽造成的试件宏观抗拉强度的降低，主要是由于其内部化学成分的变化，即综纤维素、纤维素、半纤维素含量的变化。随着化学成分损失率的增加，抗拉强度损失率逐渐增加，在综纤维素的化学成分损失率在 10%之内时，抗拉强度损失率就可高达 79.30%。与综纤维素和半纤维素相比，纤维素相对更敏感，在极小损失率下，就对应较高抗拉强度损失率。

4. 褐腐红松木材 X 射线衍射分析

1）试验样品和试验设备

将已经制备完好的 80～100 目的木粉，在室温下压成长度约为 2cm 宽度约 2cm 的无定形薄片（图 2.1-54）待测试使用。由于顺纹抗压试件 80～100 目的木粉样品不足，所以只对抗弯试件和顺纹抗拉试件进行了结晶度测试。

试验设备采用日本生产的 D/MAX2000 型 X 射线衍射仪，如图 2.1-55 所示，设备主要参数如表 2.1-6 所示。

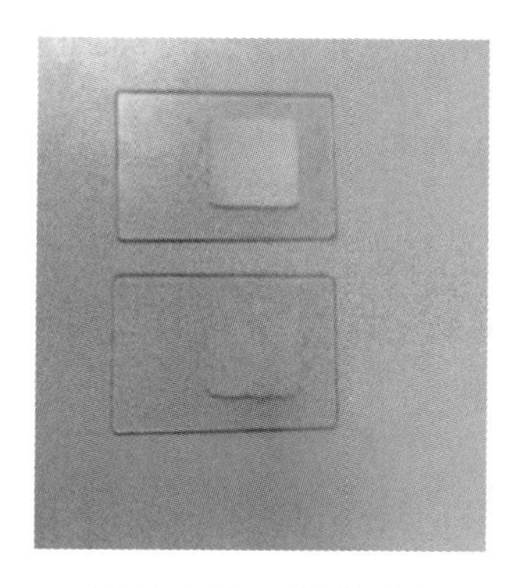

图 2.1-54　试验样品

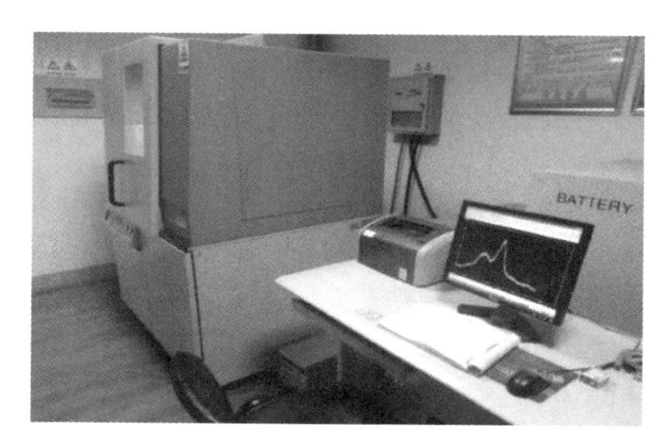

图 2.1-55　X 射线衍射仪

X射线衍射仪参数设置表　　表 2.1-6

参数类型	数值
管电压（kV）	40
电流（mA）	40
扫描范围（°）	4～45
扫描速度（°/s）	0.1
取点间隔（°）	0.02

将样品放在仪器内部的样品托上，采用 $\theta/2\theta$ 联动扫描，获得 2θ 衍射强度曲线，每个试样扫描两次，取两次结果的平均值作为最终测定结果。

2）试验结果分析

经过平滑降噪处理的试样的 2θ 衍射强度曲线如图 2.1-56、图 2.1-57 所示，根据 X 射线衍射的测试原理：在非结晶区发生漫反射，只有在结晶区产生波峰。在扫描曲线上观察到，在 $2\theta=22°$ 时出现衍射曲线的最高峰，在 $2\theta=18°$ 附近时出现衍射曲线的极小值。采用 Segal 法计算纤维素相对结晶度的数值，具体计算如式（2.1-9）所示。

$$C_rI=\frac{I_{002}-I_{am}}{I_{002}}\times 100\% \tag{2.1-9}$$

式中，C_rI 为样品纤维素相对结晶度；I_{002} 为衍射曲线上 $2\theta=22°$ 附近 002 晶格衍射角的极大强度；I_{am} 为衍射曲线上 $2\theta=18°$ 附近非结晶背景衍射的散射强度。

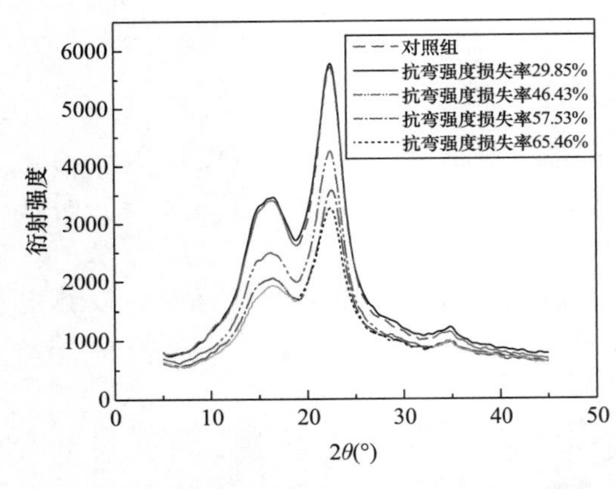

图 2.1-56　抗弯试件褐腐后 2θ 强度衍射曲线图

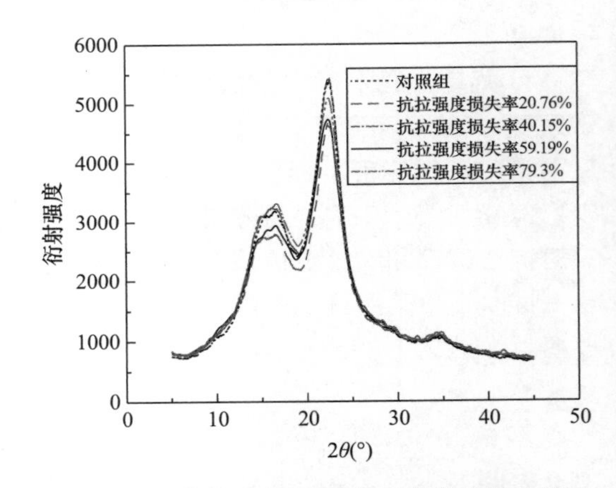

图 2.1-57　抗拉试件褐腐后 2θ 强度衍射曲线图

不同强度损失率的试样的衍射强度曲线的形状基本相同，这说明即使木材试样受到腐朽菌的侵蚀，纤维素作为褐腐菌的有机养料被降解消化，宏观力学强度有所下降，但木材细胞内部的晶胞构造并未发生改变，只有结晶度有所变化。

图 2.1-58、图 2.1-59 分别给出了纤维素结晶度与抗弯强度损失率以及抗拉强度损失率之间的相关关系。纤维素结晶度与抗弯强度损失率之间的显著性 P 大于 0.05，无显著性意义，从统计学角度考虑，可能是由于样本数较少。相关关系系数 $R^2=0.507>0.5$，为强相关。抗拉强度损失率与纤维素结晶度之间的显著性 P 小于 0.05，相关系数 $R^2=0.821>0.5$，即在 0.05 水平上显著相关。

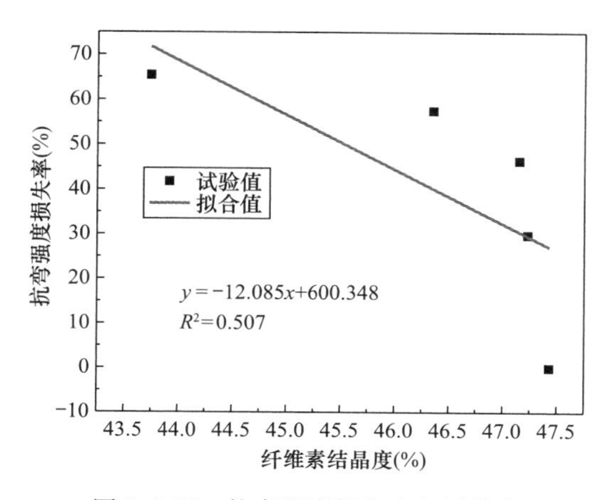

图 2.1-58 抗弯强度损失率与纤维素结晶度的相关关系

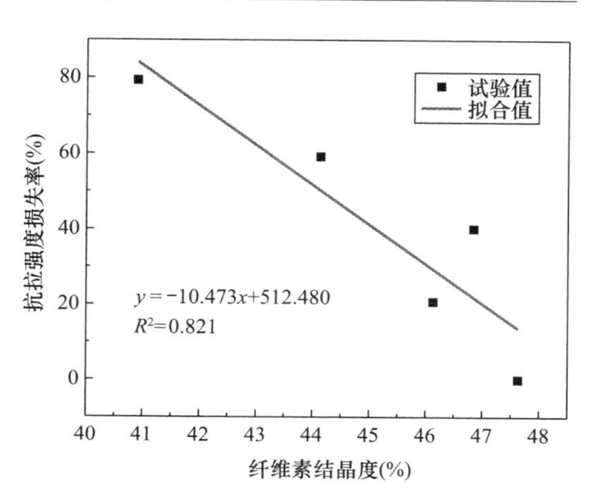

图 2.1-59 抗拉强度损失率与纤维素结晶度的相关关系

2.1.4 腐朽木材力学性能退化模型

1. 各类微观指标与强度损失率之间的相关关系

本小节将综纤维素、纤维素、半纤维素含量，纤维素结晶度定义为腐朽木材力学性能降低的微观指标。表 2.1-7～表 2.1-9 分别汇总了本章节试验所得的各类微观指标与抗压强度损失率、抗弯强度损失率以及抗拉强度损失率之间的相关关系。

顺纹抗压强度损失率与各类微观指标之间的相关关系　　**表 2.1-7**

微观指标	样本数量	显著性 P	相关系数 R	R^2	结果
综纤维素含量（%）	12	6.17×10^{-8}	−0.976	0.948	强相关
纤维素含量（%）	12	7.10×10^{-5}	−0.899	0.788	强相关
半纤维素含量（%）	12	2.19×10^{-7}	−0.969	0.933	强相关

注：$P<0.01$ 表明影响因子为显著影响，$P<0.05$ 表明影响因子为较显著影响。

抗弯强度损失率与各类微观指标之间的相关关系　　**表 2.1-8**

微观指标	样本数量	显著性 P	相关系数 R	R^2	结果
综纤维素含量（%）	14	6.40×10^{-9}	−0.972	0.940	强相关
纤维素含量（%）	14	5.42×10^{-9}	−0.973	0.942	强相关
半纤维素含量（%）	14	4.66×10^{-6}	−0.915	0.823	强相关
纤维素结晶度（%）	5	0.177	−0.712	0.507	中等相关

顺纹抗拉强度损失率与各类微观指标之间的相关关系　　**表 2.1-9**

微观指标	样本数量	显著性 P	相关系数 R	R^2	结果
综纤维素含量（%）	10	3.32×10^{-6}	−0.970	0.934	强相关
纤维素含量（%）	10	2.54×10^{-5}	−0.950	0.891	强相关
半纤维素含量（%）	10	8.58×10^{-5}	−0.932	0.852	强相关
纤维素结晶度（%）	5	0.0340	−0.841	0.821	强相关

通过上表的对比分析，可以得到在本章节研究的所有微观指标中，综纤维素含量与三种力学强度损失率之间的相关关系均为高度强相关，且 R^2 均大于 0.9。这主要是因为综纤维素是纤维素和半纤维素的总和，所以无论是纤维素对木材力学强度产生的贡献还是半纤维素对木材力学强度产生的贡献，均可综合体现在综纤维素上。除此之外，顺纹抗压强度的损失率与半纤维素的相关性也非常强（R^2=0.933），这主要是因为木材的受压破坏是木材细胞壁丧失稳定的结果，而非内部纤维的断裂，半纤维素是细胞壁中的填充物质，主要起黏合作用，对木材的抗压强度提供主要的贡献。抗弯强度的损失率与纤维素含量的相关性非常强（R^2=0.942），木材在受弯破坏时，内部应力状态相当复杂，破坏主要是由于下部受拉区达到极限强度，木材细胞壁的主要骨架纤维发生断裂，所以可以认为纤维素对抗弯强度起贡献作用，腐朽导致纤维素的降解，进而造成抗弯强度的下降。抗拉强度的损失率与纤维素的减少相关性较强（R^2=0.891），同受弯破坏类似，木材的受拉破坏主要取决于微纤丝的撕裂，所以可以认为纤维素对抗拉强度起主要贡献作用，腐朽导致纤维素的降解，进而造成抗拉强度的下降。

2. 最佳微观指标及回归模型

根据上述相关性分析，挑选出与力学性能所对应的相关性高的微观指标作为最佳指标，并基于最佳微观指标来对不同力学性能的损失进行预测。综合选用综纤维素和半纤维素作为抗压强度损失的最佳微观指标，综纤维素和纤维素作为抗弯强度损失的最佳微观指标，综纤维素和纤维素作为抗拉强度损失的最佳微观指标。

根据试验结果，通过回归拟合分别得到了顺纹抗压强度损失率、抗弯强度损失率以及顺纹抗拉强度损失率的数学回归模型，具体如式（2.1-10）～式（2.1-12）所示。

$$f_{CL}=-12.87X+9.15Y+652.23 \tag{2.1-10}$$

$$f_{BL}=-3.17X-7.07Z+570.85 \tag{2.1-11}$$

$$f_{TL}=-7.44X-7.78Z+920.31 \tag{2.1-12}$$

式中，X 代表综纤维素含量；Y 代表半纤维素含量；Z 代表纤维素含量；f_{CL}、f_{BL} 和 f_{TL} 分别代表顺纹抗压强度、抗弯强度和顺纹抗拉强度损失率。

图 2.1-60～图 2.1-62 给出了顺纹抗压、抗弯、顺纹抗拉强度损失率的试验值和计算值的对比，且二者之间的相关系数分别为 0.962、0.964、0.950。可以看出，虽然试验值

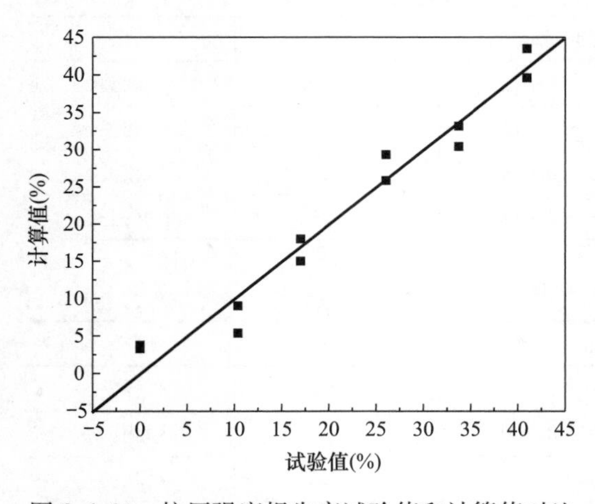

图 2.1-60　抗压强度损失率试验值和计算值对比

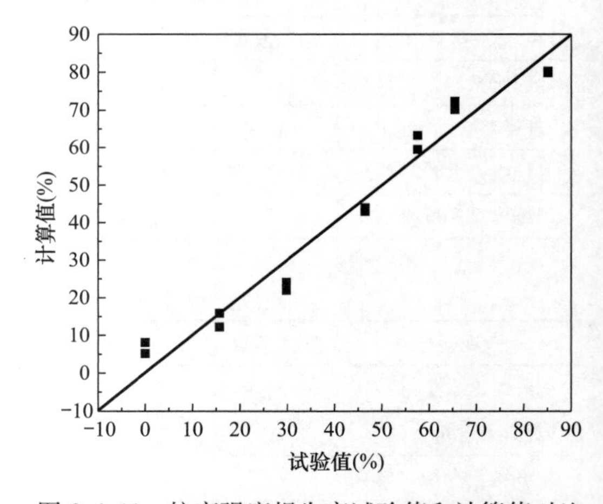

图 2.1-61　抗弯强度损失率试验值和计算值对比

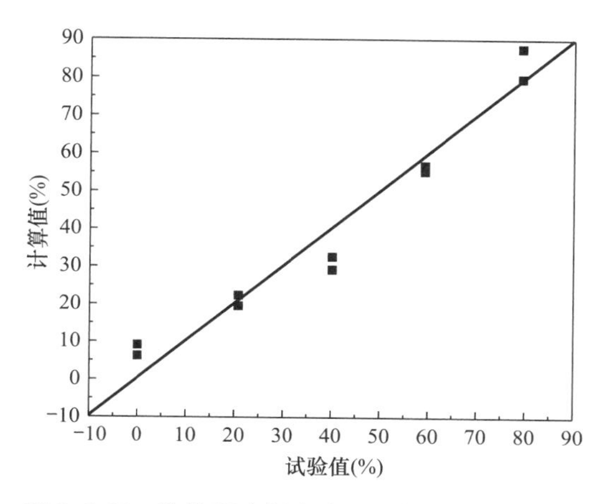

图 2.1-62　抗拉强度损失率试验值和计算值对比

和计算值之间仍存在一定的差值，但总体拟合效果良好。此数学回归模型从腐朽导致的微观损伤机理出发，定量地分析了红松木材褐腐后力学性能的降低规律，实现了腐朽造成的微观变化到宏观强度损失之间的贯通。通过该数学回归模型还可定量地预测木材褐腐后力学性能的损失。

2.2　老化木材力学性能退化

我国古建筑木结构以其巧妙的构造方法和卓越的抗震性能，引起了世界范围的瞩目，她是中华民族乃至世界文化的重要组成部分，是祖先留给我们的宝贵文化遗产，具有很高的历史、文物、艺术和科学价值。但由于木材自身的缺陷以及自然与人为的破坏，古建筑木结构的现状不容乐观，很多古建筑都亟待修缮加固。由于古建筑的一砖一瓦都有它存在的价值，因此我国国家标准《古建筑木结构维护与加固技术标准》GB/T 50165—2020 要求古建筑的修缮必须遵守不改变文物原状的原则，修缮时必须尽量多使用原来的建筑材料，尽量少更换构件。为了判断古建筑结构构件是继续使用，或经加固后继续使用还是更换，首先要确定的就是材料强度是否严重退化，然后根据构件承载力退化大小确定修缮加固方案，可见，古建筑木结构材料强度的取值大小对古建筑的修缮加固方案选择具有重大影响。

新建木结构的木材材料强度已有成熟的研究成果，按国家标准《木结构设计规范》GB 50005—2017 进行取值即可。对于已历经数百年甚至上千年的古建筑而言，其材料力学性能已显著退化，因此其材料强度不能直接按国家标准《木结构设计规范》GB 50005—2017 进行取值。我国国家标准《古建筑木结构维护与加固技术标准》GB/T 50165—2020 虽然用材料强度修正系数考虑了古建筑的特殊性，但过于简单且偏不安全，因此需考虑古建筑木材材料性能退化，提出古建筑木结构木材材料强度的取值方法。

2.2.1　历经年限对木材强度的影响

古建筑木结构所用木材在历经了数百年甚至上千年之后的实际材料性能是进行修缮加固的依据，为了研究其材料性能的变化规律，古建筑木结构维护与加固规范编制组和陈国莹利用维修古建筑木结构时更换下来的旧木构件，进行了部分木材物理力学性能试验。日本千叶大学也对古旧木材和新木材的物理力学性能进行了试验，为便于比较，换算出含水率为12%后的相关数据，见表2.2-1、表2.2-2。

日本扁柏古木与新木材性对比　　表2.2-1

试验项目		经历年数（年）	换算含水率（%）	换算顺压强度（MPa）	比值	换算静曲强度（MPa）	比值	换算弹性模量（MPa）	比值	换算顺剪强度（MPa）	比值
古木来源	法隆寺	1300	12	454.0	1.32	717.0	1.03	9.1	1.12	62.0	0.80
	极乐院	1200	12	436.8	1.27	773.0	1.11	8.7	1.07	54.9	0.71
	平等院	900	12	448.9	1.31	716.3	1.03	9.4	1.16	69.1	0.89
	大报恩寺	730	12	437.8	1.27	709.2	1.02	9.3	1.15	75.8	0.98
	莲华王院	700	12	479.1	1.39	858.9	1.23	10.4	1.28	73.3	0.94
	灯明寺	530	12	532.2	1.55	830.2	1.19	7.6	0.94	73.3	0.94
	高台寺	355	12	510.5	1.49	870.3	1.25	12.0	1.47	67.6	0.87
	冏满院	350	12	473.8	1.38	782.9	1.12	10.2	1.26	73.6	0.95
	教王护国寺	350	12	476.5	1.39	740.7	1.06	9.0	1.11	84.2	1.09
新木	木曾产	8	12	336.5	—	673.1	—	8.7	—	70.0	—
	奈良产	6	12	338.8	—	692.3	—	7.3	—	80.6	—
	高野产	5	12	355.3	—	724.7	—	8.3	—	82.2	—
	平均值	—	—	343.5	1.00	696.7	1.00	8.1	1.00	77.6	1.00

日本榉树古木与新木材性对比　　表2.2-2

试验项目		经历年数（年）	换算含水率（%）	换算顺压强度（MPa）	比值	换算静曲强度（MPa）	比值	换算弹性模量（MPa）	比值	换算顺剪强度（MPa）	比值
古木来源	极乐院	650	12	489.6	0.75	677.7	0.52	8.9	0.69	89.1	0.53
	灯明寺	530	12	628.8	0.96	903.1	0.70	10.3	0.80	129.1	0.77
	法华寺	350	12	623.0	0.95	934.0	0.72	9.7	0.76	104.4	0.63
	高台寺	350	12	511.8	0.78	809.5	0.63	8.1	0.63	101.4	0.61
	二条城	350	12	623.9	0.95	966.5	0.75	11.1	0.87	129.3	0.77
	清水寺	320	12	521.5	0.80	844.3	0.65	9.0	0.71	114.0	0.68
	延历寺	310	12	435.8	0.67	898.6	0.70	9.3	0.73	118.5	0.71
	观音寺	240	12	690.4	1.05	1171.7	0.91	13.2	1.04	113.3	0.68
新木	（Ⅰ）	0	12	635.0	—	1326.0	—	13.2	—	160.0	—
	（Ⅱ）	0	12	674.7	—	1256.4	—	12.3	—	174.1	—
	平均值	—	—	654.8	1.00	1291.2	1.00	12.8	1.00	167.0	1.00

注：(1) 换算强度单位：0.1MPa；换算弹性模量单位：MPa；(2) 比值=古木换算值/新木换算平均值。

将这些试验结果绘于图2.2-1，可以很清楚地发现古旧木材力学性能随时间变化的一些规律。

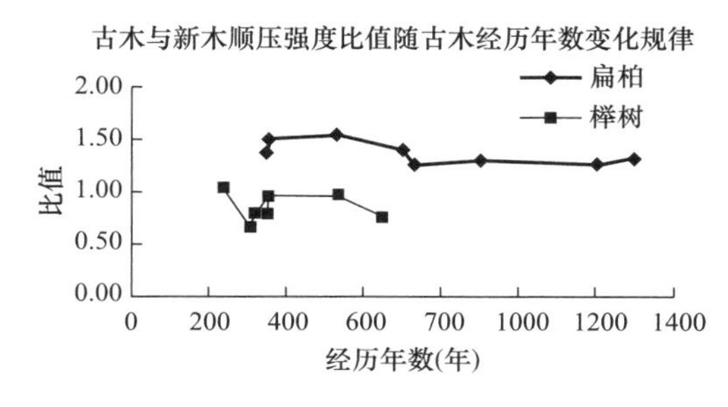

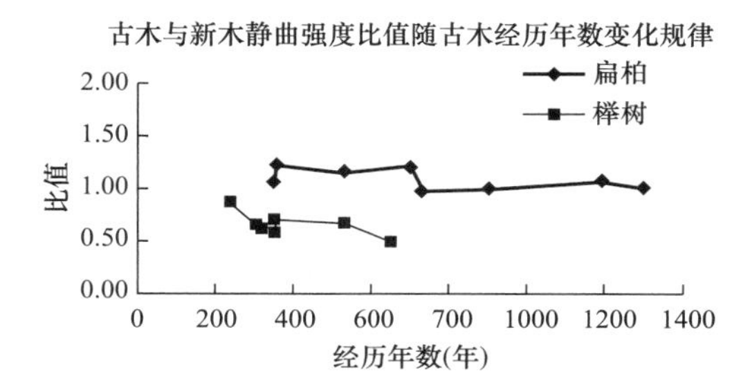

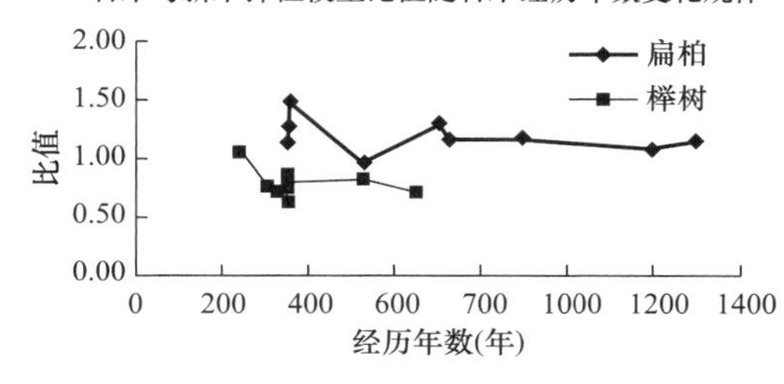

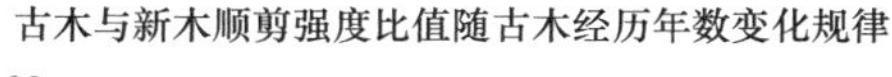

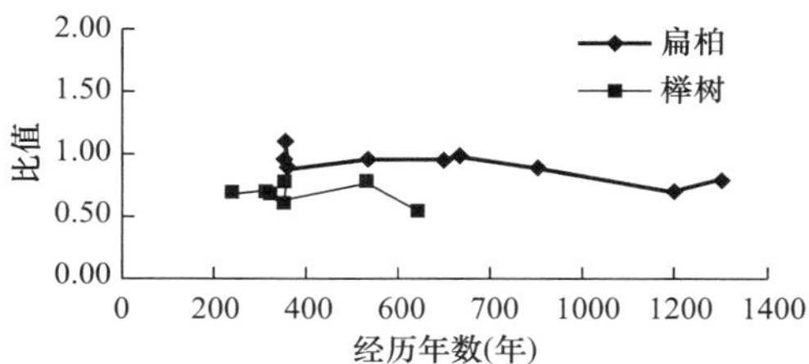

图 2.2-1　木材力学性能随历经年限变化规律

古建筑木结构维护与加固规范编制组和陈国莹的分析结果及上述日本千叶大学试验结果可以看出：(1) 古旧木材相对于新木材其强度指标多数是降低的，特别是顺纹抗拉强度和横纹抗压强度降低幅度最大，约为50%；(2) 不同地区、不同树种、不同年代、不同强度指标变化规律不一样。

由于各项指标的变化规律随不同地区、不同树种、不同年代的差异性很大，再加上试验数据非常有限，目前暂无较全面的研究成果，但很多强度指标降低幅度在60%以下。因此本书认为对古建筑木结构进行修缮时，木材强度应该根据实测数据，再考虑到其他影响因素（如含水率、天然缺陷等）及可靠度进行强度折减。如确实因保护需要不能取样测试时，应考虑古建筑历经年限的不利影响而对强度进行折减。

2.2.2　横向裂纹对木材抗弯强度的影响

为了考察横向裂纹对木材抗弯强度的影响，作了有、无横向裂纹的东北红松木材抗弯强度的对比试验。试样分为两组，按国家标准《无疵小试样木材物理力学性质试验方法 第9部分：抗弯强度测定》GB 1927.9—2021 制作试样，每组试样有6个试件，长度为顺纹方向；第1组为无裂纹完好试验，尺寸为20mm×20mm×300mm；第2组为带横向裂纹试样，尺寸为20mm×30mm×300mm，在试样中央沿弦向割制10mm深的边缘裂纹，试样在开裂纹处的净截面仍为20mm×20mm，如图2.2-2所示。试验采用日产SHIMADZU形木材万能试验机进行测定，木材抗弯强度加载方案如图2.2-3所示。抗弯强度计算结果见表2.2-3。

上述测试结果的变异系数很小，所得测试结果稳定可用。东北红松有、无裂纹试样抗弯强度比值的试验结果为0.56，这与Witomski等对白桦和柞木得到的试验结果（有、无裂纹试样抗弯强度比值分别为0.53和0.44）基本是一致的。从本章测试结果及王丽宇的结果均可以看出，横向裂纹对木材试样的抗弯强度有很大的不利影响。因此，对于有横向裂纹的受弯构件，其抗弯强度需考虑横向裂纹的影响，建议有横向裂纹木材的抗弯强度的折减系数取为 0.5。

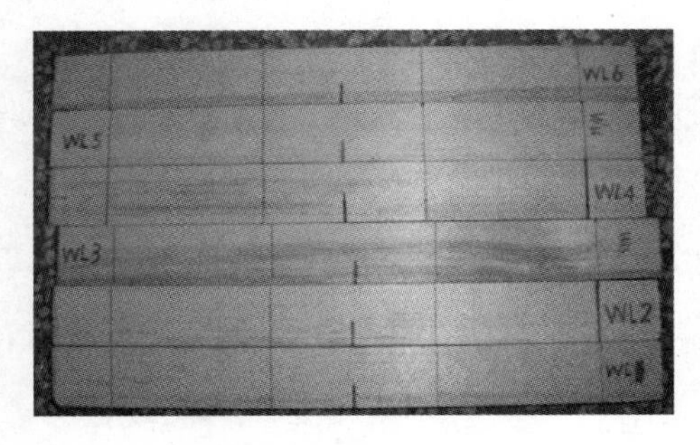

图 2.2-2 带裂纹试样图

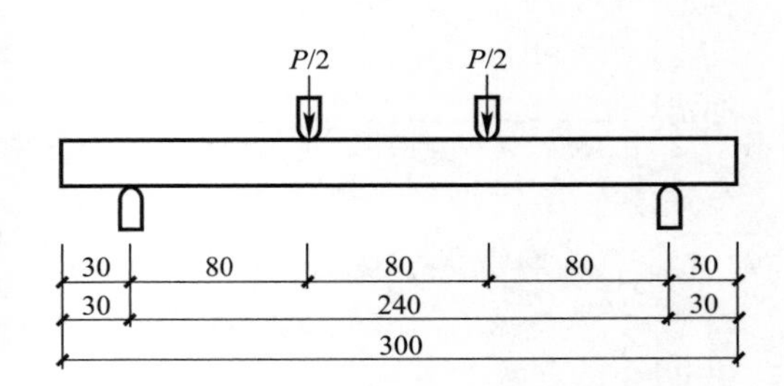

图 2.2-3 木材抗弯强度加载方案

东北红松试样抗弯强度测试结果 **表 2.2-3**

试样类型	无裂纹试样	有裂纹试样
试样数（个）	6	6
抗弯强度均值（MPa）	67.27	37.37
标准差（MPa）	2.03	1.54
变异系数（%）	3.02	4.12
有、无裂纹试样抗弯强度比值	0.56	

注：有裂纹试样按净高度 20mm 计算抗弯强度。

2.2.3 古建筑木材强度取值建议

基于古旧木材历经年限和横向裂纹对木材强度的不利影响，评估古建筑木结构时，对于古旧木材，木材材料强度除需按国家标准《木结构设计规范》GB 50005—2017 的要求考虑折减外，还需要考虑古建筑木材历经年限，可在国家标准《古建筑木结构维护与加固技术标准》GB/T 50165—2020 考虑木材老化折减系数的基础上，乘以 0.9 的折减系数，即可按表 2.2-4 的折减系数考虑古建筑木材历经年限的影响。对于木材抗弯强度，如有横向裂纹，还需考虑横向裂纹对木材抗弯强度的影响，采用 0.5 的强度折减系数。

古建筑木材强度考虑历经年限的折减系数 **表 2.2-4**

古建筑历经年限（年）	木材强度折减系数		
	顺纹抗压强度（MPa）	抗弯和顺纹抗剪强度（MPa）	弹性模量和横纹承压强度（MPa）
100	0.86	0.81	0.81
300	0.77	0.72	0.77
≥500	0.68	0.63	0.68

对于古建筑木结构修缮加固时更换的新木材，虽然新木材的强度暂时较高，但考虑到经过数百年后新木材也将变成古旧木材，因此新木材的强度应采用相同树种的古旧木材的强度作为修缮加固时的依据。如更换用的新木材无法采用与原构件相同树种木材，则需选用强度等级不低于原构件的新木材代替，其强度设计值仍采用原构件古旧木材强度。

2.3 本章小结

古建筑木结构由于木材自身的缺陷以及自然与人为的破坏，都亟待修缮加固。木材材料强度的大小是制定修缮加固方案、确定更换构件与否的基础，但目前尚缺乏这方面的研究成果。首先，针对古建筑木结构中最常见的木材褐腐问题，通过木材加速褐腐试验，分析木材褐腐后的表面形貌、质量损失率及其力学性能的变化规律，建立腐朽木材力学性能退化与其质量损失率之间的定量关系，进一步分析木材不同腐朽程度下综纤维素、纤维素、半纤维素含量的变化规律，建立了木材力学性能损失与纤维素结晶度的相关关系，探明木材褐腐的微观机理。在老化木材力学性能退化方面，分析了古旧木材历经年限对木材强度的影响和横向裂纹对木材抗弯强度的影响，建议了古建筑木结构修缮加固时木材材料强度的取值方法，可为古建筑木结构在修缮加固时考虑材料性能退化问题提供参考。

第3章
高温后木材力学性能退化研究

由于古建筑木结构材质——木材的易燃性，加之自然与人为的影响，火灾一直是古建筑木结构面临的重大灾害之一，至今已有不少古建筑木结构在历次火灾中消失或毁坏。随着消防水平的日益提高，古建筑木结构火灾通常可在结构受到严重影响之前被扑灭，被完全烧毁的风险显著降低。考虑到古建筑木结构保护须遵循的“不改变文物原状、修旧如旧”原则，一些受火灾高温影响较轻、性能退化程度较小的木构件经合理评估后往往可以继续使用。因此，非常有必要掌握高温后木材及木构件主要物理力学性能的退化情况。

近年来，国内外学者围绕木结构抗火性能研究课题开展了深入研究，但主要集中在木构件火灾后的力学性能退化层面。在材料层面已开展的少量研究主要集中在木材炭化机理、微观结构变化、炭化速度及炭化深度模型等方面，有关高温后木材物理力学性能退化的研究尚不充分，木构件力学性能理论分析及数值模拟在材料层面也缺少必要的基础数据，亟须开展深入研究。另一方面，实际结构中发生的火灾往往是由一定的灭火措施如干冰、水等扑灭的，并非自然熄灭，因此尚需考虑冷却方式对木材高温后力学性能的影响。

3.1 木材高温后力学性能试验

为考虑高温对木材顺纹抗压强度、抗压弹性模量、抗拉强度、弦向抗剪强度以及径向抗压强度、径向抗压弹性模量6项主要力学性能指标的影响，开展木材高温试验，并对高温后木材试件进行力学性能测试。

3.1.1 试件设计与制作

选用我国北方古建筑木结构常用的东北落叶松为试材。东北落叶松原木直径为22～25mm，初始含水率为64%，自然干燥一年后用于加工试件。为保证试件无瑕疵，试件均取自晚材率高的部位。为减少木材本身所带来的试验误差，试验所需试件均从同一棵树中截取。

试件由经验丰富的木工师傅加工而成。首先，将原木锯解成毛坯试条，并置于室温为(20±2)℃、相对湿度为（65±5）%的环境中，调整试样含水率至平衡含水率。随后，按照国家标准《无疵小试样木材物理力学性质试验方法 第2部分：取样方法和一般要求》GB/T 1927.2—2021的规定制作试件，试件模型尺寸见表3.1-1和图3.1-1。试件制作完成后及时密封保存和编号，见表3.1-2。

试件模型尺寸　　表 3.1-1

序号	试验名称	试件尺寸（mm）
1	顺纹抗压强度试验	30×20×20
2	顺纹抗压弹性模量试验	60×20×20
3	顺纹抗拉强度试验	详细尺寸见图 3.1-1（a）
4	顺纹抗剪强度试验	详细尺寸见图 3.1-1（b）
5	横纹全部抗压强度试验	30×20×20
6	横纹抗压弹性模量试验	60×20×20

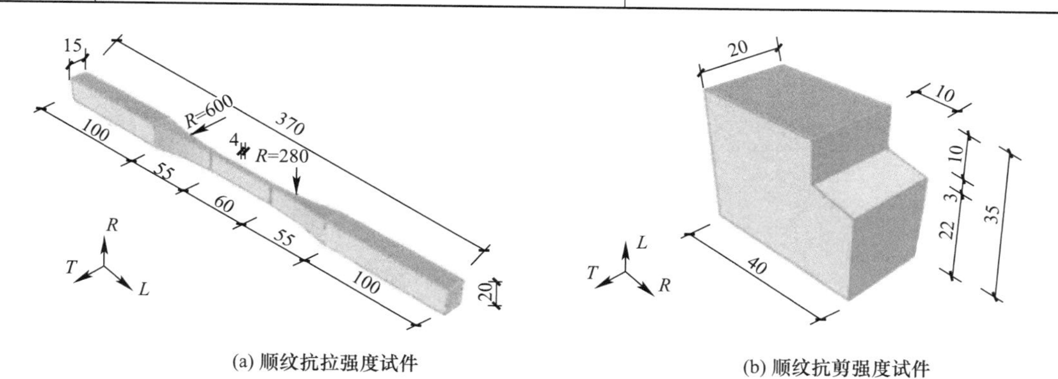

(a) 顺纹抗拉强度试件　　(b) 顺纹抗剪强度试件

图 3.1-1　试件模型尺寸（单位：mm）

各项试验试件参数表　　表 3.1-2

试件编号	数量（个）	温度（℃）	恒温时间（min）	降温方式
W-0	6	20	—	—
W-1	6	100	15	自然降温
W-2	6			冷却降温
W-3	6		30	自然降温
W-4	6			冷却降温
W-5	6		45	自然降温
W-6	6	200	15	自然降温
W-7	6			冷却降温
W-8	6		30	自然降温
W-9	6			冷却降温
W-10	6		45	自然降温
W-11	6	250	15	自然降温
W-12	6			冷却降温
W-13	6		30	自然降温
W-14	6			冷却降温
W-15	6		45	自然降温

注：表中各项试验的试件参数均一样；冷却降温用自来水冷却降温。

3.1.2 试验装置与仪器

试验用到的主要仪器包括：（1）木材高温试验用 ZWL-14-8Y 型中温试验炉，该试验炉为手动输入程序，自动控制升温，见图 3.1-2；（2）高温后木材的力学性能试验采用 DNS300 型电子万能试验机、剪切加载装置；（3）木材物理性能测试采用电子游标卡尺；（4）精确度为 0.01g 的电子秤；（5）测定含水率用烘箱。

图 3.1-2 木材高温试验装置

3.1.3 试验程序与方法

1. 木材高温试验

火灾作用下，建筑温度、火灾持续时间的长短将对建筑结构的承载能力产生较大影响。研究高温后木材物理性质变化规律，揭示木材物理性能变化与温度及恒温时间之间的相关关系以及其物理性能变化的本质原因，可以作为初步判断火灾对木结构建筑影响的条件。因此，本章主要通过试验研究木材的含水率、颜色以及质量损失率随不同温度（100℃、200℃、250℃）和不同恒温时间（15min、30min、45min）的变化规律。

木材高温试验采用西安建筑科技大学材料工程学院高温实验室的 ZWL-14-8Y 型中温试验炉进行加温处理。在高温处理前，为避免试件含水率的不同对试验结果造成的影响，先将所有试件在烘箱内烘干 24h，使试件含水率基本保持一致。随后对试件进行高温处理，为避免升温时间不同带来的误差，本试验统一升温时间为 30min。为保证试件受热面一致，升温过程中相同试件放置方式保持一致。试件高温处理前后均密封保存。

木材高温处理试验中可观察到如下现象：温度上升至 100℃之前，试验炉内的试件几乎没有发生变化，温度上升到 100℃时，可以看到炉内有一些水雾蒸发而出；随温度的继续升高，炉内开始出现烟雾，并能闻到木材溢出的烧糊味道。

在高温处理前后测得木材含水率，含水率依照国标采用烘干测重法测量。高温处理后测量用于失重率试验试件的质量并记录。

2. 高温后木材力学性能试验

试验对木材含水率、颜色、失重率等三项主要物理性能进行研究。试验加载过程严格按照国家标准《无疵小试样木材物理力学性质试验方法 第 11 部分：顺纹抗压强度》

GB/T 1927.11—2022 进行，所有力学强度和弹性模量均在 DNS300 型电子万能试验机上进行测定。为实现顺纹抗剪强度试验加载，自行设计了顺纹抗剪强度试验加载装置，见图 3.1-3。各项受压试验试件均放在试验机球面活动支座的中心位置以防止偏心受力。试验数据由数据采集仪自动采集。

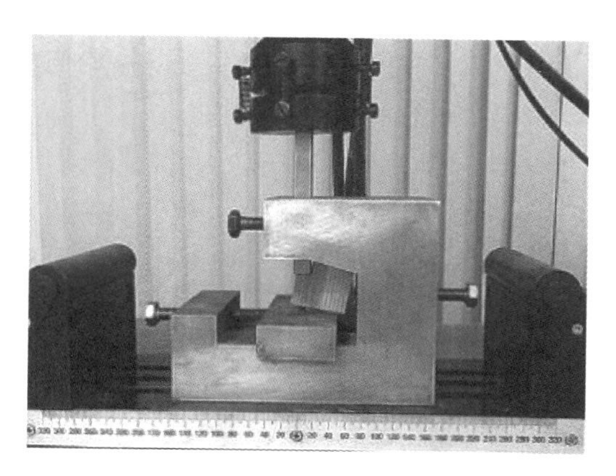

图 3.1-3　木材顺纹抗剪试验装置

3.2　试验结果及分析

3.2.1　质量与外观变化

1. 质量损失

木材经历不同温度、不同恒温时间作用后的质量损失率如图 3.2-1 所示。可以看出，在恒温时间相同、温度为 100℃、200℃时，试件的质量损失率变化不明显，此时木材主要为脱水失重，恒温 45min 的质量损失率分别为 3.3%和 3.52%；当温度达到 250℃时，质量损失率明显增大，恒温 45min 后试件的质量损失率达 7.84%，约是温度为 200℃时的 2.2 倍。

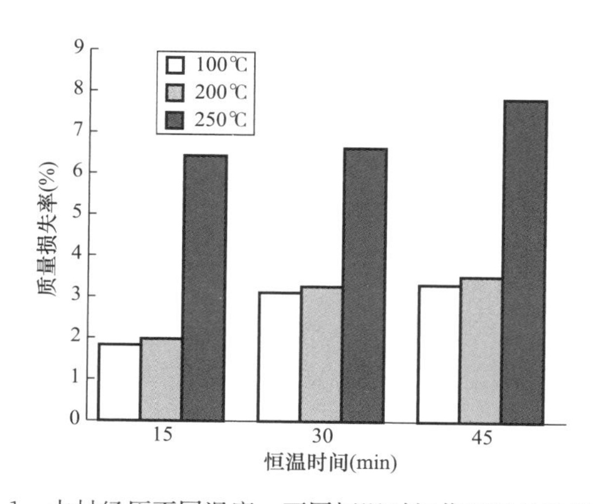

图 3.2-1　木材经历不同温度、不同恒温时间作用后的质量损失率

在温度相同的情况下，随着恒温时间的增加，木材的质量损失率也逐渐增大。在达到木材热解温度之前，恒温时间对木材质量损失率影响显著，恒温时间从 15min 增至 45min 时，温度为 100℃的木材的质量损失率增加了 80%；超过热解温度后，恒温时间对木材质量损失率影响不大，恒温时间从 15min 增至 45min 时，温度为 250℃的木材的质量损失率只增加了 21%，这是因为大部分质量损失已在短时间内完成。

综上，随着处理温度的升高和恒温时间的增加，木材的质量损失呈递增现象，其中温度对木材质量损失的影响明显大于恒温时间。

2. 表观颜色的变化

图 3.2-2 为木材经不同温度、相同恒温时间（45min）处理后的颜色变化情况。可以看出，经 100℃、200℃处理的木材颜色略呈浅褐色，与室温状态下的试件颜色相比变化不明显；经 250℃处理后，木材呈深褐色，外观变化显著，说明 200～250℃是木材颜色显著变化的温度区段。随着处理温度的升高和恒温时间的增加，纤维素和半纤维素多糖类物质降解，生成更多的羰基和羧基，最终导致木材颜色逐步向浅褐色至深褐色变化。

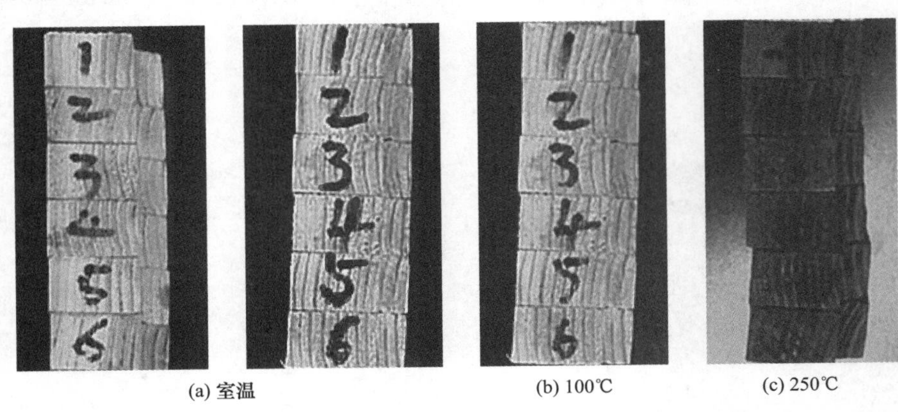

(a) 室温　　(b) 100℃　　(c) 250℃

图 3.2-2　温度对木材颜色外观的影响

3.2.2　力学性能变化

含水率是影响木材力学性能的主要因素，为使试验结果具有可比性，将木材强度值统一换算为 10%含水率时的强度值，以便对比分析。

1. 顺纹抗压强度

图 3.2-3 为木材顺纹抗压强度随温度、恒温时间及降温方式的变化规律。

（1）图 3.2-3（a）反映了不同恒温时间时，木材顺纹抗压强度随着温度的变化规律。当温度从 100℃上升到 250℃时，对应于 15min、30min 和 45min 恒温作用时间的木材顺纹抗压强度下降梯度分别为 0.046MPa/℃、0.089MPa/℃和 0.12MPa/℃（平均下降梯度为 0.085MPa/℃）。

（2）图 3.2-3（b）反映了不同温度作用下，木材顺纹抗压强度随着恒温时间的变化规律。可以看出，不同温度作用相同时间时，其降低幅度有较大差别。温度为 100℃、恒温时间从 15min 增加到 45min 时，木材顺纹抗压强度的下降梯度较小，为 0.13MPa/min；温度为 200℃或 250℃、恒温时间从 15min 增加到 45min 时，木材顺纹抗压强度的下降梯度较大，分别为 0.57MPa/min 和 0.51MPa/min。

（3）图 3.2-3（c）反映了降温方式（自然降温和冷却降温）对木材顺纹抗压强度的影响规律。可以看出，对应于温度为100℃、200℃和250℃，木材经冷却降温后的顺纹抗压强度分别比自然降温时降低了7.4MPa、11.6MPa和7.8MPa（平均降低8.9MPa）。

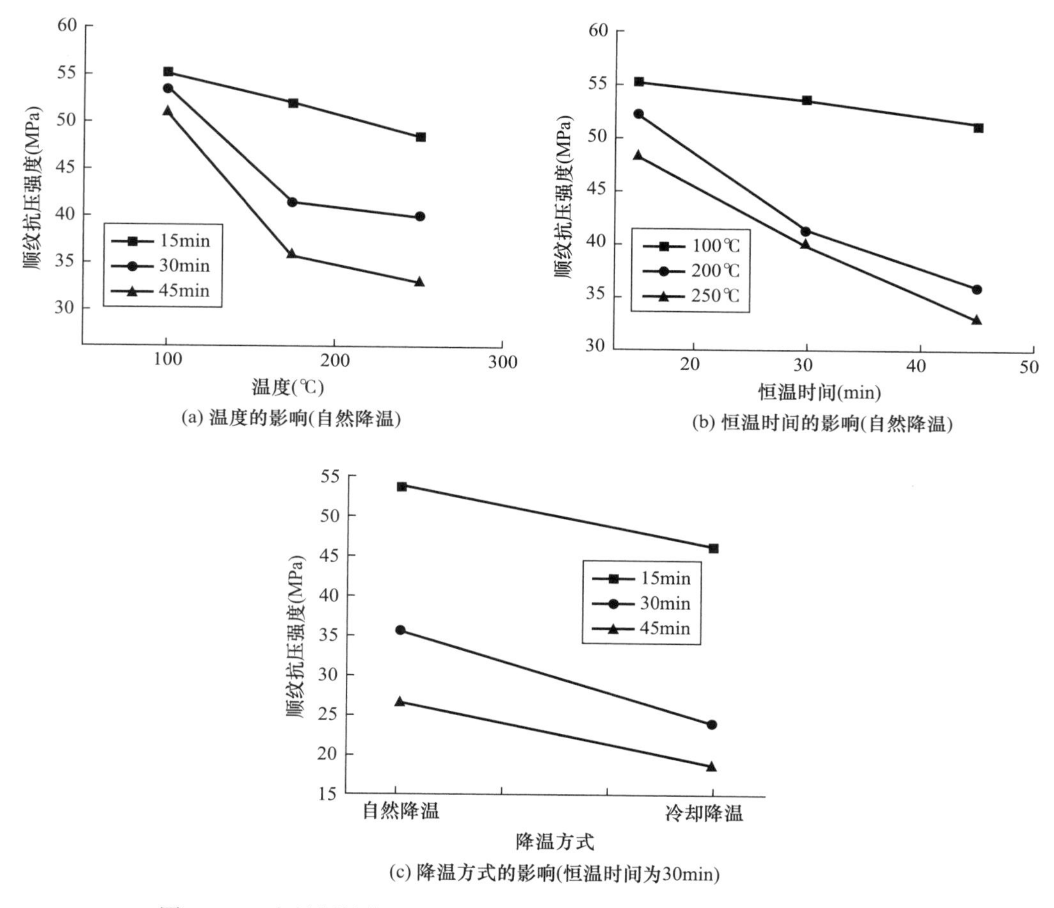

图 3.2-3　木材顺纹抗压强度随温度、恒温时间及降温方式的变化规律

2. 顺纹抗压弹性模量

图 3.2-4 为木材顺纹抗压弹性模量随温度、恒温时间及降温方式的变化规律。

（1）图 3.2-4（a）反映了不同恒温时间时，木材顺纹抗压弹性模量随着温度的变化规律。可以看出，当温度从100℃上升到250℃时，对应于15min、30min和45min的恒温作用时间，木材顺纹抗压弹性模量的下降梯度分别为14.42MPa/℃、9.95MPa/℃和13.16MPa/℃，其平均下降梯度为12.51MPa/℃。

（2）图 3.2-4（b）反映了不同温度作用下，木材顺纹抗压弹性模量随恒温时间的变化规律。可以看出，当恒温时间从15min增加到45min时，木材顺纹抗压弹性模量的平均下降梯度为22.79MPa/min。

（3）图 3.2-4（c）反映了降温方式（自然降温和冷却降温）对木材顺纹抗压弹性模量的影响规律。可以看出，当温度为100℃、200℃和250℃时，木材经冷却降温后的顺纹抗压弹性模量比自然降温时分别降低了179.7MPa、199.3MPa和484.2MPa。

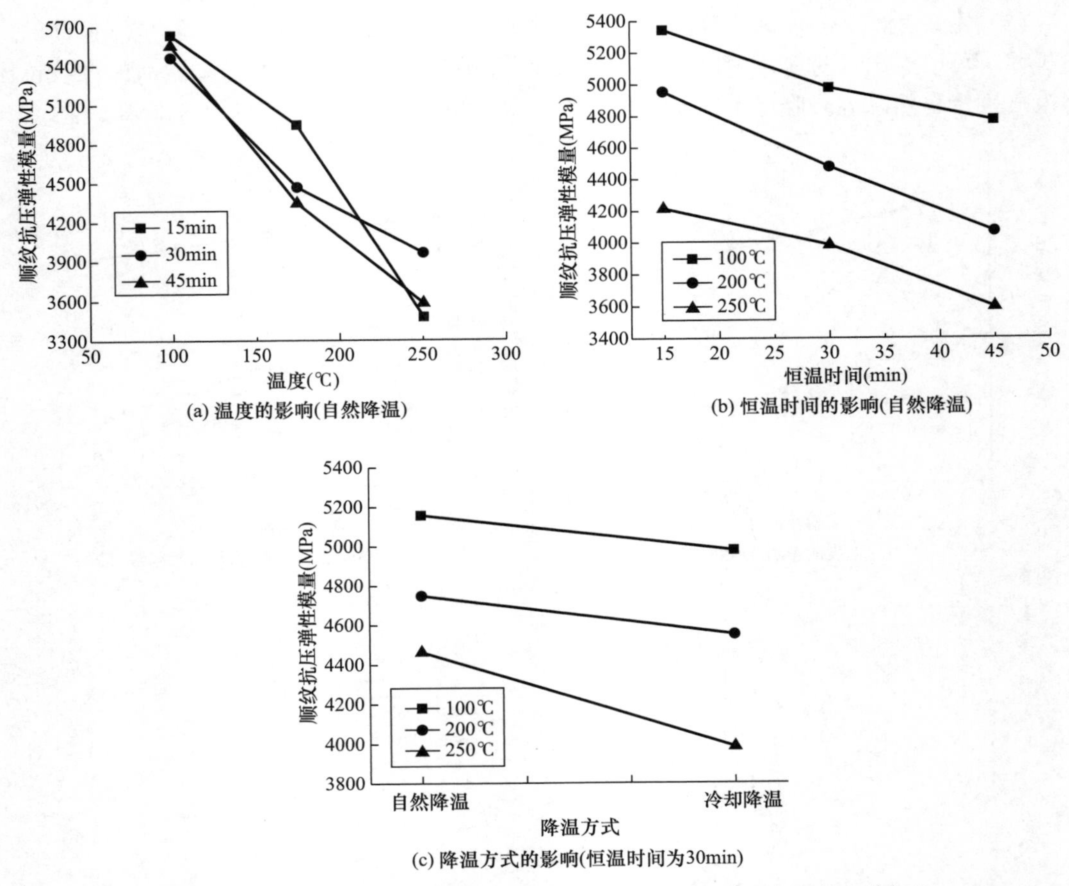

(a) 温度的影响(自然降温)

(b) 恒温时间的影响(自然降温)

(c) 降温方式的影响(恒温时间为30min)

图 3.2-4 木材顺纹抗压弹性模量随温度、恒温时间及降温方式的变化规律

3. 顺纹抗拉强度

图 3.2-5 为木材顺纹抗拉弹性模量随温度、恒温时间及降温方式的变化规律。可以看出，当温度从 100℃上升到 250℃时，木材顺纹抗拉强度平均降低梯度为 0.38MPa/℃；当恒温时间从 15min 增加到 45min 时，木材顺纹抗拉强度的平均下降梯度为 0.53MPa/min；

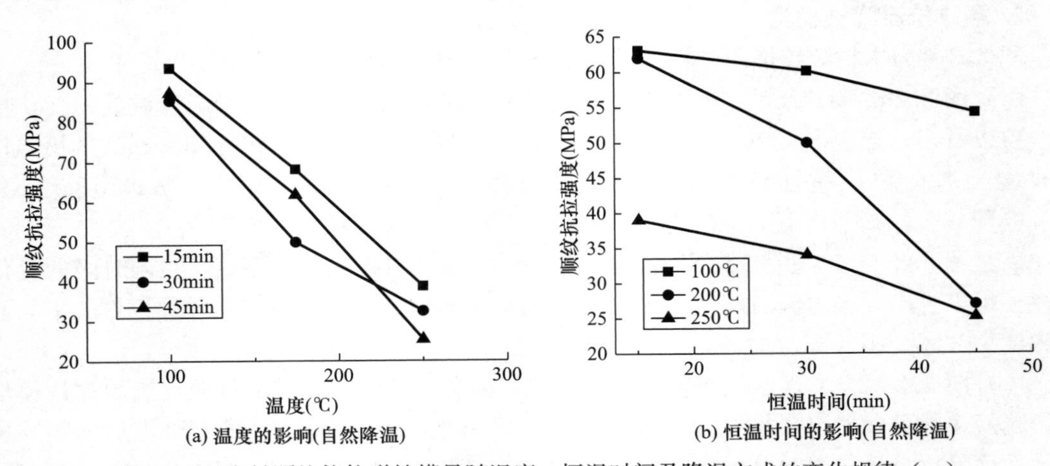

(a) 温度的影响(自然降温)

(b) 恒温时间的影响(自然降温)

图 3.2-5 木材顺纹抗拉弹性模量随温度、恒温时间及降温方式的变化规律（一）

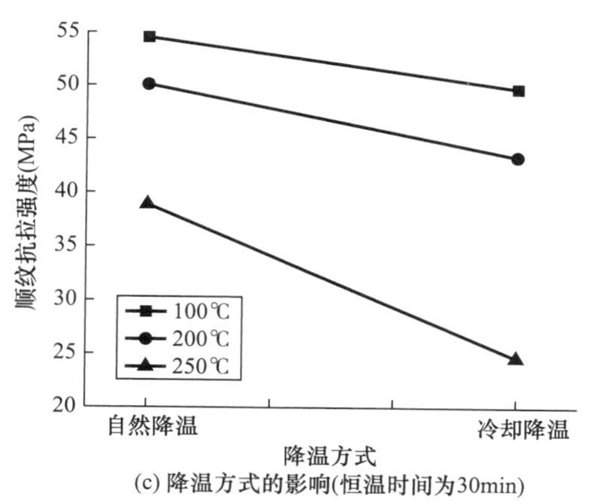

(c) 降温方式的影响(恒温时间为30min)

图 3.2-5 木材顺纹抗拉弹性模量随温度、恒温时间及降温方式的变化规律（二）

当温度为 100℃、200℃时，木材经冷却降温后的顺纹抗拉强度与自然降温时相比，分别降低了 4.8MPa、6.69MPa，其降低幅度不明显，而温度为 250℃时，木材经冷却降温后的顺纹抗拉强度降低幅度较大，为 14.43MPa。

4. 顺纹抗剪强度

图 3.2-6 为木材顺纹抗剪强度随不同温度、不同恒温时间及不同降温方式的变化规

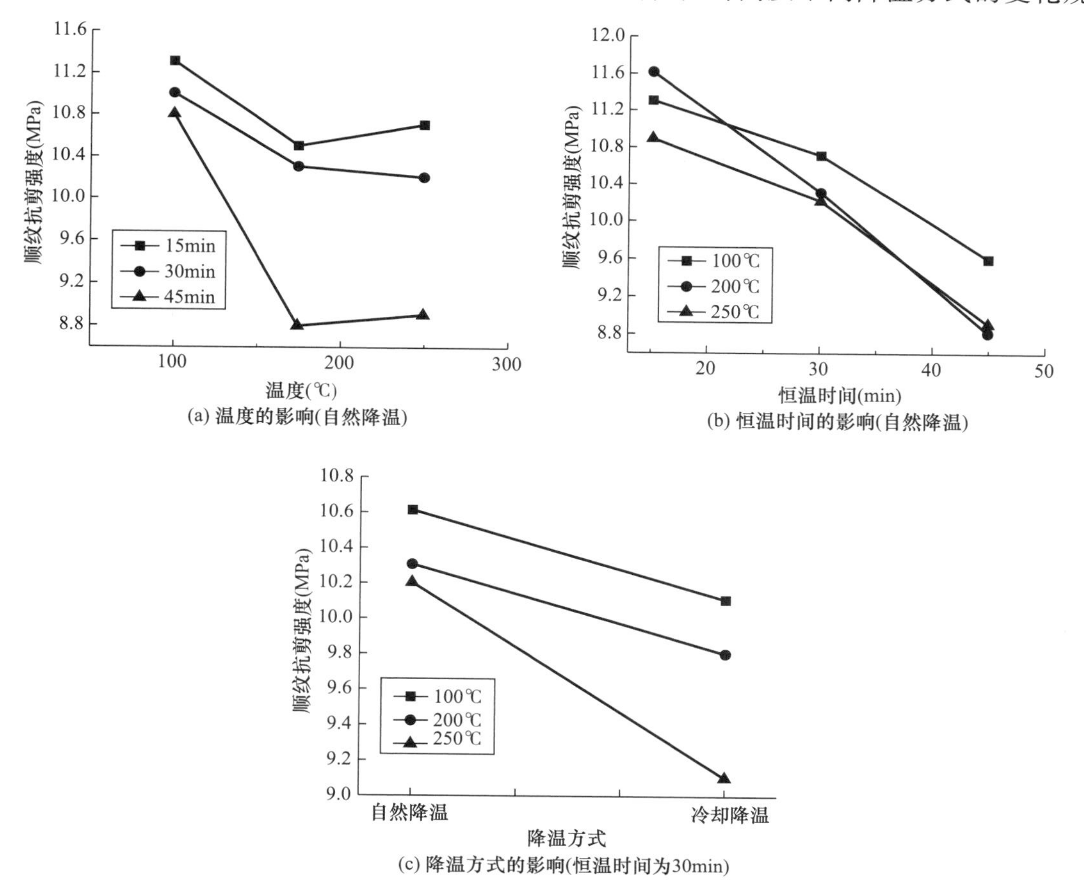

图 3.2-6 木材顺纹抗剪强度随不同温度、不同恒温时间及不同降温方式的变化规律

律。可以看出，当温度由100℃上升至200℃时，木材顺纹抗剪强度呈较为明显的降低趋势［图3.2-6（a）］，平均下降梯度为0.0051MPa/℃；当温度从200℃上升到250℃时，木材顺纹抗剪强度变化不明显。当处理温度相同时［图3.2-6（b）］，不同恒温时间情况下木材的顺纹抗剪强度平均下降梯度为0.061MPa/min。木材经冷却降温后的顺纹抗剪强度较自然降温后的强度为低（平均降低值约0.7MPa）［图3.2-6（c）］。

5. 径向全截面抗压强度

木材径向全截面抗压强度随不同温度、不同恒温时间及不同降温方式的变化规律如图3.2-7所示。

（1）图3.2-7（a）反映了不同恒温时间下，木材径向全部抗压强度随温度的变化规律。可以看出，当温度从100℃上升到200℃时，木材径向全部抗压强度逐渐降低，其平均下降梯度为0.0036MPa/℃；当温度从200℃上升到250℃时，其值逐渐回升。

（2）图3.2-7（b）反映了不同温度作用下，木材径向全部抗压强度随恒温时间的变化规律。可以看出，当温度相同、恒温时间从15min增加到30min的过程中，木材径向全部抗压强度的变化并不明显；当恒温时间从30min增加到45min时，其值明显下降，平均下降梯度为0.104MPa/min。

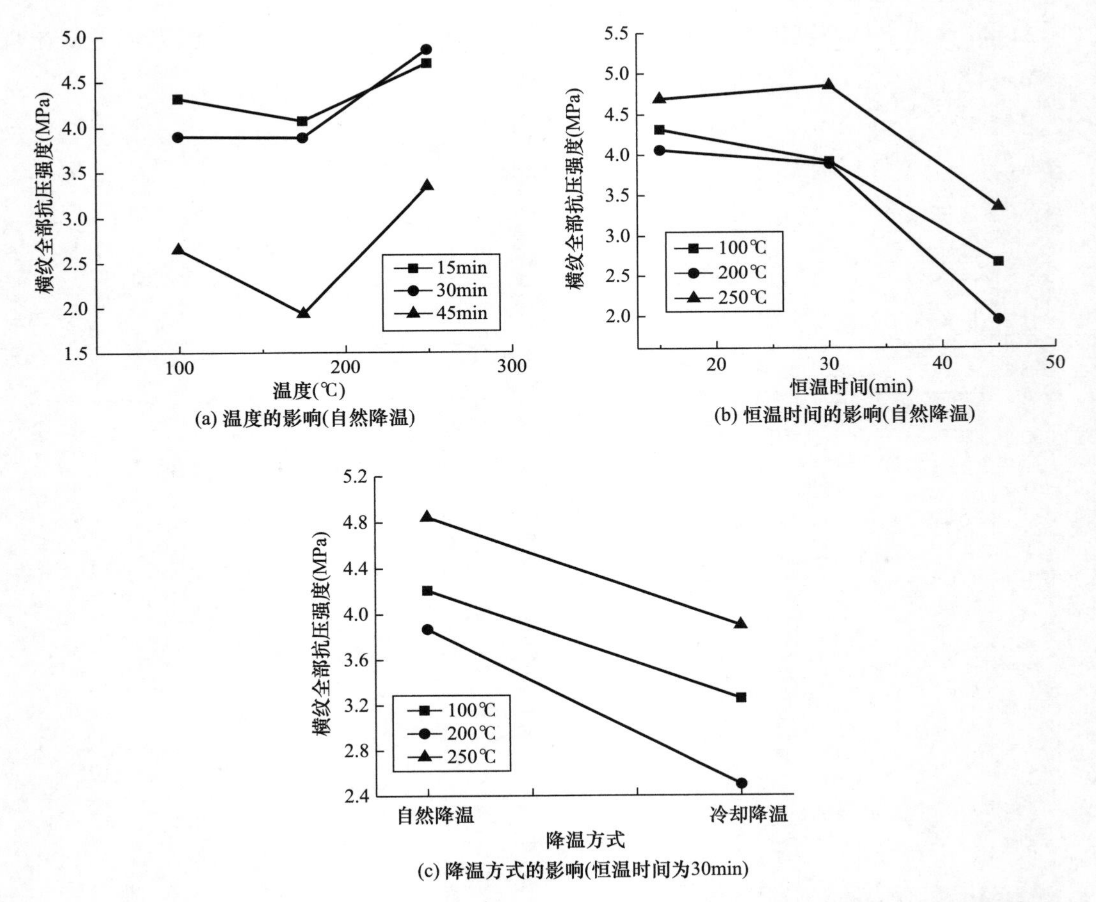

图3.2-7　木材径向全截面抗压强度随不同温度、不同恒温时间及不同降温方式的变化规律

（3）图3.2-7（c）反映了降温方式（自然降温和冷却降温）对径向全部抗压强度的影响规律。可以看出，经冷却降温后的木材径向全部抗压强度值低于自然降温后的强度值，平均降低约1.09MPa。

6. 横纹抗压弹性模量

图3.2-8为木材径向抗压弹性模量随不同温度、不同恒温时间及不同降温方式的变化规律。可以看出，当恒温时间相同时，木材横纹抗压弹性模量随着温度的升高而降低［图3.2-8（a）］：当温度从100℃上升到250℃时，平均下降梯度为1.53MPa/℃。当温度为100℃、200℃时，随着恒温时间从15min增加到30min，木材横纹抗压弹性模量呈下降趋势，其平均下降度为0.104MPa/min，当恒温时间从30min增加到45min，木材横纹抗压弹性模量变化不明显，但当温度为250℃时，木材横纹抗压弹性模量随着恒温时间的增加而直线下降［图3.2-8（b）］。温度为100℃、200℃时，木材经冷却降温后的横纹抗压弹性模量高于自然降温后的强度：升幅分别为74.1MPa和64.3MPa；温度为250℃时，木材经冷却降温后的横纹抗压弹性模量比自然降温方式降低了18.6MPa［图3.2-8（c）］。

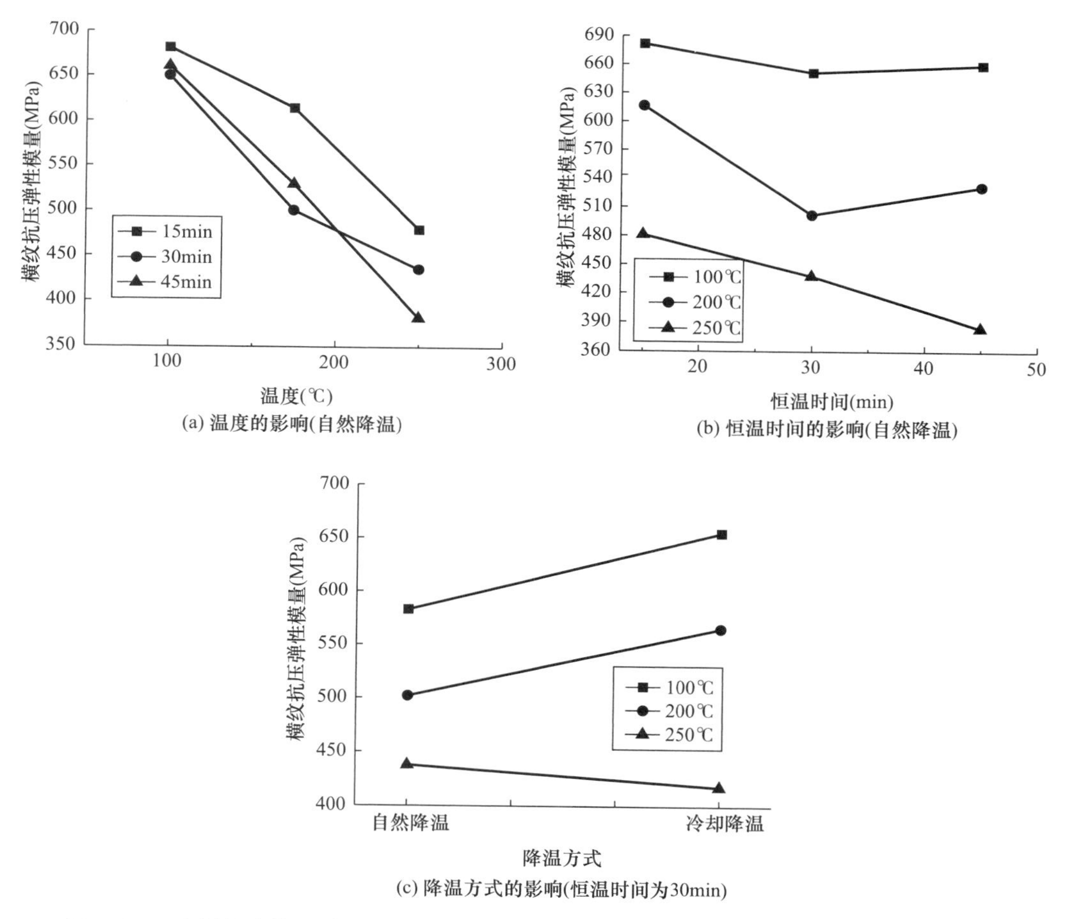

图3.2-8　木材径向抗压弹性模量随不同温度、不同恒温时间及不同降温方式的变化规律

3.3 高温后木材力学性能退化模型

为了量化反映将木材试件在不同温度、不同恒温时间和冷却方式下顺纹抗压强度、顺纹抗拉强度和顺纹抗剪强度的退化情况，将不同工况下得到的强度值与相应的在室温下得到的木材强度值进行比较，通过该指标的变化情况，反映以上强度性能的退化。

3.3.1 顺纹相对抗压强度退化规律

式（3.3-2）为木材在顺纹受压强度随温度的变化指标：

$$\lambda_{\text{Compressive}}=\begin{cases} f_{\text{c12,NC},\theta}/f_{\text{c12,R}} & \text{自然降温(NC)} \\ f_{\text{c12,WC},\theta}/f_{\text{c12,R}} & \text{冷却降温(WC)} \end{cases} \tag{3.3-1}$$

式中，$f_{\text{c12,NC},\theta}$ 和 $f_{\text{c12,WC},\theta}$ 分别为木材在受到温度 θ 作用后分别采用自然冷却和水冷却方式降温后对应的木材顺纹抗压强度；$f_{\text{c12,R}}$ 为木材在室温作用下的顺纹抗压强度。

根据式（3.3-2），图 3.3-1 量化表达了木材顺纹抗压强度随温度的变化曲线，并考虑了高温暴露时间（ET）和冷却方式（自然冷却和水冷）的影响，并将本次试验所得结果与已有研究结果进行了比较。

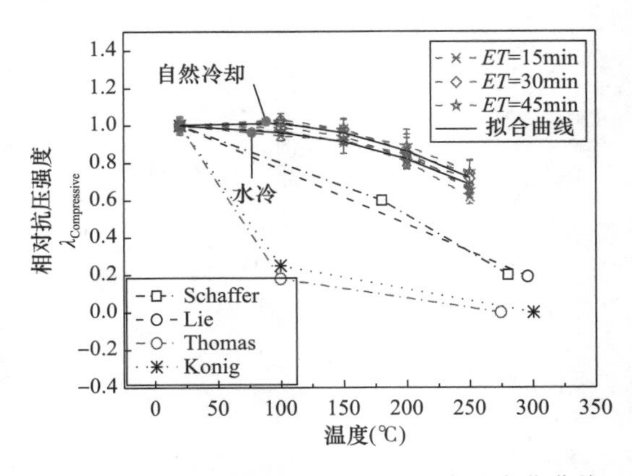

图 3.3-1　木材顺纹抗压强度随温度的变化曲线

从图 3.3-1 可以看出，本章结果和 Schaffer、Lie、Thomas 以及 Koning 的 λ 值均随温度的升高而减小，仅下降程度有所不同。Thomas 和 Koning 采用双线性模型描述抗压强度的退化，其中转折点在 100℃左右。Schaffer 模型的转折点在 200℃左右，表现出缓慢地退化。当温度从室温升高到 150℃时，强度变化较小，对应于 15min、30min 和 45min 暴露时间的强度变化均小于 5%，这表明在 20～150℃的温度区间内，暴露时间对平行于晶粒的抗压强度几乎没有影响。结果还表明，在 150～250℃范围内，随着温度的升高，λ 值抗压强度降低，相对残余抗压强度降低的速度加快。当暴露温度低于 150℃时，暴露时间对平行于晶粒的相对抗压强度几乎没有影响。当暴露温度分别为 200℃和 250℃时，相对抗压强度随暴露时间的增加而大大降低。不同温度下水冷试样的残余抗压强度与自然冷却试样的残余抗压强度具有相似的演变规律，其值一般低于自然冷却试样。

3.3.2　顺纹相对抗拉强度退化规律

式（3.3-2）为木材在顺纹受压强度随温度的变化指标：

$$\lambda_{\text{Tensile}}=\begin{cases} f_{\text{t12,NC},\theta}/f_{\text{t12,R}}, & \text{NC} \\ f_{\text{t12,WC},\theta}/f_{\text{t12,R}}, & \text{WC} \end{cases} \tag{3.3-2}$$

式中，$f_{\text{t12,NC},\theta}$ 和 $f_{\text{t12,WC},\theta}$ 分别为木材在受到温度 θ 作用后分别采用自然冷却（NC）和水冷方式（WC）降温后对应的木材顺纹抗拉强度；$f_{\text{t12,R}}$ 为木材在室温作用下的顺纹抗拉强度。

根据式（3.3-2），图 3.3-2 量化表达了木材顺纹抗拉强度随温度的变化曲线，并考虑了高温暴露时间（*ET*）和冷却方式（自然冷却和水冷）的影响，并将本次试验所得结果与已有研究结果进行了比较。

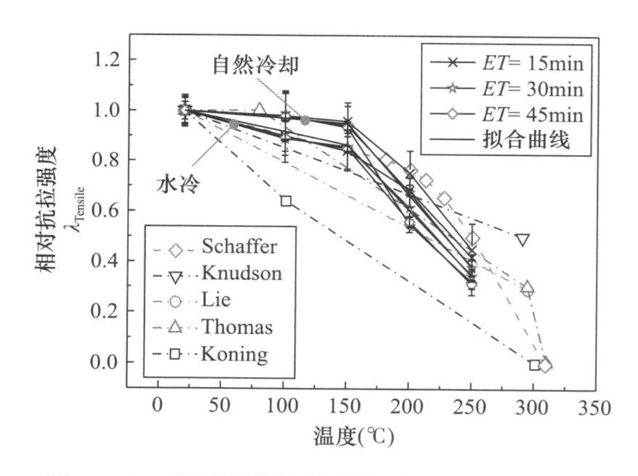

图 3.3-2　木材顺纹抗拉强度随温度的变化曲线

从图 3.3-2 中可以看出，木材顺纹抗拉强度随温度升高而降低，拉伸强度在 20～150℃范围内逐渐下降，超过 150℃后迅速下降。这种现象是由于高温暴露后试样中微缺陷的形成、演化和扩展引起的。暴露时间为 30min 和 45min 的试样的残余抗拉强度比暴露时间为 15min 的试样的残余抗拉强度下降更为严重，在给定的暴露温度下，暴露时间为 45min 的试样的相对抗拉强度低于暴露时间为 30min 的试样，也低于暴露时间为 15min 的试样。与顺纹抗压情况类似，从拉伸试验结果可以看出，随着暴露温度的升高，所有结果均总体呈下降趋势，在温度为 150℃时，相对拉伸强度沿典型的双线性路径递减。Koning 计算得到的下降路径基本上是一条直线，表明高温拉伸强度的下降比其他研究更快，Schaffer、Lie 和 Thomas 沿类似路径降低。

图 3.3-2 还显示了自然冷却和水冷却试样的顺纹相对拉伸强度随暴露时间的变化。暴露时间对顺纹相对拉伸强度几乎没有影响（特别是在 20～150℃）；而暴露温度越高的试样的相对拉伸强度越高。不同温度下水冷试样的残余抗拉强度与自然冷却试样的残余抗拉强度具有相似的演变规律，其值一般低于自然冷却试样。

3.3.3 顺纹相对剪切强度退化规律

式（3.3-3）为木材在顺纹相对抗剪强度随温度的变化指标：

$$\lambda_{\text{Shear}}=\begin{cases} f_{\text{s12,NC},\theta}/f_{\text{s12,R}}, & \text{NC} \\ f_{\text{s12,WC},\theta}/f_{\text{s12,R}}, & \text{WC} \end{cases} \tag{3.3-3}$$

式中，$f_{\text{s12,NC},\theta}$ 和 $f_{\text{s12,WC},\theta}$ 分别为木材在受到温度 θ 作用后分别采用自然冷却和水冷方式降温后对应的木材顺纹抗拉强度；$f_{\text{s12,R}}$ 为木材在室温作用下顺纹抗拉强度。

根据式（3.3-3），图 3.3-3 量化表达了木材顺纹抗剪强度随着温度变化而变化的曲线，并考虑了高温暴露时间（ET）和冷却方式（自然冷却和水冷）的影响，并将本次试验所得结果与已有研究结果进行了比较。

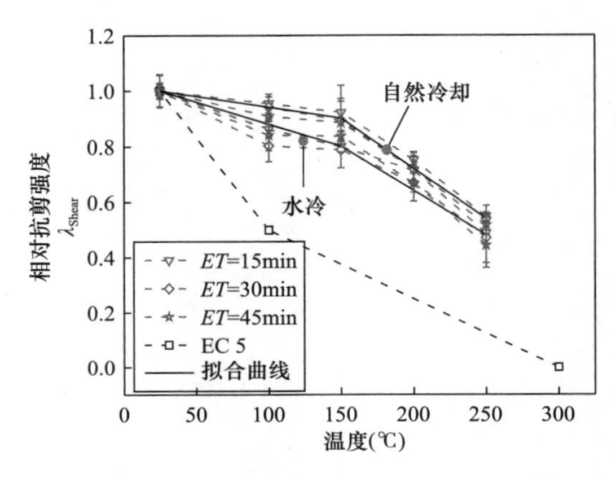

图 3.3-3　木材顺纹抗剪强度随温度的变化曲线

由图 3.3-3 可知，经 100℃和 150℃高温作用后，木材顺纹残余抗剪强度略低于室温下试样的残余抗剪强度，随暴露温度的升高，残余抗剪强度显著降低。暴露时间对顺纹相对剪切强度几乎没有影响。当温度从室温变化到 150℃时，抗剪强度略有下降；而在 150℃到 250℃时，则迅速下降。水冷试样的残余拉伸强度一般低于自然冷却试样。

3.3.4 高温后木材的强度退化模型

高温下测得的材料特性通常以数学方程的形式给出物理常数，可用作结构耐火计算的数学模型。从另一个角度看，这些公式构成了材料力学性能的退化模型。这些表达式的应用在很大程度上为结构耐火等级的预测奠定了基础。为了使材料强度特性成为自变量，本章提出的木材力学性能退化模型是通过给出顺纹相对抗压强度之间的关系表示的。根据本研究的试验结果，利用 Origin 9.0 软件进行了最小二乘拟合分析。

表 3.3-1 清楚地给出了描述顺纹抗压强度、抗拉强度和顺纹抗剪强度退化的建议模型。通过与试验数据相比，结果吻合良好，如图 3.3-4 所示。

高温后木材强度退化模型　　　　**表 3.3-1**

强度指标		退化模型
顺纹抗压	$\lambda_{\text{Compressive}}$	$\begin{cases} 1 & T=20℃ \\ -9\times10^{-6}T^2+0.0012T+0.982 & T>20℃,\ \text{NC} \\ c_c\ (-9\times10^{-6}T^2+0.0012T+0.982) & T>20℃,\ \text{WC} \end{cases}$
顺纹抗拉	λ_{Tensile}	$\begin{cases} 1 & T=20℃ \\ -0.0004T+1.015 & 20℃<T\leqslant150℃,\ \text{NC} \\ c_t\ (-0.0004T+1.015) & 20℃<T\leqslant150℃,\ \text{WC} \\ -0.0056T+1.786 & 150℃<T\leqslant250℃,\ \text{NC} \\ c_t\ (-0.0056T+1.786) & 150℃<T\leqslant250℃,\ \text{WC} \end{cases}$
顺纹抗剪	λ_{Shear}	$\begin{cases} 1 & T=20℃ \\ -0.0008T+1.021 & 20℃<T\leqslant150℃,\ \text{NC} \\ c_\tau\ (-0.0008T+1.021) & 20℃<T\leqslant150℃,\ \text{WC} \\ -0.0036T+1.441 & 150℃<T\leqslant250℃,\ \text{NC} \\ c_\tau\ (-0.0036T+1.441) & 150℃<T\leqslant250℃,\ \text{WC} \end{cases}$

注：$c_{c=0.95}$，$c_{t=0.91}$，$c_{\tau=0.89}$。

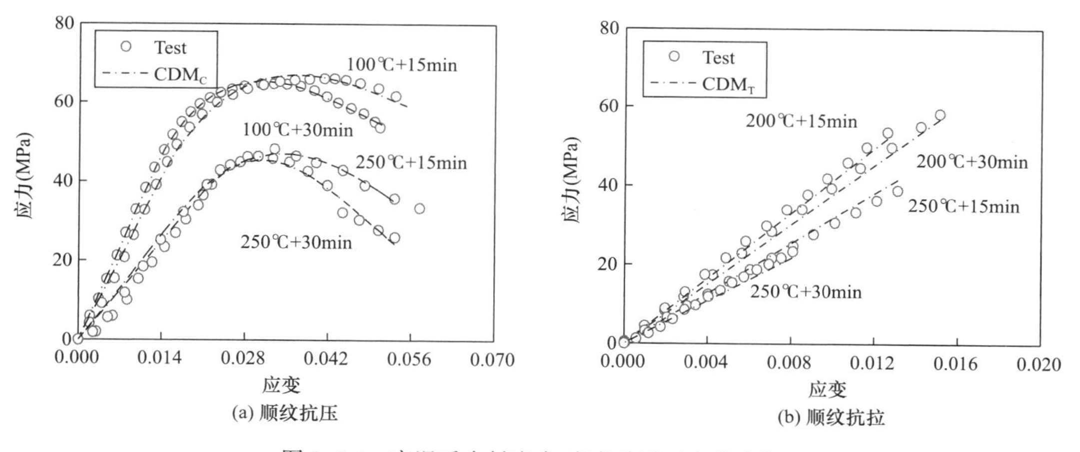

图 3.3-4　高温后木材应力-应变关系（自然冷却）

3.3.5　木材高温后的损伤本构模型

有限元模拟已成为评价结构健康状况的一种应用越来越多的方法。对于火灾损伤木结构的分析精度，火灾损伤木材的力学性能具有重要意义，其中最重要的是应力-应变关系。

合理的本构模型必须同时考虑暴露温度和暴露时间的因素。在损伤力学的框架下，分别建立了高温后平行于晶粒的压缩损伤本构模型（CDM_C）和拉伸损伤本构模型（CDM_T）。引入标量损伤变量 D 来反映木材在高温下的损伤情况，其定义为垂直于加载方向的受压面积的相对减小：

$$D=(A-A_e)/A \tag{3.3-4}$$

式中，A 为材料的初始面积；A_e 为火灾后材料损失的面积。

对于受损材料，有效面积的测量比较困难。作为一种间接方法，采用应变等效原理得到了损伤材料的本构模型：

$$\sigma=E(1-D)\varepsilon \tag{3.3-5}$$

D 的具体表达式取决于所用材料和内部应力状态。表 3.3-2 表示了描述顺纹压缩和拉伸应力应变关系演变的损伤本构模型。

高温后木材本构模型 **表 3.3-2**

CDM	表达式
CDM_C	$\sigma=E_0\cdot(1-D_{Compressive})\cdot\varepsilon\cdot\lambda_{Compressive}$ $D_{Compressive}=\begin{cases}0 & 0\leqslant\varepsilon\leqslant\varepsilon_e\\ 1-\frac{a_0}{\varepsilon}-a_1-a_2\varepsilon-a_3\varepsilon^2 & \varepsilon>\varepsilon_e\end{cases}$ $\varepsilon_e=0.01067+5.57\times10^{-5}T+1.44\times10^{-4}t-1.79\times10^{-6}T\cdot t$
CDM_T	$\sigma=E_0\cdot(1-D_{Tensile})\cdot\varepsilon\cdot\lambda_{Tensile}$ $D_{Tensile}\equiv0$

$D_{Tensile}$ 和 $D_{Compressive}$ 分别表示拉伸和压缩损伤变量。a_0、a_1、a_2 和 a_3 的表达式是暴露温度 T 和暴露时间 t 的因变量，可根据试验结果确定，如下所示：

$$a_0=0.0072-9.66\times10^{-5}T-1.64\times10^{-4}t+2.39\times10^{-6}T\cdot t \tag{3.3-6}$$

$$a_1=1.585+8.49\times10^{-4}T-7.53\times10^{-3}t-4.57\times10^{-5}T\cdot t \tag{3.3-7}$$

$$a_2=0.061T+0.668t-1.64\times10^{-3}T\cdot t-47.34 \tag{3.3-8}$$

$$a_3=429.89-1.126T-8.785t+0.028T\cdot t \tag{3.3-9}$$

将建立的本构模型（CDM_C 和 CMT_T）与本研究中的试验结果进行比较，见图 3.3-4。结果表明，CDM_C 和 CDM_T 采用自然冷却的方法，较好地模拟了木材在高暴露温度和暴露时间下的整体压缩和拉伸行为。

3.4 本章小结

通过对木材高温后力学性能试验研究及相应的结果分析，可得到以下主要结论：

（1）高温对木材质量损失及外观颜色均有很大影响：随着温度的升高和恒温时间的延长，木材的质量损失呈递增现象，木材外观颜色由浅褐色变为深褐色，200～250℃是木材质量和颜色显著变化的温度区段。木材质量、外观随温度及恒温时间的变化规律，可为火灾后木材强度分析、损伤结构的性能评估提供参考。

（2）高温后木材的各项物理力学性能均有不同程度降低，其降低梯度受温度、恒温时间和降温方式的影响，其中温度是最主要的影响因素。

（3）随温度升高和恒温时间的增加，木材顺纹抗压强度的平均降低梯度分别为 0.085MPa/℃和 0.403MPa/min；冷却降温后的顺纹抗压强度较自然降温平均降低 8.9MPa。

（4）随温度升高和恒温时间的增加，木材顺纹抗压弹性模量的平均降低梯度分别为 12.51MPa/℃和 22.79MPa/min；冷却降温后的顺纹抗压弹性模量较自然降温平均降低 484.2MPa。

（5）随温度升高和恒温时间的增加，木材顺纹抗拉强度的平均降低梯度分别为 0.38MPa/℃和 0.53MPa/min；相比于自然降温方式，温度为 100℃、200℃时木材经冷却降温后的顺纹抗拉强度降低幅度不明显，分别降低了 4.8MPa、6.69MPa；温度为 250℃时，木材经冷却降温后的顺纹抗拉强度降低幅度较大，其值降低了 14.43MPa。

（6）对于木材顺纹抗剪强度，温度由 100℃升至 200℃时，其值呈较为明显的降低趋势，平均下降梯度约 0.0051MPa/℃；当温度从 200℃上升到 250℃时，木材顺纹抗剪强度变化不明显；随恒温时间的增加，木材顺纹抗剪强度的平均下降梯度为 0.061MPa/min；冷却降温后的顺纹抗剪强度较自然降温平均降低 0.7MPa。

（7）随着温度的升高，木材径向全部抗压强度呈先降低后升高趋势：当温度从 100℃上升到 200℃时，木材横纹全部抗压强度降低，平均下降梯度为 0.0036MPa/℃；当温度从 200℃上升到 250℃时，木材径向全部抗压强度上升梯度为 0.0018MPa/℃。随恒温时间的增加，木材径向全部抗压强度的平均降低梯度为 0.104MPa/min。冷却降温后的横纹全部抗压强度较自然降温平均降低了 1.09MPa。

（8）随温度升高和恒温时间的增加，木材横纹抗压弹性模量的平均降低梯度分别为 1.53MPa/℃和 0.104MPa/min；温度为 100℃、200℃时，木材经冷却降温后的横纹抗压弹性模量高于自然降温后的强度，升幅分别为 74.1MPa 和 64.3MPa，而温度为 250℃时，相比于自然降温方式，木材经冷却降温后的横纹抗压弹性模量降低了 18.6MPa。

第 4 章

自然干裂木梁受弯性能退化研究

由含水率变化引起的自然干缩裂缝是木梁等受弯构件中最为常见的残损状态。木梁作为古建筑木结构中的重要受弯构件，主要用于传递来自屋顶以及屋面的载荷，较为严重的残损会使木梁承载能力不能满足安全要求，严重影响木结构整体安全性能。因此，对干裂木梁受弯性能开展研究具有重要的科学意义。当前研究均采用人工开槽的方式来模拟木梁纵向干缩裂缝，而这与实际自然干缩裂缝差异较大，且既有研究成果针对自然干裂木梁受弯性能的定量分析有待深入，尤其缺乏自然干裂木梁残损程度及其受弯性能退化程度的量化指标。

为此，本章以自然干裂木梁为研究对象，对其进行了受弯性能试验，分析了自然干缩裂缝对木梁受弯性能的影响，以期为古建筑木结构的现状评估和修缮加固提供参考。

4.1 试验概况

4.1.1 试件设计与制作

结合已有木料的自然干缩裂缝状态，本试验设计制作了 2 组共 10 根不同干裂程度的矩形木梁试件。所有试件的宽为 80mm，高为 110mm，长度为 1330mm。基准组为完好木梁，编号为 B0。残损组为干裂木梁，编号依次为 CB1～CB9。各组试件的残损特点和裂缝形态见表 4.1-1。为了后续便于量化木梁干裂程度，在每根自然干裂木梁试件的纵轴方向上等间距取 20 个裂缝测点（表 4.1-1），裂缝深度和宽度分别采用测深尺和直尺进行测量。各试件均取自放置在常温下的同批次自然干缩开裂方木料，该取材方式与木梁真实的自然干缩开裂状态最为接近；取材过程中应尽量使木梁的受拉区域避开木节、斜纹等天然缺陷。本试验中所用木材为樟子松，樟子松力学性能指标见表 4.1-2。

木梁试件残损特点和裂缝形态 **表 4.1-1**

试件编号	裂缝尺寸			自然干裂木梁裂缝形态及残损特点	
	$w_{c,e}$ (mm)	$d_{c,e}$ (mm)	l_c (mm)	木梁正面	木梁背面
B0	0	0	0	110 木节 1330 木梁表面无干缩裂缝等明显缺陷	

续表

试件编号	裂缝尺寸			自然干裂木梁裂缝形态及残损特点	
	$w_{c,e}$ (mm)	$d_{c,e}$ (mm)	l_c (mm)	木梁正面	木梁背面
CB1	5.08	22.76	1200	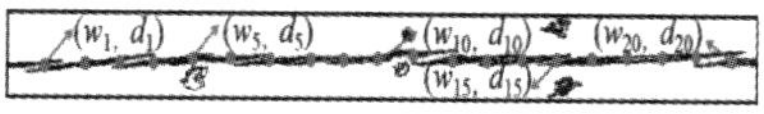 (w_1, d_1) (w_5, d_5) (w_{10}, d_{10}) (w_{15}, d_{15}) (w_{20}, d_{20}) 裂缝位于$h/2$高度附近且木梁开裂较为严重	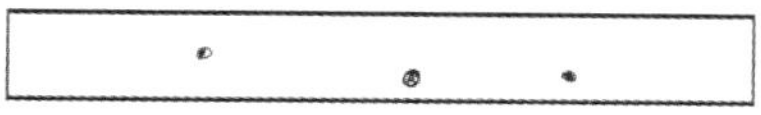
CB2	2.17	20.33	800	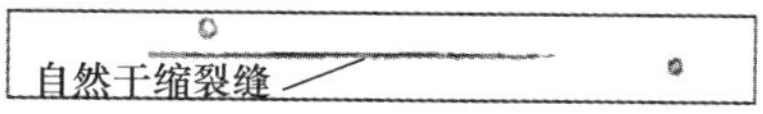 自然干缩裂缝 裂缝位于$h/2$高度附近、开裂轻微、分布在纯弯段和部分弯剪段区域	
CB3	3.39	26.21	1200	 裂缝位于$h/2$高度附近且开裂轻微的木梁	
CB4	5.00	30.72	1200	 裂缝分布在$h/2$高度附近且不连续性程度适中的木梁	
CB5	6.19	36.79	1200	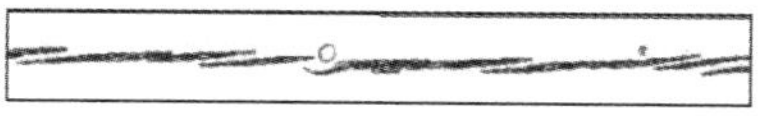 裂缝分布在$h/2$高度附近且不连续性程度较大的木梁	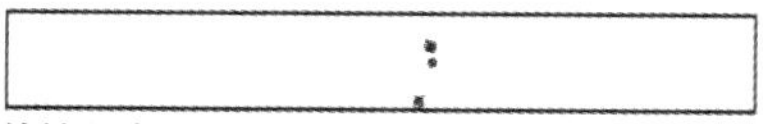
CB6	2.96	16.20	1200	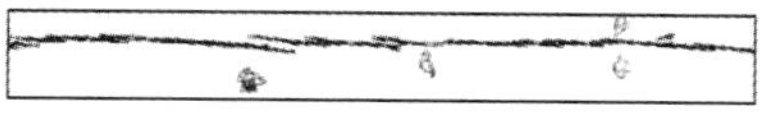 裂缝在$h/2$高度以上分布且开裂程度较小的木梁	
CB7	4.91	30.96	1200	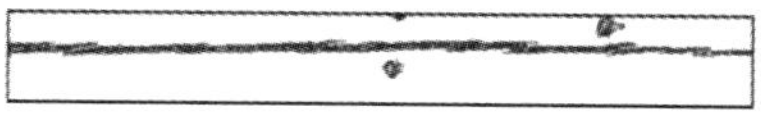 裂缝在$h/2$高度以上分布且开裂程度较大的木梁	
CB8	3.36	16.11	1200	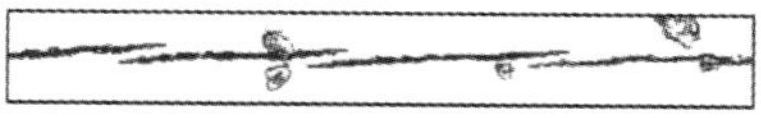 裂缝在$h/2$高度附近且不连续性程度较小、具有四条裂缝的木梁	
CB9	3.00	13.86	1200	 裂缝在$h/2$高度附近且不连续性程度较小、具有三条裂缝的木梁	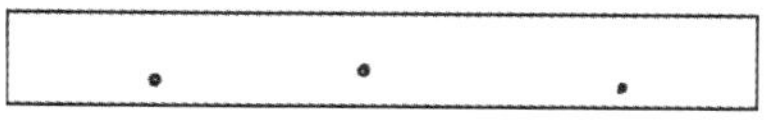

注：$w_{c,e}=\frac{1}{n}\sum_{1}^{n} w_{c,i}$ 为等效裂缝宽度；$d_{c,e}=\frac{1}{n}\sum_{1}^{n} d_{c,i}$ 为等效裂缝深度，其分别等于 20 个测点测定的裂缝宽度和裂缝深度的均值；l_c 为裂缝长度；除试件 CB2 以外，所有试件的自然干缩裂缝均为纵向贯通缝，这也符合大多数现存古建筑木结构中木梁的自然干裂状态。

樟子松力学性能指标　　表 4.1-2

弹性模量 E (MPa)			强度 f (MPa)			
顺纹	径向	弦向	$f_{t,L}$	$f_{c,L}$	$f_{m,L}$	$f_{s,L}$
11275.8	862.7	490.5	96.3	37.9	47.0	6.1

注：$f_{t,L}$ 为顺纹抗拉强度；$f_{c,L}$ 为顺纹抗压强度；$f_{m,L}$ 为顺纹抗弯强度；$f_{s,L}$ 为顺纹抗剪强度。分别从每根梁上取 3 个小清材试件测定各类力学性能指标，每类共计 30 个，表中力学性能的计算结果为所有材性试件的均值。试验测定的木材含水率和密度分别为 10.7%和 0.43g/cm^3。

4.1.2　试验加载与量测

1. 试验仪器及设备

试验在西安建筑科技大学结构与抗震实验室的电液伺服压力试验机上进行，木梁试件的支撑条件为一端铰支座，一端滑动支座，并承受三分点荷载作用。荷载由单向刀铰施加于分配梁并传递至试件三分点处。加载之前，在木梁加载点及支撑点处布置胶垫和钢板，防止木梁被横向剪坏。试验加载装置如图 4.1-1 所示。试验采用单调位移控制，加载速率为 0.2mm/min。采用几何轴线对中方法将试件对中后，以 10%的预估承载力预先加载 3 次，观察试验装置和各仪器示数是否稳定。装置进入正常工作状态后卸载，然后以恒定加载速率一直加载至试件破坏。

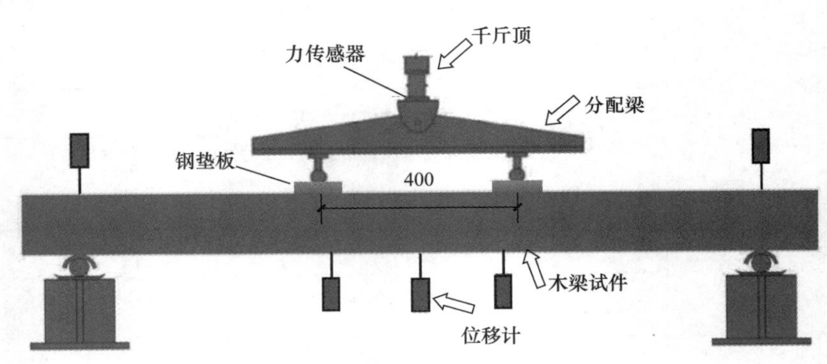

(a) 试验加载装置示意图

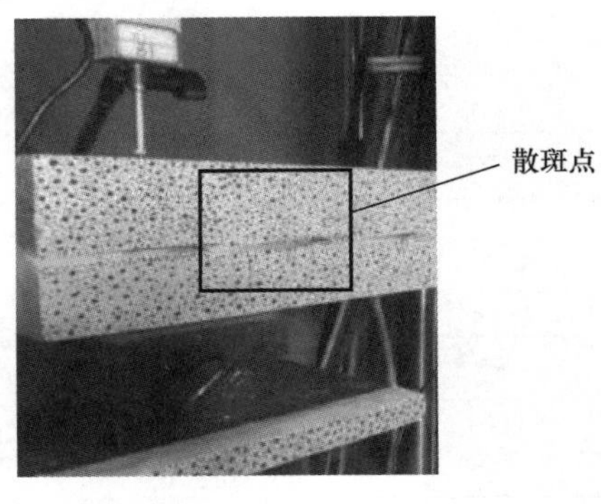

(b) 试验加载现场

图 4.1-1　试验加载装置

2. 试验量测

试验量测内容为竖向荷载、跨中挠度，支座处的转角以及跨中截面沿高度方向的应变。通过力传感器测量千斤顶施加的竖向荷载。通过在试件跨中、三分点和支座位置共布置 5 个位移计来测量木梁在加载过程中的挠度。应变片布置在梁的跨中截面位置（分跨中底面、顶面以及侧面等距布置），其中在梁跨中底面和顶面的中心位置分别布置 1 个应变计，在其未开裂面布置 3 个应变计，间距为 27.5mm，在其开裂面布置 4 个应变计，即：在水平裂缝处增设一个应变计，间距为 22mm。试验测点布置如图 4.1-2 所示。试验数据均由 TDS-602 数据采集仪自动采集。

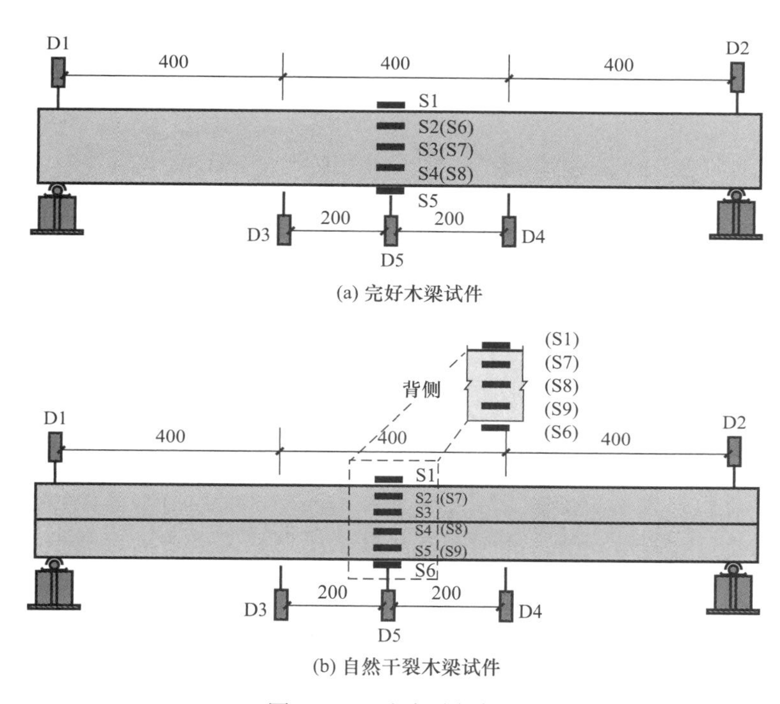

(a) 完好木梁试件

(b) 自然干裂木梁试件

图 4.1-2　试验测点布置

4.2　试验结果及分析

4.2.1　试验现象及破坏模式

（1）对于完好木梁，在加载初期，随着荷载的增加，各测点应变逐渐增大，跨中挠度也逐渐增加；随着荷载的持续增加，加载点处的梁顶面局部木纤维被横向压实、压密，跨中出现明显弯曲变形；当加载到峰值荷载附近的时候，跨中梁底附近传出“啪”的纤维崩断声，受拉区纤维被拉断，跨中挠度激增，且裂缝水平扩展，木梁的承载力骤然下降，表现出明显的受弯脆性破坏。完好木梁试件 B0 的破坏形态如图 4.2-1 所示。

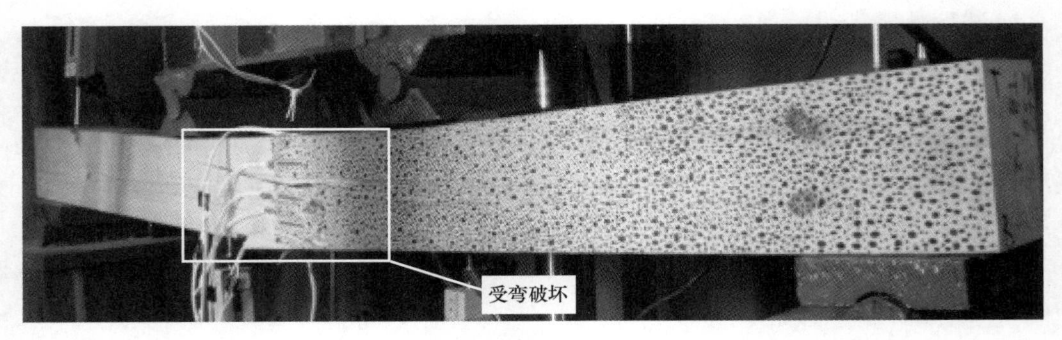

(a) 受弯脆性破坏

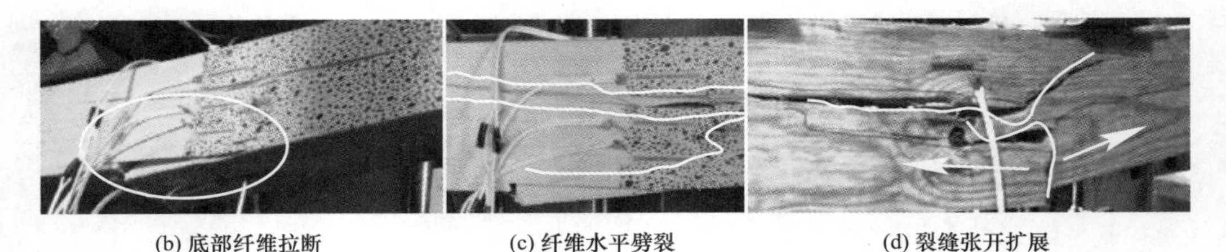

(b) 底部纤维拉断　　(c) 纤维水平劈裂　　(d) 裂缝张开扩展

图 4.2-1　完好木梁试件 B0 破坏形态

(2) 大部分自然干裂木梁试件的破坏形态与完好木梁有一定差别。在加载前期，裂缝位置处时而传出清脆的纤维“啪啪”崩断声，这是因为裂缝内部粘连的纤维在压实过程中会发生错动，使细小纤维受拉断裂。随着荷载的增大，木梁跨中出现明显的弯曲变形，同时由于梁底侧纤维存在木节等缺陷，梁底外层纤维崩开，但是荷载并未降低。随着荷载的继续增大，跨中挠度也继续增大，由于裂缝导致木梁弯剪段受剪面积减少，裂缝上下两侧局部变形不协调，弯剪段的剪应力提前达到木材顺纹剪切强度，导致部分干裂程度较大的梁提前出现了剪切错动［图 4.2-2 (d) 和图 4.2-2 (e)］，梁的荷载急剧降低，发生明显的剪切破坏［图 4.2-2 (a)］。

此外，也有部分干裂程度较大的木梁底部发生受拉断裂后［图 4.2-2 (f)］，梁的中和轴上移，受拉裂缝以上的梁肢进一步承受荷载，随着荷载继续增加，梁发生突然的脆性弯剪破坏［图 4.2-2 (b)］。

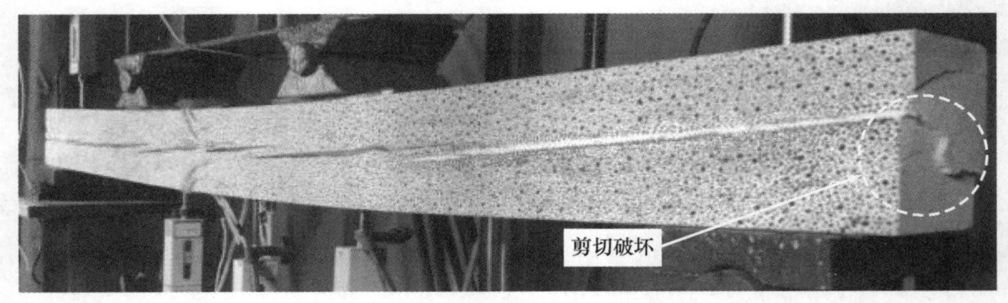

(a) 试件CB4

图 4.2-2　干裂木梁试件典型破坏形态（一）

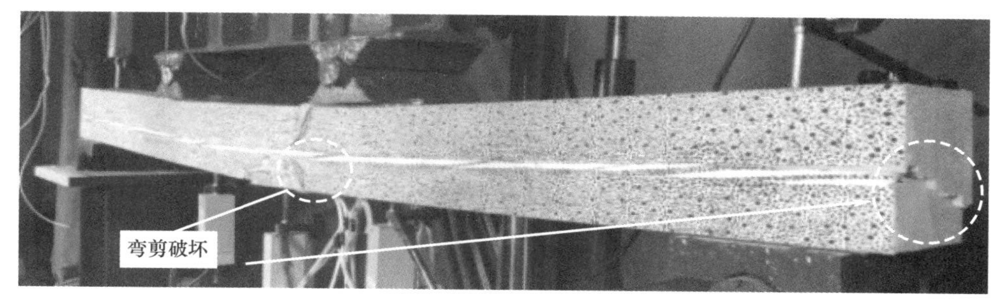

(b) 试件CB3、CB5、CB7、CB8

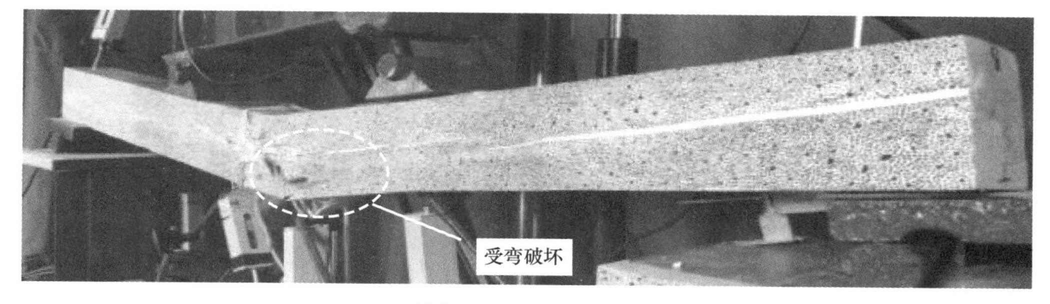

(c) 试件CB1、CB2、CB6、CB9

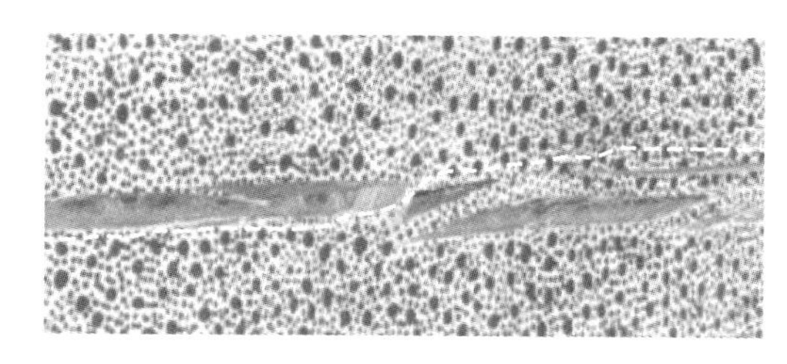

(d) 纤维错动

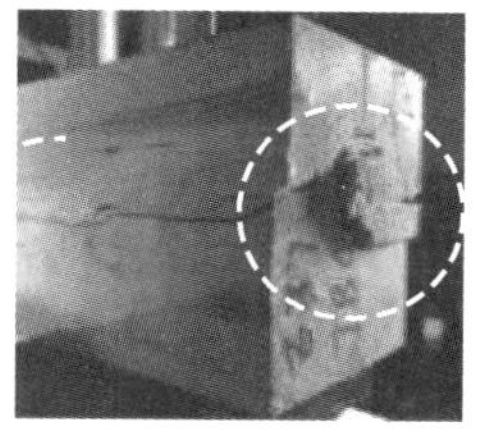

(e) 剪切错动

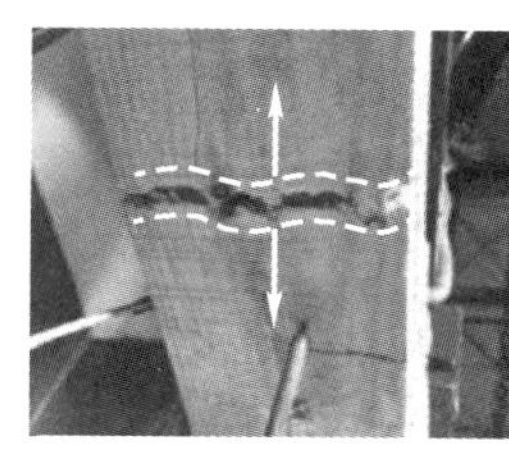

(f) 梁底纤维拉断

图 4.2-2　干裂木梁试件典型破坏形态（二）

值得注意的是，干裂程度较小的木梁（裂缝深度小于 22.76mm），其失效模式与完好木梁一致，均属于受弯破坏［图 4.2-2（c）］，这是由于较小的裂缝深度并没有改变木梁的变形协调性，若实际工程中存在此类裂缝，无需对木梁进行实质性加固增强。

4.2.2　荷载-跨中挠度关系及受弯性能退化规律

完好木梁和干裂木梁试件的 P-Δ 曲线如图 4.2-3 所示。从图中可以看出，在加载初始阶段，木梁试件荷载-跨中挠度基本上呈现线性关系；在加载后期，由于试件发生脆性破坏，导致各木梁试件的荷载骤然降低。此外，与完好木梁的极限荷载相比，干裂木梁的极限荷载均有明显降低，这表明纵向自然干缩裂缝影响木梁的受弯承载力；与完好木梁相比，大部分干裂木梁的极限挠度均有降低，这是由于裂缝改变了木梁纤维的变形协调能力，导致木梁提前失效，变形能力有所降低。

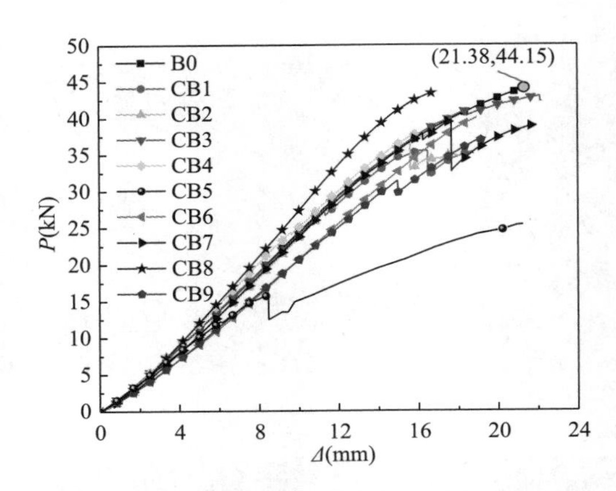

图 4.2-3 完好木梁和干裂木梁试件的 P-Δ 曲线

各试件的初始刚度、极限承载力和延性系数的对比情况见表 4.2-1。由表 4.2-1 可见，与完好木梁相比，干裂程度最大的试件 CB5 的初始刚度退化高达 20%。但其余干裂木梁的初始刚度并无明显退化规律，分析原因是木材的材料离散性所致，在后文中进行深入分析和探讨。与完好木梁相比，干裂木梁极限承载力均呈现不同程度的退化，承载力退化程度为 2%～43%；干裂木梁试件的延性系数均有所降低，降低幅值为 1%～32%，这说明干缩裂缝降低了木梁延性。

木梁试件试验结果　　表 4.2-1

试件编号	K_e（kN/mm）	P_{max}（kN）	r_c	Δ_u（mm）	Δ_y（mm）	μ
B0	2.58	44.15	1.00	21.38	11.67	1.83
CB1	2.54	35.51	0.80	18.73	11.17	1.68
CB2	2.59	36.65	0.83	18.07	12.20	1.48
CB3	2.51	42.91	0.97	22.07	12.22	1.81
CB4	2.64	37.87	0.86	16.44	9.47	1.74
CB5	2.07	25.35	0.57	21.25	17.01	1.25
CB6	2.22	39.95	0.90	18.89	14.48	1.30
CB7	2.60	39.63	0.90	21.94	13.01	1.69
CB8	3.01	43.34	0.98	16.74	12.52	1.34
CB9	2.23	37.21	0.84	19.40	14.86	1.31

注：K_e 为初始刚度，等于木梁 P-Δ 曲线在弹性阶段的斜率；P_{max} 为木梁在加载点处的极限荷载；r_c 为承载力残余系数，定义为干裂木梁承载力与完好木梁承载力的比值；Δ_u 为极限挠度；Δ_y 为屈服荷载所对应的屈服挠度，采用变形率法进行确定；μ 为延性系数，其等于 Δ_u/Δ_y。

4.2.3 荷载-跨中截面应变曲线

由于木梁试件破坏模式的改变会影响其内力重分布，因此按照破坏模式的不同，对完好木梁和干裂木梁试件的跨中截面拉、压应变进行分析。对于受弯破坏，图 4.2-4（a）给出了完好木梁试件 B0 的荷载-跨中截面应变（P-ε）曲线。可以看出，在加载前期，试件的荷载与拉、压应变基本呈线性关系；在加载后期，荷载与压应变呈现出一定的非线性特性，这是因为木梁跨中顶面的局部纤维由于受压进入屈服（塑性）状态所致，这也说明木梁受压区具有较好的延性。此外，木梁受拉区纤维发生脆性断裂的同时，跨中梁底拉应变达到极限拉应变。对于弯剪破坏，图 4.2-4（b）给出了试件 CB7 的 P-ε 关系曲线。对于剪切破坏，图 4.2-4（c）给出了试件 CB4 的 P-ε 关系曲线。可以看出，与完好木梁试件 B0 相比，在加载后期，干裂木梁的荷载-压应变曲线并没有表现出非线性的趋势，且受压区和受拉区的极限应变值较完好木梁（$\varepsilon_{c,B0}=-15.94\times10^{-3}$，$\varepsilon_{t,B0}=15.72\times10^{-3}$）均偏小，前者是由于干缩裂缝的存在改变了木梁的变形协调性，骤然的顺纹剪切失效或者弯剪失效使得梁内力重分布，受压区纤维无法充分发挥受压作用。后者是由于裂缝的存在，使得木梁的失效位置并不是发生在跨中受拉区，因此受拉区应变较小。

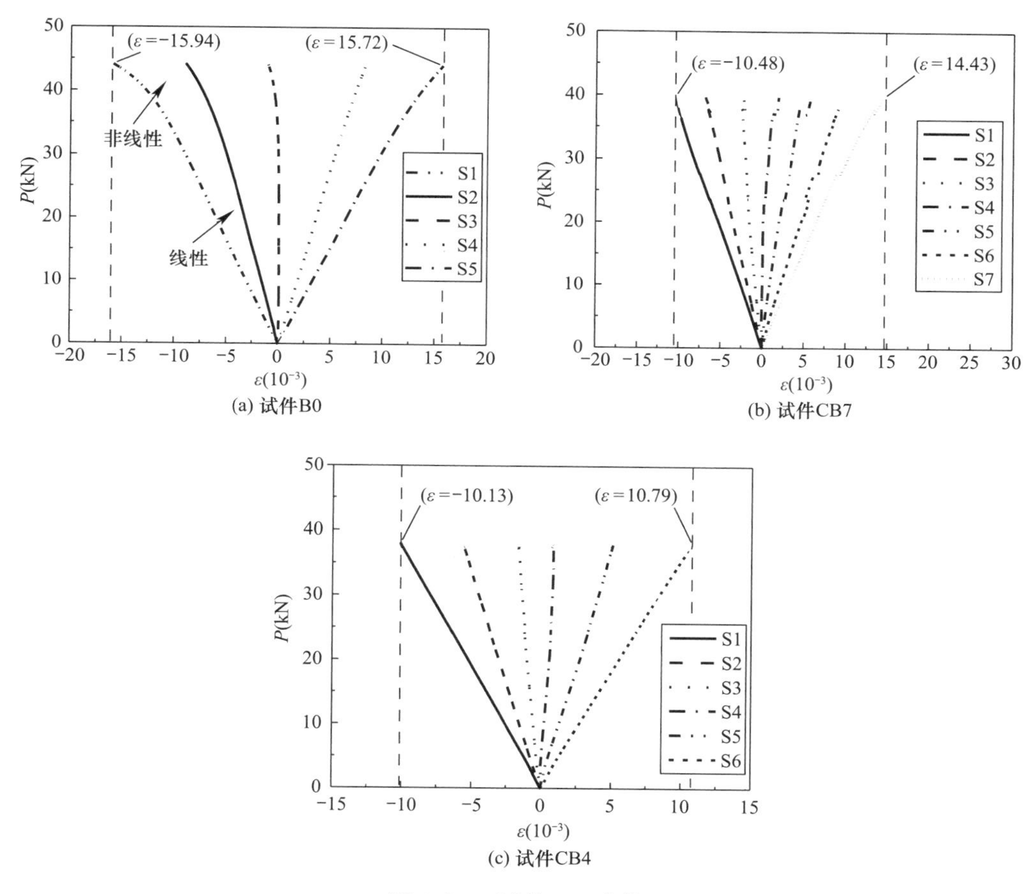

图 4.2-4　试件 P-ε 曲线

4.2.4　跨中截面应变

完好木梁试件 B0 和部分干裂木梁试件在加载过程中沿跨中截面高度的应变分布和发展情况如图 4.2-5 所示。从图 4.2-5 中可以看出，在加载前期，完好木梁和干裂木梁试件跨中截面应变均沿梁截面高度呈线性分布，基本符合平截面假定，这也说明了木梁表面干裂深度小于 40mm 的裂缝对纯弯段截面应变分布影响较小。在加载后期，受压区木纤维应变的变化趋势呈现非线性，这是由于受压区木纤维部分进入塑性状态，加之木材非均质性，致使跨中截面应变分布与平截面有些许差距。

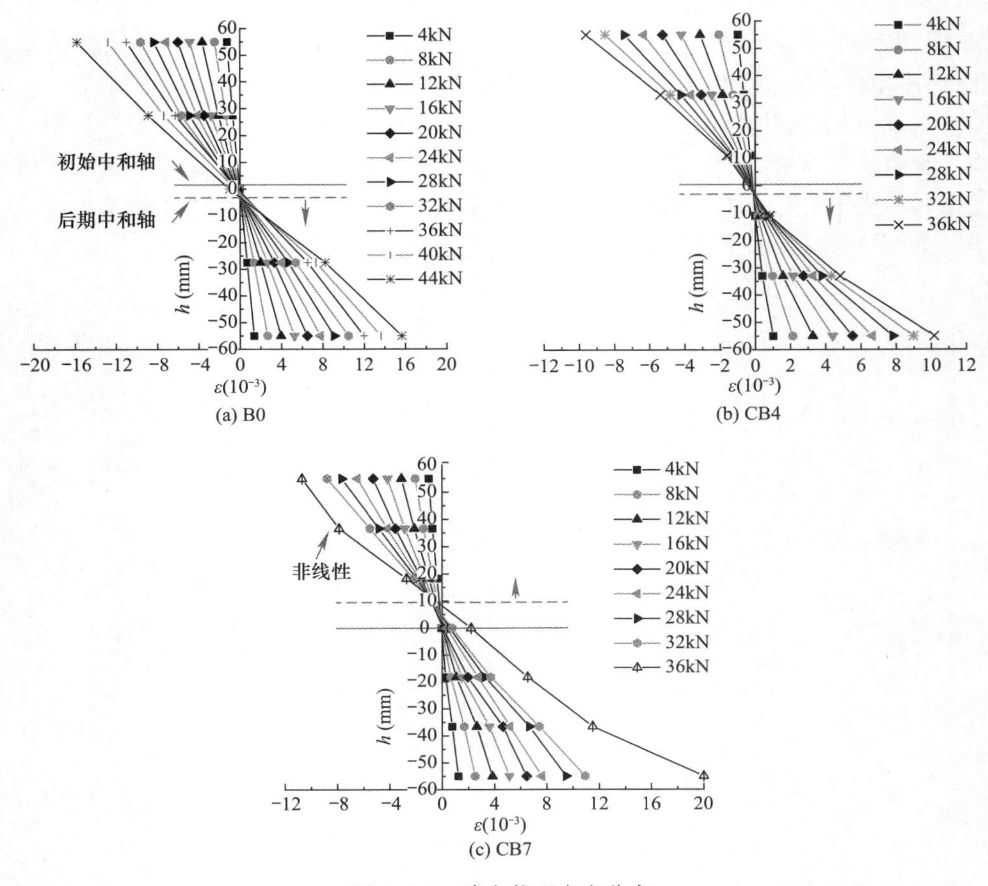

图 4.2-5 跨中截面应变分布

此外，也可以看出，发生受弯破坏的木梁试件 B0 和剪切破坏的木梁试件 CB4 的中和轴高度在弹性阶段几乎不随荷载变化而变化，在加载后期，由于受压区木纤维部分屈服，受压区应变增大，使得中和轴略微下移。发生弯剪破坏的木梁试件 CB7 的中和轴高度随荷载的增加而不断上移，这是由于梁底发生局部受拉破坏后，受拉区截面不能贡献足够的受拉合力，中和轴上移方可满足截面受力平衡。

4.3 本章小结

基于自然干裂木梁受弯性能试验研究，分析了自然干缩裂缝对木梁受弯性能的影响，建立了自然干裂木梁受弯承载力和刚度退化模型，结论如下：

（1）完好木梁的破坏形态表现为受弯破坏，干裂木梁的干裂程度较大时（裂缝深度大于 22.76mm），其破坏形态将由受弯破坏变为弯剪破坏或剪切破坏。

（2）自然干缩裂缝对木梁的受弯承载力、抗弯刚度和延性均有显著影响；干裂残损程度达到46%时，木梁受弯承载力和抗弯刚度分别退化了44%和32%、延性系数降低了32%。

（3）对于完好木梁，其荷载与拉、压应变在加载初期基本上呈线性关系，在加载后期，荷载-压应变曲线呈现出一定的非线性屈服特性；对于干裂木梁，在加载后期，由于裂缝的存在使木梁破坏模式发生改变，荷载-压应变曲线并没有表现出非线性。干缩裂缝深度小于40mm时对木梁纯弯段的裂缝上下截面应变分布影响较小，跨中截面应变分布基本符合平截面假定。

第 5 章

自然干裂木梁受剪性能退化研究

自然干缩裂缝对木梁承载力有着直接影响，易使木梁发生突然的顺纹剪切破坏而形成叠合梁，极大降低木梁承载力。木梁作为重要的受弯构件，对木结构整体结构的性能有着重要的影响。目前，对开裂木梁承载力的研究，大多集中在有限元模拟开裂以及人工模拟的木梁裂缝上，对自然裂缝引起的木梁抗剪承载力退化的研究较少。目前，以人工开槽的方式来模拟裂缝进行试验虽然简单方便，但和自然裂缝有实质性的差异。因此有必要对自然开裂木梁进行研究，更准确地评估裂缝对木梁抗剪性能的影响。

为此，本章对带有自然干缩裂缝的木梁进行试验研究，对 2 根完好木梁和 5 根不同程度开裂的木梁进行了三点弯曲加载试验。研究了其在不同开裂情况下的抗剪承载力、抗剪刚度等性能，分析了在不同的开裂情况下木梁的破坏模式与破坏过程，研究了不同程度裂缝下的木梁抗剪承载力退化规律。

5.1 试验概况

5.1.1 试件设计与制作

木梁上的干缩裂缝按形态通常可以大致分为侧面裂缝、端部劈裂、轮裂三类，侧面裂缝为木梁侧面裂缝顺木纹开裂，未贯穿梁截面，端部劈裂为裂缝从端部开始完全贯穿木梁向内扩展，轮裂为木梁年轮之间分离的裂缝。图 5.1-1 为木梁侧面裂缝（左）和端部劈裂（右），侧面裂缝和端部劈裂为平面型裂缝，会削减木梁有效抗剪面积，对木梁的受剪承载力影响较大。

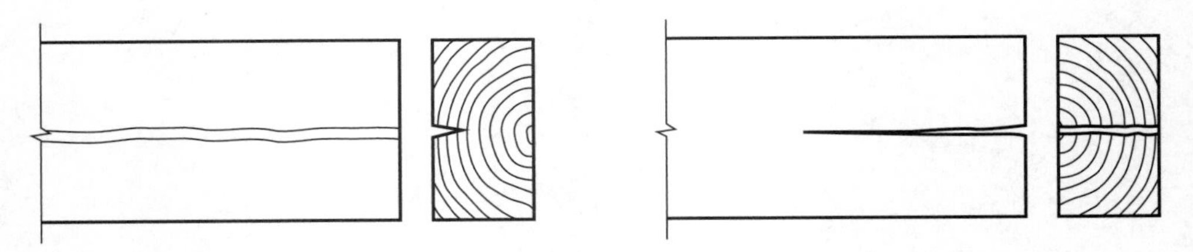

图 5.1-1　木梁侧面裂缝（左）和端部劈裂（右）

木梁发生剪切破坏的概率与木梁剪跨比 λ 相关，规范 *Standard Test Methods of Static Tests of Lumber in Structural Sizes* ASTM D-198 中建议测试木梁抗剪性能时 $\lambda<4$，曹磊

的研究结果显示，当λ＜2.5 时木梁有较高概率发生剪切破坏。本章设计并制作了 7 根开裂情况不同的木梁，木梁尺寸为 80mm×150mm×800mm，支座距边缘 100mm，采用跨中集中力弯曲加载，即木梁剪跨比为λ＝2，使试件具有较高概率发生剪切破坏。开裂木梁试件均从尺寸为 200mm × 200mm × 4000mm 的自然开裂方木上截取得到，纵向开裂木梁试件取材示意图如图 5.1-2 所示，所有开裂木梁均为侧面开裂类型。

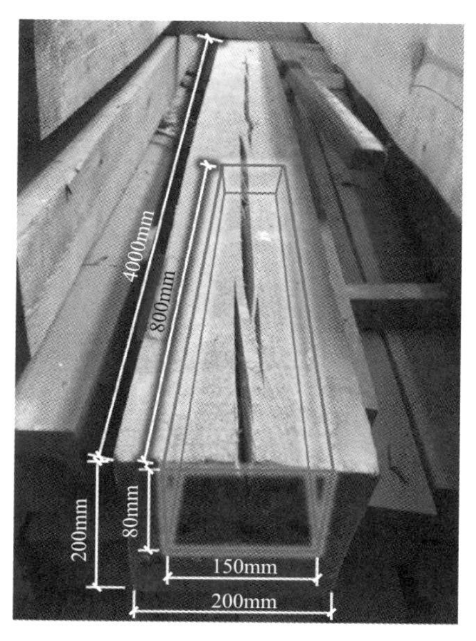

图 5.1-2　纵向开裂木梁试件取材示意图

由于裂缝的深度影响了木梁的水平抗剪面积，裂缝宽度影响横截面形状，因此前期在取材加工时以裂缝深度、开口宽度、裂缝形态为主要依据。设置完好木梁为对照组，命名为 B0，共 2 根；根据裂缝的形态将试件分为 3 组，分别命名为 BC1～BC3，共 5 根，所有 7 根木梁试件的详细说明见表 5.1-1。其中 BC1-1 和 BC1-2 同为中性轴处通长开裂木梁，裂缝深度不同，用于对比分析裂缝深度对木梁承载力的影响；BC2-1 为中性轴上方的受压区开裂，用于与 BC1 组对比分析裂缝所处高度的影响；BC3-1 与 BC3-2 同为中性轴处非通长开裂，用于与 BC1 组对比分析裂缝的连续性对木梁承载力的影响。

开裂木梁裂缝参数表　　　　**表 5.1-1**

试件编号	裂缝参数（mm）		试件裂缝示意图	试件描述
	宽度	深度		
BC1-1	1.0	33	1 2 3 4	中性轴处轻度开裂
BC1-2	5.8	54	2 4 5 6 1 3	中性轴处重度开裂
BC2-1	3.2	46	1 2 3 4 5 6	上部受压区开裂
BC3-1	5.1	52	3 4 6 7 8 1 2 5	多条斜裂缝（条数多）
BC3-2	2.7	51	1 3 5 2 4 6	多条斜裂缝（条数少）

5.1.2　试件裂缝测量与统计

试验前，测量已制作好的开裂木梁试件，采集和记录裂缝信息，采集工具为直尺、三角间隙尺（图 5.1-3），将尺插入裂缝进行测量。直尺测量裂缝深度与长度，间隙尺

（图 5.1-4）测量裂缝开口宽度。由于直尺具有厚度，而裂缝尖端的张开宽度接近为 0，直尺无法达到裂缝尖端处，因此测量得到的裂缝深度会略小于实际裂缝深度；在试件内部应该还存在不可见的裂缝，测量得到的裂缝数量会小于试件实际存在的裂缝数量。试件上每条裂缝均选定多点测量深度、宽度，每条裂缝取最大值为代表值，结果见表 5.1-2。

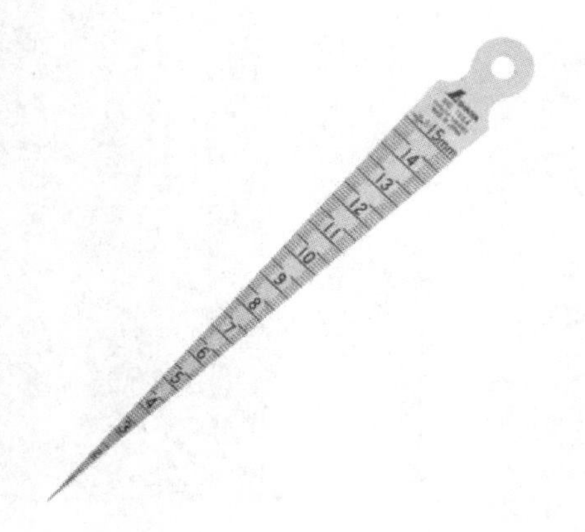

图 5.1-3　间隙尺

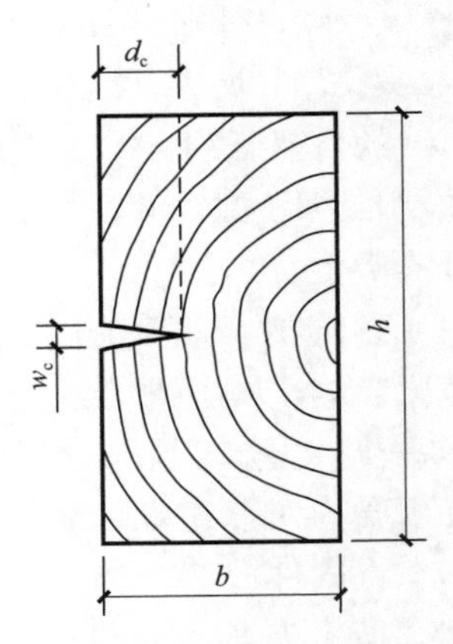

图 5.1-4　裂缝测量示意图

试件裂缝参数表　表 5.1-2

试件编号	裂缝编号	长度（mm）	宽度（mm）	深度（mm）
BC1-1	1	179	1	34
	2	124	1	31
	3	97	1	33
	4	456	1	34
BC1-2	1	110	7	61
	2	207	6	49
	3	180	6	52
	4	166	4	43
	5	249	5	55
	6	263	7	58
BC2-1	1	82	1	19
	2	108	2	31
	3	311	3	54
	4	183	3	53
	5	256	4	56
	6	198	6	61
BC3-1	1	97	4	51
	2	207	5	54
	3	235	5	52
	4	180	5	55

续表

试件编号	裂缝编号	长度（mm）	宽度（mm）	深度（mm）
BC3-1	5	166	4	48
	6	209	5	50
	7	249	6	53
	8	124	7	56
BC3-2	1	97	4	60
	2	122	2	34
	3	221	4	53
	4	241	5	57
	5	130	2	41
	6	202	5	63

表 5.1-2 中共记录了 30 组数据，均从开裂木梁试件上测量得到，进行统计分析，得到木梁裂缝深度与裂缝宽度的关系，见图 5.1-5。可以看到裂缝深度与宽度存在线性正相关的关系，对数据进行线性拟合，得到式（5.1-1），该式可以为工程应用提供一定参考。

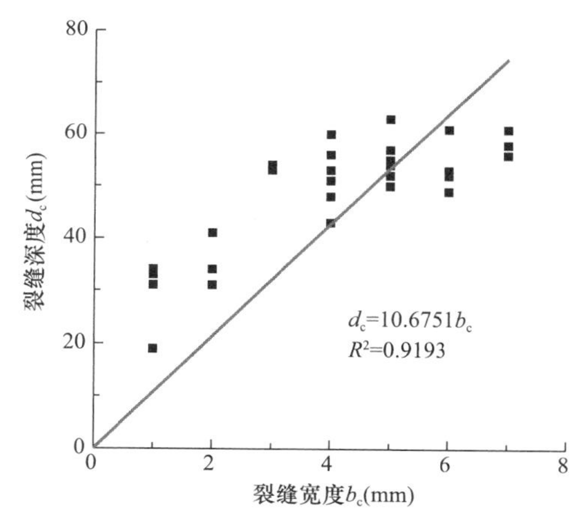

图 5.1-5　木梁裂缝深度与裂缝宽度关系

$$d_c = 10.6751 w_c \tag{5.1-1}$$

式中，d_c 为裂缝深度；w_c 为裂缝宽度。

5.1.3　加载装置与加载制度

本试验使用三点加载法，上部集中力作用在梁跨中处，支座处距离边缘 100mm。试验加载在西安建筑科技大学结构与抗震实验室进行，装置采用 250kN 电液伺服疲劳试验机，位移控制加载。木梁横纹抗压强度低，为避免木梁在受力点附近的纤维因应力集中被压坏剪断，在支座处及跨中加载点处各放置一块钢垫板，加载装置示意图见图 5.1-6。正式加载前，进行预加载，预加载的荷载值为预估荷载（62kN）的 10%，即 6kN。之后进行正式加载，以 0.2mm/min 的加载速率加载至试件失效，失效依据为承载力下降至极限值的 75%。

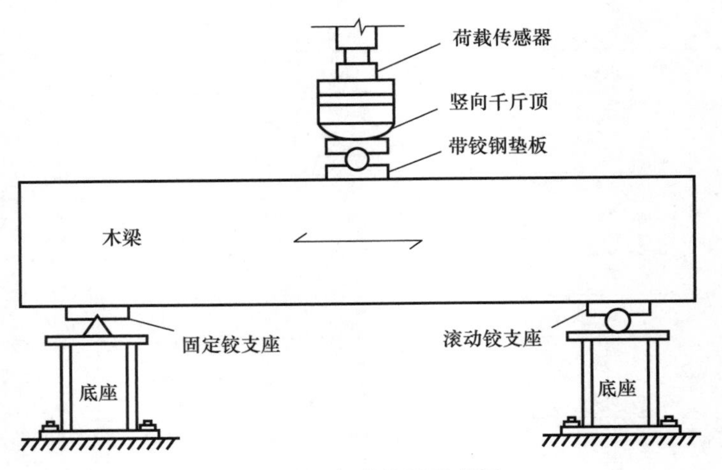

图 5.1-6　加载装置示意图

5.1.4　测点布置与量测内容

试验需要采集的参数包括上部荷载、加载点处位移、支座转角、木梁跨中底部木纤维应变、裂缝所在平面剪切应变、裂缝的错动位移以及木梁顺纹错动时所对应的应变和荷载等。

(1) 应变片布置：在跨中处梁底部及顶部贴应变片测量拉压应变；梁侧面裂缝开口两侧粘贴 45°应变花，测量剪应力、剪应变、裂缝两侧应变，距裂缝边缘留出 5mm 空间。

(2) 位移计布置：在支座附近、跨中梁底布置位移计，测量转角和挠度；在裂缝旁横向布置位移计，通过木块和玻璃片连接裂缝两侧，测量裂缝上下两侧水平错动位移。

此外在梁侧面画上 25mm×25mm 的网格线，便于观察木梁顺纹剪切过程，试验过程中记录侧面网格线发生错动的时刻、梁完全破坏的时刻，及网格线错动的位移。木梁试件测点布置示意图见图 5.1-7。

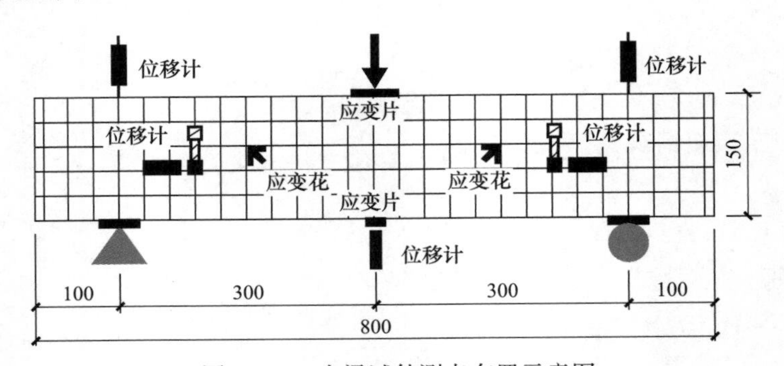

图 5.1-7　木梁试件测点布置示意图

5.2　试验结果及分析

5.2.1　试验现象与破坏模式

正式加载前使用一根木材进行试加载，跨中加载点处木材在钢垫板的挤压下持续压缩向外鼓出，垫板周围木纤维被完整剪断，形成一个凹槽，最大压缩量至 20mm。相较于跨中，两端支座处木材也有类似的压缩变形，压缩量较低。由于加载时钢垫板下方木材受压破坏严重，所以后续正式加载时在钢垫板下方添加橡胶垫，以保护木材不被钢垫板边缘剪断。添加橡胶垫后，跨中加载点下方木材压缩破坏现象明显改善。选取破坏模式较典型的试件详细描述其试验过程中的现象与细节。

（1）BC0-1

本试件为完好木梁。加载初期，试件没有明显现象，上部加载点处木材逐渐压缩凹陷，木梁跨中挠度变化很小。当上部荷载达到 40kN 左右时，木梁开始逐渐进入塑性，能观察到跨中挠度增加的速率变快。整个过程试件持续间断发出轻微的纤维断裂声，直至试件断裂前，纤维断裂声频率变高，断裂声响音量也随之增大，但仍然不算显著。此时木梁早已进入塑性阶段，能明显观察到跨中挠度的增大，而荷载却以较小的幅度上升。荷载达到 65kN 时，木梁跨中下部受拉区突然断裂破坏，发生弯曲破坏，试件 BC0-1 破坏模式（弯曲破坏）如图 5.2-1 所示。同时听到一声较大的断裂声响，试件随之失效丧失承载能力，没有明显破坏前兆。

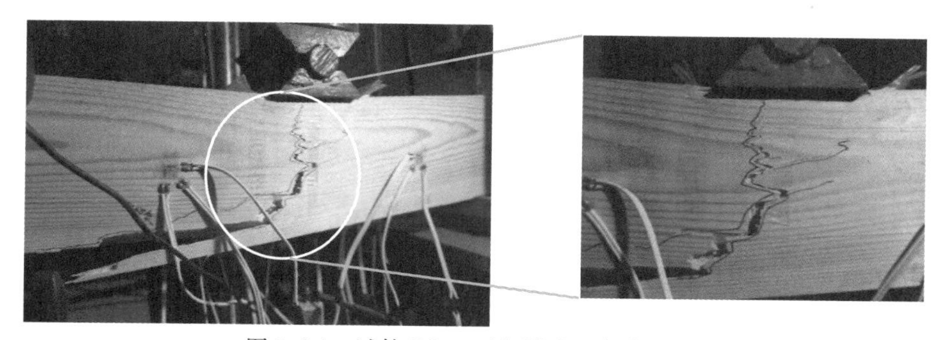

图 5.2-1　试件 BC0-1 破坏模式（弯曲破坏）

（2）BC0-2

本试件为完好木梁，加载前期试验现象与 BC0-1 基本一致。在荷载达到 63kN 时，梁底面支座附近纤维部分断裂翘起，试件整体状况无明显变化。随后随着梁弯曲曲率的增加，支座附近纤维断裂情况逐渐加剧，而整体状况仍无明显变化。当荷载达到 69kN 时，从支座附近断裂处开始，断裂斜向朝上部加载点方向瞬间扩展发生破坏，丧失承载能力，试件 BC0-2 破坏模式（弯剪破坏）如图 5.2-2 所示。

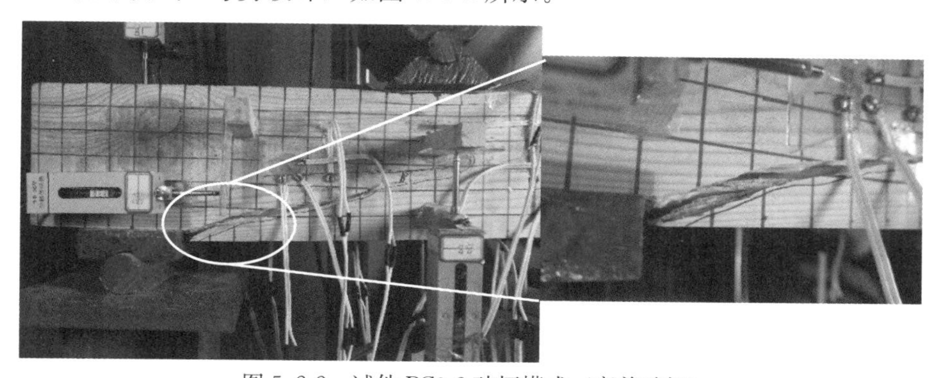

图 5.2-2　试件 BC0-2 破坏模式（弯剪破坏）

(3) BC1-1

本试件为中性轴处通长开裂木梁，且裂缝开口宽度与深度较小。加载初期，木梁没有明显变化，仅有间断发出的轻微纤维断裂声。荷载达到 30kN 左右时，裂缝开始轻微闭合，整体能看到些许弯曲变形。荷载增大至 36kN 时，裂缝闭合现象明显，裂缝内部开始压实。同时，木梁背面裂缝相对位置由于正面裂缝的闭合，木材受力开始出现背面裂缝。随着荷载增加，纤维断裂声变得密集，正面裂缝闭合，背面裂缝逐渐扩展与正面裂缝相连，将梁体分割为上下两肢。在荷载为 49kN 时，观察到网格线有明显错动；52kN 时木梁突然发出较大声响，网格线突然错动，发生顺纹剪切破坏，试件 BC1-1 破坏模式（顺纹剪切破坏）见图 5.2-3。

(4) BC1-2

本试件为中性轴处通长开裂木梁，且开口宽度与深度较大，与试件 BC1-1 对比分析裂缝深度对木梁抗剪性能的影响。试件加载过程中的现象与 BC1-1 类似，但由于 BC1-2 的裂缝开口较大，试件加载时开裂侧裂缝的压实引起的变形较大，背面完好侧相对的位置受到的相应张拉应力随之增大，导致了加载初期试件的正面裂缝很快就向背面完好侧扩展。在荷载为 34kN 时，木梁背面完好侧的中性轴处观察到水平裂缝出现，随后裂缝朝梁端与跨中扩展，荷载达到 45kN 时试件发生顺纹剪切破坏，试件 BC1-2 破坏模式（顺纹剪切破坏）如图 5.2-4 所示，失去承载能力。

图 5.2-3　试件 BC1-1 破坏模式（顺纹剪切破坏）

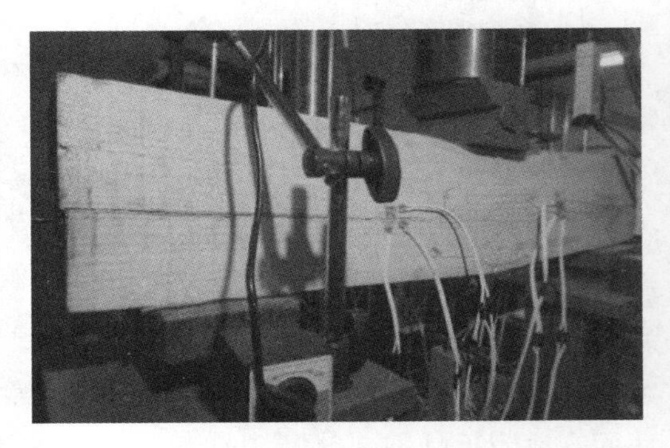

图 5.2-4　试件 BC1-2 破坏模式（顺纹剪切破坏）

(5) BC2-1

本试件为中性轴上方受压区开裂木梁，与 BC1 组试件对照分析裂缝所处高度的影响。加载初期，试件没有明显变化。荷载增至 40kN 时，加载点下方处裂缝完全闭合压实。在上部荷载 51kN 时，加载点附近纤维压断，梁顶出现水平裂缝。当荷载达到 62kN 时，试件底部跨中纤维脆性拉断，进而梁体发生弯曲破坏，完全失效丧失承载力试件 BC2-1 破坏模式（弯曲破坏）如图 5.2-5 所示。本试件破坏过程与完好木梁相似，为最终突然的脆性弯曲破坏，没有发生顺纹剪切破坏。其原因为该裂缝位于木梁上部受压区且靠近木梁顶部，裂缝所在位置切应力较小，且木梁受压区持续受压变形进入塑性阶段导致木梁中性轴向

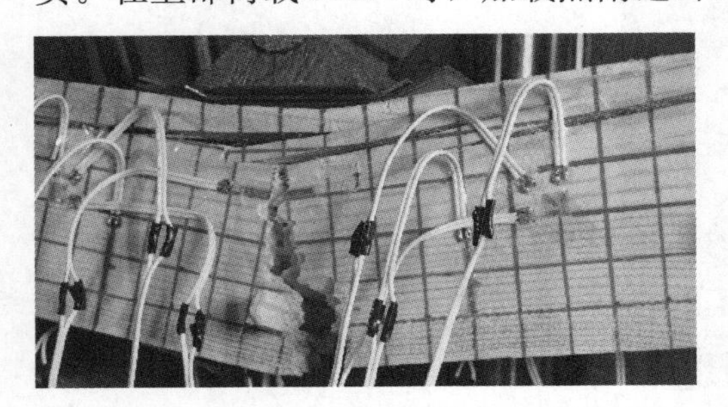

图 5.2-5　试件 BC2-1 破坏模式（弯曲破坏）

下部受拉区移动，木梁在裂缝以下的部分仍近似完好，裂缝对木梁影响较小。该现象的原因将在第4章中进一步分析。

(6) BC3-1

本试件为中性轴处开裂试件，裂缝为非连续多条斜裂缝，且裂缝条数较多，BC3组试件与BC1组试件对比分析裂缝连续性的影响。加载初期没有明显变化，当上部荷载为34kN时，观察到木梁背面左侧与跨中中性轴处出现裂缝，并随着荷载的增加裂缝水平向扩展。荷载为40.5kN时，木梁背面右侧中性轴处也出现水平裂缝，同时背面左侧与跨中中性轴处的裂缝持续扩展。荷载至44kN时木梁正面裂缝大面积闭合压实，达到49kN时，裂缝两侧梁体出现轻微的顺纹剪切错动。当荷载增大至51kN时，木梁发出较大断裂声响，发生图5.2-6所示的顺纹剪切破坏，荷载值随之瞬间降低，木梁丧失承载能力。最终失效前没有明显征兆。

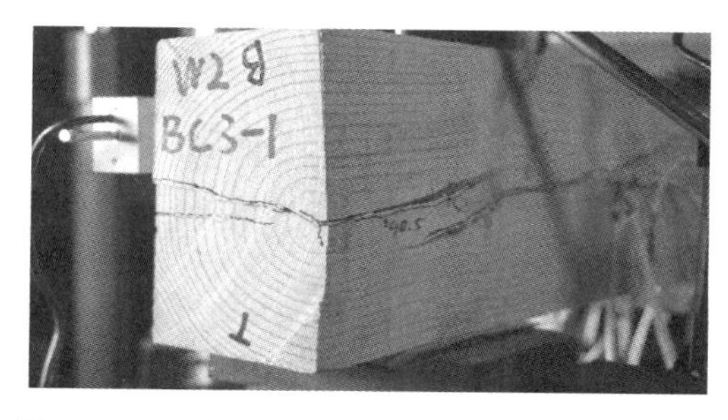

图5.2-6 试件BC3-1破坏模式（顺纹剪切破坏）

(7) BC3-2

本试件为中性轴处开裂试件，裂缝为非连续多条斜裂缝，且裂缝条数相对BC3-1较少。加载前期裂缝持续闭合，木梁开裂侧上下肢有轻微错动，完好侧无明显现象。直到荷载达到46kN时，木梁背面完好侧才出现裂缝张开的现象，而荷载达到51kN时木梁发生顺纹剪切破坏，从背面完好侧张开裂缝到发生剪切破坏的间隔较小，荷载差值为5kN，位移差值为6mm。发生顺纹剪切破坏后，木梁仍继续承载，直至达到57.52kN的峰值荷载，之后木梁跨中底部受拉区拉断，木梁失去承载能力，试件BC3-2破坏模式（顺纹剪切破坏）如图5.2-7所示。

(a) 顺纹剪切破坏

(b) 底部纤维拉断

图5.2-7 试件BC3-2破坏模式（顺纹剪切破坏）

综上，由于剪跨比较小，木梁抗弯刚度大，加载初期木梁的挠度变化不明显，直到加载点下方木材持续压缩，木梁有效截面高度减小，才能观察到明显的弯曲变形。对于完好木梁，随着荷载增加，上部加载点处木纤维逐渐压缩压溃。在接近极限荷载时，木梁底部受拉区表面纤维拉断，达到极限荷载时底部纤维断裂区受拉急速扩展最终发生破坏。对于开裂木梁，加载初期裂缝受压持续闭合，上部加载点处纤维压缩现象较轻，能观察到开裂木梁整体刚度明显下降，且开裂侧刚度高于完好侧，存在朝开裂侧发生轻微失稳扭转的现象。试件的破坏共有三种模式：弯曲破坏、弯剪破坏、顺纹剪切破坏，三种破坏模式破坏特征描述如下：

（1）弯曲破坏：其特征在于达到极限荷载前，木梁底部受拉区纤维达到抗拉强度而发生局部断裂，随着挠度增加，最终木梁从跨中拉应力最大处突然发生脆性断裂，如 BC0-1、BC2-1。

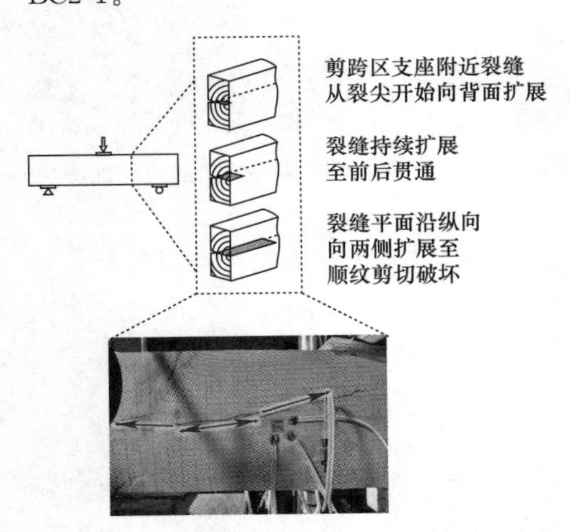

图 5.2-8　顺纹剪切破坏裂缝扩展过程示意图

（2）顺纹剪切破坏：本试验中，该模式只发生于开裂木梁，裂缝沿所在平面持续扩展，在裂缝完全贯穿前，木梁会间歇性发出断裂声，而表观无明显变化。在达到木梁抗剪强度后，裂缝完全贯穿截面，使梁体破坏分割为上下两肢。顺纹剪切破坏裂缝扩展过程示意图见图 5.2-8。裂缝位于中性轴处的木梁 BC1-1、BC1-2、BC3-1、BC3-2 均发生顺纹剪切破坏，但其中 BC1-1 和 BC3-2 此时尚未达到极限承载力。

（3）弯剪破坏：试验中观察到，在支座附近存在小木节的木梁由于应力集中，从支座处发生破坏。表现为支座附近纤维首先拉断，而非跨中，随后断裂向跨中上部加载点处扩展，如试件 BC0-2。

5.2.2　试验结果数据

将各试件加载后的主要数据记录于表 5.2-1，方便对比查阅。

试验结果数据汇总　　　　**表 5.2-1**

编号	破坏模式	极限承载值			剪切破坏值			背面起裂荷载（kN）	弯曲刚度（kN/mm）	剪切刚度（kN/mm）
		荷载（kN）	挠度（mm）	错动滑移（mm）	荷载（kN）	挠度（mm）	错动滑移（mm）			
BC0-1	弯曲	64.88	18.69	0.61	—	—	—	—	9.65	128.44
BC0-2	弯剪	69.24	17.51	0.87	—	—	—	—	10.48	132.37
BC1-1	剪切	54.37	8.40	2.02	52.32	6.60	0.68	48.52	9.26	77.58
BC1-2	剪切	45.86	15.03	1.88	45.86	12.95	1.88	39.5	6.48	41.65
BC2-1	弯曲	62.19	17.66	0.97	—	—	—	—	7.37	76.38
BC3-1	剪切	51.46	15.76	3.10	51.46	13.44	3.10	41.66	6.94	57.23
BC3-2	剪切	57.52	19.35	2.77	51.34	11.66	2.58	43.35	8.61	91.67

5.2.3　荷载-位移关系

1. 荷载-跨中位移曲线

各试件荷载-位移曲线见图 5.2-9，在图中标注了发生顺纹剪切破坏的时刻。能看出，完好与开裂木梁承载均可以分为弹性与塑性两个阶段。弹性阶段荷载与位移的关系基本呈线性关系，此阶段木梁变形较小。随着荷载增大，木梁横向压缩量不断增大，逐渐进入塑性阶段，弯曲变形速度加快，直到荷载达到临界值试件发生破坏。其中裂缝深度较小的试件 BC1-1 和 BC3-2 在发生了顺纹剪切破坏后还没有达到极限承载，而 BC1-2 和 BC3-1 则在发生剪切破坏后承载力又略微上升达到极限承载。从曲线斜率可以看到开裂木梁刚度有明显退化，是因为裂缝在加载过程中不断闭合，裂缝压实的过程降低了木梁刚度，而木梁刚度与初始裂缝宽度相关。对比完好木梁和开裂木梁 BC1-1，二者刚度相近，因为 BC1-1 裂缝宽度很小，所以裂缝在加载初期便已快速闭合，几乎没有影响到木梁刚度。开裂木梁容易发生顺纹剪切破坏，破坏时木梁跨中挠度相比完好木梁较小。完好木梁最大挠度在 18mm 左右，而开裂木梁发生剪切破坏时跨中位移均在 13mm 以内，其中最小的跨中位移仅为 6mm。试件 BC2-1 为中性轴上方开裂木梁，裂缝深度与其他开裂木梁相近，其极限承载力与完好木梁相近，几乎没有下降。此外，完好木梁在破坏前没有明显征兆，表现为突然脆性破坏而完全丧失承载力。相比之下，开裂木梁发生顺纹剪切破坏后，荷载有所下降但仍能保持一定的承载力，在继续承载之后才最终破坏。

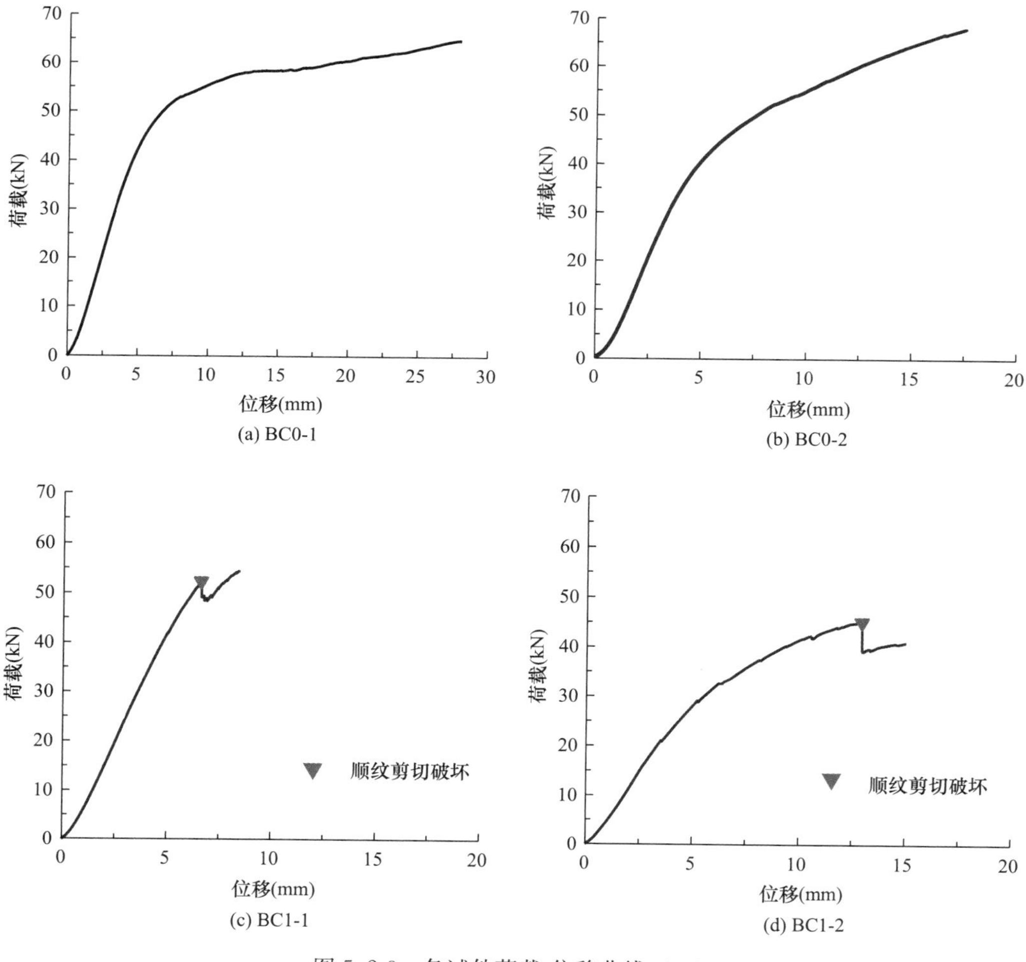

图 5.2-9　各试件荷载-位移曲线（一）

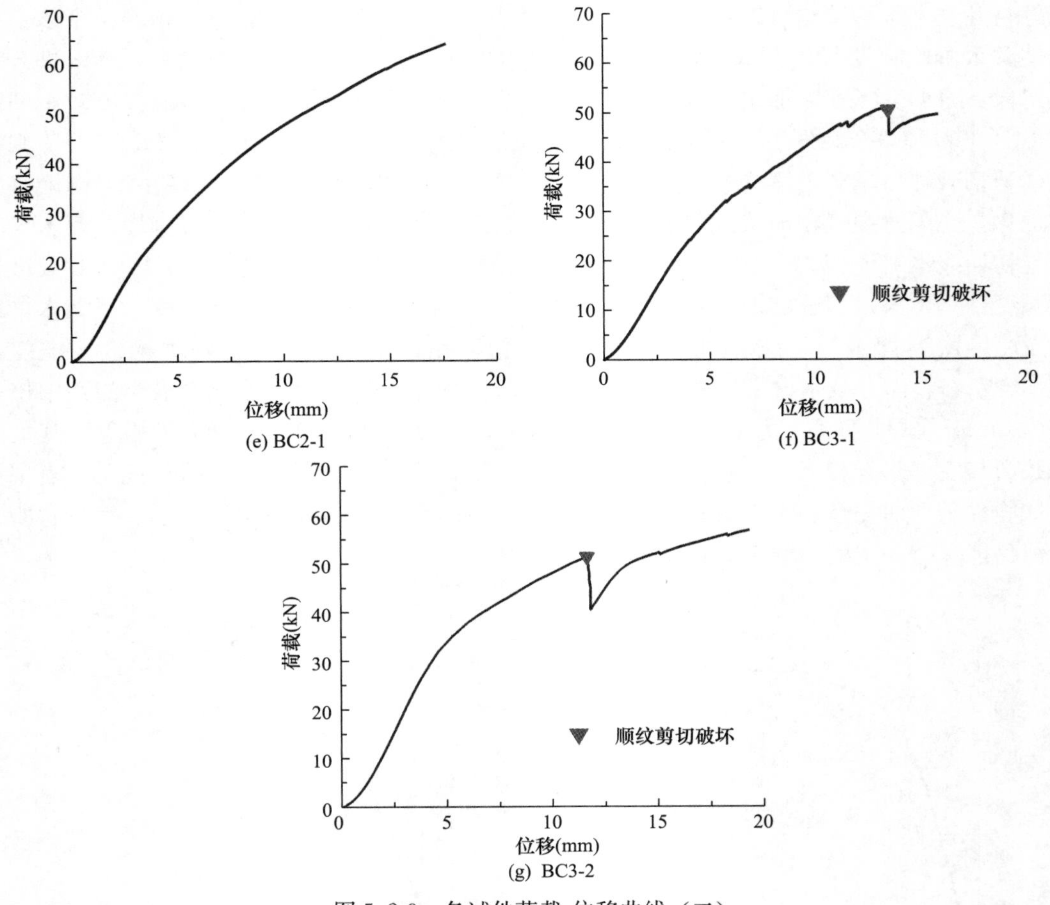

图 5.2-9 各试件荷载-位移曲线（二）

2. 荷载-水平剪切错动位移曲线

通过位于裂缝两侧的位移计，得到了试件变形时中性轴两侧的水平错动位移，各试件荷载-水平错动位移曲线如图 5.2-10 所示。与荷载-跨中位移曲线相似，荷载-水平错动位

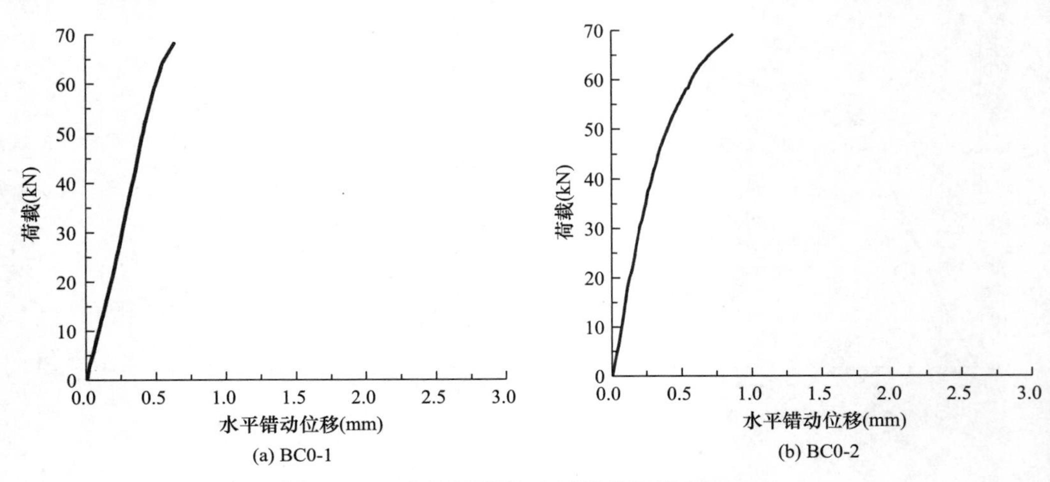

图 5.2-10 各试件荷载-水平错动位移曲线（一）

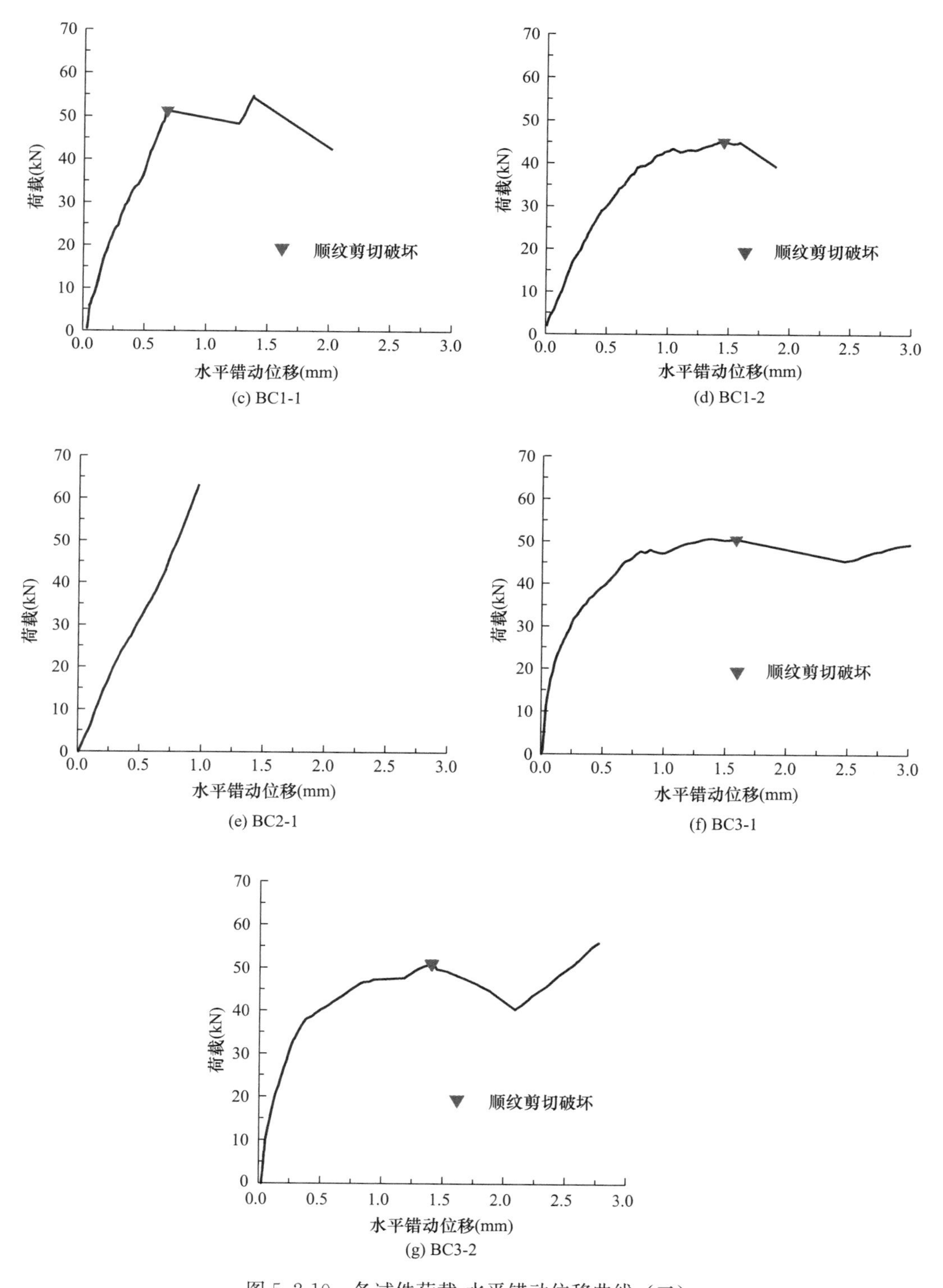

图5.2-10　各试件荷载-水平错动位移曲线（二）

移曲线同样具有弹性和塑性两个阶段，弹性阶段荷载-水平错动位移曲线呈线性关系，塑性阶段时上部荷载增加缓慢，而水平错动则快速增加。从图中能够看出所有木梁水平错动位移均很小，试验过程中通过网格线能观察到剪切错动变形，在实际工程中没有网格线的存在，通过直接观察将较难察觉。其中发生剪切破坏的试件 BC1-1、BC1-2、BC3-1、BC3-2 在顺纹剪切破坏时裂缝上下肢的相对位移仅有 1～2mm。从曲线中知道，当荷载突然下降而水平错动位移突然增大时，表明发生了顺纹剪切破坏，裂缝两侧梁体产生水平错动。而完好木梁的水平错动位移很小，在最终破坏时不到 1mm。

从图 5.2-10 中各曲线斜率能看出，开裂木梁的水平抗剪刚度明显下降，水平错动位移显著增加，更容易发生顺纹剪切破坏。

5.2.4 荷载-应变关系

1. 荷载-跨中纵向拉应变曲线

将各木梁试件跨中底部纵向粘贴的应变片采集所得应变值，与各试件上部荷载结合，绘制各试件荷载-跨中纵向拉应变曲线如图 5.2-11 所示。从图中可以看出木梁受拉区有明显

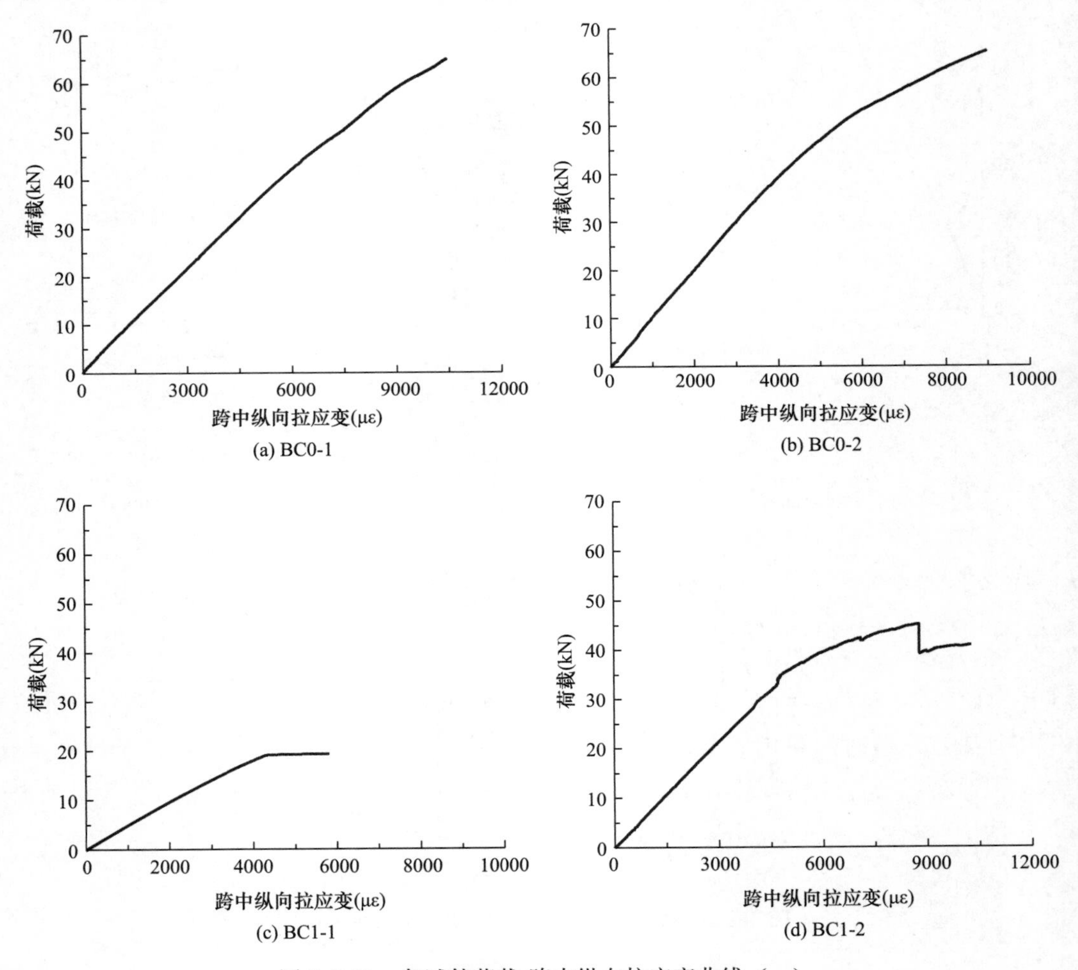

图 5.2-11　各试件荷载-跨中纵向拉应变曲线（一）

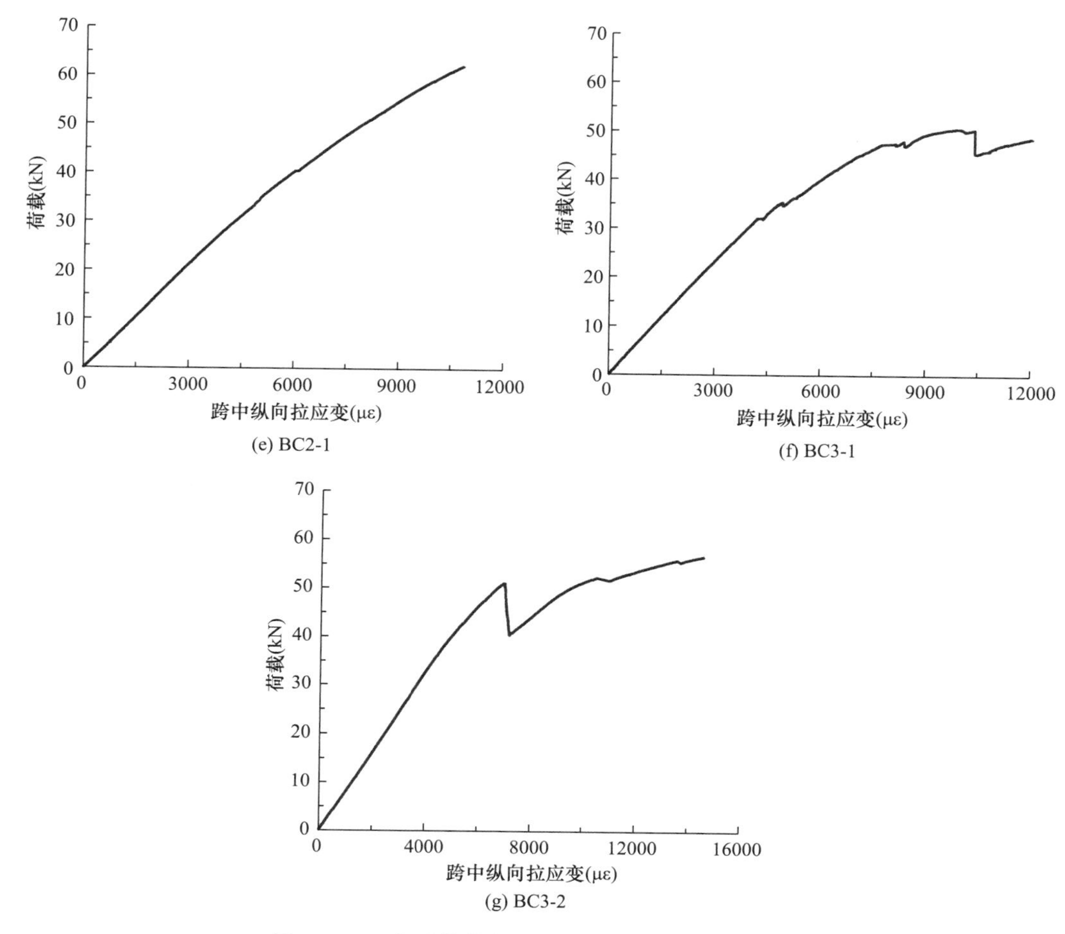

图 5.2-11　各试件荷载-跨中纵向拉应变曲线（二）

的弹性阶段与塑性阶段，在弹性阶段各试件的曲线斜率相近，表明各试件木材受拉性能近似。观察属于开裂木梁的曲线斜率略低于完好木梁，裂缝影响了木梁的抗弯性能。其中试件 BC1-1 由于其底部存在木节，该试件在加载初期时底部受拉区因木节造成的应力集中导致木梁表面纤维断裂，致使应变片拉断失效。从试件 BC1-2、BC3-1、BC3-2 的曲线看出，在试件发生顺纹剪切破坏时，荷载有所下降，而拉应变增幅基本不变，说明在发生剪切破坏时，木梁底部受拉区仍然完好。

2. 荷载-剪应变曲线

取布置于木梁左右两侧中性轴处的应变花 S1 和 S2 测量得到的应变值进行计算，得到木梁中性轴在承载时的剪切应变值，木梁应变花的布置如图 5.2-12 所示，贴于试件未开裂的一侧。剪应变 γ 的计算采用式（5.2-1），绘制各试件荷载-剪应变曲线如图 5.2-13 所示。

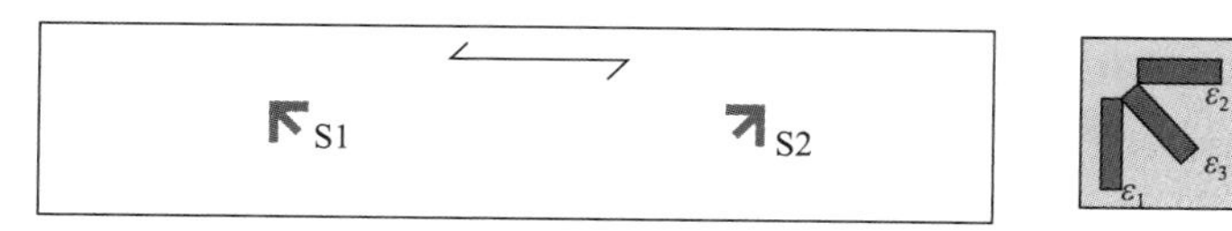

图 5.2-12　木梁应变花的布置

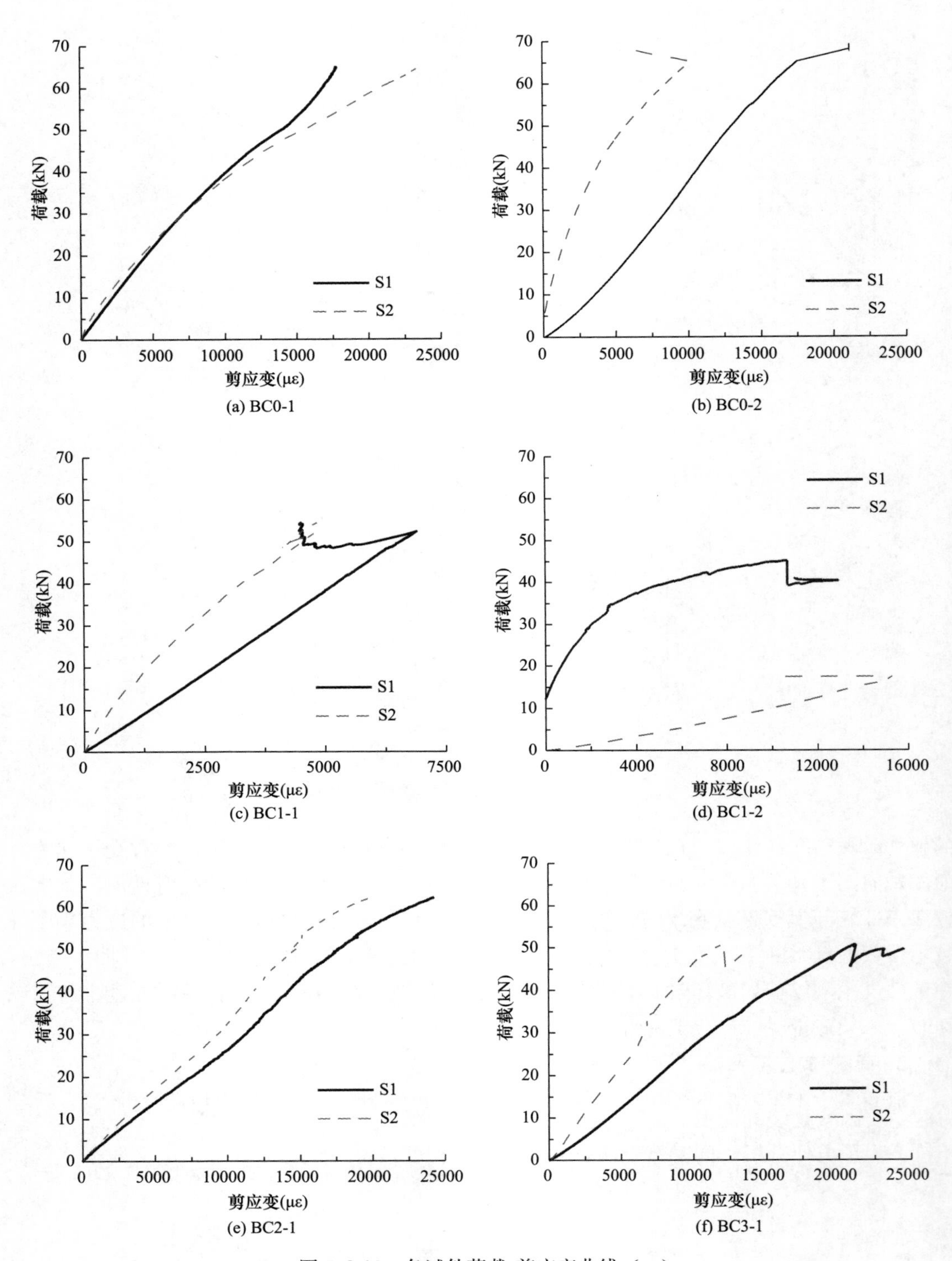

图 5.2-13 各试件荷载-剪应变曲线（一）

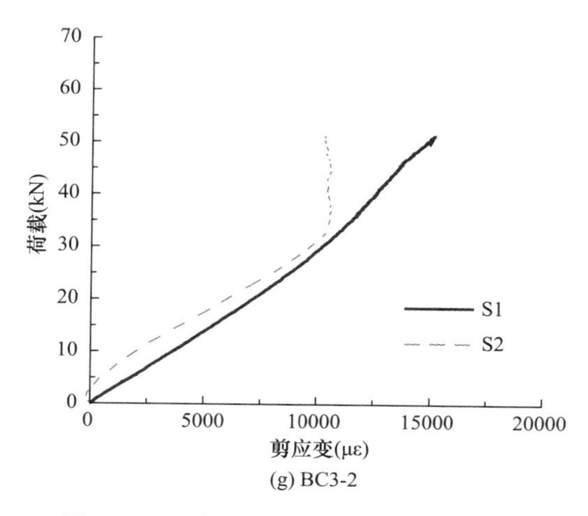

(g) BC3-2

图 5.2-13　各试件荷载-剪应变曲线（二）

由图可以看出，不同试件剪应变的变化趋势各异，大多数试件的剪应力近似呈线性增长，木梁弹性阶段与塑性阶段的变化不明显，表明在中性轴附近受木梁上部受压区与下部受拉区的影响较小，木梁中性轴上下两肢的水平错动变形过程表现为近似弹性，在接近极限荷载时才进入塑性。

$$\gamma = 2\varepsilon_3 - \varepsilon_1 - \varepsilon_2 \tag{5.2-1}$$

式中，γ 为测量点处剪切应变；ε_i 为应变花三个方向的应变值。

从完好试件 BC0-1 和 BC0-2 的荷载-水平错动位移曲线和荷载-剪应变曲线对比来看，二者弹塑性变化趋势一致；而开裂木梁的上述两种曲线有明显区别。开裂木梁在弯曲变形时，木梁开裂的一面由于裂缝将上下两肢分离，因此表现更接近叠合梁；而木梁完好的一面受裂缝影响较小，所以其剪应变的表现更接近完好木梁。对于试件 BC1-1 和 BC1-2，试件在发生顺纹剪切破坏的过程中，裂缝在木梁完好侧的扩展导致了中性轴处的应变花被剪断。如 BC1-2 的 S2 应变花，在荷载到达 20kN 左右时，裂缝扩展将 S2 剪断，而此时在 S1 的位置尚未出现裂缝。

5.2.5　开裂木梁承载力退化规律

木梁存在的裂缝削弱了木梁横截面，导致木梁横截面抗剪能力退化。从经典梁理论来看，木梁的横截面抗剪能力与裂缝的深度负相关，裂缝深度越大木梁抗剪面积越小，抗剪性能越差。在试验方案中开裂木梁试件选材的主要依据是裂缝的深度与开口宽度，后进一步在有限元分析工作中模拟发现，在裂缝深度和裂缝宽度两个参数中，影响木梁抗剪承载力的主要因素是裂缝深度，而裂缝宽度对木梁抗剪承载力的影响很小，这也与经典梁理论相符。为了方便分析，同时体现两个参数的影响程度，将两个参数耦合，定义残损度指标来综合量化裂缝的参数，残损度为裂缝深度与宽度的相关函数。经有限元模拟并通过试验修正后，得到基于裂缝深度与裂缝宽度的残损度 D 定义如下：

$$D = 0.9352\frac{d_c}{b} + 0.0648\frac{w_c}{h} \tag{5.2-2}$$

式中，d 为裂缝深度；b 为木梁宽度；w 为裂缝宽度；h 为木梁高度。

使用抗剪承载力退化系数 ξ_s 来表示裂缝对木梁抗剪承载力的影响，其表示为开裂木梁发生顺纹剪切破坏时的荷载与完好木梁极限承载力的比值，即式（5.2-3），将所得试验数据代入计算，结果见表 5.2-2。

$$\xi_s = F_s / F_{u0} \tag{5.2-3}$$

式中，ξ_s 为木梁抗剪承载力退化系数；F_s 为木梁顺纹抗剪承载力；F_{u0} 为完好木梁极限承载力。

基于开裂木梁残损度，将试验数据代入上式计算的结果进行拟合得到式（5.2-4），即开裂木梁抗剪承载力退化系数与开裂残损度关系（图 5.2-14）。可以看到，木梁残损度与抗剪承载力退化系数呈二次函数关系，随着残损度的增加，木梁抗剪承载力的下降梯度增大。

$$\xi_s = 1 - 0.1515D - 0.641D^2 \tag{5.2-4}$$

式中，ξ_s 为抗剪承载力退化系数；D 为开裂木梁残损度。

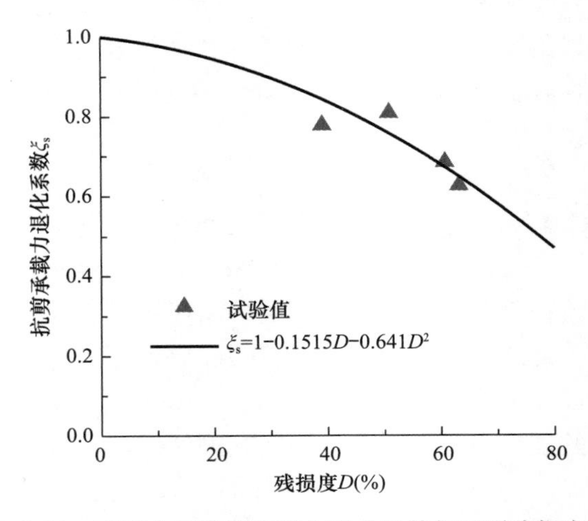

图 5.2-14　开裂木梁抗剪承载力退化系数与开裂残损度关系

开裂木梁试件承载力及承载力退化系数　　**表 5.2-2**

编号	残损度 D（%）	极限承载力 F_u（kN）	抗剪承载力 F_s（kN）	抗剪承载力退化系数 ξ_s
完好	0	68.05	—	—
BC1-1	39	54.37	52.32	0.77
BC1-2	63	45.86	45.86	0.67
BC2-1	54	62.19	—	—
BC3-1	60	51.46	51.46	0.76
BC3-2	59	57.52	51.34	0.75

注：抗剪承载力退化系数为各开裂木梁抗剪承载力 F_s 与完好木梁极限承载力（F_{u0}=68.05kN）之比。

5.2.6　开裂木梁刚度退化规律

引入刚度退化系数 φ 来表示裂缝对木梁顺纹抗剪刚度的影响，其为开裂木梁刚度 S_c 与完好木梁刚度 S_0 的比值：

$$\varphi_b = S_{bc}/S_{b0} \tag{5.2-5}$$

$$\varphi_s = S_{sc}/S_{s0} \tag{5.2-6}$$

式中，φ_b 为木梁抗弯刚度退化系数；S_{bc} 为开裂木梁弯曲刚度；S_{b0} 为完好木梁弯曲刚度；φ_s 为木梁抗剪刚度退化系数；S_{sc} 为开裂木梁顺纹剪切刚度；S_{s0} 为完好木梁顺纹剪切刚度。

自然开裂木梁刚度及退化系数计算结果见表 5.2-3。基于表 5.2-3 的计算结果，可分别得到刚度退化系数与残损度之间的关系，如图 5.2-15 所示，将数据进行拟合得到木梁弯曲刚度与剪切刚度退化关系式，见式（5.2-7）和式（5.2-8）。两式 R^2 分别为 0.9989 和 0.9858，拟合程度较高。

$$\varphi_b = 1 + 1.9956 \times 10^{-4} D - 9.6449 \times 10^{-5} D^2 \tag{5.2-7}$$

$$\varphi_s = 1 - 0.0056D - 6.6092 \times 10^{-5} D^2 \tag{5.2-8}$$

式中，φ_b 为木梁抗弯刚度退化系数；φ_s 为木梁抗剪刚度退化系数；D 为开裂木梁残损度。

自然开裂木梁刚度及其退化系数　　**表 5.2-3**

编号	残损度 D（%）	抗弯刚度 S_b（kN/mm）	抗弯刚度退化系数 φ_b	抗剪刚度 S_s（kN/mm）	抗剪刚度退化系数 φ_s
完好	0	10.48	1.00	132.37	1.00
BC1-1	39	9.26	0.88	77.58	0.59
BC1-2	63	6.48	0.62	41.65	0.31
BC2-1	54	7.37	0.70	76.38	0.58
BC3-1	60	6.94	0.66	57.23	0.43
BC3-2	43	8.61	0.80	91.67	0.69

注：抗弯（抗剪）刚度退化系数为各开裂木梁抗弯（抗剪）刚度与完好木梁抗弯（抗剪）刚度之比。

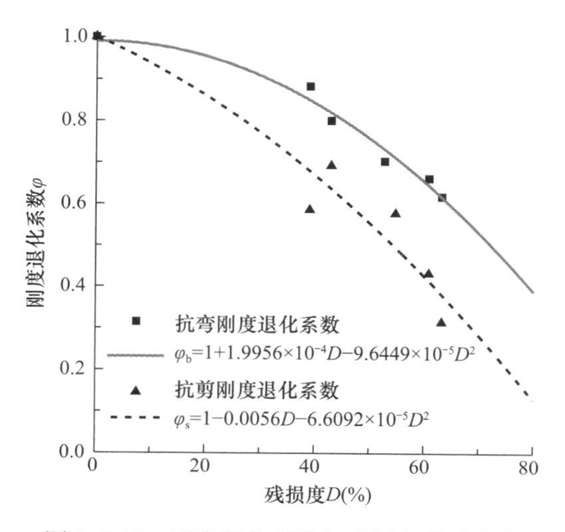

图 5.2-15　刚度退化系数与残损度关系曲线

5.3 本章小结

通过对带有不同形态的干裂木梁进行三点弯曲试验，研究了开裂木梁的抗剪性能，主要得到以下结论：

（1）与完好木梁相比，开裂木梁当残损程度较大时由受弯破坏变为顺纹剪切破坏或弯剪混合破坏。此外，开裂木梁达到极限承载力后通常不会完全丧失承载能力，承载力分阶段下降后才完全断裂。

（2）开裂木梁加载初期裂缝首先闭合压实后木梁才完全整体一起变形，裂缝的存在会降低木梁的弯曲刚度与剪切刚度，裂缝开口越大木梁弯曲刚度退化越明显；裂缝将木梁横截面分离，使开裂木梁上下两肢之间的顺纹剪切刚度退化，裂缝越深的试件剪切刚度退化越明显。

（3）裂缝深度与开裂木梁剩余抗剪承载力呈线性负相关，裂缝越深，木梁剩余抗剪承载力越低。

（4）从木梁中性轴上下两肢的水平错动位移来看，开裂木梁发生剪切破坏时的错动位移仅为 1～2mm，说明很难观察到剪切破坏的前兆，顺纹剪切破坏具有突然性。同时，若观察到开裂木梁上下两肢发生 2mm 以上的错动，则很可能已经发生顺纹剪切破坏。

第6章
自然干裂木柱受力性能退化研究

木柱作为古建筑木结构的主要承重构件，在几百甚至上千年的服役过程中，由于受到环境、真菌腐朽、虫蛀和荷载的共同作用，目前已普遍出现了不同程度的残损。其中，由含水率改变引起的干缩裂缝便是木柱中最为常见的残损类型之一，不仅会降低木柱承载力，而且严重威胁结构的整体稳定性和安全性。因此，研究干裂木柱的受力性能具有重要意义。国内外研究成果主要集中在腐朽木材及腐朽木构件性能退化研究层面，仅有少数学者对干裂木柱性能进行了研究，但均采用人工开槽的方式来模拟木柱纵向干缩裂缝，而这与实际自然干缩裂缝差异较大。

为此，本章对自然干裂木柱进行了轴压试验研究，分析了自然干缩裂缝对木柱受力性能的影响，以期为古建筑木结构的残损评估和保护方案的制定提供科学依据。

6.1 试验概况

6.1.1 试件设计及制作

结合古建筑木结构木柱中较为常见的自然干缩裂缝状态，本试验设计并制作了9根不同干裂程度和不同柱高（柱高分为800mm、1000mm和1200mm，由于古建筑木结构的木柱高度不统一，因此选取了不同高度的木柱试件，目的是更加广泛地研究不同长细比下干裂木柱的受压性能）的圆形木柱试件，柱径均为100mm，柱径是按照《营造法式》三等材的规定进行缩尺，缩尺比为1/6.72。其中，试件TC0为完好木柱；其余为干裂木柱试件，考虑到木柱的裂缝贯通长度、条数及其分布位置不同，将残损试件分为3组，编号依次为CTC1～CTC3。试件的残损特点和裂缝尺寸见表6.1-1，试件的裂缝形态和分布如图6.1-1所示。

试件的残损特点和裂缝尺寸 　　**表6.1-1**

试件编号	D(mm)	h(mm)	$w_{c,e}$(mm)	$d_{c,e}$(mm)	备注
TC0	100	800	—	—	完好对照试件
CTC1-1	100	800	4.9	25.2	木柱带有单条纵向通长裂缝，开裂程度较小
CTC1-2	100	800	4.3	27.3	木柱带有单条纵向通长裂缝，开裂程度较大
CTC1-3-V	100	800	4.3	27.3	木柱带有单条纵向通长裂缝，木柱开裂程度与CTC1-2类似

续表

试件编号	D(mm)	h(mm)	$w_{c,e}$(mm)	$d_{c,e}$(mm)	备注
CTC1-4	100	800	5.9	32.8	木柱带有两条纵向通长裂缝
			4.5	30.2	
CTC2-1	100	800	2.9	20.5	木柱带有两条纵向端侧非通长裂缝，两裂缝在水平面上平行
			6.2	26	
CTC2-2	100	800	3.2	29	木柱带有两条纵向端侧非通长裂缝，两裂缝在水平面上垂直
			3.05	22	
CTC3-1	100	1000	4.7	39.3	木柱带有单条纵向通长裂缝
CTC3-2	100	1200	4.2	29.7	木柱带有单条纵向通长裂缝

注：D 为柱径；h 为柱高；$w_{c,e}$ 为等效裂缝宽度，等于所有测点裂缝宽度的平均值；$d_{c,e}$ 为等效裂缝深度，等于所有测点裂缝深度平均值；试件编号 CTC1-3-V 中，V 表示该木柱试件的裂缝放置方向与刀铰平行。

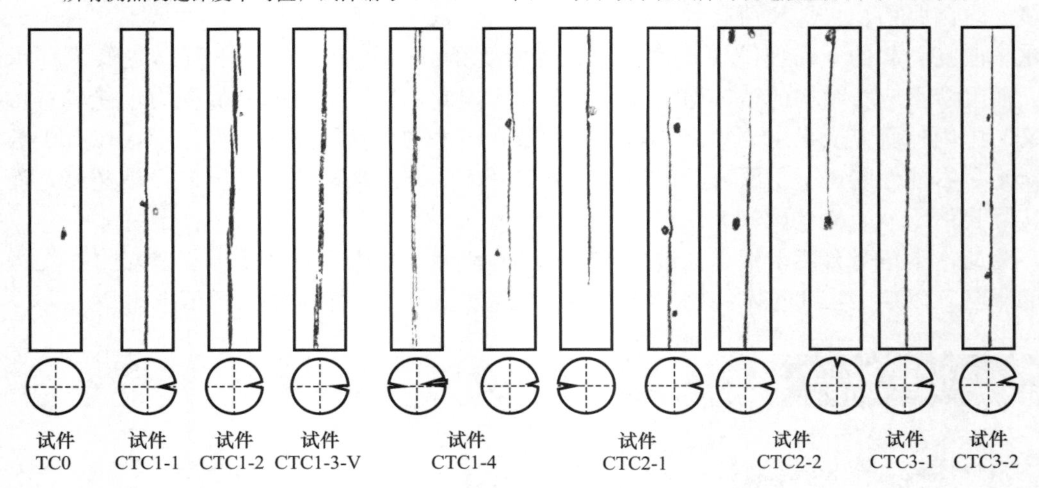

图 6.1-1　试件的裂缝形态和分布

为了便于量化干裂木柱的残损程度，在每根干裂木柱上均匀取 15 个裂缝几何尺寸测量点，其中裂缝深度和宽度分别采用测深尺和直尺进行测量。各试件均取自放置在常温下的同批次自然干缩开裂方形截面木料（长 4000mm，截面尺寸 110mm×110mm），该取材方式与木柱真实的自然干缩开裂状态最为接近。

本试验中所用木材为樟子松，按材性试验方法，分别从每根木梁上截取 3 个小清材试样测定各类力学性能指标，每类共 30 个，计算结果为所有材性试件的均值，测得的木材物理和力学性能见表 6.1-2。木材的含水率和密度分别为 10.7%和 0.43g/cm³。

樟子松物理和力学性能　　表 6.1-2

E_L（MPa）	E_T（MPa）	E_R（MPa）	G_L（MPa）	G_T（MPa）	G_R（MPa）
10562.4	796.5	563.4	706.4	706.4	191.8

μ_{LR}	μ_{LT}	μ_{RT}	$f_{c,L}$（MPa）	$f_{t,L}$（MPa）	$f_{c,R}$（MPa）	$f_{s,L}$（MPa）
0.35	0.35	0.51	38.16	87.76	1.91	6.54

注：E、μ 和 G 分别代表弹性模量、泊松比和剪切模量；下标 L、R 和 T 分别代表木材纹理的纵向、径向和切向；$f_{c,L}$ 为顺纹抗压强度；$f_{t,L}$ 为顺纹抗拉强度；$f_{c,R}$ 为横纹抗压强度；$f_{s,L}$ 为顺纹剪切强度。

6.1.2 试验加载及量测

1. 加载方案

试验在西安建筑科技大学结构与抗震实验室的 5000kN 微机控制电液伺服压力试验机上开展，试件的上下端头选用单向刀铰支座，试件裂缝侧与刀铰方向垂直，采用配套的台式计算机和相关软件作为控制系统。试验加载装置如图 6.1-2 所示。

(a) 试验加载现场

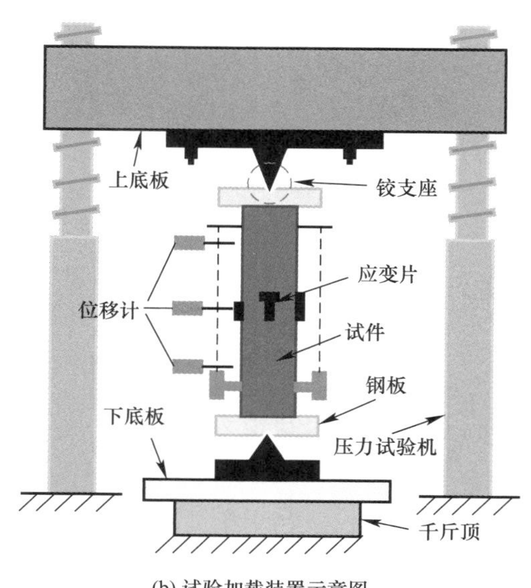

(b) 试验加载装置示意图

图 6.1-2　试验加载装置

采用几何轴线对中方法将试件对中后，对试件先进行 3 次预加载（预加载荷取预估承载力的 10%），检查整个试验系统是否正常工作。若出现问题应重新调整试验系统，直至所有装置进入正常工作状态，之后卸载至零并进行正式加载。木柱轴压试验采用位移控制加载，加载速率控制为 0.1mm/min。当试件的荷载下降至峰值荷载的 75%时，终止加载。

2. 测量方案

试验测量内容包括试件轴向荷载、侧向位移、轴向位移和柱中截面横向和轴向应变。将位移计（LVDTs）纵向布置在试件的两对侧来测量试件轴向变形；在试件长度的四分点处布置 3 个位移计，以测量试件在试验过程中的侧向位移；在柱中裂缝处布置 1 个位移计，测量裂缝张开位移。在完好木柱的柱中截面处正交粘贴 4 个纵向应变片，测量轴向应变；在干裂木柱的柱中裂缝两侧粘贴两个纵向应变片；在柱中的表面垂直粘贴 2 个横向应变片，用来测量横向应变。试验数据由 TDS-602 数据采集仪自动采集。位移及应变测点布置如图 6.1-3 所示。

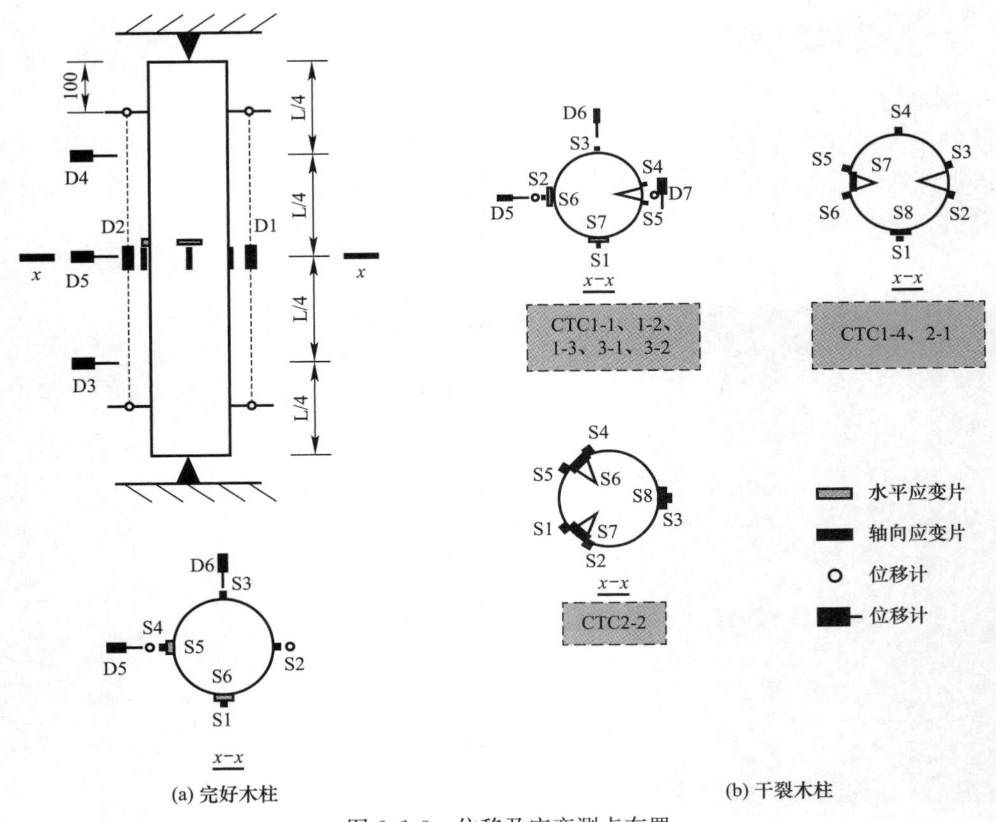

图 6.1-3　位移及应变测点布置

6.2　试验结果及分析

6.2.1　试验现象及破坏特征

完好木柱试件 TC0 的典型破坏形态如图 6.2-1 所示。

(a) 木柱屈曲破坏

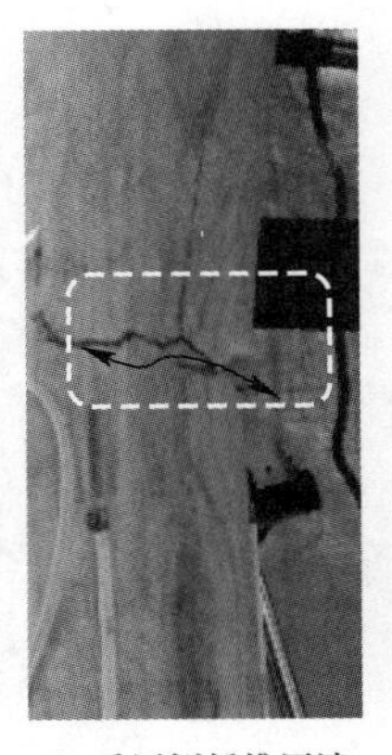

(b) 受压侧纤维压溃

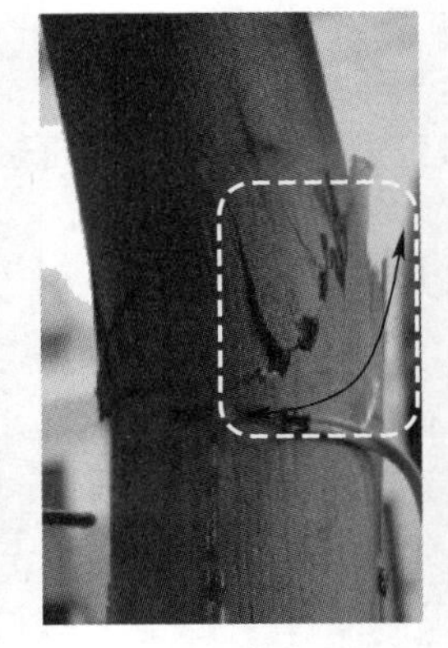

(c) 受拉侧纤维拉断

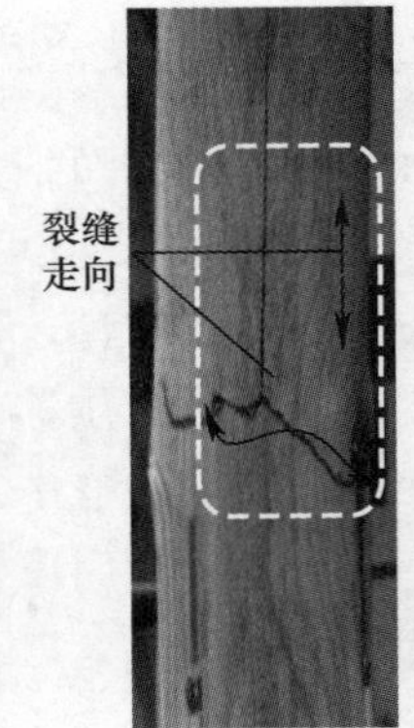

(d) 受压侧纤维劈裂

图 6.2-1　完好木柱试件 TC0 的典型破坏形态

在加载初始阶段，柱中侧向位移几乎没有增大；当达到峰值荷载的30%时，木柱试件传出吱吱的木材纤维压实声，继续加载到峰值荷载的40%时，木材压实声持续增大，柱中侧移增加，此时木柱在垂直于刀铰的方向有微小的弯曲变形；当达到峰值荷载的90%时，木柱柱中截面受压区域附近纤维出现轻微受压褶皱［图6.2-1（b)］；继续加载，伴随细密的木纤维压溃声，柱中受拉侧开始出现木纤维“噼啪”的断裂声［图6.2-1（c)］，且持续至试件弯折破坏。最终柱中截面发生偏压破坏，柱中受压侧有明显斜向褶皱且木纤维不断鼓出，形成大体沿着柱高分布的纵向劈裂裂缝［图6.2-1（d)］，柱中受拉侧木纤维被拉断，柱中有较大侧向位移，属于典型的受压屈曲破坏［图6.2-1（a)］。

对于干裂木柱试件，在加载初期，柱中侧向变形几乎没有增加；随着荷载的不断增大，木柱干缩开裂一侧的侧向弯曲变形不断增大，裂缝位置处时而出现纤维“啪啪”的压实声和崩断声。在接近峰值荷载时，木柱柱中受压侧附近的木纤维首先压溃，随着荷载继续增大，受压区压溃区域持续水平扩展［图6.2-2（c)］，压溃区域的上下侧还会出现竖向

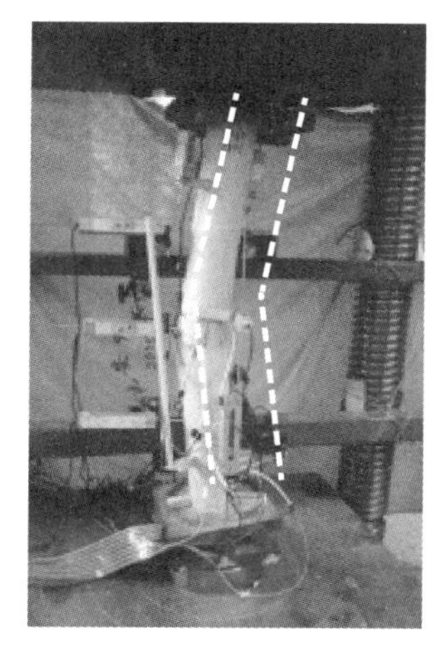

(a) 干裂木柱屈曲破坏
(试件CTC1-1)

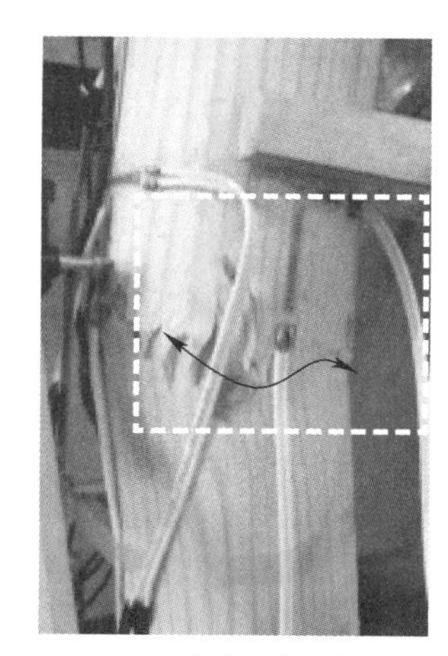

(b) 受拉侧纤维拉断
(试件CTC1-2)

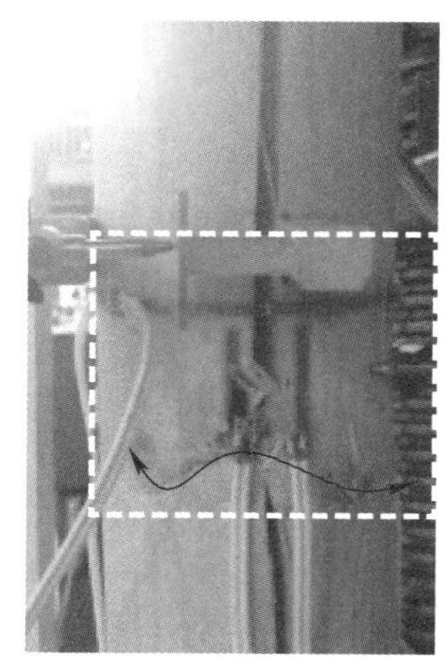

(c) 受压纤维压溃
(试件CTC2-1)

(d) 裂缝处纤维错动张开
(试件CTC2-2)

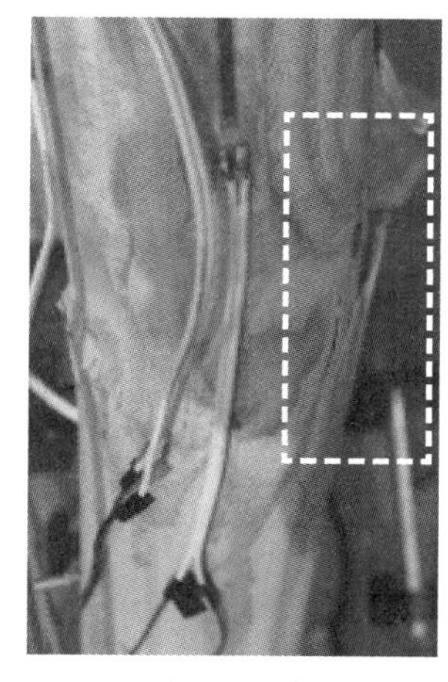

(e) 纤维严重劈裂
(试件CTC3-1)

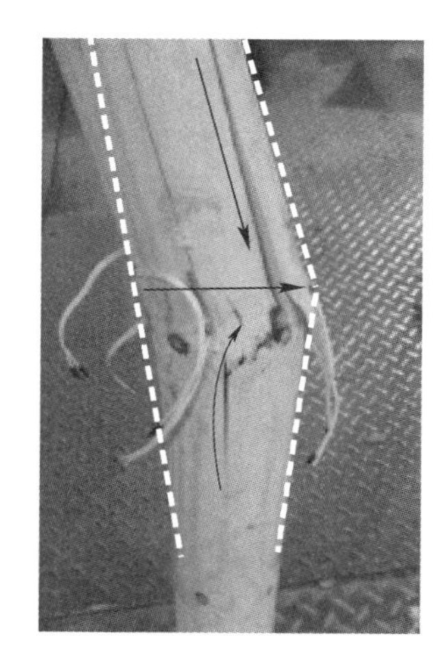

(f) 侧向变形
(试件CTC3-2)

图6.2-2 干裂木柱试件典型破坏模式

裂缝的扩展以及初始裂缝的挤压闭合或者张开［图 6.2-2（c）和 6.2-2（d）］，最终木柱由于弯曲变形过大，受拉区纤维持续被拉断［图 6.2-2（b）和 6.2-2（e）］，且伴随着密集的“噼里啪啦”的纤维断裂声。大部分开裂木柱的失效模式与完好木柱类似，均属于典型的受压屈曲破坏。值得注意的是，对于试件 CTC3-2 而言，由于柱高显著增加，侧向刚度减弱，稳定性变差，导致试件破坏具有突然性，柱中受压区附近纤维持续压溃，受拉区纤维骤然崩断，侧移激增，属于脆性破坏［图 6.2-2（f）］。干裂木柱典型破坏形态如图 6.2-2 所示。

6.2.2 荷载-位移关系曲线

图 6.2-3 给出了各试件的荷载-位移（P-Δ）曲线。可以看出，在初加载初期，完好木柱的侧向变形较小，几乎没有明显的弯曲变形；当荷载增加至峰值荷载时，木柱弯曲变形增大，柱中的侧向位移也显著增加；加载至峰值荷载之后，承载力骤然降低，侧移再次增大，伴随着受压区纤维的不断压溃和受拉区的纤维崩断和劈裂，试件逐渐丧失承载能力。与完好木柱相比，在荷载降低之前，干裂木柱柱中侧向变形大，侧向刚度较小，这是由于裂缝的存在使得木柱刚度减弱，柔度变大，侧向变形随之增大。

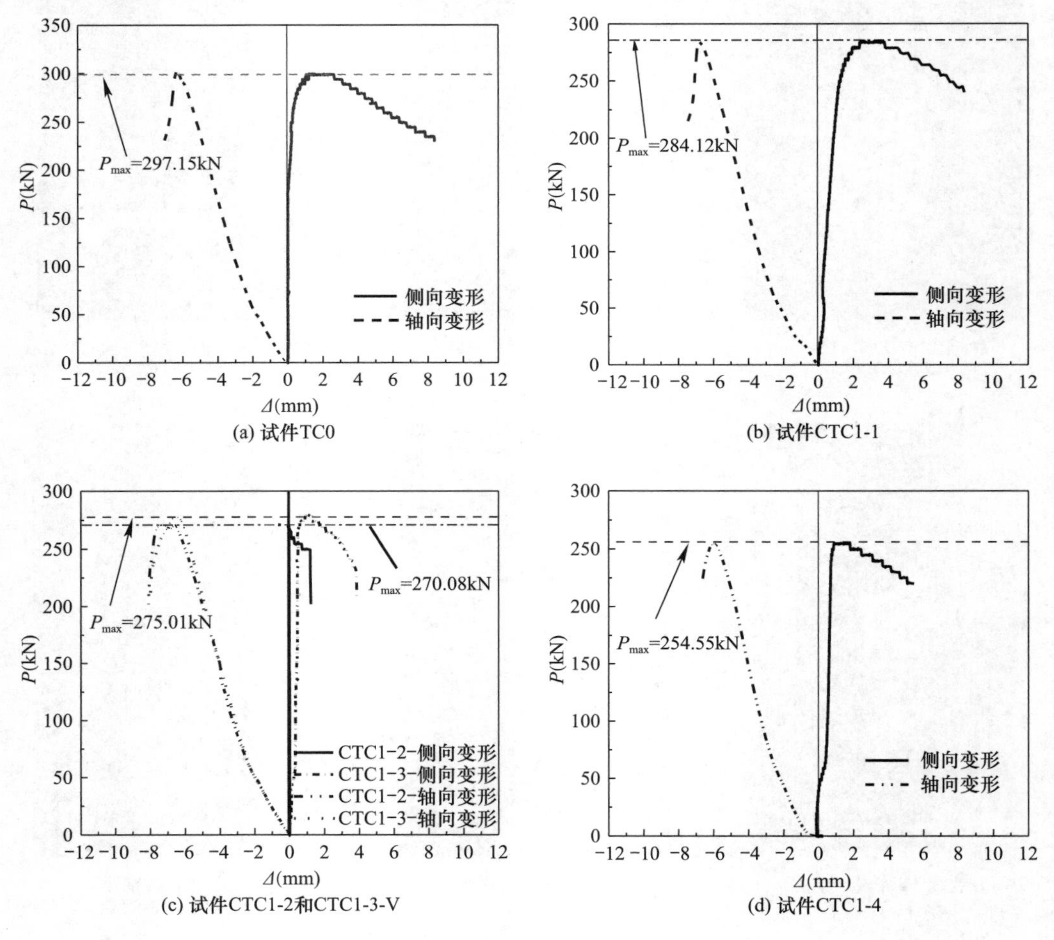

图 6.2-3 各试件的荷载-位移（P-Δ）曲线（一）

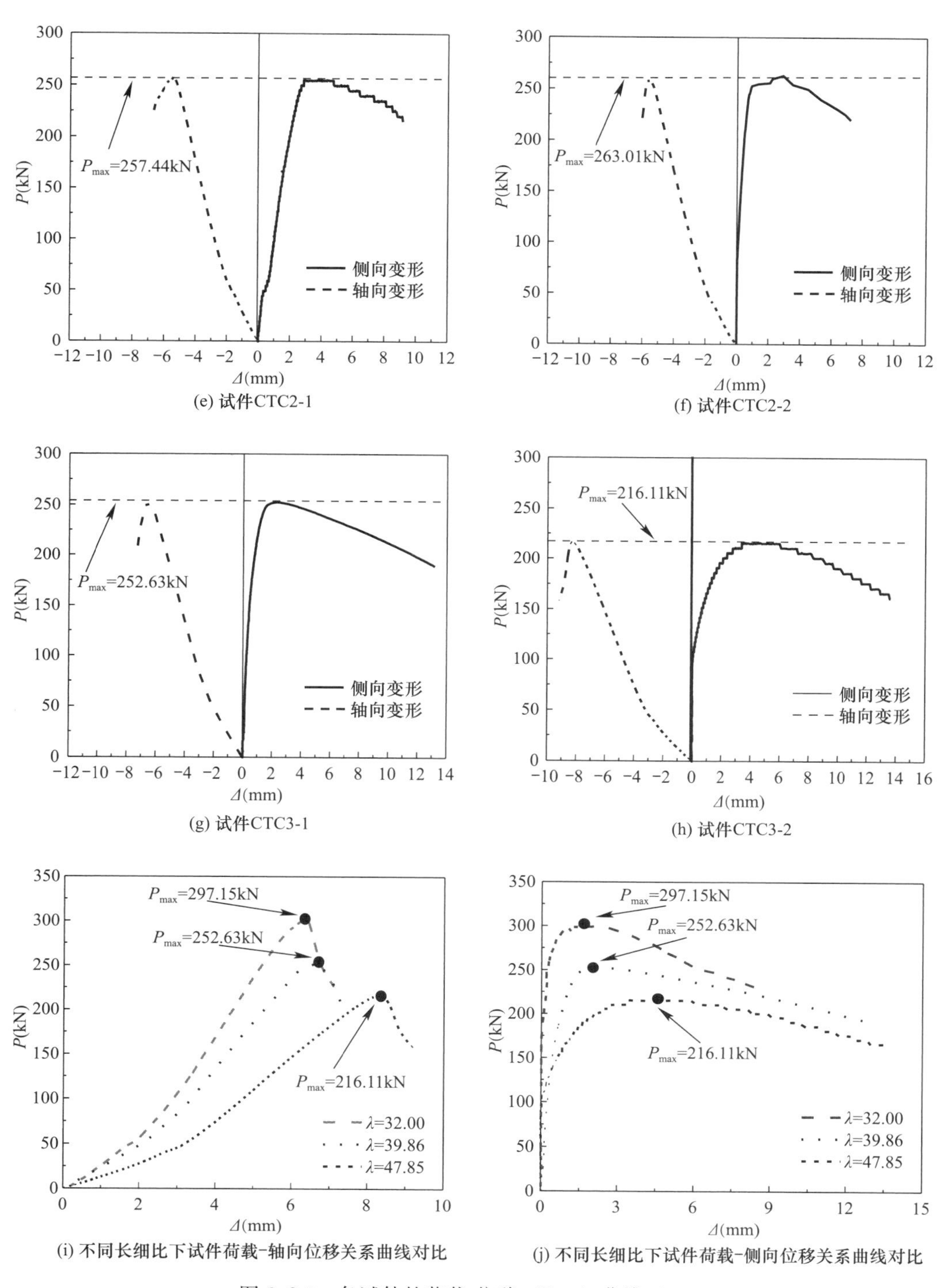

(e) 试件CTC2-1

(f) 试件CTC2-2

(g) 试件CTC3-1

(h) 试件CTC3-2

(i) 不同长细比下试件荷载-轴向位移关系曲线对比

(j) 不同长细比下试件荷载-侧向位移关系曲线对比

图 6.2-3 各试件的荷载-位移（P-Δ）曲线（二）

从图 6.2-3 也可以看出，完好木柱和干裂木柱的荷载-轴向位移曲线变化趋势基本相同，包含线性上升段（弹性阶段）、缓慢上升段（弹塑性阶段）以及下降段（失效阶段）。在弹性阶段，试件的荷载随着轴向位移的增加基本呈线性增加，轴压刚度（受压刚度）保持不变；在弹塑性阶段，随着轴向位移的增加，荷载增加的速率逐渐减缓，荷载和轴向位移呈现明显的非线性关系，这是由于木柱试件柱中表面纤维局部受压屈服，产生不可恢复的塑性变形，导致轴压刚度逐渐降低；在达到峰值荷载之后，荷载急剧降低，轴向变形显著增加，这是由于柱中受压区纤维达到极限抗压强度而持续压溃鼓出，受拉侧纤维达到极限抗拉强度而发生脆性断裂，使得柱中的弯曲变形增大，轴压刚度显著降低，轴向位移急剧增大，木柱进入了破坏阶段。与完好木柱相比，不同裂缝形态、不同长细比下的干裂木柱的峰值荷载均有不同程度的退化，极限荷载对应的轴向位移也不尽相同，这说明裂缝的存在改变了木柱的轴压性能。

各试件的受压性能试验结果见表 6.2-1。由表可见，当柱高相同时，与完好木柱试件 TC0 相比，大部分干裂木柱试件的延性均有提高，最大提高了 15.32%。这是由于裂缝的存在会使试件的受力面积减小，试件受压区会提前达到木材极限抗压强度，进而产生较大的塑性变形，变形能力有所提高。当木柱试件柱高相同（长细比接近 32）且裂缝深度损失率大于 27.3%时，干缩裂缝对木柱的受压性能有着显著影响，与完好木柱试件 TC0 相比，干裂木柱的承载力和初始轴压刚度均有不同程度的退化，最大分别降低了 14.34%和 28.63%。当木柱试件柱高相同（长细比接近 32）且裂缝深度损失率小于 27.3%时，干缩裂缝对木柱的受压性能影响较小，在实际工程中无需对此类干裂木柱进行实质性的加固与修复。当柱高不同时，长细比越大，干裂木柱承载力和初始轴压刚度退化越明显 [图 6.2-3 (i) 和 6.2-3 (j)]，其中，与长细比为 32 的完好木柱试件 TC0 相比，长细比为 47.85 的干裂木柱试件 CTC3-2 的承载力和轴压刚度分别退化了 27.27%和 41.05%。值得注意的是，试件 CTC3-1 的裂缝深度损失率大于试件 CTC3-2，但试件 CTC3-1 的承载力却较大，这也说明长细比的影响大于裂缝深度损失对干裂木柱轴压性能的影响。

木柱试件受压性能试验结果　　表 6.2-1

试件编号	w_c (mm)	d_c (mm)	d_c/D (%)	λ	K_a (kN·mm^{-1})	Δ_y (mm)	Δ_{max} (mm)	P_{max} (kN)	μ	$\varepsilon_{p,mean}$ (10^{-6})
TC0	—	—	0	32.00	60.90	5.71	7.10	297.15	1.24	2738.5
CTC1-1	3.04	24.1	24.1	31.94	58.18	6.48	7.56	284.12	1.17	3778.4
CTC1-2	4.3	27.3	27.3	31.90	48.07	6.4	8.43	270.08	1.32	3481.7
CTC1-3-V	4.3	27.3	27.3	31.90	48.07	6.20	8.45	275.01	1.36	3770.5
CTC1-4	5.9	32.8	63.0	31.75	43.46	5.49	7.05	254.55	1.28	2825.9
	4.5	30.2								
CTC2-1	2.9	20.5	46.5	31.88	60.45	5.23	7.47	257.44	1.43	3918.5
	3.2	26								
CTC2-2	3.2	29	51.0	31.73	58.22	5.46	6.27	263.01	1.15	3704.2
	3.05	22								
CTC3-1	4.7	39.3	39.3	39.86	50.09	6.19	7.63	252.63	1.23	3268.5
CTC3-2	4.2	29.7	29.7	47.85	35.9	7.83	9.21	216.11	1.18	2544.3

注：d_c/D 为裂缝深度损失率；K_a 为初始受压刚度，即：荷载-轴向位移曲线在弹性阶段的斜率；λ 为木柱长细比；Δ_y 为屈服位移，采用拐点法确定；Δ_{max} 为荷载-轴向位移曲线下降段的 75%峰值荷载对应的位移；P_{max} 为木柱受压承载力；μ 为延性系数，$\mu=\Delta_{max}/\Delta_y$；$\varepsilon_{p,mean}$ 为柱中轴向平均峰值应变，取木柱压溃侧测点的轴向峰值压应变均值。

6.2.3　荷载-轴向应变关系曲线

各试件柱中截面处的荷载-轴向应变（P-ε）曲线如图 6.2-4 所示。可以看出，荷载-轴向应变曲线的变化趋势可分为两个阶段。第一阶段是弹性阶段，其中，随着荷载的增加，轴向应变呈线性增加；第二阶段是非线性应变损失阶段，加载至峰值荷载之后，大部分试件柱中的极限拉、压应变随着荷载的降低也逐渐降低，这是由于受压区纤维压曲、压溃，使得柱中区域的应力得到了释放。此外，柱中截面应变最大值并没有达到材料的极限拉、压应变值（极限拉应变约为 0.03，极限压应变约为 0.15），这是由于所有木柱的最终屈曲失效的位置并不在柱中，而是在带有微观缺陷（如：木节、斜纹等）的柱中以上或以下的位置，因而导致试件柱中截面的极限拉、压应变没有充分发展。结合图 6.2-4 和表 6.2-1 中的轴向平均峰值应变可得，当柱高相同时，与完好木柱相比，干裂木柱的轴向平均峰值应变提高 3.16%～43.09%。这是由于裂缝的存在会削弱木柱的截面面积，在相同荷载条件下，柱中截面的应力值偏大，进而使应变值增加。

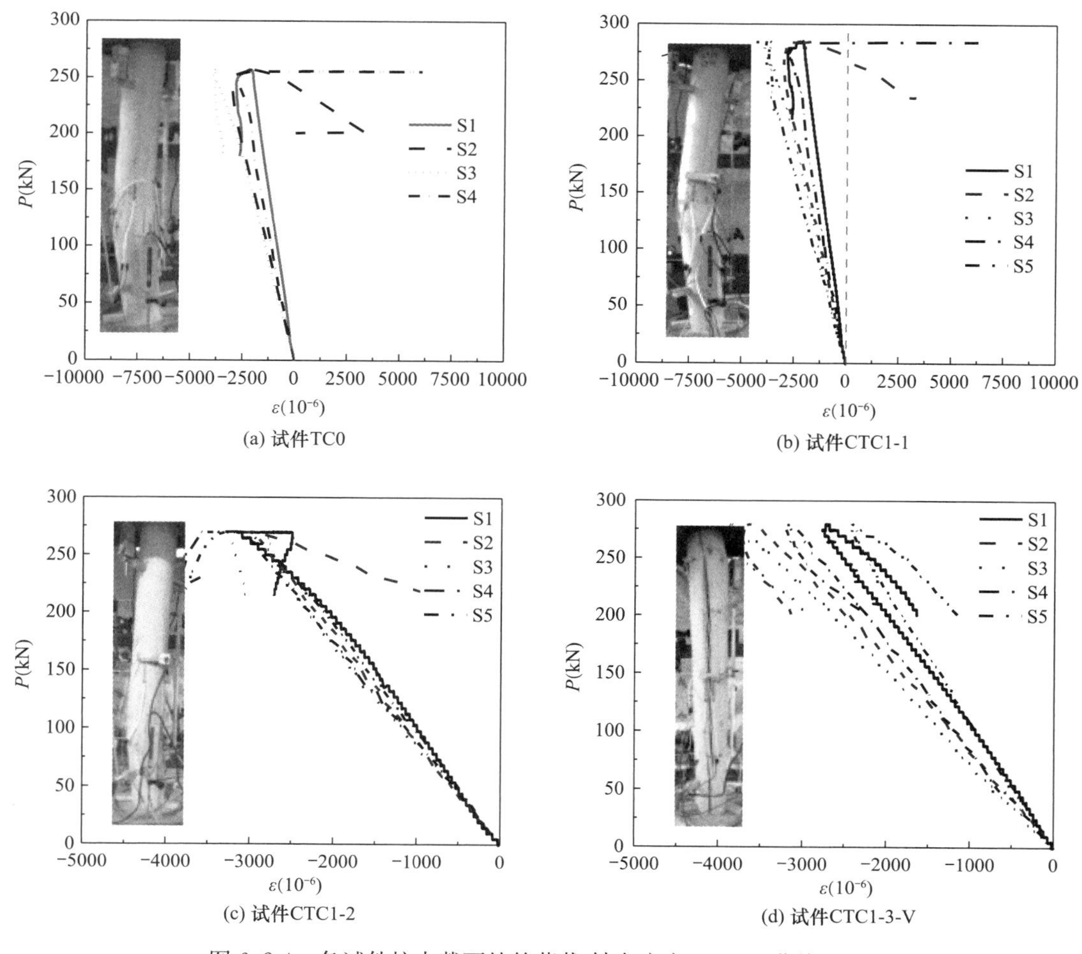

图 6.2-4　各试件柱中截面处的荷载-轴向应变（P-ε）曲线（一）

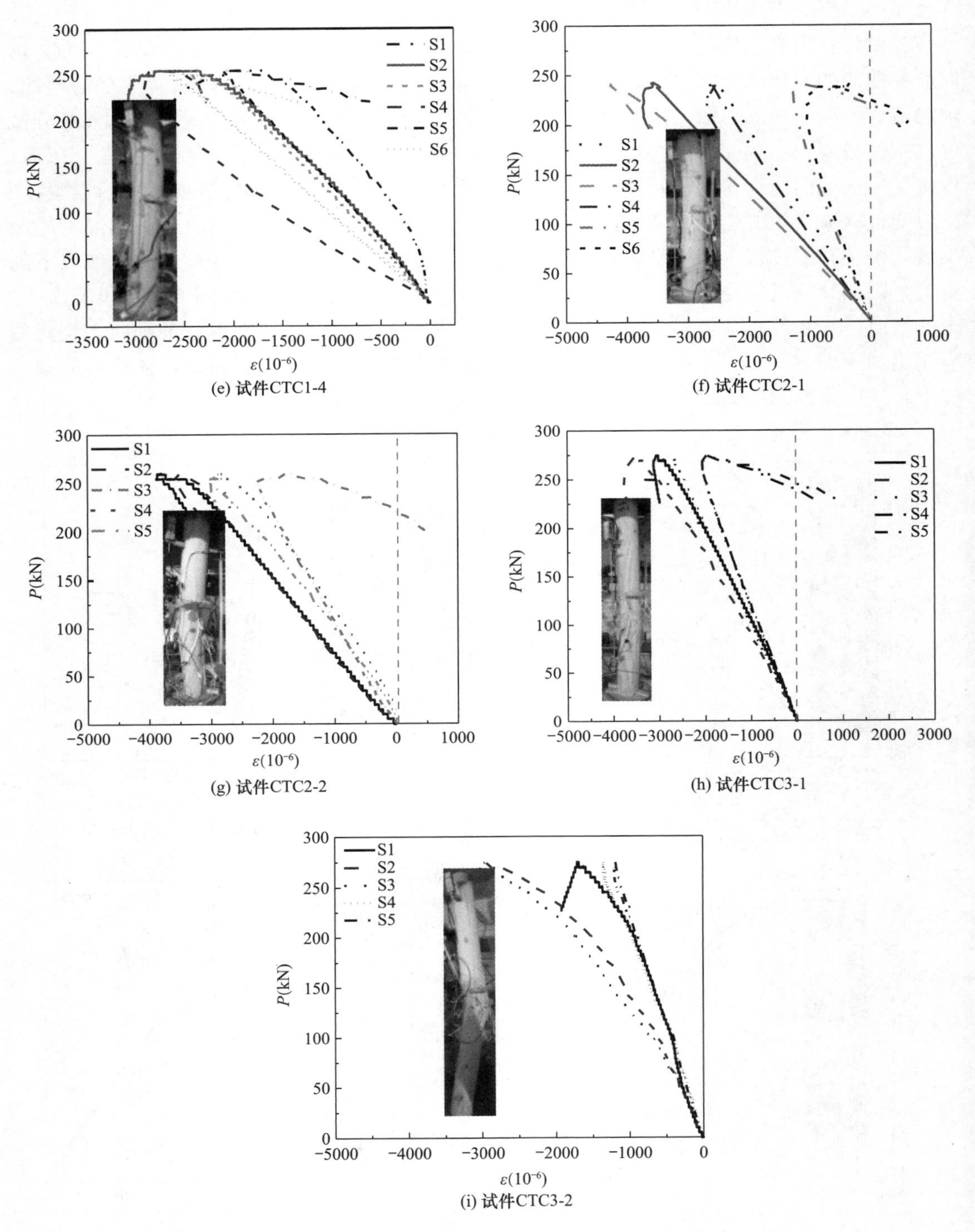

图 6.2-4 各试件柱中截面处的荷载-轴向应变（P-ε）曲线（二）

6.2.4 柱中横向应变

为了分析干缩裂缝对柱中截面横向应变的影响规律，图 6.2-5 给出了相同柱高、不同干裂程度的木柱柱中横向应变-荷载（ε_h-P）关系对比曲线。可以看出，在试件达到峰值荷载之前，柱中横向应变随荷载的增大而呈线性增加；接近峰值荷载时，应变变化趋势表现出非线性或突变的特性，这是由于木柱存在木节等微观缺陷，在达到峰值荷载之前，局部微观缺陷使得受压区纤维的裂纹开始萌生，局部纤维被轻微地压溃，受压区开始出现塑性区，导致局部纤维变形不协调，进而引起横向应变的非线性变化。

结合图 6.2-5 中的数据，图 6.2-6 给出了柱高相同、干裂程度不同的木柱柱中横向峰值应变-裂缝深度损失率（$\varepsilon_{h,p}$-d_c/D）关系对比曲线，可以看出，随着木柱裂缝深度损失率的增加，柱中横向峰值应变呈线性增加。与完好木柱相比，当裂缝深度损失率为 63%（试件 CTC1-4）时，其横向峰值应变增加了 64.5%。这是由于裂缝的存在使得木柱横截面积减小，纤维横截面变形不连续，木柱在受压过程中，纤维的横向“约束效应”减弱。即：干缩裂缝加剧了柱中截面纤维的横向变形。

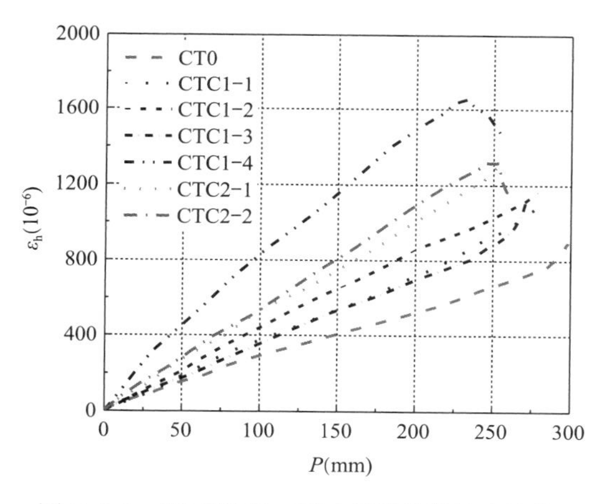

图 6.2-5 相同柱高、不同干裂程度的木柱柱中横向应变-荷载（ε_h-P）关系对比曲线

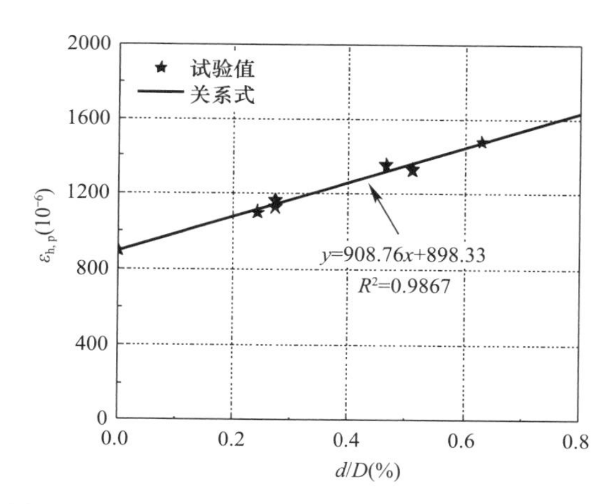

图 6.2-6 柱高相同、干裂程度不同的木柱柱中横向峰值应变-裂缝深度损失率（$\varepsilon_{h,p}$-d_c/D）关系对比曲线

6.3 本章小结

基于自然干裂木柱受力性能试验研究，主要分析了自然干缩裂缝对木柱受压性能的影响以及干裂木柱受力机理，主要结论如下：

（1）自然干裂木柱和完好木柱的破坏位置主要集中在柱中受压区附近，破坏模式均表现为受压区纤维挤压塑性变形、裂缝张开或者闭合以及受拉区纤维脆性拉断、纵向纤维劈裂，属于典型的受压屈曲破坏。

（2）随着长细比的增大，木柱承载力明显退化；当柱高相同且干裂木柱的综合残损程度介于 4.8%和 23.73%时，干缩裂缝对木柱的受压承载力、初始轴压刚度和延性影响显著，与完好木柱相比，综合残损程度为 23.73%的干裂木柱受压承载力退化了 14.34%，初始轴压刚度降低了 28.63％，延性提高了 15.32％；当干裂木柱的综合残损程度小于 4.8％时，干缩裂缝对木柱受压性能影响较小，实际工程中无需对此类干裂木柱进行实质性的加固修复。

（3）当柱高相同时且长细比接近 32 时，干裂木柱的轴向平均峰值应变比完好木柱提高了 3.16％～43.09％。随着木柱裂缝深度损失率的增加，柱中横向峰值应变呈二次关系曲线增加。当裂缝深度损失率为 63％时，干裂木柱横向峰值应变比完好木柱最大增加了 64.5％。

第 7 章

腐朽木柱受压性能退化研究

古建筑木结构中柱子的断面均偏大，单从承载力方面来说是可靠安全的，俗语中的“立木顶千钧”描述的正是这种情况。但是由于古建筑木结构中的木柱直接立于柱础之上，常年遭受风吹、日晒、雨淋、虫蛀等自然因素的侵蚀，或被埋入墙内不易通风，在柱的表面很容易发生虫蛀和腐朽等残损。柱子是木结构建筑的主要受力构件，一旦遭到破坏就会使大木构件和屋面发生变形，屋面的变形又会引起瓦面的灰背开裂、变形，进而可能会诱使建筑物发生整体破坏。因此，对这些残损古建筑木构件进行系统的研究、评估、维修有十分重要的意义。然而，目前对古建筑木结构的研究主要集中在古木建筑的整体受力性能分析、构件的维护加固和古旧木材力学性能的变化等方面。对存在局部损伤的木构件力学性能方面的研究并不多见。

为此，本章对发生局部腐朽损伤的木柱进行轴压性能试验，分析不同腐朽损伤类型对木柱轴压承载力的影响规律，以期为古建筑木材的性能评估和预测提供参考。

7.1 试验概况

7.1.1 试件设计与制作

参照《木结构试验方法标准》GB/T 50329—2012 设计了整体尺寸相同的方木柱共 11 根，试件横截面尺寸统一为 110mm×110mm，纵向方向长度均为 1200mm，长细比为 37.98。

木材腐朽或被虫蛀后会变得松软易碎，呈筛孔状或粉末状等形态，其力学性能大幅降低，因此采用将残损部位局部切除的方法来模拟腐朽和虫蛀的影响。为了便于对残损程度的定量描述，采用人工开槽的方式在构件上切槽设置贯穿截面的矩形切口。各个试件切口的长度、宽度和位置均有所不同，同时为减小应力集中的影响对切口角部进行倒角处理，半径为 10mm。具体残损区域的尺寸、位置及构件的详细参数见表 7.1-1 和图 7.1-1。构件均取自同批次原木。

试件设计参数 　　**表 7.1-1**

编号	试件尺寸 (mm×mm×mm)	损伤部位尺寸（mm）			损伤位置	损伤个数
		宽度	深度	长度		
C0	110×110×1200	—	—	—	—	—
C1-1	110×110×1200	10	100	100	1/4 柱高左侧	1

续表

编号	试件尺寸 (mm×mm×mm)	损伤部位尺寸（mm）			损伤位置	损伤个数
		宽度	深度	长度		
C1-2	110×110×1200	30	100	100	1/4 柱高左侧	1
C1-3	110×110×1200	50	100	100	1/4 柱高左侧	1
C2-1	110×110×1200	10	100	100	柱中左侧	1
C2-2	110×110×1200	30	100	100	柱中左侧	1
C3-1	110×110×1200	30	100	200	距柱底 550～650mm	1
C4-1	110×110×1200	30	100	100	1/4 柱高、柱中左侧	2

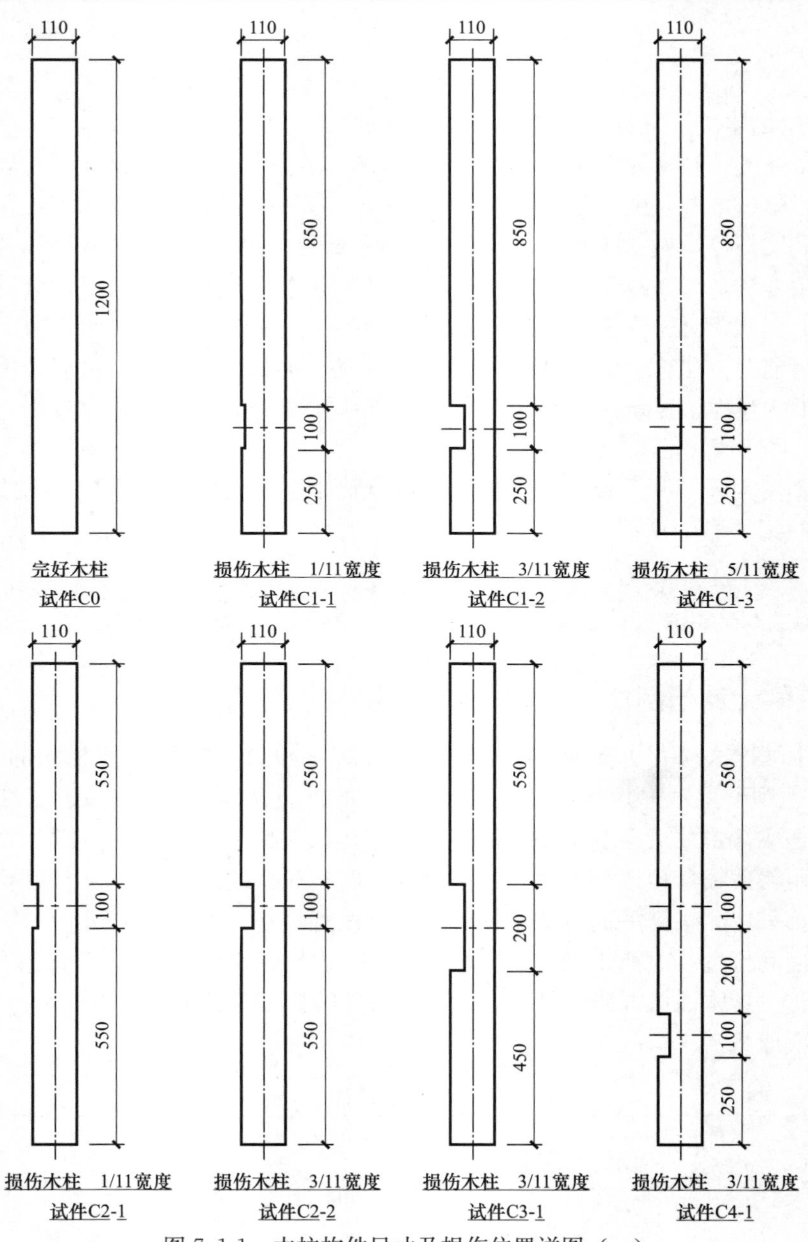

图 7.1-1 木柱构件尺寸及损伤位置详图（一）

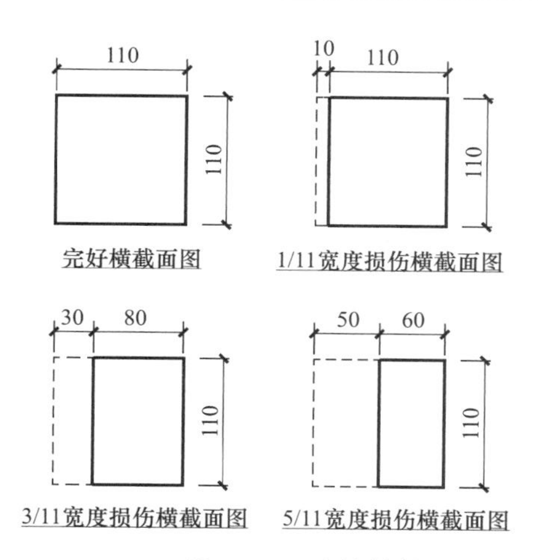

图 7.1-1　木柱构件尺寸及损伤位置详图（单位：mm）（二）

7.1.2　试验设备和仪器

本试验在西安建筑科技大学结构与抗震实验室进行，试验主要设备包括：型号为 TDS-602 的数据采集仪、YHD-50 型位移传感器、产自河北邢台的标距为 20mm 的电阻应变计和天水红山试验机有限公司生产的型号为 YAW-5000 的 5000kN 微机控制电液伺服压力试验机（图 7.1-2）。电阻应变计技术参数如表 7.1-2 所示。

电阻应变计技术参数　　表 7.1-2

型号	电阻（Ω）	灵敏系数（%）	栅长×栅宽（mm）
BX120-20AA	120.3±0.1%	2.12±1.3	20×3

图 7.1-2　试验机

7.1.3　试验方法

本试验在 5000kN 长柱试验机上进行，加载端头选用单向刀铰支座，控制系统为配套的台式计算机及相关软件。在损伤木柱残损部位的侧面粘贴电阻应变计，用来测量各个侧面的应变变化情况；沿柱高布置位移传感器，用于测量木柱受压过程中的侧向挠度，试验装置如图 7.1-3 所示。

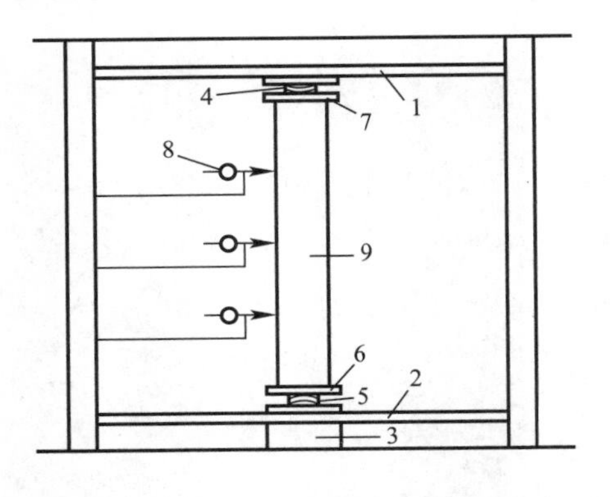

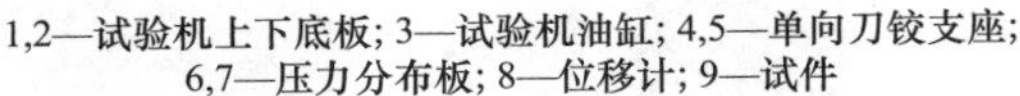
1,2—试验机上下底板；3—试验机油缸；4,5—单向刀铰支座；6,7—压力分布板；8—位移计；9—试件

图 7.1-3　试验装置

7.1.4　试验步骤与测点布置

（1）在平行于弯矩平面一侧的跨中或残损区域的中部，按纵向方向等间距布置 3 个应变片；在截面突变角部的上侧、下侧各粘贴 1 个应变片；在受拉面和受压面的中部，即与弯矩平面垂直的两侧面，按纵向方向各布置 1 个应变片。

（2）为确保构件处于轴心受压状态，应采用墨斗弹线的方法对木柱的上下端面进行打磨、刨光，使端面保持平整且无倾斜；采用重锤线法检验木构件在安装就位后其截面几何中心线与千斤顶的荷载作用线是否重合。

（3）在构件长度的四分点处及残损缺口附近布置若干位移计，以测量构件在试验过程中的侧向位移，应变片和位移计布置图如图 7.1-4 所示。

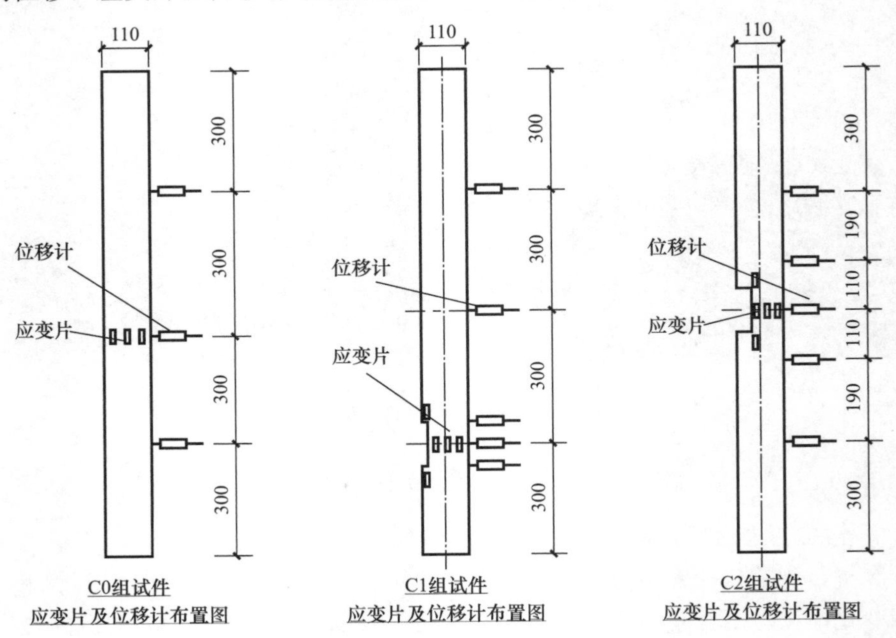

图 7.1-4　应变片和位移计布置图（一）

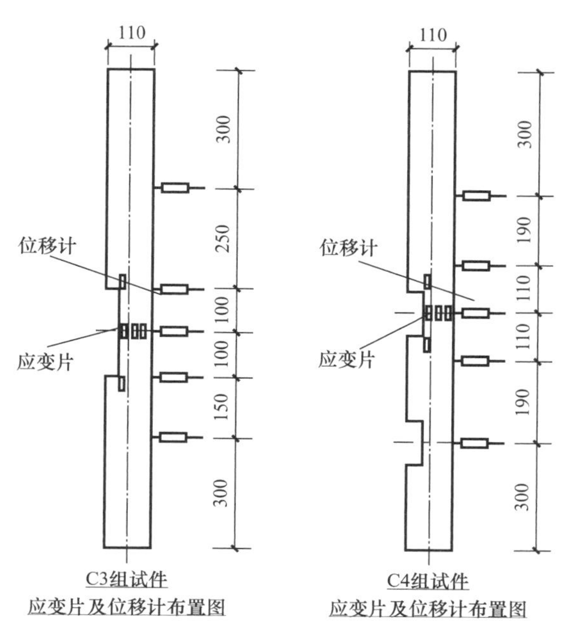

图 7.1-4　应变片和位移计布置图（二）

（4）采用几何轴线对中方法对中后，预加载 15%并进行 3 次，确定装置各部分是否接触良好、荷载与变形关系是否趋于稳定，如果出现问题应重新调整构件位置，直至装置进入正常工作状态，正常后卸载至零并重新进行加载，当荷载下降至极限荷载的 70%时，试验结束。试验采用位移控制的方式进行加载，加载速度控制在 0.5mm/min。

7.2　试验结果及分析

7.2.1　试验现象

1. 完好木柱轴压试验现象

在加载的初始阶段，各测点的应变随荷载的增大而增大，挠度几乎没有增长；随着荷载的持续增加，柱中侧移增大，可以观察出木柱发生微小的弯曲变形，加载至极限荷载的 70%左右时，开始传出轻微的噼啪声；继续加载至极限荷载的 90%左右时，构件受压一侧木纤维出现少量压曲、褶皱的现象；到了加载后期，伴随着细密的噼啪声，柱中受压侧的褶皱变得更为明显，直至柱中木纤维被压折。完好木柱 C0 的破坏形态，如图 7.2-1 所示。

2. 损伤木柱轴压试验现象

损伤木柱为设置局部切口的试验构件，包括 C1-1、C1-2、C1-3、C2-1、C2-2、C3-1 和 C4-1。木柱发生损伤后，其破坏形态与完好柱相比发生了很大的变化。构件在损伤部位形成薄弱截面，薄弱处的侧向挠度不断增大，最终破坏形式表现为损伤部位的某个截面的破坏导致构件的整体破坏。

C1-1、C1-2 和 C1-3 为在局柱底 1/4 高度处设置切口的损伤构件。

(a) C0破坏情况

(b) 柱中弯折情况

(c) 受压侧纤维压溃情况

图 7.2-1　完好木柱 C0 的破坏形态

构件 C1-1 加载至极限荷载的 70%左右时，开始传出噼啪的木纤维受压声，此时局部损伤部位出现明显的弯曲变形；持续加载至极限荷载的 85%时，损伤部位侧向挠度进一步增大，同时可以听到木材爆裂的声音；继续加载，木柱受压侧纤维被压溃，构件在损伤部位偏上的位置发生偏压破坏。卸载过程中，构件端部出现回弹的情况，卸载过后试件的变形得以恢复。构件 C1-2 的破坏形态如图 7.2-2 所示。

(a) C1-1弯曲状态

(b) 损伤部位破坏情况

(c) 受压侧纤维压溃情况

图 7.2-2　构件 C1-1 的破坏形态

构件 C1-2 在加载过程中，随着荷载的不断增大残损部位的侧向弯曲变形不断变大，加载后期不断发出木材纤维被压实的声音，继续加载至损伤构件发生破坏，受压侧木纤维被压褶，受拉侧木纤维拉裂，并伴随着密集的噼啪声，破坏截面大致位于损伤部位偏上的位置。损伤构件 C1-2 的破坏形态如图 7.2-3 所示。

构件 C1-3 在加载过程中的破坏现象与构件 C1-2 基本相似，由于损伤部位缺口宽度较大，构件的偏心程度较大，构件破坏时切口一侧出现竖向裂缝，靠近切口边缘的木纤维被压溃，受拉侧木纤维拉断。损伤木柱 C1-3 的破坏形态如图 7.2-4 所示。

(a) C1-2弯曲状态

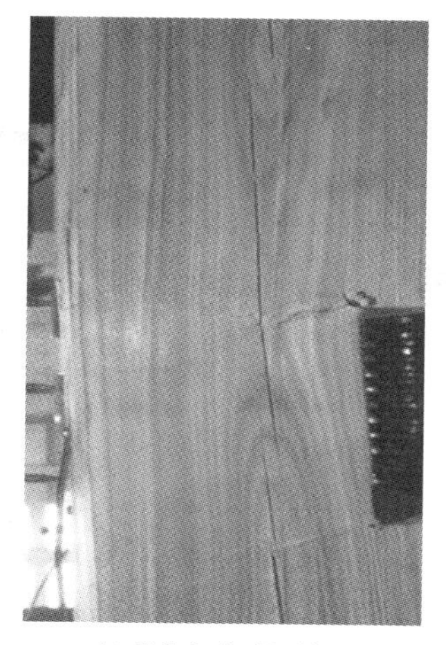
(b) 损伤部位破坏情况

(c) 受拉侧纤维拉断情况

图 7.2-3 损伤木柱 C1-2 的破坏形态

(a) C1-3弯曲状态

(b) 受压侧压裂情况

(c) 构件破坏情况

图 7.2-4 损伤木柱 C1-3 的破坏形态

构件 C2-1 和 C2-2 为柱中设置损伤切口的构件，由于缺口沿柱中对称分布，柱中残损构件的危险截面仍在木柱的中间高度处。当加载至极限荷载的 60%～70%时，开始出现木纤维被压实的噼啪声；持续加载至极限荷载的 90%左右时，传出木材爆裂的声音，带缺口一侧木纤维开始出现压皱的现象；继续加载至木柱发生弯折破坏，破坏位置为靠近柱中的部位。损伤木柱 C2-1 图 C2-2 的破坏形态如图 7.2-5 和图 7.2-6 所示。

C3-1 构件为损伤区域长度较大的情况，在受力过程中试件的整体弯曲现象更加明显，构件的最大侧移发生在损伤区域偏上的位置，最终受压侧木纤维压溃导致构件破坏，损伤木柱 C3-1 破坏形态，见图 7.2-7。

C4-1 构件为同时发生两处损伤的情况，此时构件存在两个薄弱截面，但最危险截面仍位于柱中损伤部位处。构件在受力过程中不断发生弯曲变形，随着荷载的不断增大，最终柱中损伤部位受压侧纤维被压溃，木柱发生破坏，损伤木柱 C4-1 破坏形态如图 7.2-8 所示。

(a) C2-1受力状态

(b) 受压区压溃

(c) 受压侧压裂情况

图 7.2-5　损伤木柱 C2-1 破坏形态

(a) C2-2弯曲状态

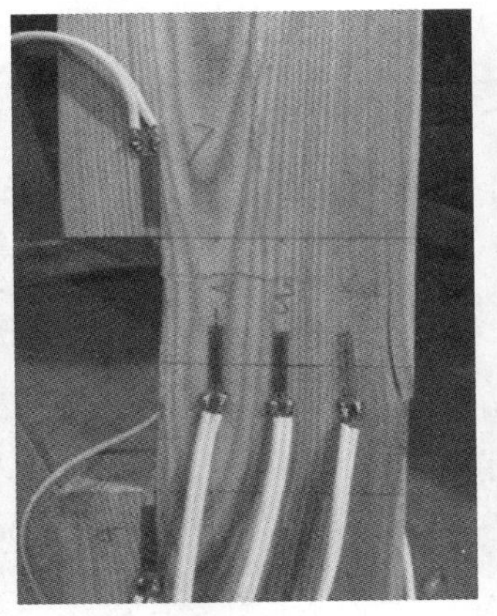

(b) 受拉侧拉断情况

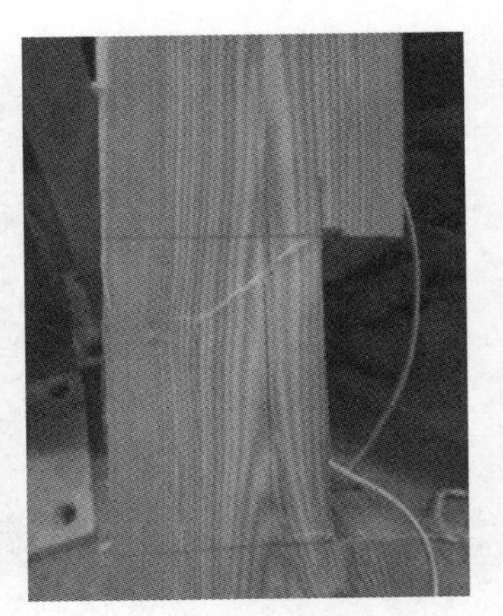

(c) 受压侧压溃情况

图 7.2-6　损伤木柱 C2-2 破坏形态

(a) C3-1受力变形状态

(b) 构件破坏情况

(c) 受压侧压溃情况

图 7.2-7　损伤木柱 C3-1 破坏形态

(a) C3-1受力弯曲情况

(b) 构件破坏情况

(c) 柱损伤部位纤维压溃

图 7.2-8　损伤木柱 C4-1 破坏形态

7.2.2　试验结果分析

1. 极限承载力

表 7.2-1 为带有局部损伤木柱的极限承载力降低情况。由表可以看出，局部损伤的存在降低了构件的极限承载力，且承载力的下降幅度远大于截面损失率。局部损伤使木柱的受力性能发生了明显改变，由轴心受压破坏转变为偏心受压破坏。

试件试验结果一览表　　**表 7.2-1**

试件	损伤缺口尺寸			极限荷载（kN）	截面损失（%）	下降幅度（%）
	宽度（mm）	长度（mm）	位置			
C0	—	—	—	342.90	—	—
C1-1	10	100	1/4 柱高	246.24	9.1	28.2
C1-2	30	100	1/4 柱高	175.29	27.3	48.9
C1-3	50	100	1/4 柱高	82.90	45.5	75.8
C2-1	10	100	柱中	235.53	9.1	31.3
C2-2	30	100	柱中	164.05	27.3	52.2
C3-1	30	200	距柱底 450～650mm	143.40	27.3	58.2
C4-1	30	100	1/4 柱高、柱中同时	141.13	27.3	58.8

2. 荷载-侧移关系

根据试验中实测的荷载值和危险截面的水平侧移值，并以水平侧移为横轴，荷载为纵轴，绘制各构件的荷载-侧移曲线，如图 7.2-9 所示。

图 7.2-10 为不同损伤区域宽度试件荷载-侧移曲线对比，图 7.2-10（a）为柱 1/4 高度发生损伤的 C1 组构件与完好木柱的对比图；图 7.2-10（b）为柱中发生损伤的 C2 组试件与完整试件的对比图。从图中可以看出，当构件损伤区域的长度及其位置确定时，损伤区域的宽度越大，其荷载侧移曲线的斜率越小，即构件的变形越大；损伤区域的宽度对构件的极限承载力有显著影响，随着损伤宽度的增加，构件的极限承载力急剧降低。因此，对

于受损伤的木柱构件要重点研究损伤区域宽度对试件的影响。

在图 7.2-11 中，将损伤位置分别为 1/4 柱高与柱中、损伤区域宽度分别为 10mm 与 30mm 的 C1-1、C1-2 试件和 C2-1、C2-2 试件进行了对比。从图中可以看出，损伤发生的位置对木柱的极限承载力也有一定的影响。损伤凹口位于柱中时，构件的剩余承载力低于损伤位于靠近柱端部。因此，局部损伤的位置越靠近柱中对构件的受力越不利。

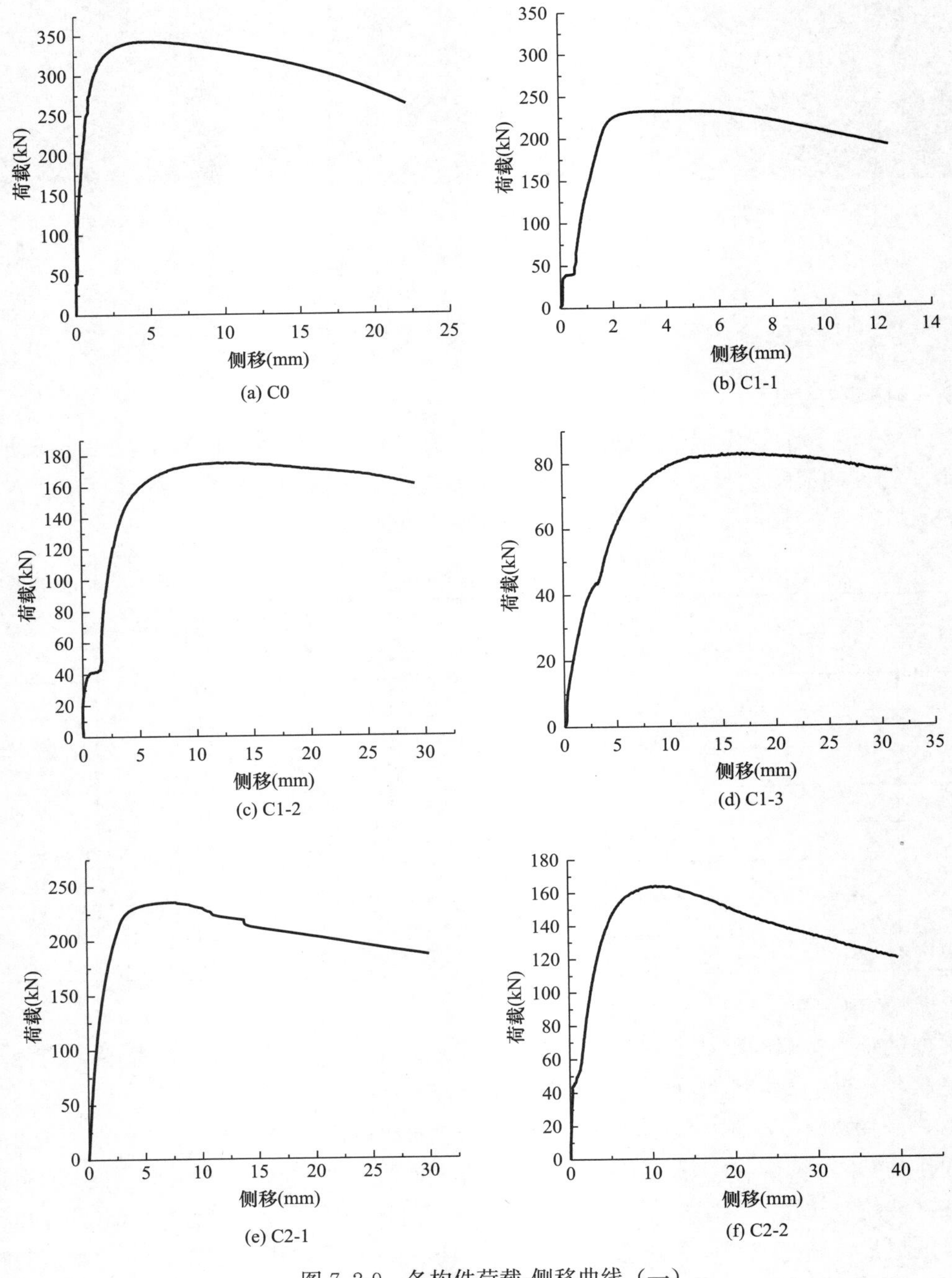

图 7.2-9　各构件荷载-侧移曲线（一）

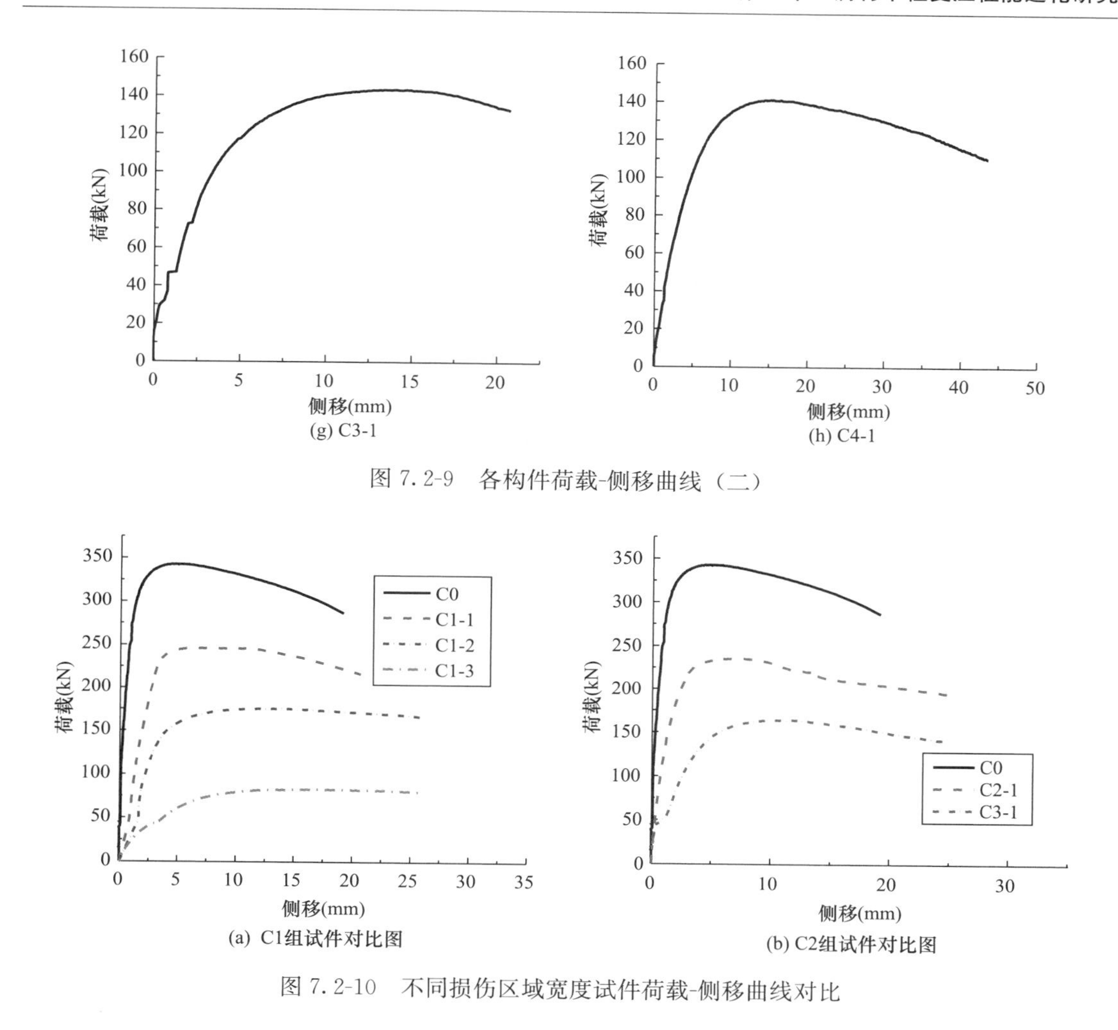

图 7.2-9　各构件荷载-侧移曲线（二）

图 7.2-10　不同损伤区域宽度试件荷载-侧移曲线对比

图 7.2-12 为损伤区域宽度为 30mm 时，损伤发生位置、区域长度、损伤个数不同的试件荷载-侧移曲线。从图中可以看出，损伤位置越靠近柱中，构件的承载力越低；损伤

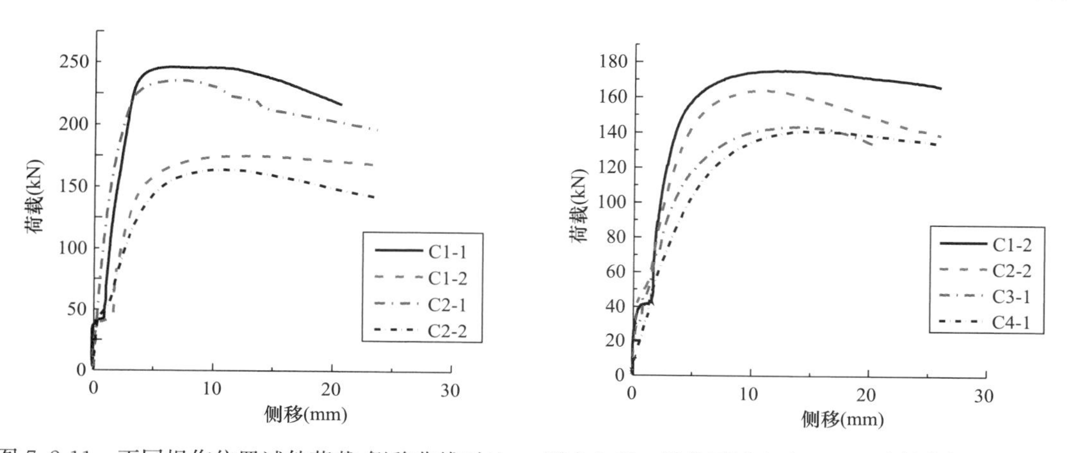

图 7.2-11　不同损伤位置试件荷载-侧移曲线对比　　图 7.2-12　损伤区域宽度 30mm 试件荷载-侧移曲线

区域的长度越大，构件的承载力越低；同时发生两处损伤构件的承载力低于发生任意相应单处损伤的构件。

3. 荷载-应变曲线分析

图 7.2-13 为各损伤木柱危险截面处的荷载-应变曲线。测点 1～5 分别为沿柱危险截面高度从受拉侧至受压侧等间距分布的 5 个应变测点。

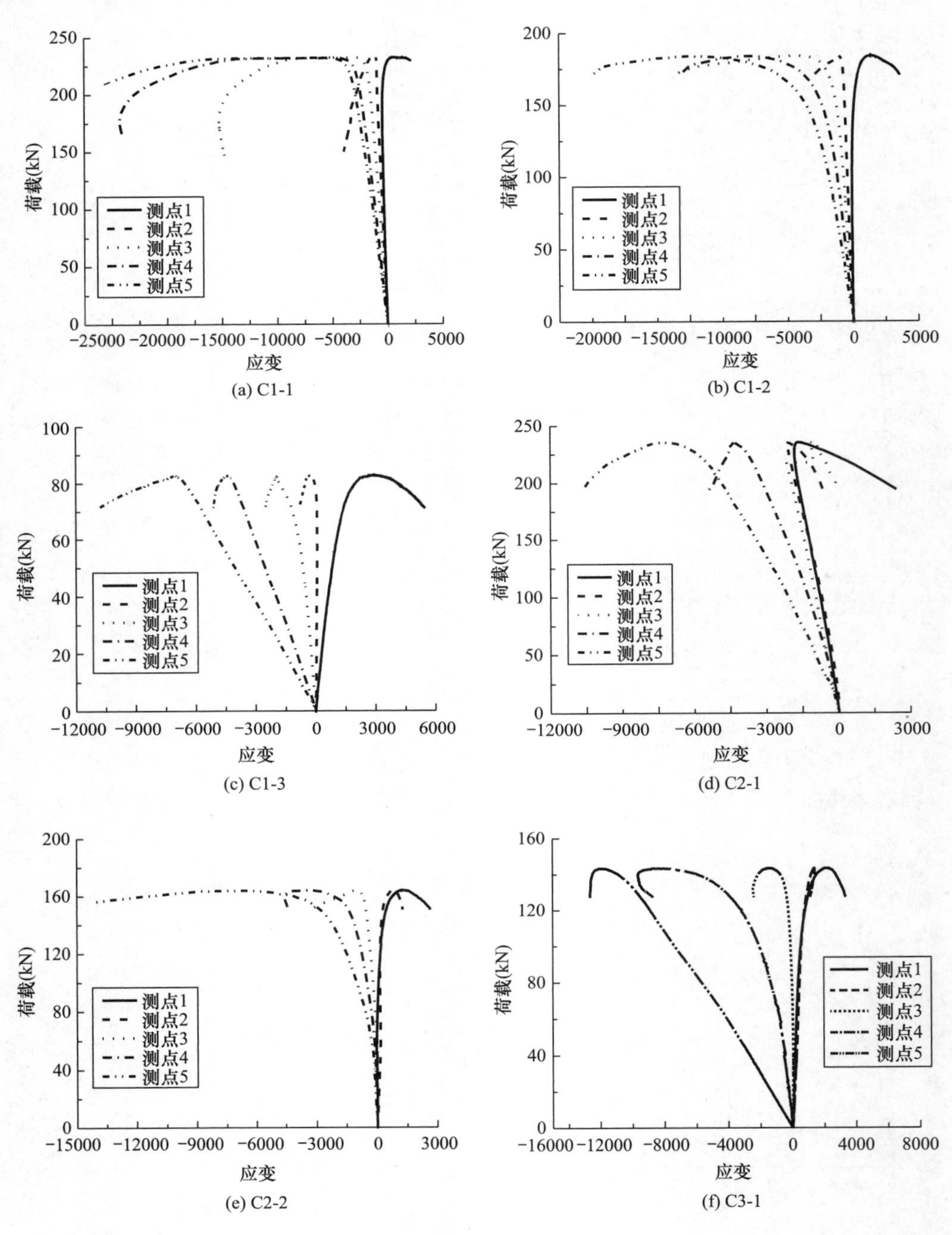

图 7.2-13 荷载-应变曲线（一）

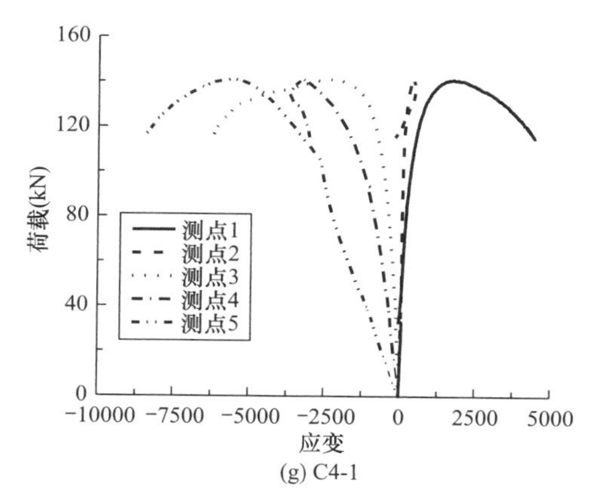

(g) C4-1

图 7.2-13　荷载-应变曲线（二）

从图 7.2-13 可以看出：加载初期，应变随着荷载的增大而增大；加载中期阶段，损伤柱危险截面各测点的应变随荷载的增加显著增大，可以看出应变近乎呈线性增长；进入加载后期，随着荷载的增加，应变逐渐呈非线性增长趋势，构件进入塑性工作状态；达到荷载峰值之后，应变快速增长，最终危险截面边缘达到极限应变，构件发生破坏。

大部分构件达到极限状态时，受压侧边缘纤维压应变达到 12000$\mu\varepsilon$，受拉侧边缘的应变随损伤程度的不同而不同。根据材性试验结果可知，构件达到极限状态时的压应变接近木材的极限强度对应的应变值。同时可以从图中观察到，在损伤截面中心线上的应变在加载初期变化很小，加载中后期阶段应变开始出现负增长，此时中心位置处于受压状态。这是由于随着危险截面侧向挠度的增大，二阶弯矩不断增加，受压区不断扩展，中性轴逐渐向受拉区移动，从而中心线位置的压应变逐渐增大。

4. 试件长度与侧移的关系分析

以构件的长度为横坐标，以试验中实测的各点的侧向水平位移为纵坐标，绘制构件在各级荷载作用下的变形曲线，构件沿长度方向的变化情况如图 7.2-14 所示。从图中可以看出，构件的最大侧移总是位于损伤截面的长度区域内，且在损伤截面及其邻近区域的长度范围内，构件呈弯曲变形状态，其他完好截面区段几乎不发生弯曲变形，大致相当于一段在支座处发生转动的直线。

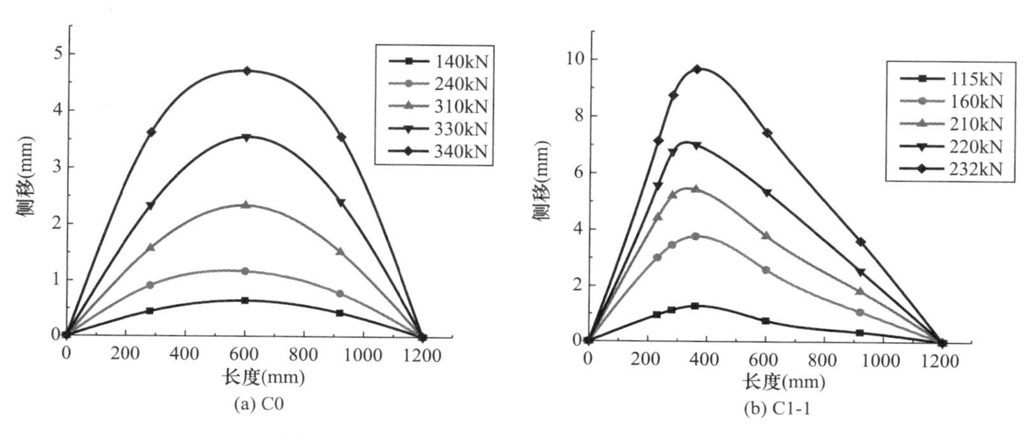

图 7.2-14　构件沿长度方向的变形情况（一）

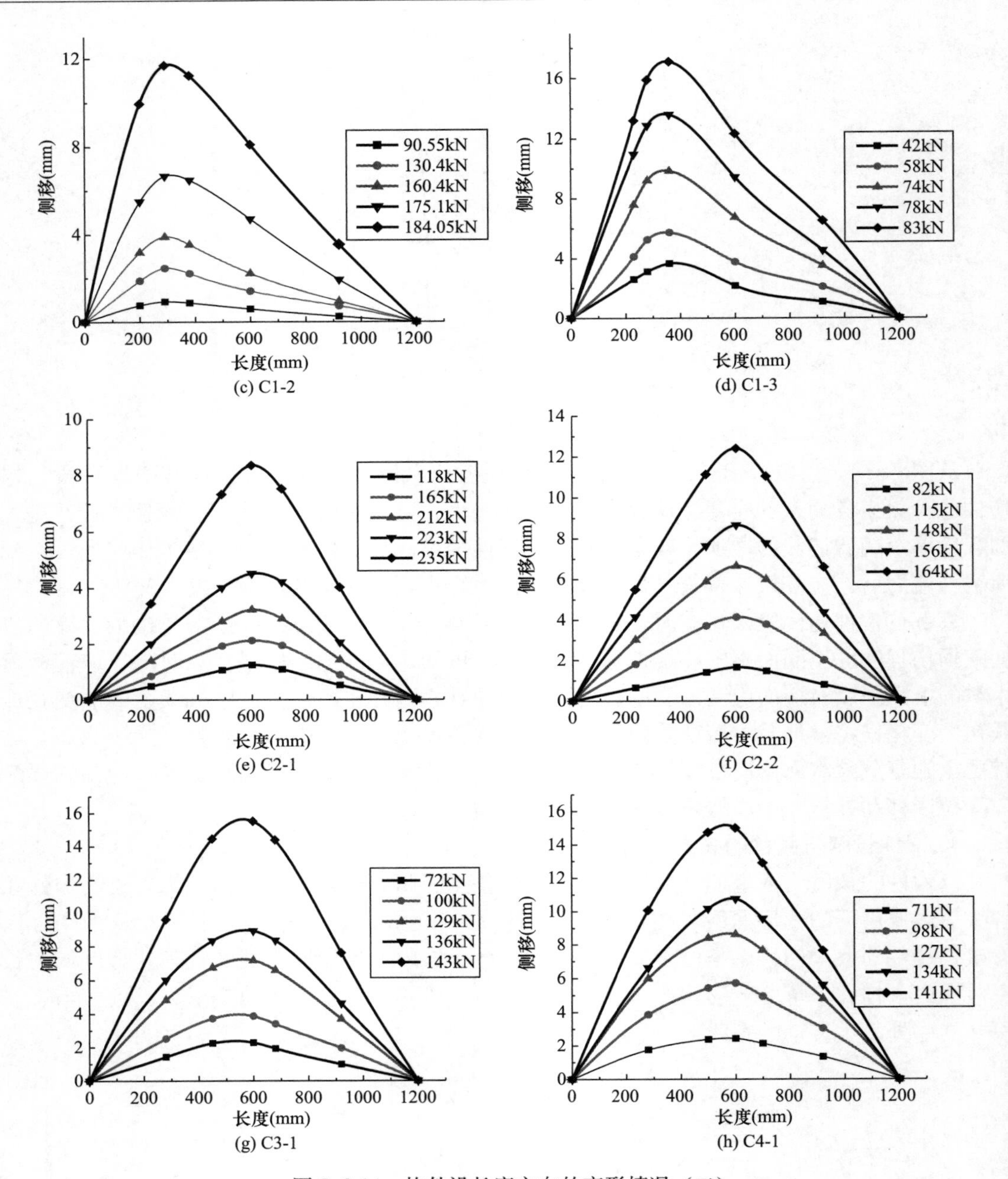

图 7.2-14　构件沿长度方向的变形情况（二）

7.3 本章小结

本章从损伤区域宽度、损伤区域长度和发生损伤的位置三方面对损伤木柱的轴心受压性能进行了试验研究，主要得出以下结论：

（1）在轴心荷载的作用下，当木柱发生单侧局部残损时，构件在受力过程中表现出偏心受压的特性。

（2）对于受损伤的轴心受压木柱，损伤区域凹口深度对其极限承载力有显著的影响。凹口越深，其极限承载力越小。

（3）损伤区域的位置对木柱的极限承载力也有一定的影响。损伤区域位于构件跨中时，构件的极限承载力明显低于凹口靠近杆端的情况。即局部损伤越集中于构件中部，构件受力越不利。

（4）损伤构件的危险截面总是位于损伤截面区域内，且该处侧移最大。杆件在损伤截面及其邻近的区域内呈弯曲变形，在大部分完好截面段其变形类似于一条发生转动的直线。

第 8 章

腐朽、拔榫直榫节点抗震性能退化研究

榫卯连接是我国古建筑木结构的特色之一，古建筑木结构构件间的连接通常采用榫卯连接而无需一铁一钉。节点对于整体结构来说至关重要，节点的破坏通常会导致整体结构发生倾斜甚至倒塌的严重破坏，古建筑的榫卯节点也不例外。榫卯节点属于半刚性节点，具有一定的抗弯能力和良好的抗震性能。榫卯节点的类型有很多，如燕尾榫、馒头榫、直榫等，直榫又分为单向直榫、透榫和半透榫。因此，掌握榫卯节点的各项性能是古建筑木结构修缮保护的基础。

另一方面，现存古建筑木结构中，榫卯节点发生了腐朽、拔榫和松动等形式的残损，这些类型的残损导致榫卯节点的抗震性能发生不同程度的退化，进而影响整体木构架的抗震性能，使得古建筑木结构在地震作用下的安全性降低。为科学保护古建筑木结构，亟需掌握各类残损对榫卯节点抗震性能的影响。本章在已有完好榫卯节点力学性能研究的基础上，研究了腐朽榫卯节点的抗震性能退化。

8.1 腐朽直榫节点抗震性能试验研究

8.1.1 直榫节点研究现状

目前国内外已对古建筑木结构榫卯节点进行了部分研究。试验研究方面，姚侃、徐明刚等对古建筑木结构燕尾榫卯节点的抗震性能进行了试验研究，得到了榫卯连接的破坏形态、滞回曲线、耗能等性能；淳庆等对中国南方古建筑木构建筑典型榫卯节点（燕尾榫、馒头榫等）的抗震性能进行了低周反复荷载试验研究，得到了各类榫卯节点在水平荷载作用下的破坏模式、滞回曲线及转动刚度等性能；隋龑等进行了燕尾榫连接古建筑木结构模型的振动台试验，分析了古建筑木结构的耗能减震性能。Nakagawa 等对一个两层日本木结构模型在动力荷载作用下的破坏过程进行了试验研究和数值模拟。Chang 对台湾古建筑穿斗式连接节点的转动性能进行了研究，得到了穿斗式连接节点转动刚度与转角的关系。数值模拟方面，赵均海等以变刚度单元来模拟木结构梁柱榫卯连接，用虚拟单元的不同刚度条件来反映半刚性连接特性；方东平等定义了反映木结构古建筑榫卯节点特性的半刚性节点单元。抗震加固方面，谢启芳等对采用碳纤维布加固、扁钢加固榫卯节点的木构架进行了拟静力试验。周乾等以觉苑寺大雄宝殿为例，采用数值模拟方法分析了铁件加固榫卯节点结构动力特性和动力响应的变化。

可以看出，已有研究大部分以燕尾榫为研究对象，少有涉及直榫等其他类型榫卯。更为重要的是，已有研究主要基于完好状况下的节点或结构，未考虑现存实际结构绝大部分已处于不同程度残损状态，而残损状态下节点或结构的性能更符合实际情况。King 等采用人工模拟的方法对我国古建筑木结构残损透榫榫卯节点进行了试验研究，结果表明残损榫卯节点与完好榫卯节点的抗震性能有较大差别。

基于此，本章按照宋代《营造法式》的尺寸规定，以古建筑木结构单向直榫节点为对象，采用人工模拟节点残损的方法，考虑不同残损类型、残损程度的影响，通过低周反复荷载试验对残损单向直榫节点的抗震性能进行研究。

8.1.2　直榫节点的试验设计

1. 模型设计与制作

参照宋代《营造法式》的构造要求，按殿堂式三等材尺度制作 7 个缩尺比例为 1∶4.8 的单向直榫榫卯节点模型，包括 1 个完好节点模型、3 个人工模拟榫头真菌腐朽的残损节点模型和 3 个人工模拟榫头虫蛀的残损节点模型。所有节点模型尺寸相同，模型均由古建筑木工师傅手工制作，模型参数详见表 8.1-1，模型尺寸详见图 8.1-1，试验用木材均为东北落叶松、自然干燥半年原木，其力学性能见表 8.1-2。

节点模型尺寸　　表 8.1-1

构件	名称	法式尺寸（份）	模型尺寸（mm）
柱	直径	42	140
	总长	—	800
枋	截面高	36	120
	截面宽	24	80
	总长	—	700
单向直榫榫头	榫头高	36	120
	榫头宽	12	40
	榫头长	42	140

注：柱长和枋长的确定，仅为加载方便，并未按法式尺寸选取。

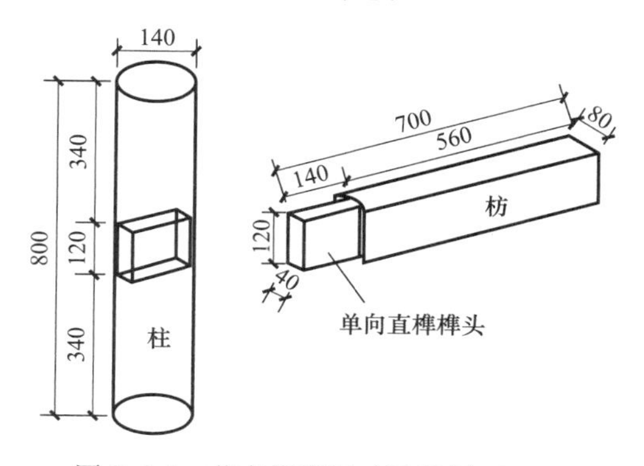

图 8.1-1　节点模型尺寸示意图（mm）

木材力学性能　　表 8.1-2

木材种类	顺纹抗拉强度（MPa）	顺纹抗压强度（MPa）	弹性模量（MPa）
东北落叶松	75	50	3727

榫头真菌腐朽和榫头虫蛀分别采用在榫头表面钻一定深度孔和在榫头钻通孔的方法来模拟。其中，3 个榫头真菌腐朽节点的人工模拟方法分别为：（1）模型 DS-J1 榫头表面钻直径为 3mm、深度为 5mm 及间距为 6mm 的小洞，所有小洞体积之和为原榫头体积的 5%；（2）模型 DS-J2 榫头表面钻直径为 3mm、深度为 8mm 及间距为 4mm 的小洞，所有小洞体积之和为原榫头体积的 10%；（3）模型 DS-J3 榫头表面钻直径为 4mm、深度为 10mm 及间距为 6mm 的小洞，所有小洞体积之和为原榫头体积的 15%。3 个榫头虫蛀节点的人工模拟方法分别为：（1）型 DS-J4 榫头上钻直径为 5mm、间距为 10mm 的通孔，所有孔洞体积之和为原榫头体积的 15%；（2）模型 DS-J5 榫头上钻直径为 4mm、间距为 7mm 的通孔，所有孔洞体积之和为原榫头体积的 20%；（3）模型 DS-J6 榫头上钻直径为 4mm、间距为 6mm 的通孔，所有孔洞体积之和为原榫头体积 25%。制作完成的残损榫头模型见图 8.1-2。

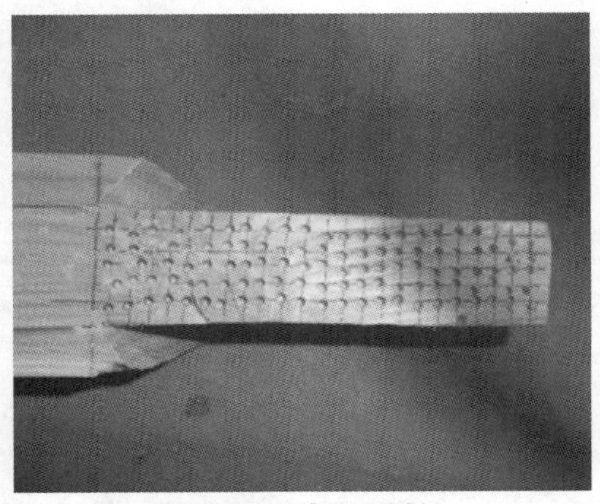

(a) 模型DS-J1榫头顶面残损

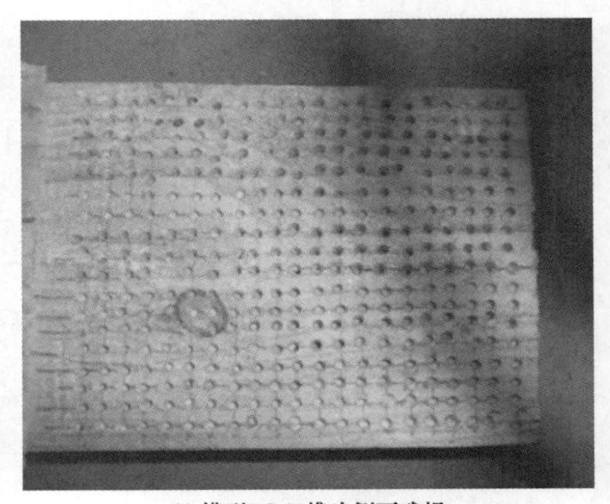

(b) 模型DS-J1榫头侧面残损

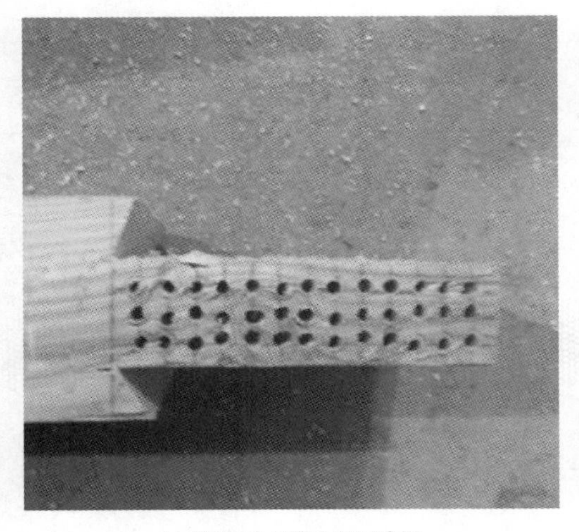

(c) 模型DS-J4榫头顶面残损

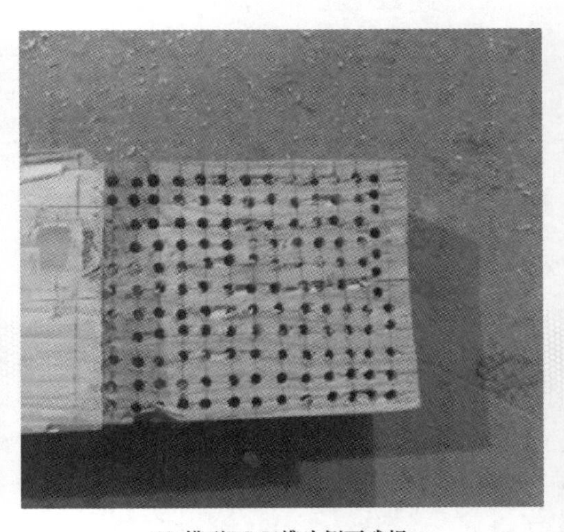

(d) 模型DS-J4榫头侧面残损

图 8.1-2　制作完成的残损榫头模型

为便于分析不同残损程度对节点抗震性能的影响，定义残损度 D 为榫头开洞体积与榫头原体积的比值。各模型残损类型及残损度见表 8.1-3。

模型残损方案　　表 8.1-3

模型编号	残损类型	人工模拟方法	残损度 D
DS-J0	无	—	0
DS-J1	真菌腐朽	洞径 3mm，洞深 5mm，间距 6mm	5%
DS-J2	真菌腐朽	洞径 3mm，洞深 8mm，间距 4mm	10%
DS-J3	真菌腐朽	洞径 4mm，洞深 10mm，间距 6mm	15%
DS-J4	虫蛀	贯通孔，孔径 5mm，间距 10mm	15%
DS-J5	虫蛀	贯通孔，孔径 4mm，间距 7mm	20%
DS-J6	虫蛀	贯通孔，孔径 4mm，间距 6mm	25%

2. 加载方案

为了防止加载过程中由于竖向荷载引起的 $P\text{-}\Delta$ 效应，本次试验将柱平置、两端固定不动，枋竖向放置、由作动器在枋端施加水平荷载以使榫卯节点产生转动，如图 8.1-3 所示。试验时先将柱两端固定在支座上，然后通过柱底千斤顶施加柱所承受的轴向力(6kN，荷载大小根据模型比例法式尺寸下的荷载进行换算)，之后通过作动器施加水平荷载。水平荷载通过 MTS 液压伺服加载系统施加，作动器固定在反力墙上，通过前端铰支座连接（重量为 0.5kN）与枋端连接。

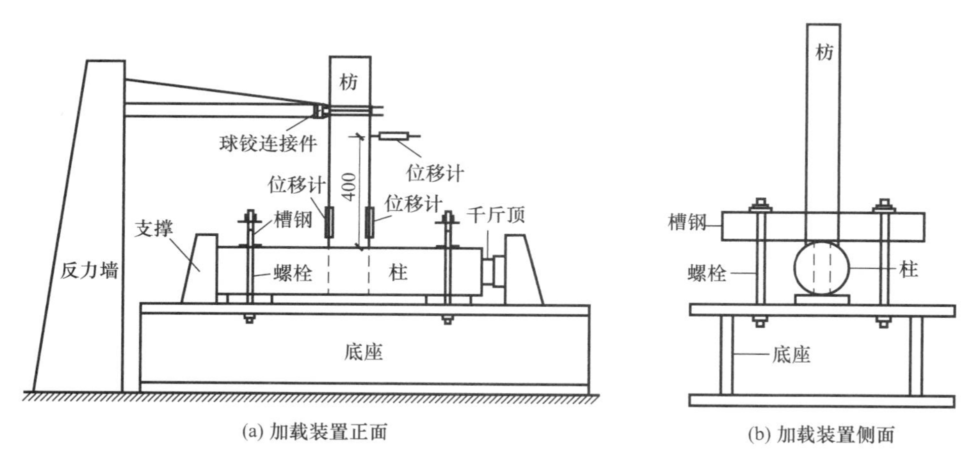

图 8.1-3　加载装置示意图

根据现行国际标准 *Timber structure-Joints made with mechanical fasteners-Quasi-static reversed-cyclic test method* ISO-16670，低周反复加载试验采用位移控制加载程序，如图 8.1-4 所示，加载曲线的控制位移为单向加载试验所确定的极限位移 Δ_u（荷载下降至极限荷载的 80%或者模型出现严重破坏时的位移，本次取极限位移为 40mm），先采用峰值位移为控制位移的 1.25%，2.5%，5%，10%三角形波依次进行一次循环，再采用峰值位移为控制位移的 20%、40%、60%、80%、100%和 120%三角形波依次进行三个循环后终止加载，位移速率为 10mm/min。但由于加载疏忽，试验中未进行峰值位移为 40mm 的加载过程。

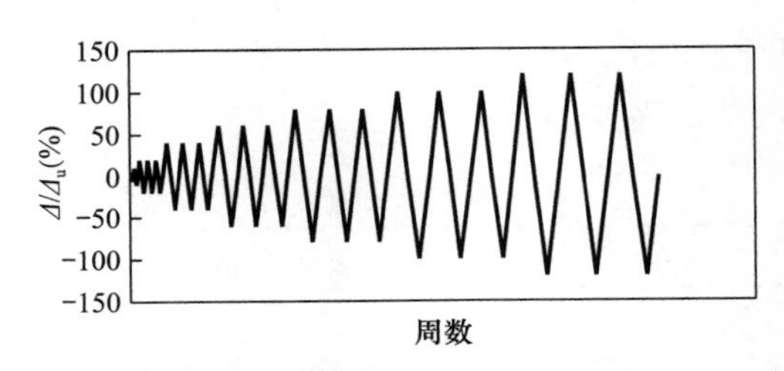

图 8.1-4　低周反复加载试验加载程序

3. 量测方案

用位移计和应变片分别测量变形和应变（榫头、榫耳、卯口），由数据采集仪自动采集。具体方案如下：

（1）节点处布置 2 个±50mm 量程的位移计，测量榫头拔出量，如图 8.1-3（a）所示；

（2）枋上端离节点处柱边缘 400mm 处布置 1 个±150mm 位移计，测量枋的侧移以计算转角，如图 8.1-3（a）所示；

（3）在完好节点的柱子卯口的四个交点、榫头端部和榫头颈部处布置若干应变片[图 8.1-5（a）]，分别测量卯口、榫头端部和榫头颈部等部位受挤压后的应变，残损节点仅在柱卯口四个交点处布置应变片，如图 8.1-5（b）、图 8.1-5（c）所示。

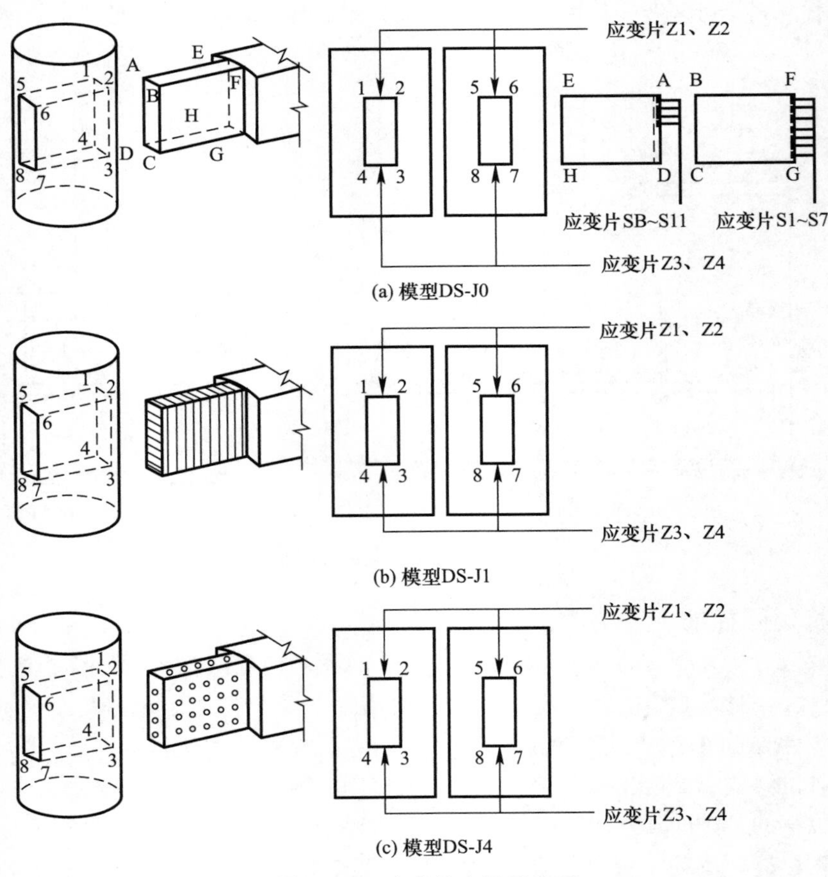

图 8.1-5　应变片布置示意图

8.1.3　试验过程及现象

试验时先将模型固定在支座上，先对柱施加 6kN 轴向荷载，保持轴向荷载不变，然后施加反复水平荷载直至试验结束，试验中观测节点的变形和破坏形态，部分模型的破坏情况见图 8.1-6。主要试验现象如下：

(a) 模型DS-J0极限转角

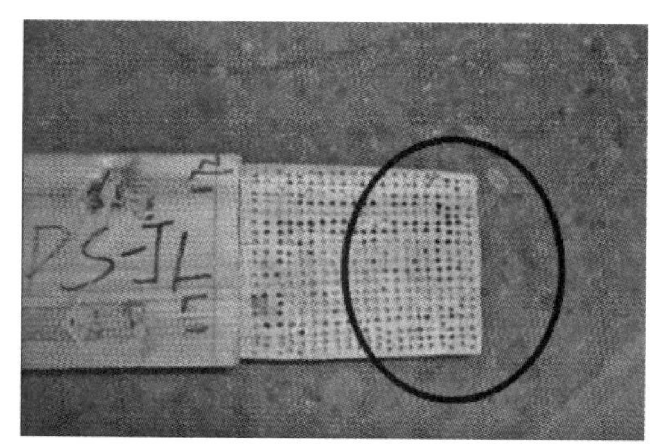

(b) 模型DS-J1榫头挤压变形

(c) 模型DS-J3榫头右侧拔出量

(d) 模型DS-J6榫头右侧拔出量

图 8.1-6　部分模型的破坏情况

所有模型破坏均发生在节点处，柱和枋基本完好。对于完好节点 DS-J0，主要试验现象为卯口和榫头的挤压变形、榫头拔出和由于挤压变形和摩擦受力而发出的“吱吱”声。模型刚开始加载时，由于榫头和卯口没有充分接触，节点处于松弛状态基本不受力；随着位移的增大和循环的进行，榫头和卯口接触紧密，机械咬合力逐渐增大，榫头和卯口出现少许挤压变形，并伴有轻微“吱吱”声，榫头呈现出左拔出右缩进或者右拔出左缩进的现象，回到平衡位置时，榫头整体会有一定程度的拔出；继续加大位移，节点“吱吱”声逐渐变得清晰而响亮，挤压变形越来越大且不能恢复，节点越来越松动，榫头拔出量越来越大，模型回至平衡位置时，节点基本不受力，如此循环往复，直至加载结束，模型能发生明显转动，而弯矩没有明显下降，如图 8.1-6（a）所示。

残损节点 DS-J1～DS-J3 加载过程中出现的现象类似于完好节点 DS-J0，但是又有不同之处，试验加载过程中模型不仅会发出由于榫卯摩擦而产生的“吱吱”声，同时伴随着类似于木材断裂时发出的“啪啪”声，从节点下部可以看到有少量木屑掉出，榫头处的挤压变形比较明显，这主要是因为节点在受力时，完好节点只有木材实体的变形，而残损节点还要加上小洞体积的减小量，残损节点挤压变形量就较大，如图 8.1-6（b）所示，同时节点拔出较早，拔出量较大，且在同级荷载下随着残损度的增加，节点榫头拔出量增大，例如节点 DS-J3，试验加载结束时，节点右侧最大拔出量为 7.35mm，如图 8.1-6（c）所示，而完好节点仅为 4.53mm。

残损节点 DS-J4～DS-J6 与残损节点 DS-J1～DS-J3 相比，其在加载过程中发出的“啪啪”声更为响亮，榫卯节点处木屑掉出量更大，主要是因为残损节点 DS-J1～DS-J3 榫头部分为表面钻洞，而残损节点 DS-J4～DS-J6 的榫头部分为贯通的小孔，小孔内存在很多由于钻洞过程中的木屑，这些木屑在循环荷载下，不断被挤出，另外其榫头拔出量也更大，如节点 DS-J6，试验结束时的榫头右侧拔出量为 8.22mm，如图 8.1-6（d）所示。

8.1.4 试验结果及分析

1. 弯矩-转角滞回曲线

图 8.1-7 为各个节点的弯矩-转角滞回曲线，可以看出：

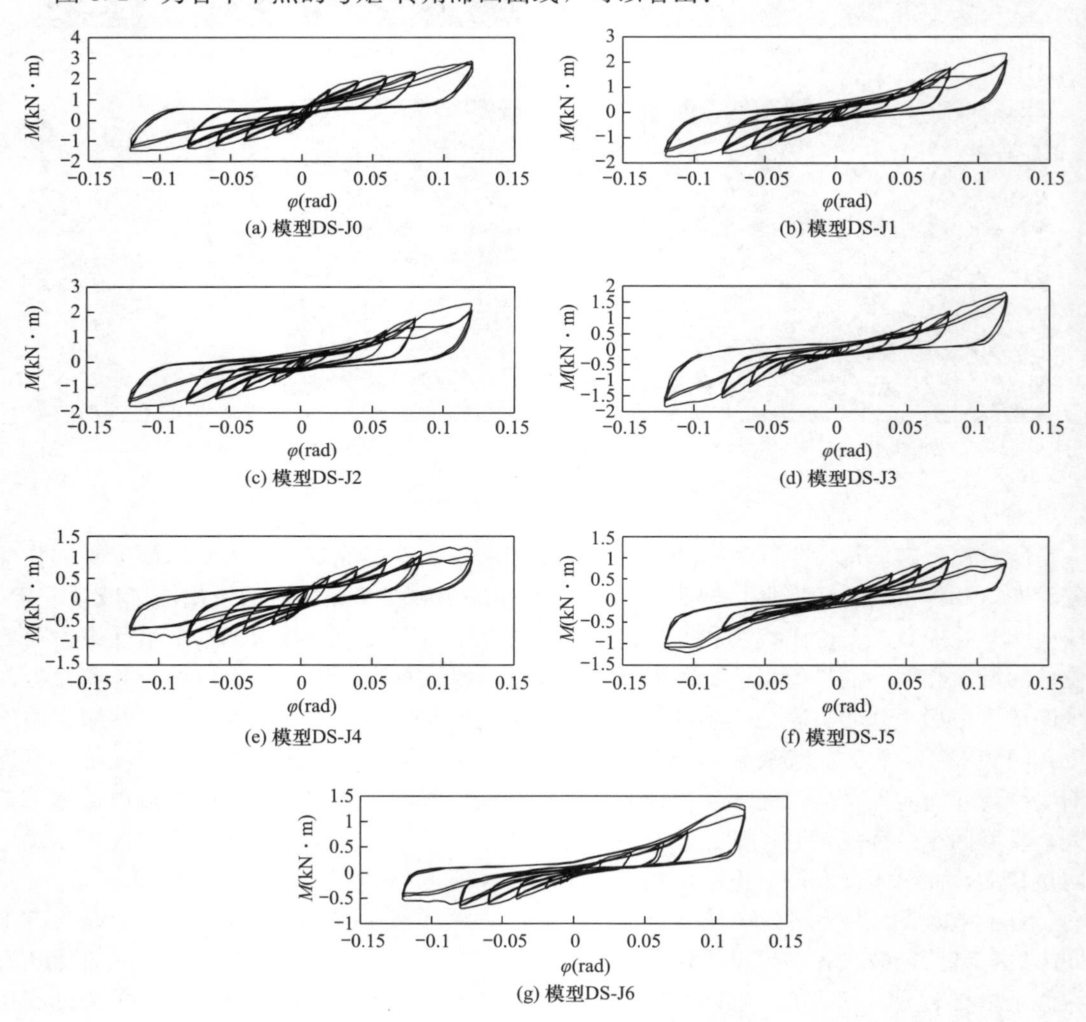

(a) 模型DS-J0 (b) 模型DS-J1 (c) 模型DS-J2 (d) 模型DS-J3 (e) 模型DS-J4 (f) 模型DS-J5 (g) 模型DS-J6

图 8.1-7 各个节点的弯矩-转角滞回曲线

（1）从滞回环形状上看，滞回曲线出现“捏缩”效应，滞回环形状呈反“S形”，说明榫卯节点出现了较大的挤压变形和摩擦滑移。从滞回环面积上看，随着循环的继续和转角的增大，滞回环面积越来越大，说明模型耗能越来越多，同一级控制位移下，后两次循环的滞回环面积小于第一次的滞回环面积，下级荷载的滞回环面积大于上一级荷载的滞回环面积。从滞回环的斜率上看，模型开始加载时，转角比较小，曲线斜率较小，说明节点榫卯之间产生松动滑移，到达一定角度之后，斜率开始增大，说明节点开始逐步挤紧，并产生挤压变形和咬合力；角度继续增大后，榫卯之间的挤压变形会由弹性变形变为不可恢复的塑性变形，滞回环曲线斜率增长缓慢，或者趋于平缓，甚至有下降趋势；模型卸载时，荷载下降很快，变形恢复很少，说明节点产生塑性变形，节点基本不受力。

（2）比较完好节点 DS-J0 和残损节点 DS-J1～DS-J3，同级荷载作用下，残损节点的滞回环包括面较小，滞回环饱满度较差，而且随着残损程度的加大，滞回环的捏缩现象越来越明显，说明模型的滑移效应越来越大，原因主要是因为随着榫头表面小孔数量的增多和深度的增加，小孔受挤压后榫头产生的变形就会加大，榫卯之间从接触到挤紧的过程就更长。

（3）与完好节点 DS-J0 相比，残损节点 DS-J4～DS-J6 滞回环饱满度更差，并且随着榫头残损程度的加大，滞回环所包围面积越来越小，曲线斜率变小，滞回环的捏缩现象更为明显。

（4）比较相同残损度下的人工模拟真菌腐朽节点 DS-J3 和人工模拟虫蛀节点 DS-J4，残损节点 DS-J4，滞回曲线斜率较小，加载后期其滞回环曲线逐渐趋于平稳，且弯矩已开始下降。

2. 弯矩-转角骨架曲线

骨架曲线反映了加载过程中模型的开裂、屈服、极限承载时力和位移的关系。图 8.1-8 为各个模型的弯矩-转角骨架曲线。

由图 8.1-8 可以看出，节点弯矩随着转角的增大而增大，直至加载结束节点弯矩-转角曲线并未出现下降段，说明木结构直榫节点具有较高的抗转动能力。从曲线斜率上看，节点的初始弯矩较小且增长缓慢，主要是因为节点榫卯之间产生滑移，随着转角的增大，榫卯之间逐渐挤紧，开始产生较大的挤压力和摩擦力，从而可以抵抗外力，当角度增加到一定程度时，榫卯之间产生不可恢复的塑性变形，骨架曲线斜率越来越小，即节点刚度逐渐减小。

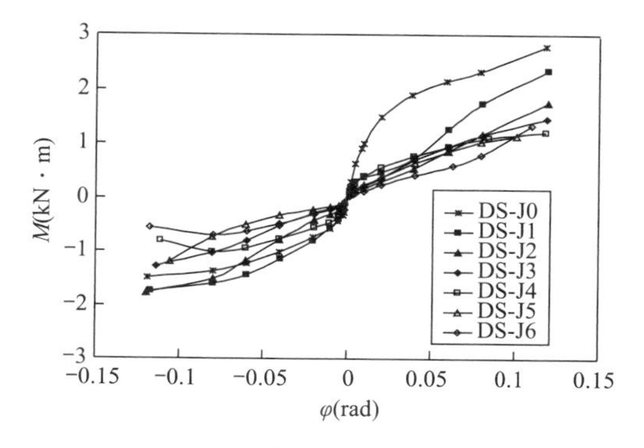

图 8.1-8　各个模型弯矩-转角骨架曲线

比较完好节点 DS-J0 和残损节点 DS-J1～DS-J3 的骨架曲线，完好节点 DS-J0 的弯矩增大较快且数值较大，在各级荷载作用时，其弯矩都要比残损节点大。残损节点 DS-J1～DS-J3 的骨架曲线走势基本相同，加载初期荷载增长缓慢，说明榫卯之间存在滑移，大约在转角为 0.04rad 时，节点弯矩开始有明显的增大，但其增大幅度随着残损程度的增加而有所降低，即节点弯矩随之降低。

残损节点 DS-J4～DS-J6 与完好节点 DS-J0 相比，其弯矩降低更为明显，其骨架曲线被完全包裹在完好节点 DS-J0 的里面。随着残损程度的增加，残损节点弯矩逐渐降低。

比较人工模拟真菌腐朽节点 DS-J3 和人工模拟虫蛀节点 DS-J4 的骨架曲线，可以看出，两者的弯矩相差不多，但是残损节点 DS-J3 的前期弯矩较低，而其最终弯矩较高，这主要是因为残损节点 DS-J4 是在榫头上打贯通孔，在打孔的过程中，木材由于受到挤压，膨胀变形很大，致使榫头与卯口紧密接触，同时由于孔洞较深，打孔产生的木屑大部分都留在孔内，这些能在一定程度上提高节点的初期弯矩，而事实上这只是一种假象，因为随着转角的增大，榫卯之间挤压作用越来越大，榫头的膨胀变形逐渐被抵消，孔内木屑也被压实挤出，致使榫头的后期弯矩下降很快，因此从对弯矩的影响上看，人工模拟虫蛀节点的损伤程度更大。

图 8.1-9 为节点模型弯矩与残损度的关系（为了避免由于加载产生的不对称，弯矩取正负加载时的平均值）。

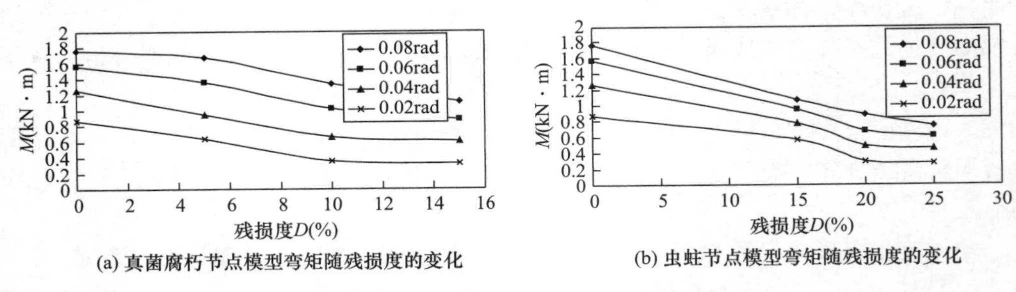

图 8.1-9　节点模型弯矩与残损度的关系

随榫头残损程度的变化规律。从图中可看出，在不同转角时，节点受弯弯矩均随着残损度的增加显著降低。

3. 刚度退化曲线

反复荷载作用下试件的割线刚度 K 用式（8.1-1）计算。

$$K_i=\frac{|+P_i|+|-P_i|}{|+\Delta_i|+|-\Delta_i|} \tag{8.1-1}$$

式中：P_i 为第 i 次循环的峰点荷载；Δ_i 为第 i 次循环的峰点水平位移。

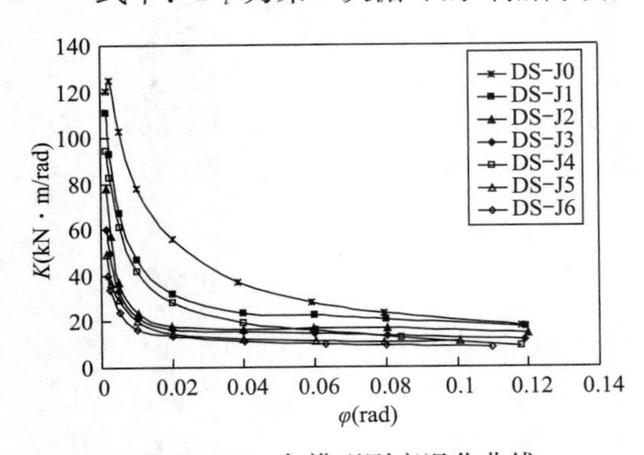

图 8.1-10　各模型刚度退化曲线

按上式计算的各模型刚度退化曲线如图 8.1-10 所示，可以看出：

1）单向直榫榫卯节点的转动刚度在加载初期较大，随后迅速减小，但后期基本保持不变。

2）残损节点的刚度退化曲线的变化规律与完好节点相似，但是人工模拟真菌腐朽节点 DS-J1～DS-J3 和的人工模拟虫蛀节点 DS-J1～DS-J3 的初始刚度都较小且刚度退化较为明显，而且虫蛀节点由于残损程度较大，因此其受弯刚度更小，退化幅度更大，这与节点弯矩与残损度之间的变化规律相符合。

4. 耗能能力

模型耗能能力用等效黏滞阻尼系数 h_e 来表示，h_e 按式（8.1-2）计算。

$$h_e = \frac{1}{2\pi} \times \frac{S_{AFBE}}{S_{\Delta_{CEO}} + S_{\Delta_{DFO}}} \tag{8.1-2}$$

式中：S_{AFBE} 是滞回环的面积（图 8.1-11 阴影部分）；$S_{\Delta_{CEO}} + S_{\Delta_{DFO}}$ 是 Δ_{CEO} 和 Δ_{DFO} 的面积之和。

按上式计算的等效黏滞阻尼系数随转角的变化规律见图 8.1-12，可以看出：

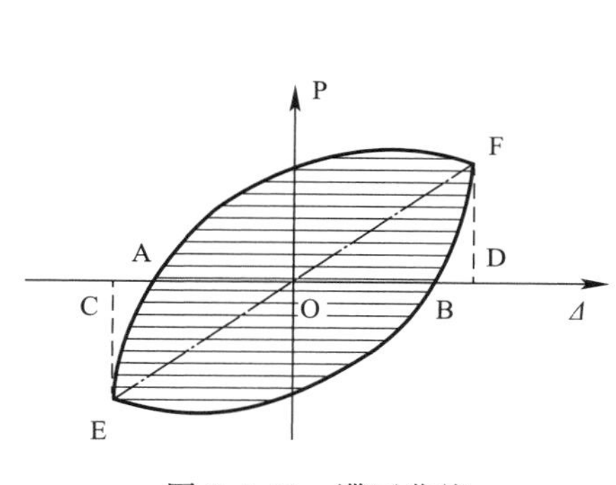

图 8.1-11 滞回曲线

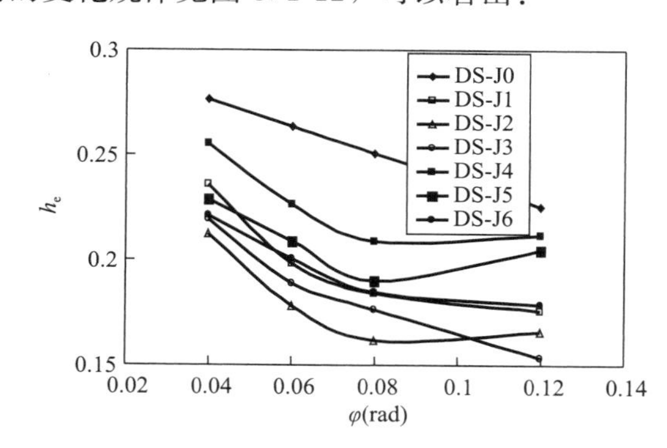

图 8.1-12 模型等效黏滞阻尼系数与转角的关系

1）无论节点残损与否，随着转角的增大，节点耗能能力逐渐降低，并趋于稳定。这是因为榫卯之间的挤压变形随位移的增加而减小，而挤压变形是榫卯的主要耗能途径。

2）残损节点的耗能能力明显低于完好节点。真菌腐朽节点和虫蛀节点的耗能能力都会随着榫头残损程度的增加而降低。

3）相同残损度的人工模拟真菌腐朽节点的耗能能力要低于人工模拟虫蛀节点，这与两者的滞回曲线变化规律相对应。

5. 变形能力

延性是评价结构或模型抗震性能好坏的一个重要指标，由于木材本身的性质，并没有明确的屈服概念，同时又由于作动器位移的限制，试验中并未测到模型的极限弯矩，因此用加载结束时的转角来反映节点的变形能力，无论节点残损与否，节点在最大转角 0.125rad 时，大部分节点的弯矩依然没有出现下降段，说明直榫榫卯节点在受损后依然具有较好延性。

8.2 拔榫直榫节点抗震性能退化分析

榫卯节点是我国古建筑木结构中梁柱等构件的重要连接方式，主要有直榫节点和燕尾榫节点。木结构整体抗震性能良好的主因之一便有赖于榫头与卯口间的挤压与摩擦滑移耗能机制。然而，历经数百年的风化、地震灾害及自然界生物的侵害，榫卯节点往往存在着不同程度的腐朽虫蛀、干缩裂缝、节点松动（空隙）及榫头拔出（拔榫）等残损问题。耦合性存在的多损伤不仅影响了榫卯节点的正常工作，更是潜在地威胁着古建筑木结构的安全。为了提高古建筑木结构抗震性能，合理评估既有残损状态下榫卯节点力学性能的退化规律，并据此实施科学的修缮加固及恢复保护工作刻不容缓。

8.2.1 研究现状

国内外学者针对不同既有单因素损伤状态下榫卯节点的力学性能进行了研究。在榫卯节点的腐朽虫蛀方面，King 和谢启芳均采用人工模拟的方法分别对我国古建筑木结构残损透榫节点和单向直榫节点进行了试验研究，结果表明，残损榫卯节点与完好榫卯节点的抗震性能有较大差别。在榫卯节点松动方面，Chang 基于 Hook 定律和 Hankinson 公式，建立了松动直榫节点的抗弯性能理论模型和数值模型，并通过静载试验证实了所建模型在预测松动节点抗弯刚度方面的有效性。李猛针对榫头与卯口之间存在的缝隙，基于有限元软件 ANSYS，建立了榫卯节点有限元模型，通过与试验结果对比分析，验证了所建模型模拟低周反复荷载下松动榫卯节点滞回性能的有效性。夏海伦和李义柱分别对不同松动程度的 6 个透榫节点和 6 个燕尾榫节点进行了低周反复加载试验，得到了完好节点与不同松动程度节点的破坏形态、弯矩-转角滞回曲线及骨架曲线、刚度退化规律、变形和耗能等性能。康昆参照宋代《营造法式》，建立了节点无缝隙和有缝隙燕尾榫柱架有限元模型，水平低周往复加载模拟结果表明，榫卯之间的间隙将导致节点紧密度下降，滞回环饱满度差，结构耗能能力变弱，严重影响结构抗震性能。推导了直榫节点带空隙影响参数的弯矩-转角力学模型，并通过与试验和数值结果的对比，验证了所建力学模型在评估松动榫卯节点力学性能方面的有效性。

在拔榫方面，许涛和吴洋按照《清式营造则例》大式建筑的尺寸，分别建立了四个不同拔榫程度的缩尺比为 1∶2 的透榫构架模型和燕尾榫构架模型，基于竖向加载试验所得节点主要破坏形式、跨中曲线，分析了节点的半刚性连接特性和不同拔榫下的受力特征。周乾数值模拟直榫和燕尾榫研榫头拔出过程中榫头与卯口的应力分布和变形特征的结果表明，直榫在拔拉过程中的榫头变形和应力均较小，榫头不易破坏但是易拔出；燕尾榫虽然不易发生拔榫，但是拔拉过程中榫头往往因挤压变形和强度不足而产生破坏。杨夏以脱榫程度为 1/4、1/3 和 1/2 的燕尾榫木构架为研究对象，研究其于单调加载作用下结构的脱榫特征，结果表明，随着脱榫量的增加，柱架跨中位移越大，节点的抗弯刚度越小。谢启芳通过建立单向直榫节点的弯矩-转角理论关系，并分析了榫头与柱径之比小于 1 时“榫头长度”（实质为“拔榫”）对节点转动弯矩和初始转动刚度的影响。

可以看出，近年来单调及低周反复荷载作用下松动程度对榫卯节点力学性能影响规律的相关研究，已在理论、试验及数值模拟方面形成一定的成果，但不同拔榫程度榫卯节点力学性能的研究才刚刚起步，并且相关试验研究和数值模拟的结论均是基于单调加载得出，其于低周反复荷载作用下的滞回性能有待于进一步研究。

本节基于 ABAQUS 有限元软件建立了易发生拔榫的直榫节点有限元模型，通过与已有未拔榫状态下直榫节点的低周反复加载试验结果的对比分析，验证了所建有限元模型的有效性。基于此模型，通过预设不同榫头拔出量模拟了既有拔榫损伤状态下直榫节点的滞回性能。

8.2.2 拔榫直榫节点的受力机理

图 8.2-1 所示为直榫节点模型，由榫头和卯口组成，其荷载传递主要依赖于榫头与卯口间的相互挤压和摩擦。图 8.2-2 为拔榫状态下直榫节点的受力机理图，P 表示外荷载，

f_{n1}、f_{n2} 分别表示卯口对榫头法向挤压应力的合力，f_{t1}、f_{t2} 分别表示卯口对榫头切向摩擦力的合力。

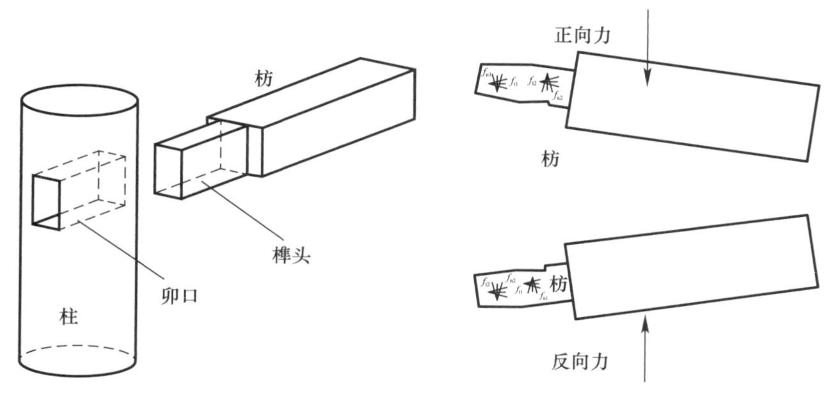

图 8.2-1　直榫节点模型　　　　图 8.2-2　拔榫节点受力机理

分析可知，拔榫状态下直榫节点的受力机理与未拔榫时相同，不同之处在于前者榫颈处与卯口的接触失效（因榫头拔出）而不再发生挤压变形，与卯口的相互摩擦作用也失效。

1. 未拔榫状态下直榫节点有限元模型

（1）模型尺寸

单向直榫节点有限元模型的尺寸如图 8.2-3 所示。

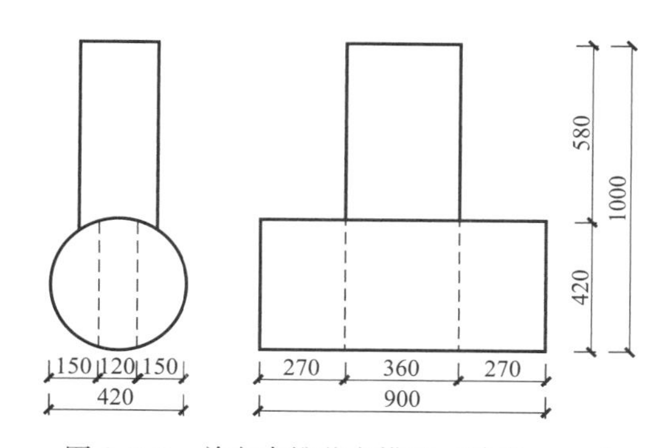

图 8.2-3　单向直榫节点模型（单位：mm）

（2）材料模型

木材的力学性质具有显著的各向异性特征，可近似简化为正交各向异性。采用东北落叶松试材，其材性数据如表 8.2-1 所示。

有限元模型材料参数　　**表 8.2-1**

E_1（MPa）	$E_2=E_2$（MPa）	$\nu_{12}=\nu_{13}$	ν_{23}
3727	263	0.42	0.035
X_T（MPa）	X_C（MPa）	Y_C（MPa）	ρ（kg·m^{-3}）
75.3	62	6.3	420

顺纹方向采用如图 8.2-4（a）所示的双折线模型；横纹受压采用如图 8.2-4（b）所示的三段式塑性硬化本构模型。其中，f_t、f_c 分别为木材顺纹抗压和顺纹抗拉强度；ε_{c0}、ε_{cu} 分别为木材顺纹受压屈服应变和极限应变；$E_c = E_t$、E_1、E_2 分别为木材顺纹弹性模量、横纹受压弹性模量和横纹受压线性强化段的切线模量；σ_L、ε_L 为木材横纹受压屈服强度和相应的应变；σ_n、ε_n 为木材横纹受压线性强化段结束时的强度和相应的应变。

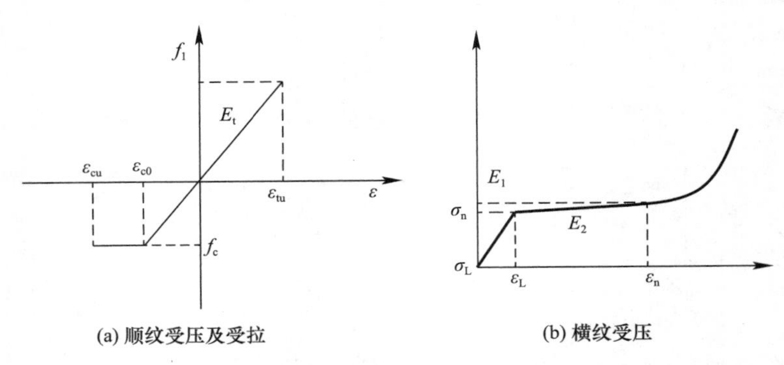

图 8.2-4　木材本构模型

（3）接触非线性

榫头与卯口的接触面传递法向力和切向力。采用硬接触模拟卯口和榫头之间的法向接触作用；采用罚摩擦公式描述卯口与榫头间的摩擦-滑移。Inayama 的试验表明，木材的摩擦系数在 0.1～0.6，经反复试算取为 0.25。选择面面接触（surface-surface）建立榫卯间各接触面的接触相互作用。由于木材顺纹抗压弹性模量较横纹抗压弹性模量大（表 8.1-2），故选取卯口表面为主面，枋端榫头表面为从面。

（4）单元及网格划分

采用 C3D8R 单元类型，采用结构化自适应网格划分的方法，得到了规则的六面体或四面体单元。榫头在靠近榫卯接触面附近采用较细密的网格，尺寸为 30mm，远离接触面的部位网格尺寸为 60mm [图 8.2-5（a）]；卯口部位网格尺寸为 30mm，远离榫卯接触面部位网格尺寸为 50mm [图 8.2-5（b）]。

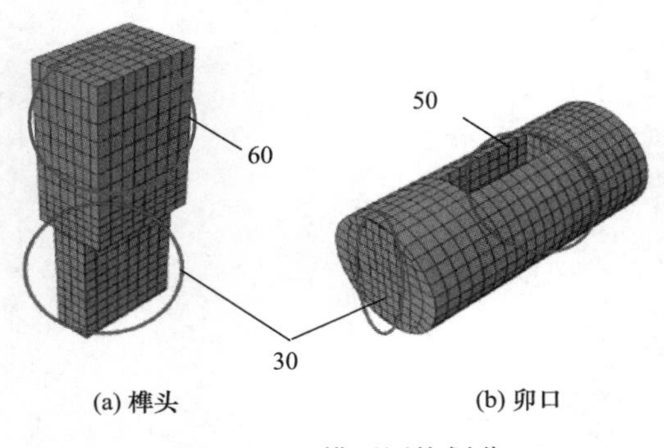

图 8.2-5　模型网格划分

（5）边界条件与加载

通过在榫卯节点有限元模型中，柱左端截面施加均布压应力，模拟试验时柱端的轴压荷载；在枋端的加载线上直接施加线位移，模拟试验中由于在木枋加载端安装平置钢筋以便作动器给枋端施加线荷载或位移的加载方式。

采用位移控制加载程序，如图 8.2-6 所示。加载曲线的控制位移 Δ_u 根据单向加载试验的极限位移确定，即当直榫节点单向加载试验中，荷载下降至极限荷载的 80%或者试件出现严重破坏时的位移（本次试验取 Δ_u 为 40mm）。先采用峰值位移为控制位移 1.25%、2.5%、5%和 10%的三角形波依次进行一次循环，再采用峰值位移为控制位移 20%、

40%、60%、80%、100%和 120%的三角形波依次进行三个循环后终止试验。

2. 有限元模型验证

为简单明了起见，选取试验结果（TEST）和有限元计算结果（FEM）的弯矩-转角滞回曲线中第 7 级反复加载的结果（峰值位移为极限位移的 60%）进行对比，如图 8.2-7 所示。可见两者吻合较好，表明所建有限元模型的有效性。

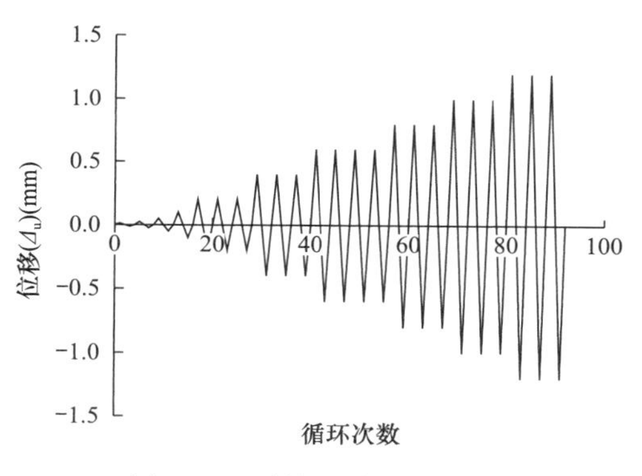

图 8.2-6　低周反复加载程序

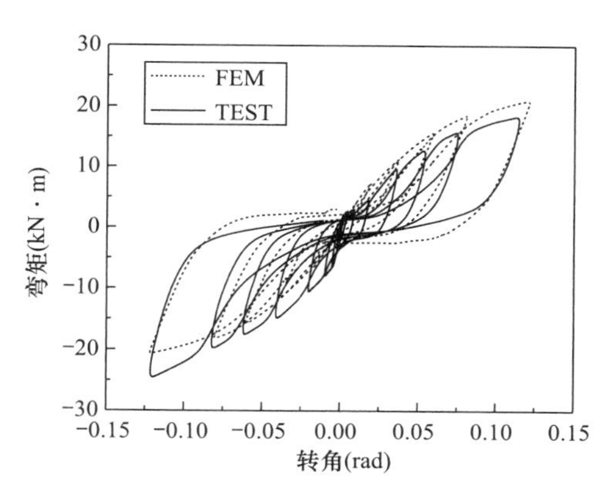

图 8.2-7　不同控制位移下第一循环

8.2.3　拔榫直榫节点有限元模型

由于拔榫与未拔榫状态下直榫节点的受力机理（既有拔榫量为零）相同，因此拔榫状态下直榫节点的有限元模型可建立在未拔榫直榫节点有限元模型的基础上，再考虑不同拔榫量的影响。为便于后续分析榫头拔出量对直榫节点抗震性能的影响，定义榫卯连接的拔榫程度 D，其表达式如式（8.2-1）所示。

$$D=\Delta L/L_{\mathrm{t}} \tag{8.2-1}$$

式中，ΔL 为榫头拔出量；L_{t} 为榫头总长度。

国家标准《古建筑木结构维护与加固技术标准》GB/T 50165—2020 将榫头拔出卯口的长度超过榫头长度 2/5 时，定为抬梁式构架榫卯残损点评定的界限值，即认为榫头拔出量突破这一界限值时，残损点所在部位便不能正常受力、不能正常使用或濒临破坏的状态。据此，本章选取拔榫程度 D 为 0、1/10、2/10 和 3/10 四个水平，相应的榫头拔出量 ΔL 分别为 0、42mm、84mm 和 126mm。

基于未拔榫状态下直榫节点的有限元模型，通过预设拔榫程度，即可建立拔榫状态下直榫节点的有限元模型。

8.2.4　拔榫直榫节点滞回性能分析

通过有限元分析得到不同榫头拔出量时单向直榫节点的滞回曲线、骨架曲线、刚度退化曲线及等效黏滞阻尼系数，如图 8.2-8 所示。

（1）图 8.2-8（a）为拔榫对单向直榫节点滞回曲线的影响规律，可以看出：榫头有不同程度拔出时，节点的滞回曲线均有明显的“捏缩”效应，但随着榫头拔出量的增大，“捏缩”效应更加显著。这是由于随着榫头拔出量的增大，榫头与卯口的接触摩擦面积逐渐减小，榫头与卯口间的摩擦力越小，因此节点卸载时的反向承载力越小。当拔榫程度为1/10时，滞回曲线相对饱满且未出现下降段，拔榫程度为1/5和3/10时，滞回曲线在转角达到0.06rad后的滞回环面积扩大缓慢。

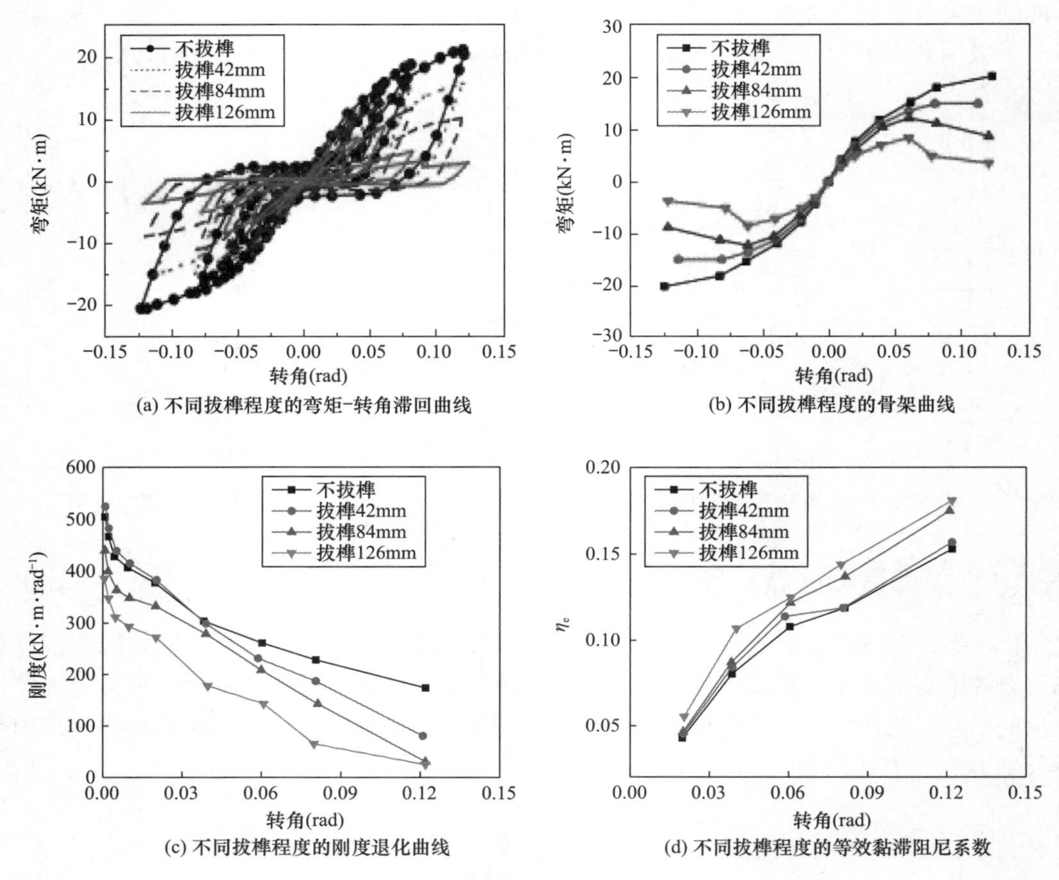

图 8.2-8　榫头拔出量对滞回性能的影响

（2）图8.2-8（b）为拔榫对单向直榫节点骨架曲线变化规律的影响，可以看出：榫头拔出42mm时，骨架曲线可分为弹性段与塑性强化段；而榫头拔出84mm和126mm时，骨架曲线呈现弹性段、塑性强化段与下降段三个阶段，节点承载力均在转角为0.06rad时达到极限并开始下降；榫头拔出126mm时，模型在节点转角为0.08rad时承载力达到极限承载力的62%，节点即发生破坏。可见，榫头拔出不仅使得节点承载力降低，而且严重影响其耗能能力。榫头拔出量42mm、84mm、126mm时，节点最大承载力相对于健康状态时分别下降了23.7%、39.8%、57.8%。与榫头拔出84mm时相比，榫头拔出126mm时的骨架曲线在达到最大承载力之前没有明显的平缓段且曲线跌落突然，延性变差。

（3）图8.2-8（c）为拔榫对单向直榫节点刚度的影响规律，可以看出：榫头拔出不同程度时，节点刚度均随转角的增大而减小，有明显的刚度退化现象；随着榫头拔出量的增大，刚度绝对值相应降低。经计算，榫头拔出42mm、84mm、126mm时，节点对应的平均刚度比健康状态分别下降了3.1%、18.9%、35.6%。

（4）图8.2-8（d）为拔榫对单向直榫节点耗能能力的影响规律，可以看出：随着榫头拔出量的增大，节点的耗能能力有所提高，但提高幅度不大。

综上所述，受榫头拔出的影响，单向直榫节点的滞回性能有着不同程度的退化，榫卯节点的承载力、变形能力和转动刚度的显著降低。因此，修缮加固古建筑木结构时应注意构架榫头拔出残损点的及时有效处理。

8.3　本章小结

通过对不同残损状态的单向直榫榫卯节点的低周反复加载试验和分析，可以得到以下结论。

1）所有模型破坏均发生在节点处，柱和枋基本完好。无论单向直榫榫卯节点残损与否，节点在加载过程中均发出“吱吱”声响，加载最后阶段均出现榫头部分拔出和榫卯接触处较大挤压变形的现象；但与完好节点不同的是，残损节点在加载过程中还发出类似于木材断裂的“啪啪”声响，出现榫头拔出的时间较早、拔出量更大，榫卯接触处挤压变形更明显。

2）所有节点的弯矩-转角滞回曲线均出现明显的“捏缩”效应，滞回环形状呈反“S”型；且随着残损程度的增加，滞回环的面积越来越小、捏缩效应越明显。

3）单向直榫节点的转动弯矩随着转角增加而逐渐增加，直至考虑到转角过大而停止加载时转动弯矩基本未下降；残损节点的转动弯矩明显低于完好节点，且随着残损程度增加而逐渐降低。

4）单向直榫节点的转动刚度在加载初期较大，随后迅速减小，但后期基本保持不变；残损节点与完好节点刚度变化规律相似，但残损节点随着残损程度的增加刚度逐渐降低。

5）无论节点残损与否，随着转角的增大，节点耗能能力逐渐降低，并趋于稳定；残损节点耗能能力都会随着榫头残损程度的增加而降低。

6）在相同残损度下，人工模拟真菌腐朽的节点的最终转动弯矩和抗弯刚度要大于人工模拟虫蛀节点，但其耗能能力却低于虫蛀节点。

7）所有模型节点相对转角均能达到0.125rad，说明直榫节点在受损后依然具有较好延性。

8）由直榫节点的构造特征决定，拔榫及未拔榫状态下直榫节点的受力机理相同，均是榫头表面受到卯口的挤压及摩擦作用；两者不同之处在于，拔榫状态下榫头与卯口的接触面积较完好状态下小，其值与拔榫程度有关。

9）直榫拔榫状态下直榫节点的有限元模型与完好直榫节点的有限元模型具有统一性，前者可在后者的基础上预设榫头拔出量加以实现。

10）不同拔榫程度直榫节点滞回性能的模拟结果表明：随着榫头拔出量的增加，直榫节点的抗震性能有着不同程度的退化，榫卯节点的承载力、变形能力和转动刚度的显著降低。因此，修缮加固古建筑木结构时应注意木结构榫头拔出残损点的及时有效处理。

第 9 章

腐朽、虫蛀燕尾榫节点抗震性能退化研究

我国古建筑以木结构为主，现存代表性的有木结构古建筑群-故宫、高层木结构塔式建筑-佛宫寺释迦塔（应县木塔）、宁波保国寺大殿、蓟州区独乐寺观音阁等。

我国古建筑木结构的构件间通常采用榫卯连接，无需一钉一铁，这是我国古建筑木结构的主要特色之一。古建筑木结构榫卯节点的类型很丰富，有燕尾榫、直榫、馒头榫、管脚榫等，但以燕尾榫居多，也最具代表性。榫卯节点刚柔相济，可以承受一定的荷载，具有良好的弹性和较好的抵消水平推力的作用。此外，榫卯节点还允许产生一定的变形，吸收部分地震能量，减少结构的地震响应，是确保古建筑木结构具有良好抗震性能的关键构造，但同时也是导致结构失效的主要部位。因此，掌握榫卯节点的抗震性能对古建筑木结构的抗震评估和保护具有重要作用。

近年来国内外一些学者如俞茂宏、高大峰等、姚侃等、淳庆等、Bulleit 等、Seo 等以及 Chang 等，已对古建筑木结构榫卯节点的抗震性能进行了部分研究。但大部分以完好的节点或结构为研究对象，而古建筑木结构历经几百年甚至上千年后，由于所受环境因素、物理作用和化学反应等外部因素的影响，很容易发生老化（如腐朽、虫蛀、开裂等），从而引起木材材性的劣化，导致其抗震性能有不同程度的降低，因而对残损状况下的节点或结构的性能进行研究更符合实际情况。King 等通过人工模拟透榫榫卯节点常见的 3 种残损状态，对比分析了残损和完好透榫节点的抗震性能退化规律，结果表明半刚性榫卯节点经人工老化处理后，其抗弯刚度有明显下降。但是上述人工模拟残损榫卯节点的研究仅限于透榫节点，并没有对古建筑木结构中更具代表性的燕尾榫节点展开研究。

基于此，为研究残损对燕尾榫节点的抗震性能的影响，本章参照宋代《营造法式》殿堂三等材的尺寸要求，人工模拟了古建筑木结构中最常见的两种残损类型：真菌腐朽和虫蛀，通过低周反复加载试验对残损节点的破坏特征、弯矩-转角滞回曲线、骨架曲线和耗能性能进行研究，并分析残损燕尾榫节点抗震性能的退化规律，以期为残损古建筑木结构的抗震性能评估提供参考。

9.1 试件设计与制作

参照按宋代《营造法式》殿堂三等材的尺度要求（由于《营造法式》没有对馒头榫的尺寸做具体规定，其尺寸参照清代工部《工程做法则例》的相关规定来选取），制作了 3

个比例为 1∶3.2（考虑到三等材原型的 1 份等于 1.6mm，采用该比例可使大部分尺寸为整数且模型大小适中）的独立燕尾榫节点模型，包括 1 个完好节点（DS-J1）、1 个模拟榫头真菌腐朽的残损节点（DS-J2）、1 个模拟榫头虫蛀的残损节点（DS-J3），各试件均有柱端局部普柏枋和模拟栌斗构造（局部普柏枋是为了施加竖向荷载而设置的，以免刚性千斤顶直接加在柱顶），并将栌斗造型予以简化，仅考虑其传力作用。试件原型尺寸和模型尺寸见表 9.1-1，试件尺寸见图 9.1-1，组装后的整体节点模型示意图如图 9.1-2 所示。各试件模型均由古建筑木工师傅手工制作而成。

试件原始尺寸与模型尺寸　　表 9.1-1

构件名称	尺寸名称	原宋尺寸（份）	模型尺寸（mm）
			模型比例 1∶3.2
柱	柱径	42	210
额枋	枋高	36	180
	枋宽	24	120
燕尾榫	榫头宽	12	63
	榫颈宽	10	52.5
	榫长	10	52.5
馒头榫	榫端	—	45
	榫根	—	60
	榫长	—	60
普柏枋（局部）	枋长	42	210
	枋宽	30	150
	枋高	21	105
模拟栌斗	斗长	21	105
	斗宽	21	105
	斗高	9	45

注：1. 宋三等材 1 份等于 16mm。
2. 柱长和枋长根据加载方便来确定，并没按照法式尺寸选取。
3. 馒头榫长和榫根边长取柱径的 3/10，榫端边长取柱径的 1/5。

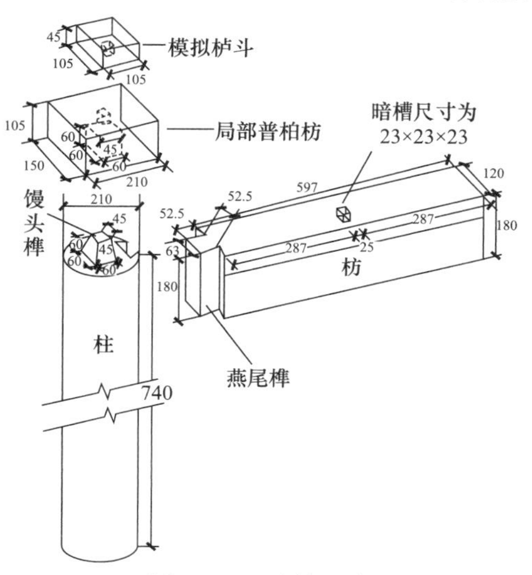

图 9.1-1　试件尺寸

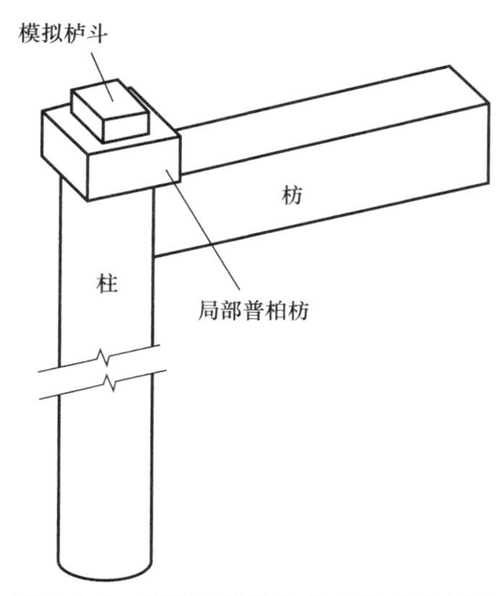

图 9.1-2　组装后的整体节点模型示意图

榫头真菌腐朽和榫头虫蛀分别采用在榫头表面钻一定深度孔和在榫头钻通孔的方法来模拟。(1) 通过在榫头均匀钻取直径为 3mm，深为 5mm 的小洞来模拟榫头的腐朽。(2) 通过在榫头上钻取直径为 5mm 的贯穿小洞来模拟榫头虫蛀。试验以小洞的体积占原榫头体积的比例来衡量残损的程度。试件残损状况见表 9.1-2，残损模型示意图如图 9.1-3 所示。

试件残损状况　　表 9.1-2

试件编号	残损类型	人工模拟方法	残损程度
DS-J1	无残损	—	0
DS-J2	真菌腐朽	直径 3mm、深度 5mm 的表面孔	16.7%
DS-J3	虫蛀	直径 5mm 的贯穿孔	17.3%

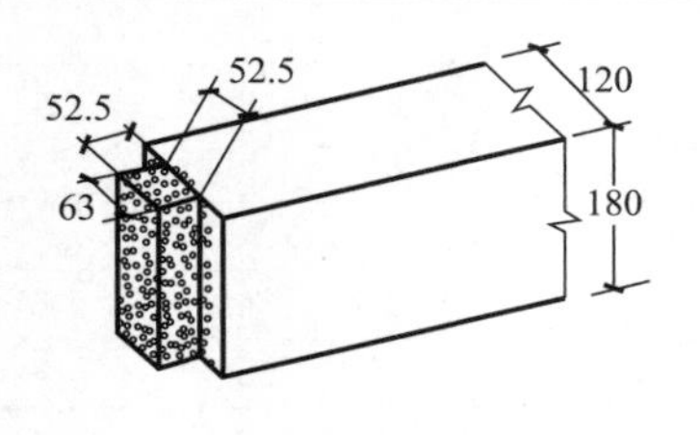

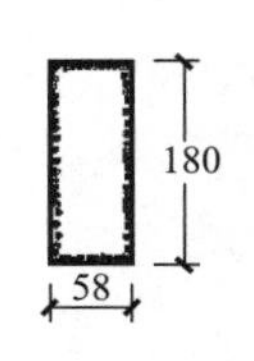

(a) 真菌腐朽模拟示意图

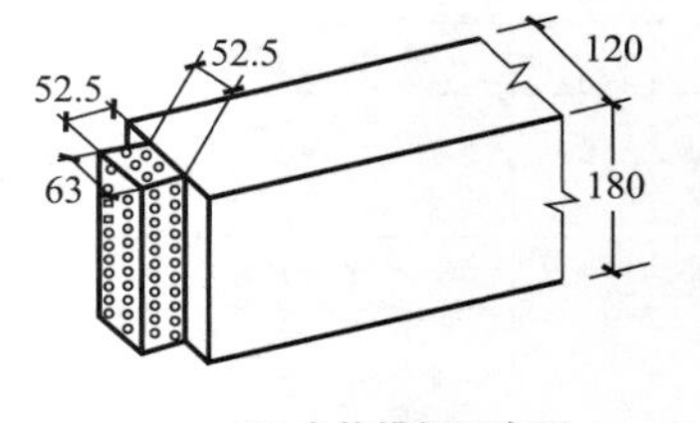

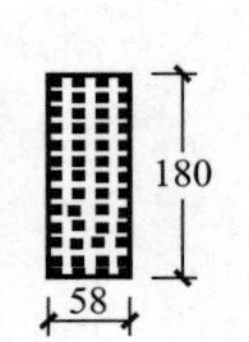

(b) 虫蛀模拟示意图

图 9.1-3　残损模型示意图

本次试验所用木材为落叶松，天然干燥期半年。试验时测得含水率为 14.3%，所测力学性能如表 9.1-3 所示。

木材力学性能　　表 9.1-3

材料名称	顺纹抗压强度 (MPa)	横纹抗拉强度 (MPa)	顺纹弹性模量 (MPa)
落叶松	29.19	69.35	8132

9.2 加载方案及量测方案

9.2.1 加载设备

(1) 为了避免 P-Δ 效应对节点受力性能试验结果的影响，试验时将柱水平放置，采用枋端加载的方式来模拟受力过程，试验加载装置示意图如图 9.2-1 所示。

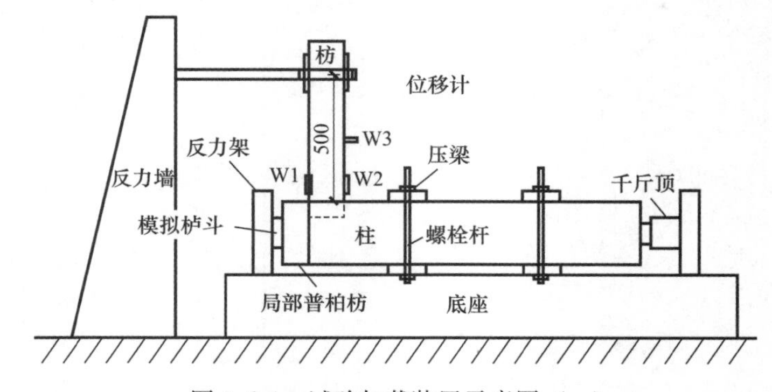

图 9.2-1　试验加载装置示意图（一）

图 9.2-1　试验加载装置示意图（二）

（2）将柱两端固定并用钢梁压住，通过水平千斤顶在柱端模拟施加恒定竖向荷载，水平低周反复荷载由 MTS 电液伺服结构试验系统施加。

9.2.2　加载制度

（1）将燕尾榫节点模型就位并固定后，对柱端施加竖向荷载至预定值，各个试件需施加的竖向荷载大小为 13.5kN（竖向荷载根据单个柱所承受的重量来确定）。

（2）保持竖向荷载不变，对枋端逐级施加水平荷载。根据试验标准 ISO-16670，水平荷载采用变幅值位移控制的方式加载，加载曲线的控制位移为单向加载试验所确定的极限位移（荷载下降至极限荷载的 80%或者试件出现严重破坏时的位移，本次取极限位移为 50mm），先采用峰值位移为控制位移的 1.25%、2.5%、5%、10%三角形波依次进行一次循环，再采用峰值位移为控制位移的 20%、40%、60%、80%、100%、120%三角形波依次进行三个循环后终止试验，加载制度如图 9.2-2 所示。

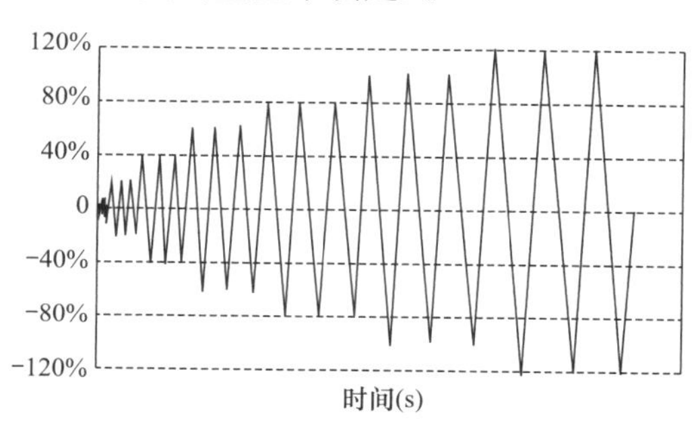

图 9.2-2　加载制度

9.2.3　量测方案

试件的竖向荷载通过水平千斤顶施加，所有数据均通过数据采集仪自动采集。为测得榫头拔出量，在枋靠近节点处左右两侧共布置 2 个±5cm 量程的位移计。为测得枋柱节点的水平相对位移，在枋上端距节点根部 500mm 处布置 1 个±15cm 量程位移计。具体布置情况见图 9.2-1。

文中叙述时按图 9.2-1 所示向右推时为正向，即榫头根部右侧与柱边缘挤压时为正向、榫头根部左侧与普拍枋挤压时为反向。

9.3　试验过程及现象描述

通过 3 个燕尾榫节点的低周反复荷载试验，可发现节点在加载过程中具有如下特点：

（1）残损节点 DS-J2、DS-J3 的破坏形态与完好节点 DS-J1 的破坏形态类似，具体过程表现为：在加载初期，由于控制位移较小，节点区域变化不明显。随着控制位移的增大和荷载循环数的增加，节点逐渐发出富有节奏的“吱吱”声，榫头和卯口开始出现少许的挤压变形，榫头沿枋纵向部分逐渐拔出，如图 9.3-1（a）所示。由于燕尾榫节点的特殊构造，其可以承受拉压两个方向的力。正向受推时，卯口根部逐渐被挤紧，柱端榫头逐渐被拔出，拔出量随着转角的增大而增加；反向受拉时，榫头拔出方向相反。随着榫卯节点挤压变形加剧，榫卯间的咬合愈来愈松动，榫卯节点呈拔出和局部闭合交叉循环的态势。在加载后期，当恢复到平衡位置时，枋整体会突然下落，发出“砰”声，这是卯口在不断摩擦和挤压作用下逐渐扩大的结果。当节点转角达 0.12rad（约为 1/8rad）时，转角已远超过限值，停止加载。

加载结束后，节点破坏均发生在榫卯连接区，主要表现为榫头绕卯口转动且不断被拔出，榫头和卯口有明显挤压变形，枋和柱均没出现明显破坏。

（2）残损节点 DS-J2 在加载过程中，除了有榫卯挤压发出的“吱吱”声外，节点处还不时有木材纤维断裂声传出，同时还有少量碎木屑从榫卯间缝隙挤出，如图 9.3-1（b）所示。此外，相对于完好节点，其榫头拔出较早，拔出量也较大，且榫头的挤压变形也更明显。加载结束时，DS-J2 的最大拔榫量为 14.7mm，而完好节点的榫头最大拔出量为 12.3mm，见图 9.3-1（c）。

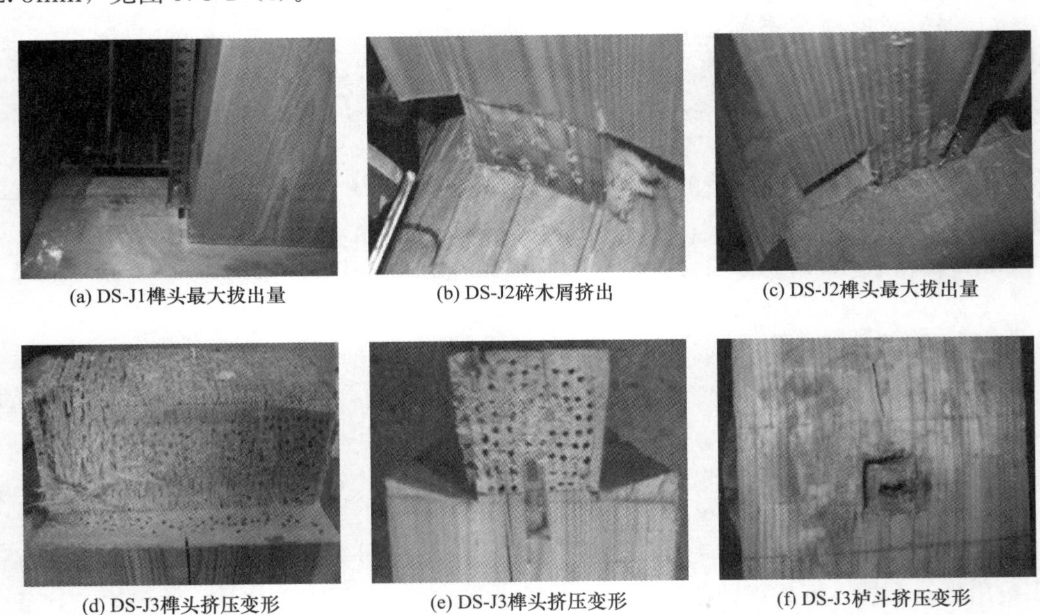

(a) DS-J1榫头最大拔出量　(b) DS-J2碎木屑挤出　(c) DS-J2榫头最大拔出量

(d) DS-J3榫头挤压变形　(e) DS-J3榫头挤压变形　(f) DS-J3栌斗挤压变形

图 9.3-1　部分试件破坏情况

（3）相对于试件 DS-J1、DS-J2，残损节点 DS-J3 榫头拔出更早、拔出量更大，且从节点处发出的木材纤维断裂声更频繁、更响亮。此外，从卯口挤出的碎木屑更多，一方面是因为贯穿孔洞内的木屑滞留量相对 DS-J2 更多，另一方面是因为贯穿孔洞间被分割的木头有可能被挤出。加载结束后，将榫卯节点的枋和柱分离后可以发现，榫头挤压变形更显著，部分榫角被挤碎，在普柏枋与模拟栌斗接触面也有明显的挤压变形，如图 9.3-1（d）～图 9.3-1（f）所示。

9.4 试验结果及分析

9.4.1 滞回曲线

滞回曲线是结构或构件在反复荷载作用下力与非弹性变形间的关系曲线，是抗震性能的一个综合体现。一般来说，滞回环面积越大，抗震性能越好。本试验得到了各燕尾榫节点的弯矩-转角滞回曲线，如图 9.4-1 所示，可看出有如下特点：

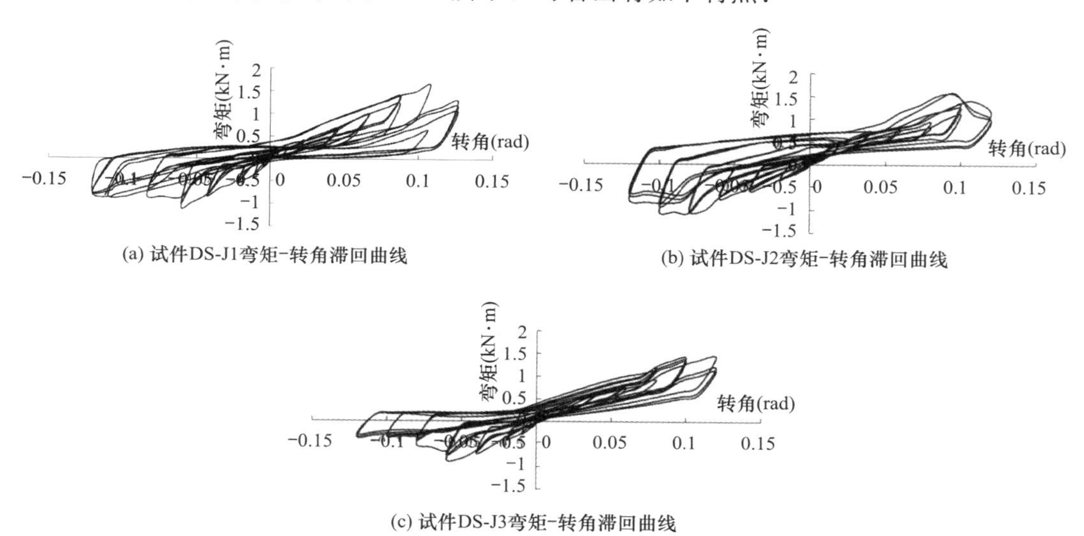

图 9.4-1　各燕尾榫节点弯矩-转角滞回曲线

(1) 曲线均有明显的“捏缩”效应，总体呈反“Z”形，这表明榫卯节点在受力过程中发生一定的滑移，且滑移量随转角的增加而增大。

(2) 加载初期，滞回曲线基本重合，滞回环较小，说明节点基本处在弹性阶段，残余变形较小。从滞回环面积上看，随着转角的增大及荷载循环次数的增多，滞回环面积不断增大，说明其耗能越来越多；从曲线斜率来看，在竖向荷载的挤压作用下，榫卯节点挤压紧密，曲线在开始阶段就有一定的斜率，反映了榫卯节点具有一定的初始刚度，一开始就可以承担荷载。随着转角的增大，曲线变陡，斜率增大，说明榫卯之间咬合程度越来越大。卸载后，节点基本可以自行恢复到平衡位置，表现出一定的弹性特征。反向受拉时，曲线斜率先增大，当达到控制位移附近时，曲线逐渐变缓并趋于水平，表明试件在转角增大过程中出现的拔榫和挤压变形使节点刚度出现明显的退化现象。此外，当幅值位移增加一级时，滞回曲线第一循环的上升段将沿前一幅值位移的后两个循环曲线的上升段发展，这是由于控制位移变化时，其挤压变形前后一致。

(3) 与完好节点 DS-J1 相比，残损节点 DS-J2 的滞回曲线更不规则，正反两个方向差异较大，且节点的滑移量更大，这主要因为榫头表面的小孔使其挤压变形相对增大，从而导致榫卯节点挤紧的过程变长。正向受推时，滞回环发展缓慢，饱满度较差，节点耗能较少；反向受拉时，滞回环面积扩展较快，饱满度好，塑性变形很大，节点耗能较多。导致正反向差异的主要原因可能是在榫头人工开孔的方式及孔的不均匀分布会导致节点的受力性能发生一定的改变。

（4）与残损节点 DS-J2 相比，残损节点 DS-J3 的滞回环饱满度更差，在同一控制位移作用下，滞回环包括的面积更小，说明其耗能较少。正向受推时，滞回环呈狭长平行四边形状，曲线斜率变化不大，表现出一定的弹性特征；反向受拉时，随着控制位移的不断增大，曲线斜率逐渐减小，且滞回环由于不断收缩而变得狭长，峰值点下降显著，说明在榫头钻通孔对节点受力性能的削弱程度更大。

9.4.2 骨架曲线

骨架曲线能够反映节点的极限承载力和变形能力，各燕尾榫节点的骨架曲线如图 9.4-2 所示：

（1）由于燕尾榫节点的特殊构造，骨架曲线正反方向明显不对称，存在显著差异。

（2）在加载初期，试件正向受推时，曲线即有一定的斜率，说明节点在竖向荷载的作用下挤压紧密，一开始就可以承担荷载；随着转角的增大，节点的承载力不断增大，当转角达到 0.1rad 附近时，曲线出现明显的下降段，表明节点经过挤压变形和拔榫后达到极限状态，承载力开始降低。反向受拉时，曲线的变化趋势与正向相似，但曲线下降段出现得更早，加载结束后荷载降低得更多，这是由于反向承载力低于正向，节点在相同的控制位移作用下破坏得更早。

（3）比较完好节点与残损节点的骨架曲线后，可以发现：完好节点的承载力不仅高于残损节点，而且增长得更快，正向受推时，DS-J1 的承载力增长均匀，而 DS-J2 和 DS-J3 曲线均有一定的波动，但承载力仍不断提高，这说明虽然人工钻孔对榫头的内部造成一定损伤，但整体性良好。相对于完好节点 DS-J1，DS-J2 的正向抗弯承载力下降了 13.3%，DS-J3 的正向承载力降低了 15.6%，反向受拉时，DS-J2 的最大承载力与完好节点相当，而 DS-J3 的承载力相对于 DS-J1 降低了 6.5%，这主要与榫头被局部挤碎而丧失整体性有关。对比残损节点 DS-J2、DS-J3 的承载力可以看出：DS-J3 的承载力下降得更多，这说明当残损程度相近时，贯通钻孔对节点承载力的影响更大，即人工模拟虫蛀对节点的损伤更严重。

9.4.3 刚度退化

在水平荷载作用下，刚度随循环周数和控制位移的增大而减小的现象称为刚度退化。节点的正反向刚度（图 9.4-1 中滞回曲线的峰值点对坐标原点的斜率）退化曲线如图 9.4-3 所

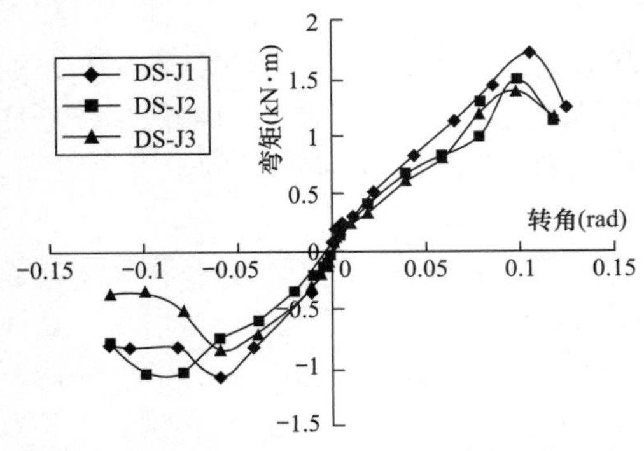

图 9.4-2 各燕尾榫节点弯矩-转角骨架曲线

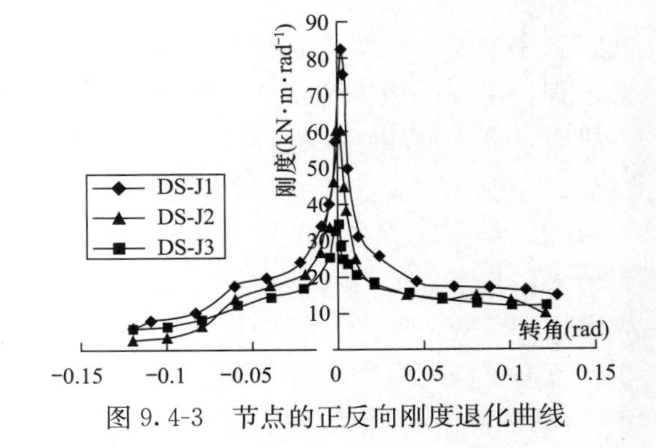

图 9.4-3 节点的正反向刚度退化曲线

示，从图中可以看出：

(1) 各节点的刚度均随转角的增大而减小，正反向均有明显的刚度退化现象。节点初始刚度较大，当转角小于 0.01rad 时，曲线下降较快，随后曲线逐渐变缓并趋于水平。

(2) 对比分析各节点的刚度退化曲线后可以发现，残损燕尾榫节点的正反向刚度均小于完好节点，且残损节点的刚度退化速度更快，退化幅度也更大。通过计算对比分析，DS-J2 正反向平均刚度比完好节点下降了 22%，DS-J3 降低了 27%。相对于人工模拟真菌腐朽的残损节点，人工模拟虫蛀节点的刚度更小，退化幅度更大，这同样是由于虫蛀节点损伤得更严重，这也可以从残损节点的承载力下降规律得到佐证。

9.4.4 耗能能力

构件的耗能能力通常用等效黏滞阻尼系数 h_e 来衡量，h_e 越大，耗能能力越强。图 9.4-4 为各节点不同控制位移下第一循环的 h_e，可以看出：

(1) 节点的耗能能力有随着转角的增大而不断增大的趋势，这是因为节点的挤压摩擦作用随转角的增大而不断增强，而榫卯节点间的挤压摩擦是其耗能的主要方式。

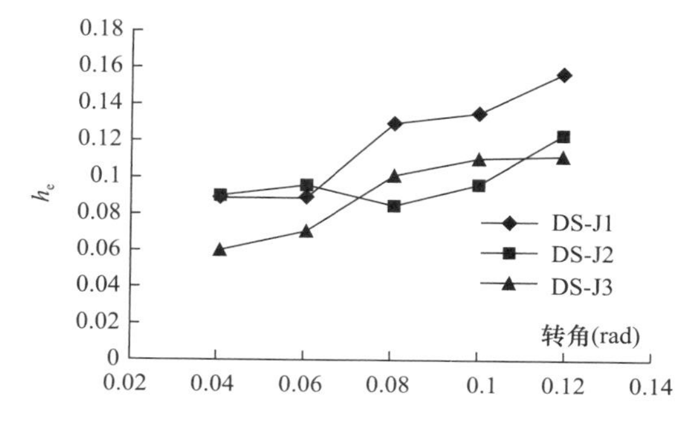

图 9.4-4　各节点不同控制位移下第一循环的 h_e

(2) 残损节点的整体耗能能力明显低于完好节点。残损节点 DS-J2 与残损节点 DS-J3 的耗能能力没有明确的大小关系，通过计算后可得 DS-J2 的平均 h_e 为 0.098，DS-J3 的平均 h_e 为 0.090，说明人工模拟真菌腐朽节点的耗能能力与人工模拟虫蛀节点相差不大。

9.4.5 变形能力

延性是指结构或构件在破坏以前承受后期非弹性变形的能力，是评价结构抗震性能的重要指标之一。由于木结构没有明显的屈服概念，试验过程中也没测到节点的极限承载力，所以本章用骨架曲线定性地描述残损燕尾榫节点的变形能力。虽然残损试件达到最大转角 0.12rad 时，节点处没出现较明显的破坏，整体性能良好，但从图 9.4-2 可以看出，其骨架曲线波动较大，达到最大承载力之前没有明显的平缓端，且曲线下降突然，这都说明残损燕尾榫节点的变形能力一般。

9.5 本章小结

通过对 1 个完好和 2 个人工模拟残损燕尾榫节点的低周反复荷载试验及结果分析，可以得出以下结论：

(1) 残损燕尾榫节点的破坏形态同完好节点相似，主要表现为榫头和卯口有明显的挤压变形，榫头沿枋纵向部分拔出，枋柱整体完好；残损节点在加载过程中还不时有木材纤维断裂声传出，其榫头拔出更早、拔出量也更大，而且模拟虫蛀节点还有部分榫角被挤碎的现象发生。

（2）残损节点与完好节点的滞回曲线均有明显的“捏缩”效应，整体呈反“Z”型，但残损节点的滞回环饱满度更差。

（3）残损节点的承载力、刚度明显低于完好节点，当体积残损度为17%时，正向承载力降低约13%，反向承载力变化不明显。残损节点正反向平均刚度约降低20%。

（4）随着转角增大，燕尾榫节点耗能能力逐渐增强，且残损节点的耗能能力明显低于完好节点。当残损程度相近时，人工模拟真菌腐朽节点比人工模拟虫蛀节点的刚度和承载力更大。残损燕尾榫节点的变形能力一般。

第 10 章

腐朽柱脚抗震性能退化研究

木柱是古建筑结构中重要的承重构件，通常平摆浮搁在础石之上，承托建筑上部结构，木柱与础石能够发生相对转动和滑移，可以产生摩擦耗能，属于现代工程结构隔震理论视角下较早的滑移隔震支座，是古建筑木结构能够保存至今的重要原因。然而，由于木柱所用木材为生物质材料，自身的防护功能较差，常年受到建筑上部压力，风荷载，地震，虫蛀与雨水侵蚀的影响，柱脚会发生不同程度的残损变形，导致木柱的受力性能降低，对古建筑木结构的整体性和抗震性能产生不利影响，如图 10.1-1 所示，可以发现木柱从根部开始发生了糟朽破坏，并逐渐向上延伸扩展，糟朽部分木柱的外表皮发生剥落，导致内部的木材暴露在外部环境中，破坏进一步加剧。由于柱脚节点是为整个建筑提供抗震性能的关键节点，不同的残损程度会对建筑的抗震性能产生不同的影响，因此需要对残损柱脚节点的力学性能进行量化研究，从而为古建筑木结构的修缮以及保护提供科学合理的理论依据。

国内外学者已经针对古建筑木结构的柱脚节点的抗震性能开展了研究并取得了一定的成果，但仍然存在以下不足：(1) 对于残损木柱的现有研究成果主要集中在腐朽、老化的木框架整体受力性能退化层面，缺少对残损柱脚节点受力性能的针对性研究；(2) 以往研究所采用的人工开槽的方式来模拟柱的糟朽与残损，与实际的状况差异较大，难以真实反映现存古建筑的残损性状；(3) 既有研究成果对残损木柱受力性能的定量分析有待深入，缺乏柱脚残损程度及其受力性能退化程度的量化指标，无法准确评估现存古建筑木结构残损柱脚的残余力学性能。

为了深入分析柱脚节点残损对木构架抗震性能的影响，本章以柱脚残损木柱作为研究对象，采用拟静力试验和理论分析方法，研究了不同残损程度下木柱抗震性能的退化规律，研究成果可为古建筑木结构的残损评估与抗震分析提供依据。

10.1 试件设计与制作

现存古建筑木柱的残损位置主要集中在柱脚处，且残损程度自下而上逐渐减弱，如图 10.1-1 所示。因此，本试验人工对柱脚进行不同程度的斜向削弱，进而形成残损柱脚节点试件。试验中的试件原型尺寸参照应县木塔底面楼层木柱，并按照 1∶2 缩尺比例制作模型，置于固定的础石之上。试件模型的设置参数见表 10.1-1，木柱构件尺寸示意图见 10.1-2。所有试件的柱径为 300mm，高度为 1430mm。柱脚节点残损程度 D_c 定义为柱脚

损伤深度 d 对木柱半径 r 的比值，即 $D_c=d/r$。

图 10.1-1　古建筑残损柱脚节点实况

试件模型的设计参数　　表 10.1-1

编号	类型	柱脚损伤高度（mm）	柱脚损伤深度 d（mm）	残损程度 D_c（%）
SJ-1	完好	0	0	0
SJ-2	单侧残损	200	30	20
SJ-3		200	60	40
SJ-4		200	90	60
SJ-5	双侧残损	200	60 每侧	40

试验共制作了五种不同残损程度的柱脚节点试件，包括 1 个完好柱脚节点试件，3 个单侧残损柱脚节点试件和 1 个双侧残损柱脚节点试件。

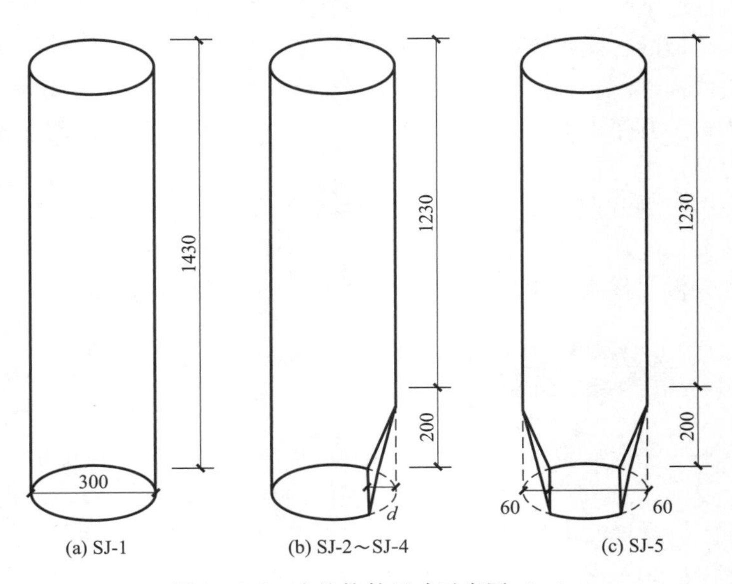

图 10.1-2　木柱构件尺寸示意图（一）

(d) 木柱试件图

图 10.1-2　木柱构件尺寸示意图（二）

10.2　试验加载方案与测点布置

10.2.1　加载方案

为模拟古建筑木结构柱脚半刚性连接，将木柱平摆浮搁在础石上，础石用锚具固定于地面。采用人工质量堆载的方式施加结构传递到柱顶的荷载，配重块通过工字分载梁对中后竖直加载到柱顶中心，并用钢钉限制分载梁的左右滑动，确保在加载过程中竖向荷载不会发生大的偏移。用铁链拉住作动器，使作动器在加载过程中保持水平。以作动器推的方向为正，将柱脚残损斜面布置在木柱正向一侧，加载装置示意图如图 10.2-1 所示。

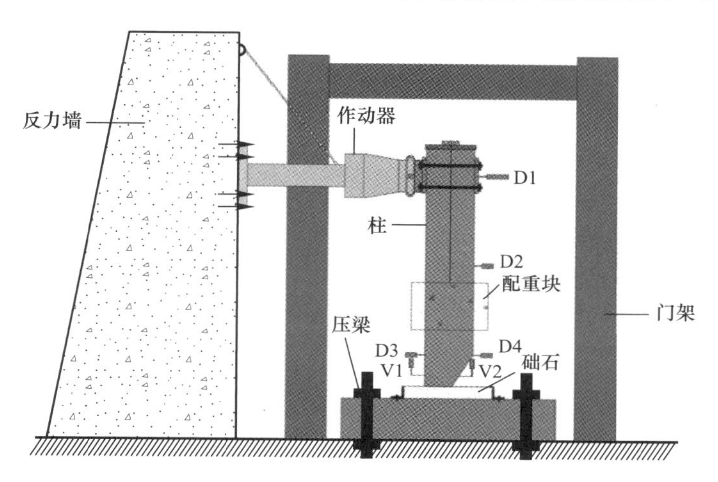

图 10.2-1　加载装置示意图

作动器通过端板与螺栓和试件相连，加载点距离柱顶130mm，考虑到在受力摇摆的过程中木柱会发生抬升的情况，为了模拟这一真实的受力特点，设计作动器与试件的连接形式如图10.2-2所示，图中的连接处是由紧固在试件和作动器上的两个端板相连，端板的长U形卡口用表面光滑的螺杆卡住，这种设计可以让作动器和试件在加载方向上协同移动的同时，在上下方向允许错位抬升。

图10.2-2　设计作动器与试件的连接形式

参考古建筑木结构从上部传递到柱顶的实际荷载，通过工字分载梁对柱顶部施加36kN的竖向荷载。由理论分析可知柱顶的极限位移为1/2柱径，考虑到柱脚残损会降低柱底的有效半径，为防止试验过程中木柱发生倾倒，试验控制位移取120mm。先使用3mm预加载，确保加载装置与试件无问题后，进行后续试验，水平位移加载制度曲线如图10.2-3所示。试验采用CUREE加载制度进行加载，变幅值控制加载的位移，参考位移Δ选取木柱直径的0.2倍。首先进行6圈位移为0.05Δ的循环加载，接着进行主循环和次循环加载，主循环从0.075Δ按比例增加到1.0Δ，次循环为主循环的0.75倍。如表10.2-1所示，第4个加载模式的主循环幅值在1.0Δ的基础上每级增加0.5Δ，直到控制位移120mm停止加载。

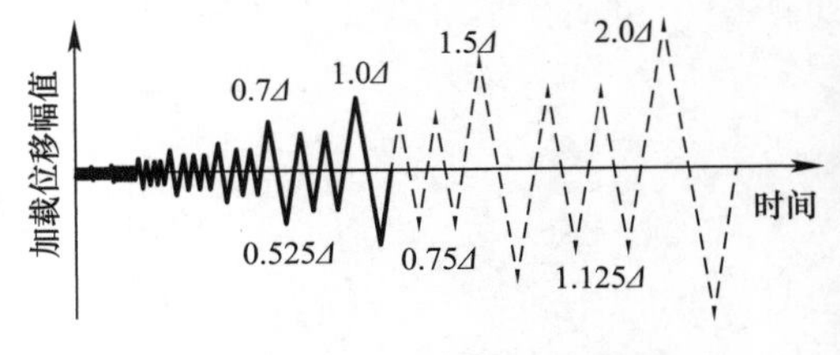

图10.2-3　水平位移加载制度曲线（Δ为极限位移）

位移控制幅值　　表10.2-1

加载模式	第1个加载模式					第2个加载模式			
次数（圈）	6	1	6	1	6	1	3	1	3
幅值（mm）	3	4.5	3.375	6	4.5	12	9	18	13.5

续表

加载模式	第 3 个加载模式						第 4 个加载模式			
次数（圈）	1	2	1	2	1	2	1	2	1	2
幅值（mm）	24	18	42	31.5	60	45	90	67.5	120	90

10.2.2 测点布置

在距离柱顶 130mm 的水平位移加载高度处沿水平方向布置一个±300mm 磁性位移计 D1，测量柱头的水平位移；在柱高一半的位置布置一个水平位移计 D2，测量木柱的弯曲变形；在柱脚的正负两侧分别设置 1 个水平位移计和 1 个竖直位移计，即水平位移计 D3 和 D4，竖直位移计 V1 和 V2，分别测量柱脚的抬升量和水平滑移量。

应变片用来测量柱脚底部截面处的应变，按照圣维南原理，柱脚应变监测高度不超过柱径 300mm，因此共布置 3 排共 21 片应变片，由于木柱受力在左右两侧对称，每排应变片绕柱脚等弧长布置半圈。应变片底边比柱脚底部高 10mm，防止加载过程中应变片被挤压损坏，影响数据结果。柱脚节点应变片布置如图 10.2-4 所示。

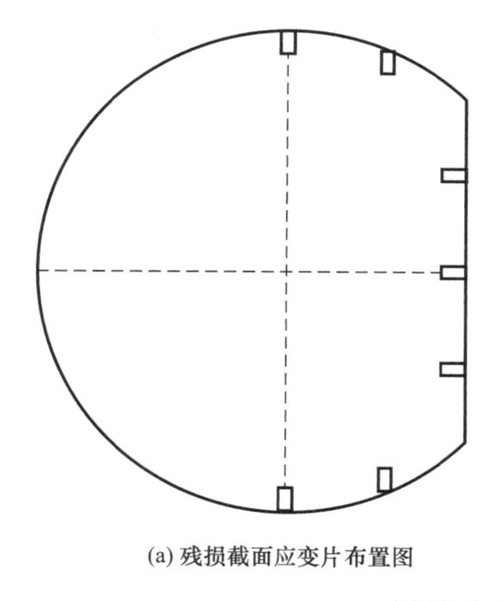

(a) 残损截面应变片布置图

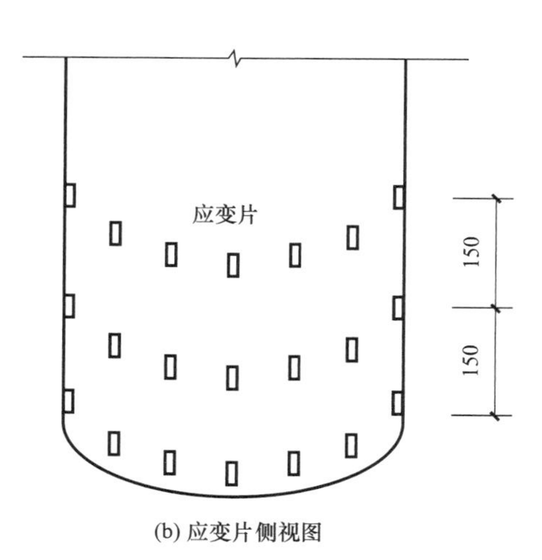

(b) 应变片侧视图

图 10.2-4　柱脚节点应变片布置

试验正式开始前，将试件安装在础石中央保持竖直状态，确定作动器保持水平后再将试件与柱头用端板连接。为确保分载梁始终作用在柱顶中心，在柱顶围绕分载梁支点的四周钉上限位钉，防止分载梁发生滑移。将试件与装置安装完毕后，使用导轮拉起配重块施加竖向荷载，随后开始加载程序。加载过程时刻记录试验现象，观察试件受力过程并拍摄。得到的试验现象如下：

10.3 试验过程及现象

（1）柱脚完好试件 SJ-1 在加载初期，由于柱顶水平位移较小，木柱柱脚处的抬升与受压现象不明显。随着水平位移的增加，柱脚出现明显的抬升，木柱出现摇摆现象，木柱的摇摆是以柱脚边缘作为支点，左右转动。在加载后期的大位移下，木柱左右摆动幅度明显，柱脚边缘在反复的挤压下出现外观上的屈服变形，柱顶与分载梁的接触面也出现了明显的嵌压痕迹。在达到控制位移 120mm 时，木柱仍具有抵抗侧向力的能力。

（2）柱脚残损试件 SJ-2～SJ-5 加载过程中摇摆的试验现象见图 10.3-1（a）和 10.3-1（b）所示，不同于柱脚完好木柱，柱脚残损木柱的正负向具有不对称性，柱脚残损一侧（正向）以残损斜面的底边作为转动轴，发生抬升时，转动轴与础石之间相互挤压，残损斜面底边出现轻微的鼓包，说明柱底发生明显的变形，变形区域近似为矩形。柱脚完好一侧（负向）以柱脚边缘作为转动支点，柱脚抬升后受压区向柱底边缘处集中，因此柱底变形区域呈弓形，如图 10.3-1（c）所示。当加载位移达到 60mm 以后，柱头的抬升迹象明显，配重块出现细微的晃动，并伴随着柱脚挤压时发出的摩擦声，导致加载数据出现波动，后续加载放慢了加载速度，晃动现象得到缓解。

(a) 试件正向倾斜

(b) 试件负向倾斜

(c) 柱底和柱顶变形图

图 10.3-1　试验现象图

（3）比较不同残损程度木柱 SJ-1～SJ-5 的试验现象发现，柱脚节点的残损会改变木柱左右摆动的幅度，残损程度越大的试件其转动支点越靠柱底中心，幅度越小。当加载到达控制位移 120mm 时，试件 SJ-2～SJ-5 的抗侧弯矩都变为负数，说明此时的木柱已经失去抗侧能力，若不是作动器的反向力木柱将发生倾倒破坏。

10.4　试验结果及分析

10.4.1　滞回曲线

通过低周反复荷载试验，得到了柱脚残损及完好的木柱试件的弯矩-转角滞回曲线，如图 10.4-1 所示。所有木柱试件的滞回曲线呈倒 Z 形，滞回环具有一定的“捏缩”效应，说明木柱在加载过程中存在一定的挤压变形。通过滞回曲线可以发现各个加载循环有一致的特点：随着转角的增加，弯矩快速增大并达到峰值，保持短暂不变后开始不断下降，体现了古建筑木柱的摇摆特性。每一级循环的滞回曲线都是第一圈的比较饱满，随后的加载沿着第一圈的趋势前进并被包络在内，这是由于木柱的挤压变形发生在第一圈的加载中，所以耗能更多曲线更饱满。图 10.4-1（a）～10.4-1（e）分别是五个木柱的滞回曲线，柱脚完好木柱的滞回曲线左右两部分基本对称，而柱脚残损木柱，在不同残损程度影响下滞回曲线差异明显：

（1）在柱脚残损一侧，柱脚节点残损程度越大，在加载初期的上升段长度就越小。经过对滞回曲线的数据分析可知，柱脚残损程度为 0、20%、40%和 60%的木柱的上升段长度分别为 0.024rad、0.01rad、0.007rad 和 0.006rad，说明残损程度越大上升段长度越短。不同残损程度木柱的滞回曲线形状相似，但是木柱残损程度越大，在相同转角下的弯矩就越小，峰值弯矩越低。

（2）试件的加载与卸载路径在初期基本重合，说明木柱变形较小，处于弹性阶段。位移增加后，滞回环不再重合，滞回环面积增大，说明木柱开始发生变形，产生一定的耗能。比较不同残损程度木柱，发现滞回环随着残损程度的增加面积减小，说明柱脚残损削弱了木柱的耗能能力。这是因为木柱在摇摆过程中，主要是靠柱脚边缘区受压，柱脚残损减小了柱脚受压区面积，导致发生变形的木材变少，从而减少了木材变形耗能，所以滞回环面积减小。

（3）在达到控制转角 0.09rad（120mm）时，试件 SJ-2～SJ-5 的弯矩都已经变为负

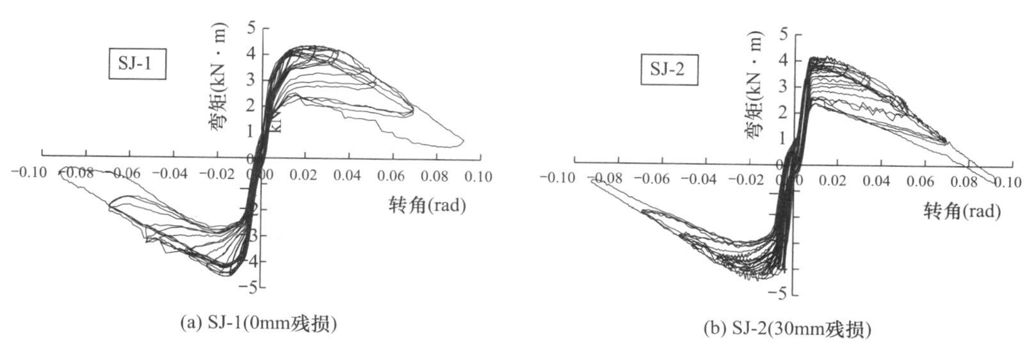

(a) SJ-1(0mm残损)　　(b) SJ-2(30mm残损)

图 10.4-1　柱脚节点弯矩-转角滞回曲线（一）

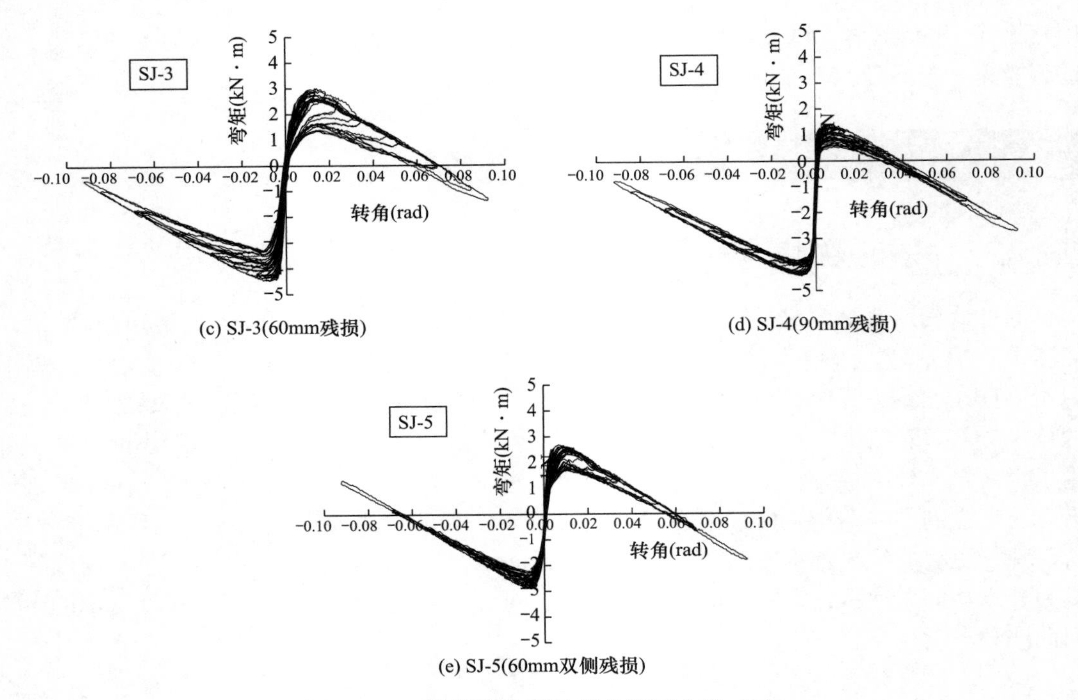

(c) SJ-3(60mm残损)

(d) SJ-4(90mm残损)

(e) SJ-5(60mm双侧残损)

图 10.4-1 柱脚节点弯矩-转角滞回曲线（二）

数，这说明试件此时已经失去抗侧能力，但是由于作动器的拉力试件并未产生倾覆，因此在加载过程中为了保持正负向加载制度的统一，在残损一侧弯矩出现负数时并未停止加载，负弯矩状态下的加载过程可为下文的分析提供数据参考。

10.4.2 骨架曲线

基于试验数据，图 10.4-2 为柱脚节点弯矩-转角骨架曲线，五条曲线整体形状相同，呈倒 Z 形。在加载初期，木柱处于弹性阶段，尚未发生塑性变形，柱脚的受压区与础石迅速挤压，因此初始刚度较大，木柱很小的转角下弯矩就会快速增加。随着转角继续增加，斜率有所放缓，木柱的转动刚度降低，这说明木柱开始发生挤压变形。随后骨架曲线开始平缓，木柱的弯矩不再增加。骨架曲线下降段的斜率基本保持不变，弯矩匀速下降，这是由于柱脚反力作用点已经移动到柱脚边缘，木柱受力状态类似于刚体柱。如图 10.4-2（f）画出了正向骨架曲线的对比图，比较各个试件的骨架曲线发现：

（1）随着柱脚残损程度的增加，峰值弯矩大幅降低。柱脚残损程度为 0、20%、40%和 60%的木柱对应的峰值弯矩为 4.31kN·m、4.15kN·m、2.88kN·m 和 1.38kN·m，分别是完好木柱的 0.96 倍，0.67 倍和 0.32 倍。另外，木柱达到峰值弯矩时对应的转角分别是完好木柱的 42%，30%和 25%，可见柱脚残损程度增大后，峰值弯矩对应的转角也越小，这是由于残损后柱脚处的受压区减小，柱脚的反作用力移动到柱脚边缘也更快。

（2）在加载达到控制转角 0.09rad 时，柱脚残损程度为 0、20%、40%和 60%的木柱对应的弯矩为 0.76kN·m、−0.63kN·m、−1.31kN·m 和−2.7kN·m。可知试件在达到极限转角后弯矩都降为负数，木柱不再提供抵抗力矩，而且残损程度越高木柱控制转角下的弯矩越小，说明木柱的抗侧能力随着柱脚残损程度的增加而降低。

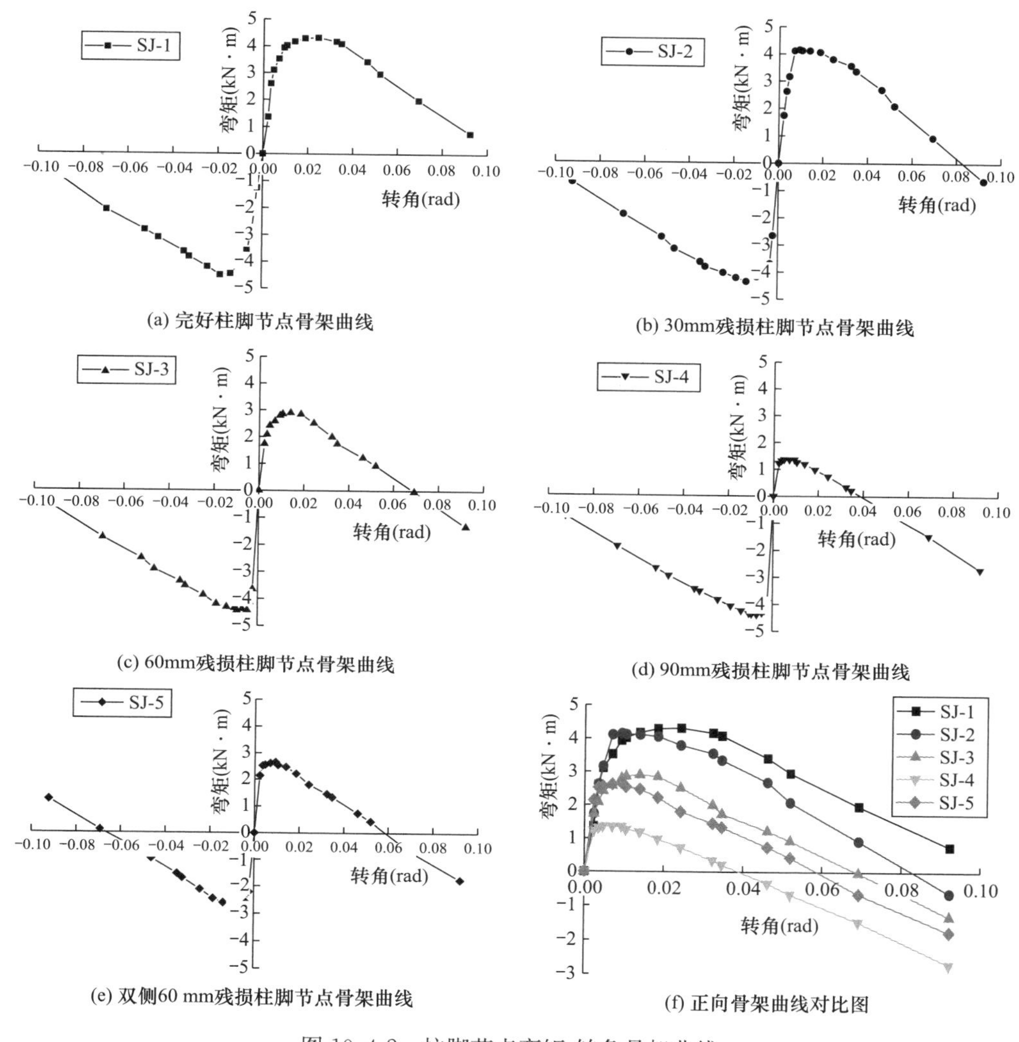

图 10.4-2　柱脚节点弯矩-转角骨架曲线

10.4.3　刚度退化

割线刚度常用在非线性稳定性分析中，可用来描述简单加载条件下弯矩和转角的关系，由于柱脚节点残损后，正负向加载的弯矩-转角曲线不对称，因此本节的割线刚度取残损一侧弯矩值和转角值之比。为了分析在柱脚残损影响下木柱的刚度退化表现，根据试验数据近似选取弹性阶段试件的最大转角 θ_e，弹塑性阶段的最大转角 θ_y 和退化阶段的最大转角 θ_d，列出三个阶段的割线刚度如表 10.4-1 所示，同时图 10.4-3 画出了试件 SJ-1～4 正向加载的刚度退化曲线。

木柱试件各阶段的刚度参数　　表 10.4-1

试件编号	残损程度	θ_e	k_e	θ_y	k_y	θ_d	k_d
SJ-1	0	0.005	758	0.008	521	0.092	8.26
SJ-2	20%	0.004	705	0.007	509	0.075	7.81

续表

试件编号	残损程度	θ_e	k_e	θ_y	k_y	θ_d	k_d
SJ-3	40%	0.003	608	0.006	372	0.069	8.47
SJ-4	60%	0.003	528	0.004	295	0.046	7.51

注：由于试件 SJ-5 在单侧的残损状况与试件 SJ-3 相同，故试验结果分析不再赘述，只将试件 SJ-5 试验数据用于结果的对比验证。k_e、k_y 和 k_d 分别为柱脚节点在弹性、弹塑性以及退化阶段的刚度。

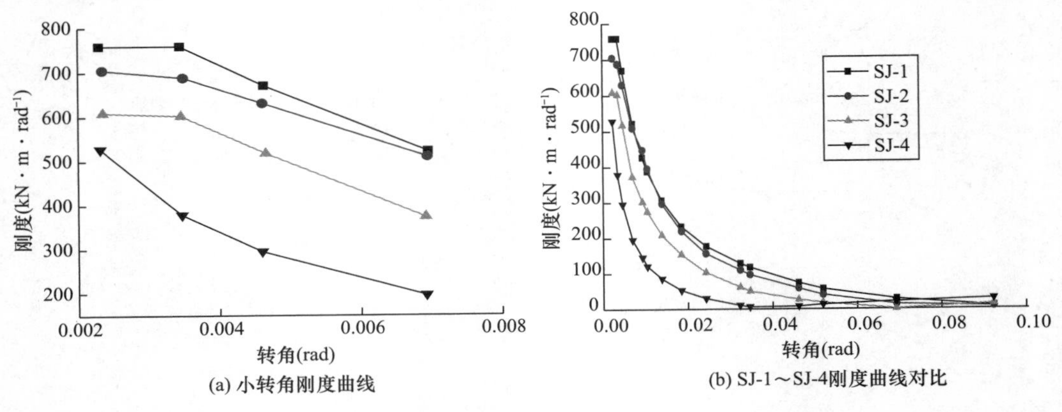

图 10.4-3　刚度退化曲线

比较不同残损程度木柱的刚度曲线可以发现：柱脚节点残损降低了木柱的初始刚度，柱脚残损程度为 0、20%、40%和 60%木柱对应的初始刚度为 758kN · mm · rad^{-1}，705kN · mm · rad^{-1}，608kN · mm · rad^{-1} 和 528kN · mm · rad^{-1}，试件 SJ-4 的初始刚度退化最为严重，相比无残损的木柱初始刚度退化了 30%。在相同转角下，柱脚完好试件 SJ-1 的刚度始终最大，试件 SJ-4 的最小。在加载初期，木柱的刚度随转角增加快速下降，随着柱脚节点转角的增加刚度逐渐趋向于 0，最终木柱失去抗侧能力。

10.4.4　耗能能力

由上述对滞回曲线的分析可知，柱脚残损后的木柱其滞回曲线包络面积明显变小，因此耗能数据取用累积耗能来更加准确地描述柱脚残损木柱的耗能能力。图 10.4-4 为各试件在不同转角下的累积耗能，图中曲线的每一个点都表示试件在对应转角下滞回曲线的累积累耗能值，能够看出四种不同程度残损的木柱耗能差异显著：

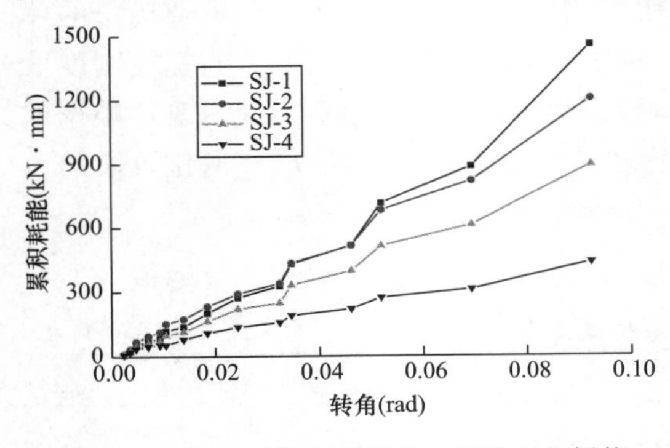

图 10.4-4　各试件在不同转角下的累积耗能

在加载初期，柱脚节点转角小于 0.01rad 时，木柱尚处于弹性状态，四个试件的曲线基本重合，耗能相同能量耗散较小。随着柱脚节点转角的增加，柱底发生抬升，受压区变小并快速向柱脚边缘处集中，受压区木材发生塑性变形，木柱耗散的能量快速增加，柱脚处不同程度的残损对木柱耗能的差异也越加明显。当转角达到 0.09rad 时，完好木柱的累积耗能分别是柱脚残损程度为 20%、40%和 60%木柱的 1.21 倍、

1.63 倍和 3.34 倍，可见残损柱脚的受压区面积减小，大大降低了木柱的耗能能力。

10.4.5　柱脚节点等效半径

与刚体柱不同，木柱的柱脚节点在受压后会发生塑性变形，柱脚节点的抗倾覆力作用点会跟随受压区的形心移动，作用点到柱脚中心的距离即为等效半径。为分析柱脚残损程度对木柱等效半径的影响，从骨架曲线中提取了四个试件不同转角下的等效半径，木柱等效半径-转角曲线如图 10.4-5 所示。

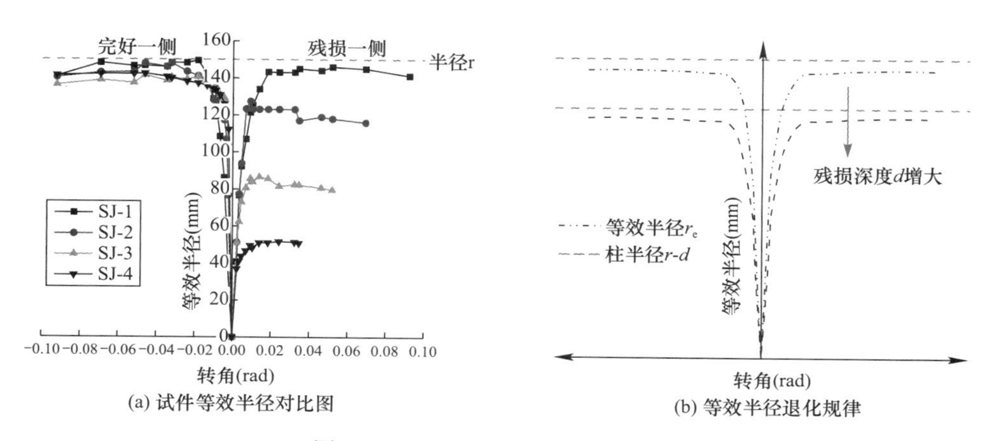

图 10.4-5　木柱等效半径-转角曲线

从等效半径的走势来看，在木柱未发生转角时等效半径为 0mm，即柱脚节点的反力作用在柱底中心，未发生偏压。随着转角增加，等效半径快速增长，逐渐接近柱的半径 r，在达到最大值后趋于稳定，等效半径不再增长。

比较图 10.4-5（a）中不同残损程度木柱的等效半径发现，柱脚完好木柱 SJ-1 的等效半径在达到约 143mm 时趋于稳定，与柱半径 r 相差 7mm，这说明柱底受压区产生了塑性变形导致反力作用点内移；残损深度 30mm 木柱 SJ-2 在等效半径达到 115mm 左右时趋于稳定；残损深度 60mm 木柱 SJ-3 在等效半径达到 82mm 左右时趋于稳定；残损深度 90mm 木柱 SJ-4 在等效半径达到 51mm 左右时趋于稳定。可见柱脚残损程度越大，其等效半径越小，且始终小于残损后的柱半径 $r-d$。总结上述可知，柱脚节点残损影响下木柱的等效半径退化规律如图 10.4-5（b）所示。

10.5　柱脚节点性能及其退化规律

本节从峰值荷载、极限转角、初始刚度和累积耗能四个方面分析了柱脚节点残损对木柱抗侧性能的影响，并给出了其退化规律。

10.5.1　峰值弯矩和极限转角退化规律

由表 10.5-1 所列出的抗震指标残余度 η 可知，试件 SJ-4 在柱脚发生 60%残损程度的情况下，峰值弯矩相对于柱脚完好的试件 SJ-1 退化了近 64%，可见柱脚残损对极限弯矩的影响显著。在加载后期，当柱脚节点的转角到达一定程度，弯矩下降到零，这代表木柱达到了极限转角，失去了抗侧性能，柱顶荷载不再提供恢复弯矩，这是由于进入下降段后柱底截面的受力形心已经集中到柱脚边缘，类似于刚体柱的受力状况：

$$M_{P} = -Nh\tan\theta + N(r-d) \tag{10.5-1}$$

式中，M_P 为水平力 P 提供的弯矩；N 为竖向压力；h 为水平力 P 到柱底的垂直距离；θ 为柱脚节点的转角；r 为柱的半径；d 为柱脚残损深度。

柱脚节点峰值弯矩与极限转角退化　　表 10.5-1

试件编号	残损程度 D_c（%）	峰值弯矩（kN·m）	峰值弯矩残余度 η_1（%）	极限转角（rad）	极限转角残余度 η_2（%）
SD-1	0	4.31	1	0.12	1
SD-2	20	4.15	96	0.085	71
SD-3	40	2.88	67	0.069	58
SD-4	60	1.38	32	0.042	35

由式（10.5-1）可以看出，随着柱脚残损深度 d 越来越大，骨架曲线下降段会平行下移，从而导致木柱的峰值弯矩降低以及极限转角减小，从而使木柱的抗震性能发生退化。木柱峰值弯矩可表示为：

$$M_{max} = \gamma Nr(1-D_c) \tag{10.5-2}$$

其中，γ 为木柱柱脚节点由于弹塑性变形等原因产生的弱化因素，取 0.8。当弯矩 M_P 为零时，可得极限转角。因此，峰值弯矩残余度 η_1 和极限转角残余度 η_2 与柱脚节点残损程度 D_c 的关系如式（10.5-3）所示，图 10.5-1 为柱脚节点抗震指标残余度 $\eta_{1,2}$ 与残损度 D_c 的关系曲线。

$$\eta_{1,2} = 1 - D_c \tag{10.5-3}$$

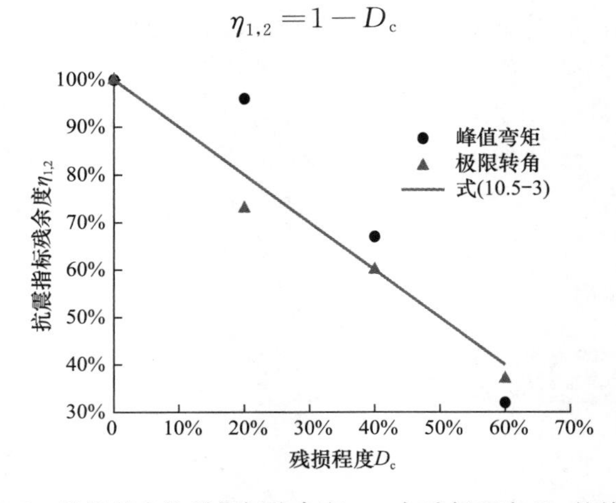

图 10.5-1　柱脚节点抗震指标残余度 $\eta_{1,2}$ 与残损程度 D_c 的关系曲线

10.5.2　初始刚度退化规律

采用拟合的方式进一步分析柱脚残损与初始刚度退化之间的关系，柱脚节点初始刚度退化如表 10.5-2 所示，得到柱脚节点残损程度 D_c 与初始刚度残余度 η_3 的关系式：

$$\eta_3 = -0.4786D_c + 1 \tag{10.5-4}$$

该式的判定系数为 0.9881，可见该公式能够准确表示出柱脚节点残损程度 D_c 与初始刚度残余度 η_3 之间的关系，柱脚节点初始刚度残余度 η_4 与残损程度 D_c 的关系曲线如图 10.5-2 所示。

柱脚节点初始刚度退化　　表 10.5-2

试件编号	残损程度 D_c（%）	初始刚度（kN·mm·rad^{-1}）	初始刚度残余度 η_3（%）
SD-1	0	758	1
SD-2	20	705	93
SD-3	40	608	80
SD-4	60	528	71

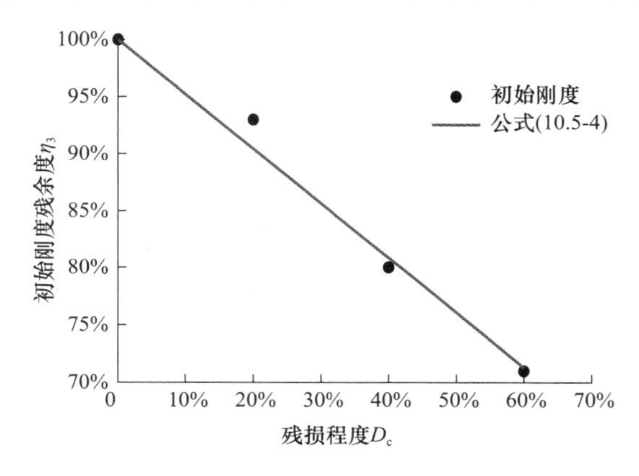

图 10.5-2　柱脚节点初始刚度残余度 η_3 与残损程度 D_c 的关系曲线

10.5.3　耗能能力退化规律

累积耗能取试件控制转角下加载正负向耗能的累积值，计算式为：

$$E = \sum_{1}^{a} q_i \tag{10.5-5}$$

式中，E 为试件累积耗能；q_i 为第 i 次循环试件的正向耗能；a 为试件从第一圈开始加载到控制位移所经历的循环圈数，柱脚节点耗能能力退化见表 10.5-3 中。柱脚节点残损程度 D_c 与累积耗能残余度 η_4 的关系式：

$$\eta_4 = -1.0675D_c + 1 \tag{10.5-6}$$

可以看出，累积耗能残余度与残损程度基本呈线性关系，如图 10.5-3 所示。残损柱脚截面的残余半径 r-d 影响木柱的受压区面积，从而影响木柱耗能能力。

柱脚节点耗能能力退化　　表 10.5-3

试件编号	残损程度 D_c（%）	累积耗能（kN·mm）	耗能残余 η_4（%）
SD-1	0	1455	1
SD-2	20	1203	84
SD-3	40	892	61
SD-4	60	435	31

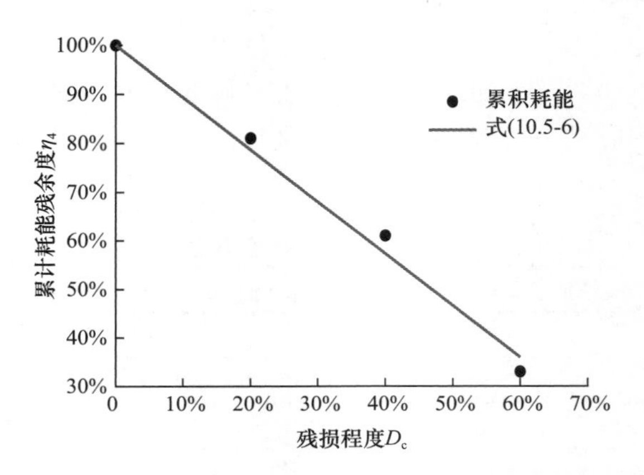

图 10.5-3　柱脚节点累计耗能残余度 η_4 与残损程度 D_c 的关系曲线

10.6　本章小结

通过对柱脚节点不同残损程度的木柱进行低周反复荷载试验，得到了木柱在柱脚残损影响下的试验结果，并对其各项抗震性能退化规律进行分析得出以下结论：

（1）对木柱柱脚节点进行斜向削弱改变了木柱的受力状态，木柱残损一侧以底面边线作为转动轴，随着残损程度增加，转动轴线向柱心偏移，木柱的极限转角变小，弱化了木柱的摇摆复位能力。

（2）柱脚节点残损大幅降低了木柱的峰值弯矩与初始刚度，残损程度 D_c 越大，峰值弯矩与初始刚度越小，木柱在摇摆过程中的整体抗侧表现弱化，木柱抵抗倾覆的能力降低。

（3）木柱柱脚通过接触面的摩擦和木材的塑性变形进行耗能，而柱脚残损减小了柱底受压区的面积，进入塑性耗能的木材减少，因此，残损程度 D_c 越大，试验得到的滞回环面积越小，捏缩更明显。

（4）从木柱的弯矩-转角骨架曲线提取的等效半径可以看出，等效半径随着转角从 0mm 开始逐渐增加，达到峰值后趋于稳定，并且等效半径的峰值总是略小于柱半径 r-d。

（5）通过对柱脚节点的抗震性能进行拟合分析，发现木柱的峰值弯矩、初始刚度以及累积耗能与柱脚节点残损程度 D_c 是线性关系，并呈现负相关。

第 11 章

松动直榫节点抗震性能退化研究

榫卯节点具有典型的半刚性特征，其在古建筑木结构的抗侧性能和耗能性能方面发挥着重要作用。然而，在过去几百甚至上千年的服役过程中，由于环境变化、地震和长期荷载等影响，加之木材的干缩、蠕变和腐朽，现存古建筑木结构表现出不同程度和类型的残损和退化。其中，榫卯节点的松动是古建筑木结构柱架层最为常见的残损类型之一。榫卯节点的松动残损会降低节点转动性能，在地震作用下可能导致结构进一步倾斜甚至倒塌，严重威胁古建筑木结构的整体稳定性和安全性。因此，掌握残损榫卯节点的抗震性能对木结构古建筑的抗震评估和保护方案制定具有重要意义。

为此，本章对松动直榫节点开展拟静力试验，分析了松动直榫节点的典型破坏模式及滞回性能等关键参数，研究成果可为古建筑木构架的残损评估提供参考。

11.1 松动直榫节点抗震性能试验

11.1.1 试件设计及制作

按照《营造法式》三等材的要求，设计并制作了 4 个缩尺比为 1∶3.2 的直榫节点模型。其中，包括 1 个完好节点试件 MT0 和 3 个不同松动程度的节点试件 MTG1～MTG3。直榫节点的几何示意图如图 11.1-1 所示。直榫节点的原型和模型的详细尺寸如表 11.1-1 所示。选用 1∶3.2 的缩尺比来制作试件的原因以及合理性如下：1）试验条件（加载设备和场地）受限；2）在物理相似性方面，缩尺前后的木材弹性模量和应力相似系数均为 1；在几何相似性方面，将缩尺比设置为 1∶3.2 可以确保缩尺试件的几何尺寸为整数，方便试件加工；3）基于 Xie 等对榫卯节点进行的受力机理分析，发现缩尺试件和原型试件的受力机制是相同的，均表现为榫头和卯口之间的嵌压和摩擦接触，节点通过嵌压和摩擦接触来抵抗外部载荷，即：提供转动刚度和抗弯承载力；4）基于 Ma 等和 Xue 等的试验结果可以发现，缩尺试件的变形机制和破坏模式与现存古建筑木结构震损后的节点变形机制和破坏模式相似，均表现出榫头端部和榫颈处的不可恢复塑性变形，这表明从缩尺试件上得到的试验结果是合理、可靠的。综上，选择 1∶3.2 的缩尺试样可以合理地反映足尺试样的变形状态和破坏机制。

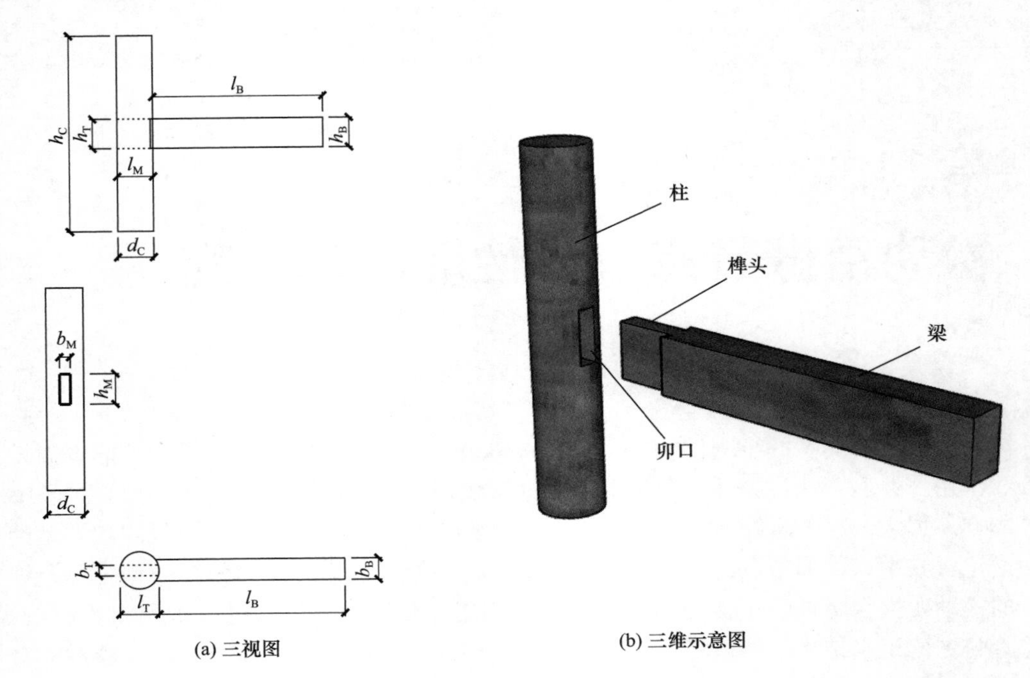

(a) 三视图　　(b) 三维示意图

图 11.1-1　直榫节点几何示意图

直榫节点的原型和模型的详细尺寸　　**表 11.1-1**

部件	类别	原型（份^{三}）	原型（mm）	模型（mm）
柱	d_C	42	672	210
	h_C	—	—	1200
梁	h_B	36	576	180
	b_B	24	384	120
	l_B	—	—	1000
卯口和榫头	$b_{M\text{-}T}$	12	192	60
	$h_{M\text{-}T}$	36	576	180
	$l_{M\text{-}T}$	42	672	210

注：1 份^{三}=16mm，其中，上标“三”代表三等材；d、b、h 和 l 分别为部件的直径、宽度、高度和长度；C、B、M 和 T 分别为柱、梁、卯口和榫头的缩写；柱高 h_C 和梁长 l_B 是根据试验条件而非原型尺寸确定的。

在本试验中，采用人工削弱榫头高度的方法来模拟直榫节点的松动（间隙），原因如下：1）由于榫头的横截面面积较小，加之木材的长期干缩变形和蠕变效应以及自重和外部载荷的影响，榫头处容易发生变形，导致榫头横截面面积减小；2）Perstorper 等的研究结果表明，木材横纹干缩变形明显大于木材顺纹干缩变形。因此，榫头在高度方向上的尺寸将减小，而卯口高度将几乎保持不变。榫卯节点的榫头和卯口之间的相对间隙越大，榫头削弱的尺寸越大。此外，Yang 等开展的古建筑木结构节点间隙现场测量结果表明，垂直间隙（即榫头上侧和卯口上侧之间的间隙）的尺寸为 0.4～33.5mm。因此，选择了三种不同的间隙尺寸来量化不同间隙对节点转动性能的影响。松动直榫节点试件残损参数设置和残损程度见表 11.1-2。部分松动直榫节点试件如图 11.1-2 所示。

松动直榫节点试件残损参数设置和残损程度　　表 11.1-2

试件编号	δ（mm）	h'_T(mm)	D_G（%）
MT0	0	180	0
MTG1	4.67	175.33	2.59
MTG2	7.00	173.00	3.89
MTG3	9.00	171.00	5.00

注：δ 为榫头沿着高度方向（R 向）削弱的尺寸［图 11.1-2（b）］；h'_T为残损榫头高度；D_G 为残损程度，其等于 δ 与 h_M 的比值。

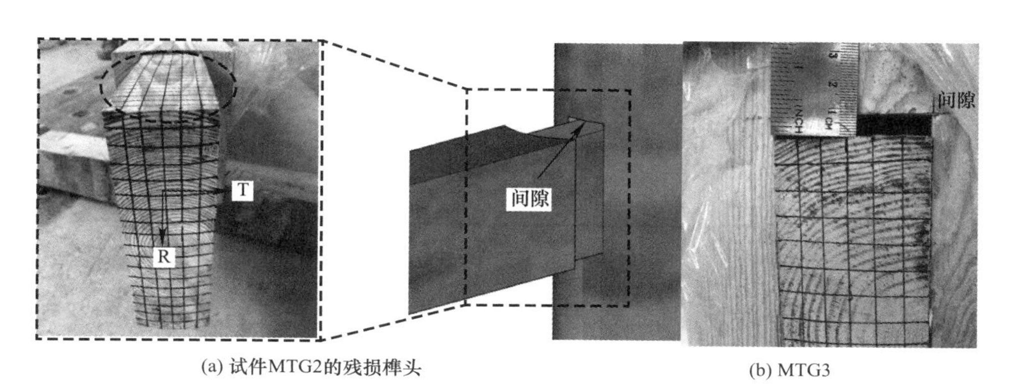

(a) 试件MTG2的残损榫头　　(b) MTG3

图 11.1-2　部分松动直榫节点试件

中国古建筑木结构常用的树种为樟子松，因此，选用樟子松来制作试件，对木材小清材试样的物理和力学性能进行测试。樟子松材料性能见表 11.1-3。

樟子松材料性能　　表 11.1-3

类别	E_L（MPa）	E_T（MPa）	E_R（MPa）	G_{LR}（MPa）	G_{LT}（MPa）	G_{RT}（MPa）
均值	10833.75	560.59	829.57	441.86	581.16	87.32
COV（%）	20.40	9.77	13.26	13.40	9.24	15.30

类别	μ_{LR}	μ_{LT}	μ_{RT}	$f_{c,L}$（MPa）	$f_{t,L}$（MPa）	$f_{c,R}$（MPa）	MC（%）	ρ（g/cm^3）
均值	0.36	0.59	0.62	45.28	104.93	4.83	14.01	0.53
COV（%）	10.60	12.10	9.70	8.19	17.80	7.07	1.56	1.91

注：每个木材材性参数的数值为 10 个小清材试样材性的平均值。E、μ、和 G 分别为木材弹性模量、泊松比和剪切模量；下标 L、R、和 T 分别为木材纹理的纵向、径向和切向；$f_{c,L}$ 为顺纹抗压强度，$f_{t,L}$ 为顺纹抗拉强度，$f_{c,R}$ 为横纹抗压强度；MC 为含水率；ρ 为气干密度。

11.1.2　试验加载及量测

1）加载方案

试验在西安建筑科技大学结构与抗震实验室进行。试验加载装置见图 11.1-3。为了便于加载，将柱水平放置在地面上，柱两端用压梁固定，梁垂直放置。为了防止柱在加载过程中滑移，在柱两端水平安装了钢制限位装置。通过电液伺服加载系统施加由位移控制的水平循环荷载，作动器最大输出荷载为 250kN，最大作动范围为±250mm。水平加载点与柱上边缘之间的垂直距离为 650mm。水平作动器加载头通过钢板和螺栓与梁端相连。作动器和钢板通过铰链进行连接，目的是消除作动器重力引起的弯矩。作动器推的方向为正向加载，拉的方向为负向加载。

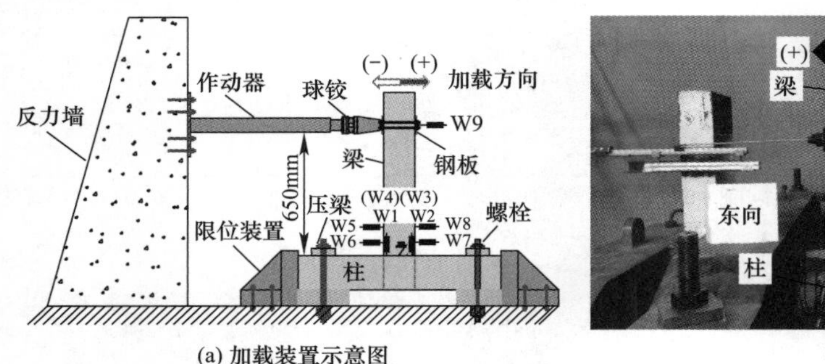

(a) 加载装置示意图

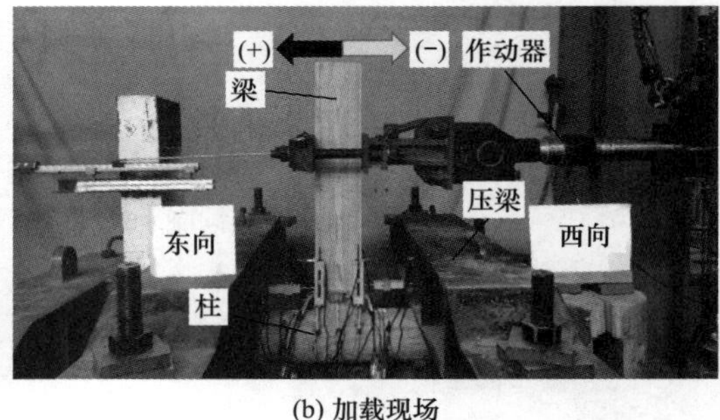

(b) 加载现场

图 11.1-3　加载装置

2）量测方案

试件的位移测点布置如图 11.1-3（a）所示。量测内容包括：（1）在榫肩两侧安装四个量程为 100mm（±50mm）的线性压电式位移传感器（W1～W4），目的是测量拔榫量；（2）将倾角仪 Z1 安装在梁上，目的是测量节点转角；（3）对于松动节点试件，将四个量程为 100mm（±50mm）的拉线式位移传感器（W5～W8）安装在距卯口上边缘 10cm 和 20cm 的榫肩左右两侧，目的是测量榫头水平滑移；（4）将量程为 600mm（±300mm）的磁力式位移传感器 W9 安装在距离柱上边缘 650mm 的梁上，目的是测量加载点水平位移。值得注意的是，采用加载点的水平位移与加载点到柱上表面距离的比值来计算梁和柱之间的相对转角。将榫颈和卯口内边缘之间的接触区域近似为节点转动中心。此外，使用作动器的力传感器测量水平荷载 F，其余试验数据均由 TDS-602 数据采集仪记录。

3）加载制度

低周循环往复加载速率为 0.05mm/s。试验加载包含预加载和正式加载两部分：（1）预加载：以 1mm 的位移幅值对试件施加反复荷载 1～2 次，检查试验装置、测量设备以及试件连接状态等。（2）正式加载：首先，依次以参考极限位移 Δ_u 的 1.25%、2.5%、5%和 10%进行循环加载，每个加载循环为 1 次；之后依次进行四个循环的位移循环振幅，再分别采用参考极限位移 Δ_u 的 20%、40%、60%、80%、100%、120%、140%和 160%进行循环加载，每级加载循环为 3 次。参考极限位移 Δ_u 通常由节点的单调加载试验确定，取节点试件发生严重损坏时的位移，本次试验参考极限位移 Δ_u 取 65mm。加载制度如图 11.1-4 所示。

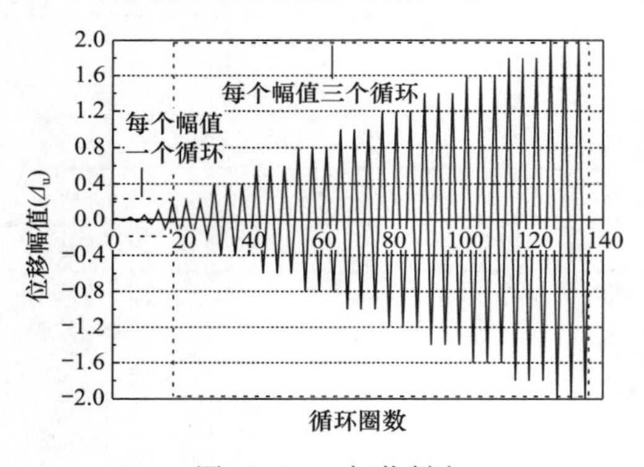

图 11.1-4　加载制度

11.1.3　试验现象及破坏模式

整体来看，各试件的损伤均出现在节点区域，枋和柱基本完好。完好节点和松动节点试件的典型破坏模式描述如下：

（1）对于试件 MT0，在加载初期，榫头和卯口接触区域未观察到明显变形，这是因为位移加载幅度较小，榫卯节点的榫头和卯口未充分挤压和接触。当转角接近 0.06rad 时，从榫头和卯口的接触区域发出轻微的“咔嗒”声，这是由于节点在转动过程中榫头与卯口的摩擦和挤压造成的。此外，由于受到卯口的挤压，榫颈发生了横纹局部塑性变形［此时，应变 ε 等于 0.056，其大于通过木材材性试验测定的木材横纹抗压屈服应变（0.03～0.04），因此，可以判定进入了塑性状态］，但卯口区域的变形不明显，仅卯口边缘变得光滑，这是因为木材顺纹抗压强度大于木材横纹抗压强度，在相同的应力水平下，木材横纹首先进入局部屈服状态。

随着转角的继续增加，节点区域的“吱吱”声逐渐变得更加清晰和响亮，榫颈左右两侧不可恢复的挤压塑性变形越来越明显［图 11.1-5（a）］。正负向加载结束时的拔榫量也逐渐增加，榫肩（木材顺纹受压）挤压柱身（木材横纹受压）的残余压痕变得更加明显［图 11.1-5（b）］。当转角接近 0.12rad 时，节点区域发出清脆的“劈裂”声，经观察发现左侧榫颈和卯口挤压严重，导致梁身出现平行于顺纹的多条劈裂裂缝［图 11.1-5（c）］。当转角达到 0.14rad 时，节点区域发出响亮的“噼啪”声，经观察榫颈左侧出现了顺纹方向的贯通劈裂裂缝［图 11.1-5（d）］，其宽度高达 2mm。

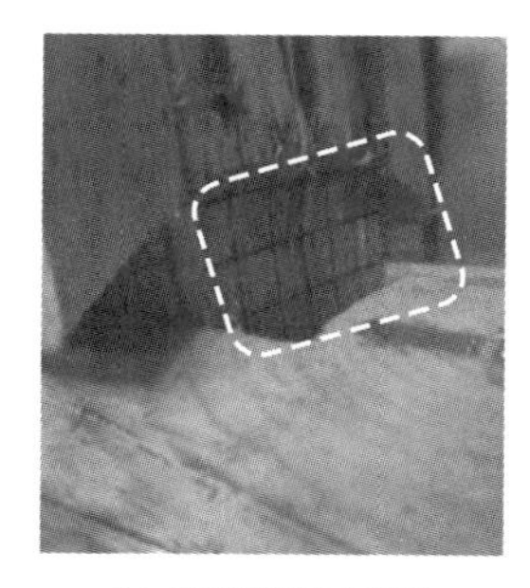
(a) 榫颈的挤压变形

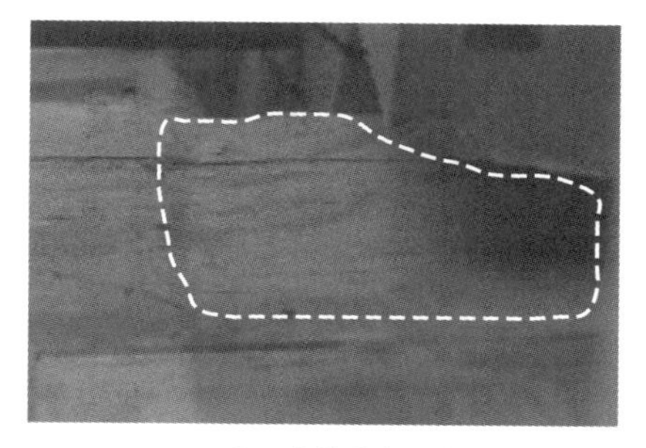
(b) 卯口边缘残余凹痕

(c) 梁的劈裂裂缝

(d) 榫头顺纹贯通劈裂

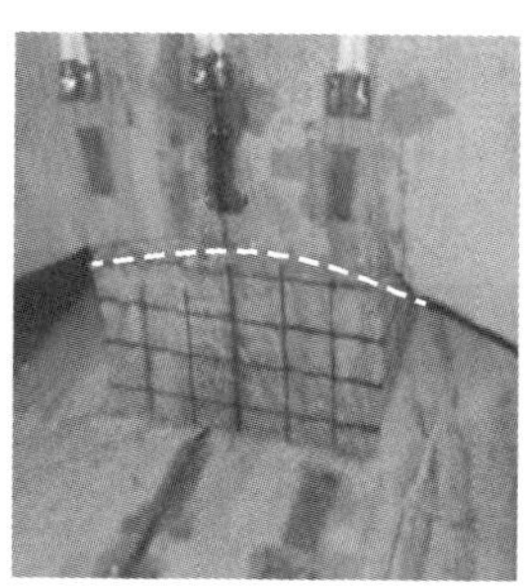
(e) 纤维压溃

(f) 榫头拔出

图 11.1-5　试件 MT0 典型失效模式

当位移幅值继续增加时，榫颈左右两侧出现了严重的挤压塑性变形，局部纤维完全压溃和断裂［图 11.1-5（e）］；榫头附近的裂缝继续扩展，拔榫量继续增加［图 11.1-5（f）］。此时，位移加载幅值较大，认为不适合继续加载，加载结束。试件 MT0 的典型失效模式如图 11.1-5 所示。

（2）试件 MTG1～MTG3 的试验现象与完好节点试件 MT0 的试验现象类似，但也存在一些区别，具体分析如下：在加载初期，由于节点存在初始间隙，榫头和卯口未接触，因此，榫头和卯口之间存在明显的滑移现象。当试件 MTG1～MTG3 的转角分别达到 0.02rad、0.04rad 和 0.06rad 时，榫头和卯口从滑移状态变为接触状态，且伴随着纤维挤压和摩擦引起的轻微“咔哒”声。与试件 MT0 相比，正向加载后的榫头左侧并没有直接接触卯口，而是榫头上部（削弱引起的变截面处）接触并挤压卯口［图 11.1-6（a)］。

(a) 榫头和卯口的挤压　(b) 榫颈挤压变形　(c) 卯口外边缘挤压

(d) 梁的劈裂　(e) 拔榫(正向)　(f) 拔榫(反向)

图 11.1-6　松动节点试件 MTGs 典型失效模式

随着转角的增加，拔榫量越来越大，由榫头和卯口之间的摩擦和滑动产生的“咔哒”声越来越密集，榫颈右侧的横纹纤维被卯口挤压，导致了不可恢复的塑性变形［图 11.1-6（b)］，这与文献［153］中观察到的破坏现象较为一致。卯口的外边缘受到榫颈左侧的上部区域的严重挤压，导致卯口边缘横纹纤维发生挤压变形［图 11.1-6（c)］。

当转角达到 0.2rad 时，与完好节点 MT0 相比，由于节点左侧存在间隙，在榫颈左侧未观察到明显的挤压变形，但受到榫颈上方的变截面区域（顺纹受压）的挤压，卯口左侧边缘（横纹受压）形成了深度为 3mm、宽度为 5mm 长度为 60mm 的不可恢复的凹痕［图 11.1-6（c)］，榫颈右侧的横纹塑性变形更加明显。榫颈和卯口都有顺纹的劈裂裂缝［图 11.1-6（d)］。此外，图 11.1-6（e）和图 11.1-6（f）分别给出了试件 MTG3 在正反向加载（0.2rad）结束时的拔榫状态。

11.2 试验结果及分析

11.2.1 间隙对节点滞回性能的影响

试件 MT0 和 MTG1～MTG3 的 M-θ 滞回曲线如图 11.2-1 所示。从整体上来看，节点的滞回曲线呈倒“Z”形，“捏缩”和“滑移”现象较为显著，这表明在加载过程中节点产生了较明显的摩擦和滑移。此外，节点的滑移随着转角的增加而增加，这是由于榫头和卯口反复挤压和摩擦，使得塑性变形不断累积，即：每次加载循环结束后，榫头和卯口之间会产生新的间隙，滑移现象变得越来越明显。

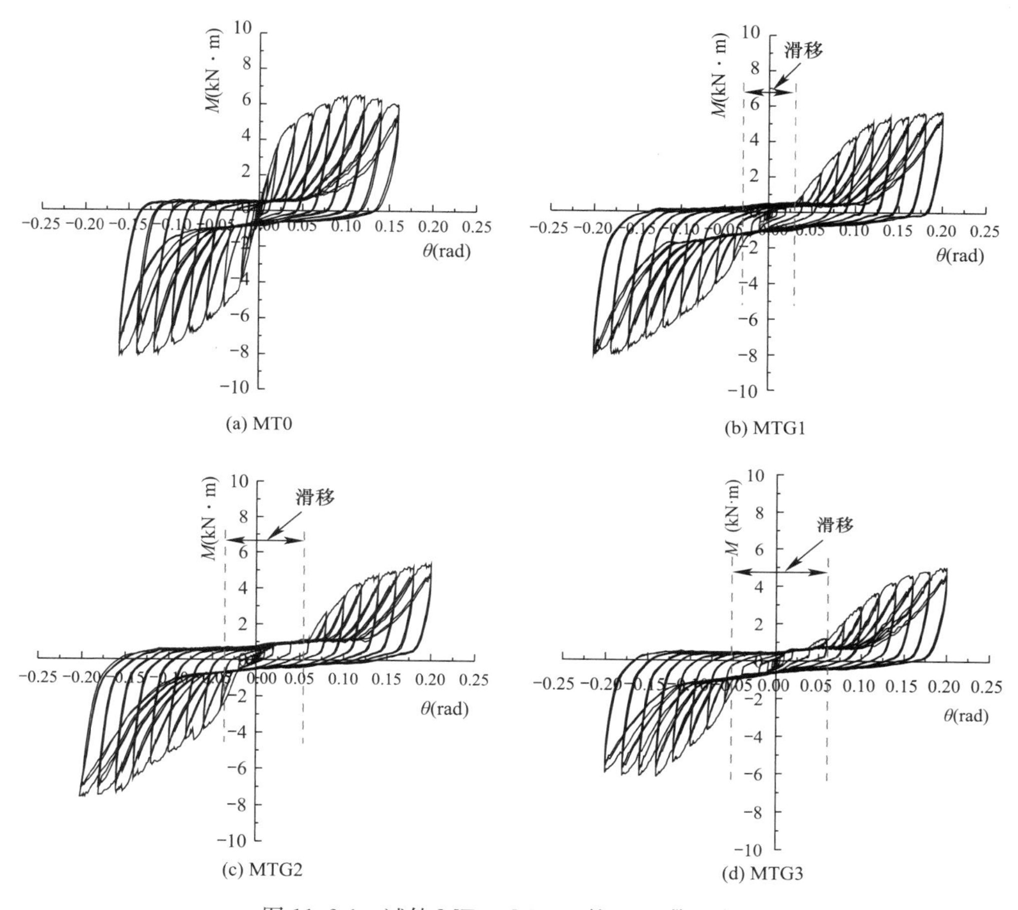

图 11.2-1　试件 MT0～MTG3 的 M-θ 滞回曲线

对于试件 MT0，在加载初期，滞回曲线的面积较小，呈纺锤形，这是由于榫颈和卯口的边缘没有完全接触，主要通过榫头侧面和卯口侧面之间的摩擦来耗散耗能。当转角在 0.0025～0.02rad 之间时，曲线逐渐变陡，斜率呈上升趋势，这表明节点克服由加工误差造成的初始间隙后，榫头和卯口之间的挤压和接触越来越充分，节点咬合作用越来越强。当转角从 0.02rad 增加至 0.12rad 时，曲线斜率逐渐变小，这是由于受卯口挤压的榫头端部和颈部区域发生了不可恢复的塑性变形，导致节点刚度降低。随着转角的持续增加，曲线斜率显著降低，这是由于拔榫严重以及节点的局部失效，导致刚度和承载力显著降低。

对于试件 MTG1～MTG3，为了简洁起见，这里主要分析与完好节点试件滞回曲线之间的主要差异。1）与 MT0 相比，在加载初期，松动直榫节点表现出明显的滑移现象。残损程度越大，滑移现象越明显，且更为滞后，这是由于 MTG 存在初始间隙，在加载期间，榫头和卯口没有接触，榫头在卯口中处于滑移状态；2）在相同位移幅值下，MTG 的滞回环的饱满度比 MT0 较差，且随着节点残损程度的增加，滞回环面积逐渐减小，滞回耗能减小，这是由于榫头和卯口的接触面积减小所致；3）MTG 的正、负向滞回曲线明显不对称，负向滞回环面积大于正向滞回环面积，即：负向能量耗散大于正向能量耗散，这可以解释为：榫头左侧存在初始间隙，在正向加载过程中，榫颈左侧没有完全接触到卯口，但卯口边缘受到榫颈上部的挤压［图 11.2-1（c）］；在反向加载过程中，榫颈右侧与卯口直接接触，产生的摩擦和滑移大于正向，因此，负向能量耗散较好；4）MTG 正向斜率的突变滞后于负向斜率的突变，这是由于榫头左侧被削弱，且在加载过程中，榫头和卯口在负向加载时的咬合作用比在正向加载时的咬合作用更强，导致负向加载过程中节点接触刚度明显增加。

11.2.2　间隙对节点滞回性能关键参数的影响

基于试件 M-θ 滞回曲线，图 11.2-2 为各试件的 M-θ 骨架曲线。由图可见，MT0 的受力过程包含四个阶段：弹性阶段（OA 阶段）、屈服阶段（AB 段）、应变硬化阶段（BC 段）和破坏阶段（CD 段）。在加载初期，随着转角的增加，榫卯节点逐渐进入挤压状态，荷载随着转角的增加呈线性增加，整个试样处于弹性状态；当转角达到 0.02rad 时，曲线表现出屈服的特性，斜率逐渐减小，这是由于受卯口挤压，榫头产生了局部塑性变形，导致节点刚度逐渐降低，试件开始进入屈服阶段；随着转角继续增加，荷载也继续增加，榫颈处被卯口严重挤压，产生不可恢复的塑性变形，节点进入应变硬化阶段；当转角达到 0.12rad 时，节点承载能力开始下降，这是由于榫颈局部纤维断裂和榫头劈裂所致，这意味着进入了破坏阶段。此外，由于木材初始天然缺陷（如：疤节、斜纹和裂缝等）以及加载装置边界条件的影响，正向峰值承载力小于负向峰值承载力。

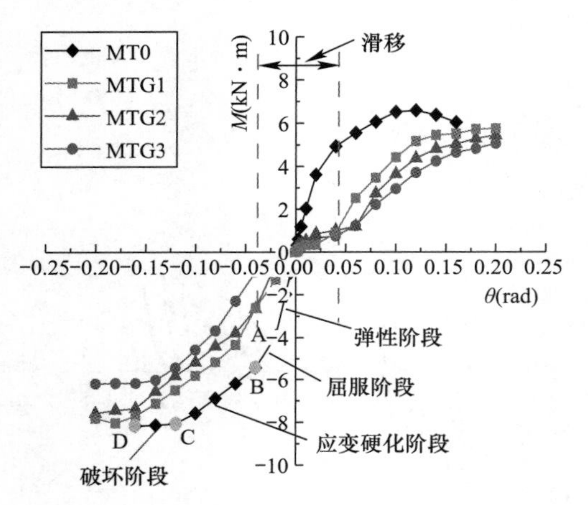

图 11.2-2　各试件的 M-θ 骨架曲线

与完好节点试件 MT0 相比，松动节点试件 MTG1～MTG3 的受力过程增加了初始滑移阶段。在正向加载过程中，试件 MTG1～MTG3 从滑移阶段到弹性受力阶段的转角（转折点）分别为 0.02rad、0.03rad 和 0.04rad，这表明残损程度越大，初始滑移阶段越长。此外，当松动直榫节点经历滑移阶段之后，相同转角下，松动直榫节点的承载力降低幅值随着残损程度的增加而逐渐增大，且正向承载力退化幅值大于负向承载力退化幅值，这可以解释为：仅有榫头的左侧被削弱，导致榫头的接触状态和受力机理在正、负向加载期间不完全相同。

表 11.2-1 为试件屈服弯矩、峰值弯矩和极限弯矩、初始转动刚度和延性指数。为了简单起见，仅分析了正向加载期间每个试件的强度、刚度以及延性的退化规律。从表 11.2-1 中可以看出，间隙对节点的强度、刚度和延性有显著影响。与完好节点相比，由于松动节点存在初始间隙，松动直榫节点更容易滑移，MTG1～MTG3 的峰值弯矩分别降为 MT0 的 77.39%、73.08%和 68.1%。初始弹性刚度分别下降为 MT0 的 48%、40.76%和 19.34%。延性系数分别降低至 MT0 的 41.63%、31.25%和 31.25%，这表明

间隙降低了节点的延性。此外，当转角达到 0.2rad 时，MTG 的峰值弯矩没有降低，这表明松动直榫节点仍具有良好的变形能力。

试件屈服弯矩、峰值弯矩和极限弯矩、初始转动刚度和延性指数　　表 11.2-1

试件编号	加载方向	屈服点		峰值点		极限点		μ	K_e (kN·m·rad^{-1})	D_G (%)
		θ_y (rad)	M_y (kN·m)	θ_p (rad)	M_p (kN·m)	θ_u (rad)	M_u (kN·m)			
MT0	正向	0.02	3.61	0.12	6.68	0.16	6.03	8.00	180.38	0.00
	负向	−0.02	−3.92	−0.16	−8.18	−0.16	−8.18	8.00	−195.98	
MTG1	正向	0.06	2.51	0.18	5.75	0.20	5.74	3.33	90.50	2.59
	负向	−0.06	−4.34	−0.18	−8.04	−0.20	−7.82	3.33	−106.00	
MTG2	正向	0.08	2.73	0.20	5.43	0.20	5.43	2.50	76.70	3.89
	负向	−0.06	−3.78	−0.20	−7.59	−0.20	−7.59	5.00	−103.03	
MTG3	正向	0.08	2.21	0.20	5.06	0.20	5.06	2.50	36.40	5.00
	负向	−0.08	−3.69	−0.20	−6.20	−0.20	−6.20	2.50	−68.58	

注：M_y 为屈服弯矩，其可通过变形率的方法确定；θ_y 为屈服转角；M_p 为峰值弯矩；θ_p 为峰值转角；M_u 为极限转角；θ_u 为极限转角；μ 为延性系数，其等于 θ_u 与 θ_y 的比值；K_e 为初始转动刚度，对于试件 MTG，榫头和卯口接触后的初始弹性刚度被视为初始转动刚度。

11.3 松动直榫节点弯矩-转角退化滞回模型

11.3.1 滞回模型的建立

与完好直榫节点的初始受力状态相比，松动直榫节点试件在初始加载期间具有明显的滑移段。因此，基于双线性滑移滞回模型［图 11.3-1 (a)］，建立了可反映松动直榫节点初始滑移和刚度退化特性的三线型滑移滞回模型，如图 11.3-1 (b) 所示。其中，模型第一段为滑移阶段，滑移刚度等于零（OS 段）；第二段是线弹性阶段，弹性刚度可以表示为 $k_{1,G}=\eta_1 k_1$（SA 段），其中 η_1 为初始弹性刚度退化系数，k_1 为 MT0 的初始弹性刚度；第

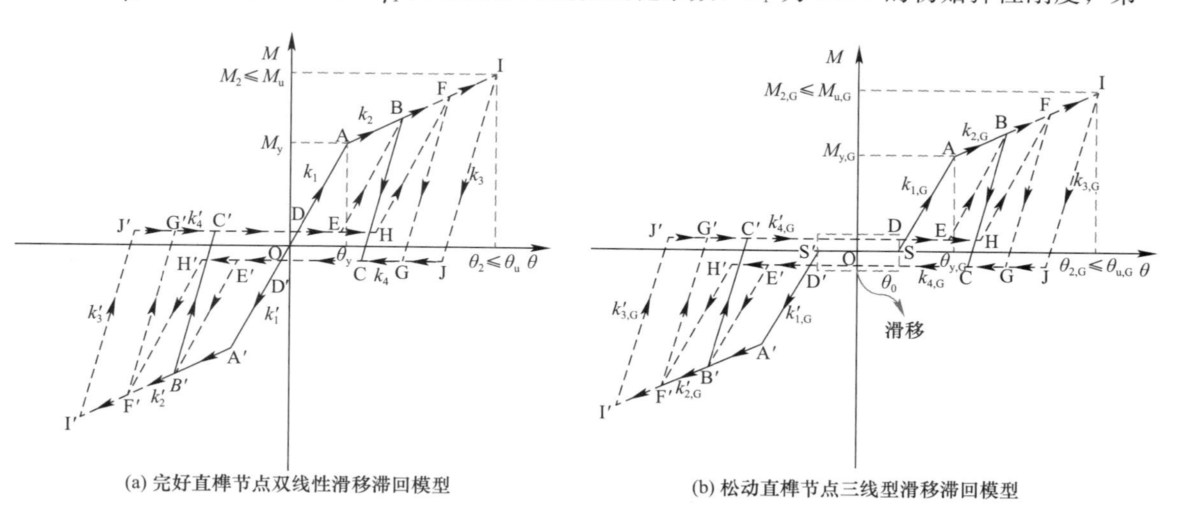

(a) 完好直榫节点双线性滑移滞回模型
(b) 松动直榫节点三线型滑移滞回模型

图 11.3-1　滞回模型

三段代表屈服阶段，屈服刚度表示为 $k_{2,G}=\eta_2 k_2$（AI段），其中，η_2 是屈服阶段的刚度退化系数，k_2 是试件MT0的屈服刚度；$k_{3,G}$ 为卸载刚度，表示为 $k_{3,G}=\eta_3 k_3$，其中，η_3 为卸载刚度退化系数，k_3 是试件MT0的卸载刚度；$k_{4,G}$ 为滑移刚度，下标"G"表示松动的节点。此外，$M_{y,G}$ 和 $M_{u,G}$ 分别为松动节点的屈服弯矩和极限弯矩，$\theta_{y,G}$ 和 $\theta_{u,G}$ 分别为对应于松动节点屈服弯矩和极限弯矩的转角。

11.3.2 滞回规则

基于图11.3-1（b），松动直榫节点的滞回规则如下：

1）在加载前期，由于存在初始间隙，节点处于滑移阶段，几乎无法抵抗外部载荷。正、负加载路径分别沿O-S和O-S′，卸载沿原路径返回，滑移阶段结束时的转角可以表示为：$\theta_0=\delta/l_T$。

2）当滑移阶段结束后，随着转角的增加，榫头和卯口逐渐相互挤压，此时，节点处于弹性工作状态，加载和卸载刚度保持不变，两者均等于 $k_{1,G}$。正、负向加载路径分别遵循S-A和S′-A′，卸载沿原始路径返回。

3）当节点弯矩超过屈服弯矩时，榫卯节点由于挤压发生了不可恢复的塑性变形，其刚度降为 $k_{2,G}$。当卸载开始时，节点的卸载刚度 $k_{3,G}$ 被认为是恒定的。当卸载结束时，由于节点存在残余变形，节点可以抵抗负向弯矩，卸载的滑移刚度为 $k_{4,G}$，卸载路径在纵轴上的截距为 $nM_{y,G}$。根据试验滞回曲线，$k_{4,G}$ 近似取为零，n 取0.14～0.2。正向和负向加、卸载路径分别沿着O-S-A-B-C-D′和O-S′-A′-B′-C′-D。

4）随着转角的继续增加，由于上一次加载循环导致榫头发生局部塑性变形，导致榫头和卯口之间的间隙增加，所以，在初始加载期间，节点处于滑移状态。初始加载时的滑移刚度等于卸载时的滑移刚度，两者均等于 $k_{4,G}$。重新挤紧后，刚度增加到 $k_{1,G}$。当转角达到前一个加载循环的峰值转角时，刚度退化为 $k_{2,G}$，卸载刚度仍为 $k_{3,G}$，卸载的滑移刚度为 $k_{4,G}$。正向和负向的重新加、卸载路径分别为D-E-B-F-G-D′和D′-E′-B′-F′-G′-D。

11.3.3 滞回模型关键参数退化公式

为了进一步研究滞回模型关键参数的退化规律，基于试验结果，表11.3-1给出了试件MT0和MTG1～MTG3峰值弯矩、屈服弯矩、初始转动刚度、屈服刚度、卸载刚度以及相应的退化系数。

试件峰值弯矩、屈服弯矩、初始转动刚度、屈服刚度、卸载刚度以及相应的退化系数　表11.3-1

（单位：M，kN·m；k，kN·m·rad^{-1}；θ，rad）

试件编号	D_G(%)	$M_{u,i}$	ζ_1	$M_{y,i}$	ζ_2	$k_{1,i}$	η_1	$k_{2,i}$	η_2	$k_{3,i}$	η_3	$\theta_{0,i}$
MT0	0	7.43	1.00	3.765	1.00	188.18	1.00	30.54	1.00	396.46	1.00	0.00
MTG1	2.59	6.89	0.93	3.425	0.91	98.25	0.52	28.92	0.95	373.06	0.94	0.022
MTG2	3.89	6.51	0.88	3.225	0.86	89.87	0.48	25.03	0.82	301.55	0.76	0.033
MTG3	5.00	5.63	0.76	2.95	0.84	52.49	0.28	22.33	0.73	275.52	0.69	0.043

注：ζ_1 为峰值弯矩退化系数，其等于MTG的峰值弯矩与MT0的峰值弯矩的比值；ζ_2 为屈服弯矩退化系数，其等于MTG的屈服弯矩与MT0的屈服弯矩的比值；η_1 为初始弹性刚度退化系数，其等于MTG的初始弹性刚度与MT0的初始弹性刚度的比值；η_2 为屈服刚度退化系数，其等于MTG的屈服刚度与MT0的屈服刚度的比值；η_3 为卸载刚度退化系数，其等于MTG的卸载刚度与MT0的卸载刚度的比值；i指代MT0和MTG1～3。

结合表 11.3-1 中的结果，通过拟合分析，可以建立如图 11.3-2 所示的最大弯矩退化系数（ζ_1）和 D_G 之间的线性衰减关系，即：

$$\zeta_1=\frac{M_{u,G}}{M_u}=-4.0125D_G+1, 0<D_G\leqslant 5\% \tag{11.3-1}$$

式（11.3-1）中的判定系数 R^2 为 0.8785，表明建立的经验公式反映了在试验参数范围内节点的抗弯承载力退化规律。

结合表 11.3-1 中的结果，通过回归分析，可以建立如图 11.3-2 所示的屈服弯矩退化系数（ζ_1）和 D_G 之间的二次衰减关系，即：

$$\zeta_1=\frac{M_{u,G}}{M_u}=-4.0125D_G+1, 0<D_G\leqslant 5\% \tag{11.3-2}$$

式（11.3-2）的判定系数 R^2 为 0.9911，说明该经验函数较为准确地反映了在试验参数范围内节点屈服弯矩的退化规律。

同理，基于表 11.3-1 的结果，通过拟合分析，可以建立如图 11.3-3 所示的初始转动刚度退化系数（η_1）和 D_G 之间的二次衰减关系，即：

$$\eta_1=\frac{k_{1,G}}{k_1}=116.35D_G^2-19.677D_G+1, 0<D_G\leqslant 5\% \tag{11.3-3}$$

式（11.3-3）中的判定系数 R^2 为 0.9736，说明该经验公式能较好地反映在试验参数范围内松动节点的初始转动刚度退化规律。

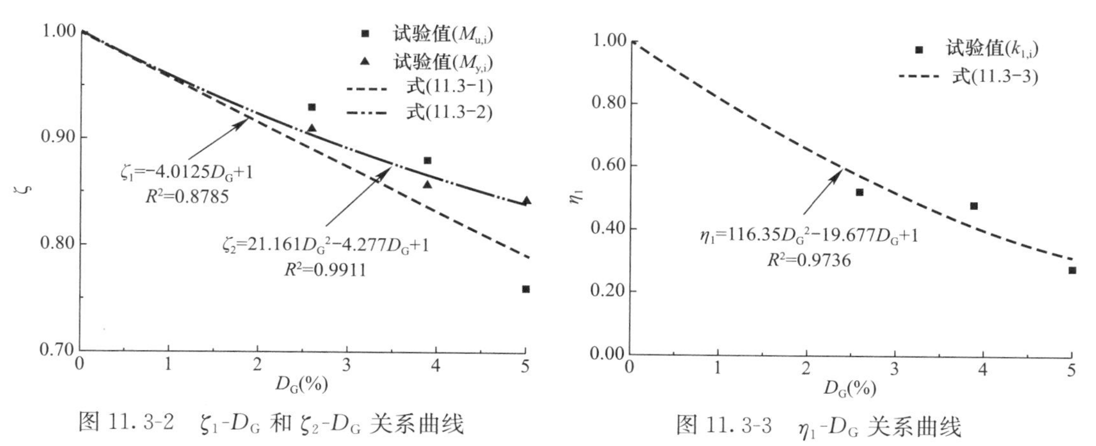

图 11.3-2　ζ_1-D_G 和 ζ_2-D_G 关系曲线　　图 11.3-3　η_1-D_G 关系曲线

结合表 11.3-1 的结果，可以建立屈服刚度退化系数（η_2）和 D_G 之间的经验退化关系，即：

$$\eta_2=\frac{k_{2,G}}{k_2}=-4.6613D_G+1, 0<D_G\leqslant 5\% \tag{11.3-4}$$

图 11.3-4 比较了公式（11.3-4）中的屈服刚度预测结果与试验结果，可以看出，经验退化公式预测结果与试验结果吻合较好，式（11.3-4）中的判定系数 R^2 为 0.8685。

结合表 11.3-1 的结果，得出了卸载刚度退化指数（η_3）和 D_G 之间的线性退化关系，即：

$$\eta_3=\frac{k_{3,G}}{k_3}=-5.5708D_G+1, 0<D_G\leqslant 5\% \tag{11.3-5}$$

图 11.3-5 比较了公式（11.3-5）中的卸载刚度预测结果与试验结果，可以看出，经验退化公式预测结果与试验结果较为一致，式（11.3-5）中的判定系数 R^2 为 0.8649。

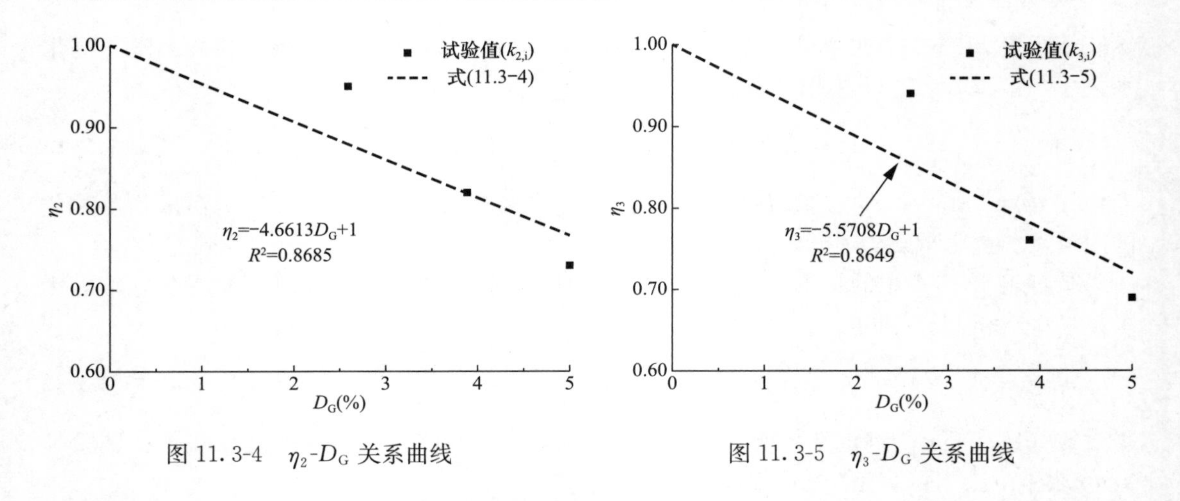

图 11.3-4　η_2-D_G 关系曲线　　　图 11.3-5　η_3-D_G 关系曲线

11.3.4　退化滞回模型验证

结合第 11.3.3 节中建立的抗震性能关键参数经验退化公式和完好节点的滞回性能参数，表 11.3-2 给出了节点试件 MT0 和 MTG1～MTG3 的滞回模型滞回参数。根据表 11.3-2 的结果和第 11.3.2 节中提出的滞回规则，经计算，图 11.3-6 比较了 M-θ 滞回曲线的模型预测结果和试验结果。由图 11.3-6 可知，M-θ 滞回曲线的模型预测结果与试验结果吻合较好，正负向平均误差在 30%以内，说明所提出的松动直榫节点滞回模型是有效的，其可充分地反映松动直榫节点的滞回性能，可为残损古建筑木结构的整体非线性抗震分析和安全评估提供科学依据。

试件 MT0 和 MTG1～MTG3 的滞回模型滞回参数　　　表 11.3-2

试件编号	D_G（%）	$M_{u,i}$	$M_{y,i}$	$k_{1,i}$	$k_{2,i}$	$k_{3,i}$	$k_{4,i}$	$\theta_{0,i}$	$\theta_{y,i}$	$\theta_{u,i}$	n
MT0	0	7.43	3.77	188.18	30.54	396.46	0	0.00	0.02	0.16	0.15
MTG1	2.59	6.66	3.40	106.96	26.85	339.26	0	0.022	0.05	0.20	0.20
MTG2	3.89	6.27	3.26	77.27	25.00	310.55	0	0.033	0.07	0.20	0.18
MTG3	5.00	5.94	3.16	57.78	23.42	286.03	0	0.043	0.09	0.20	0.18

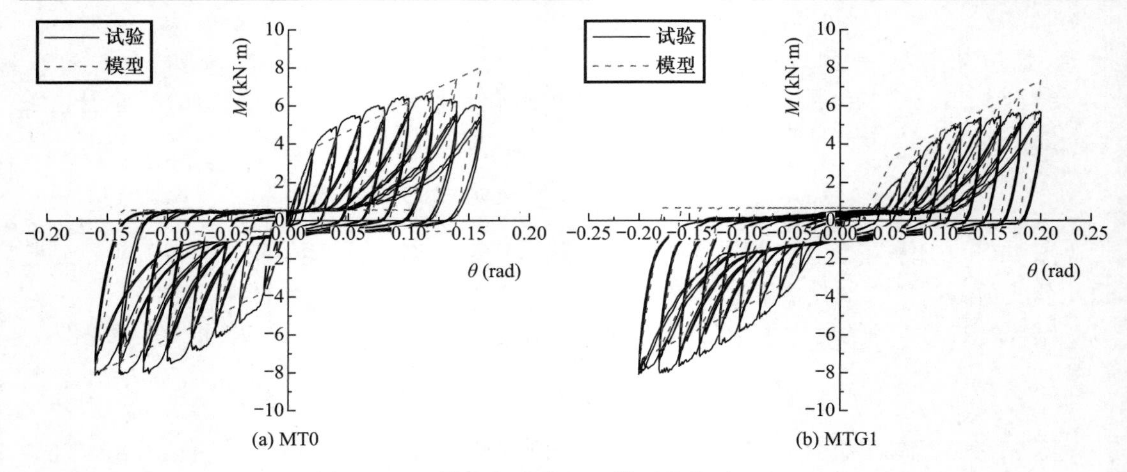

图 11.3-6　模型和试验 M-θ 滞回曲线对比（一）

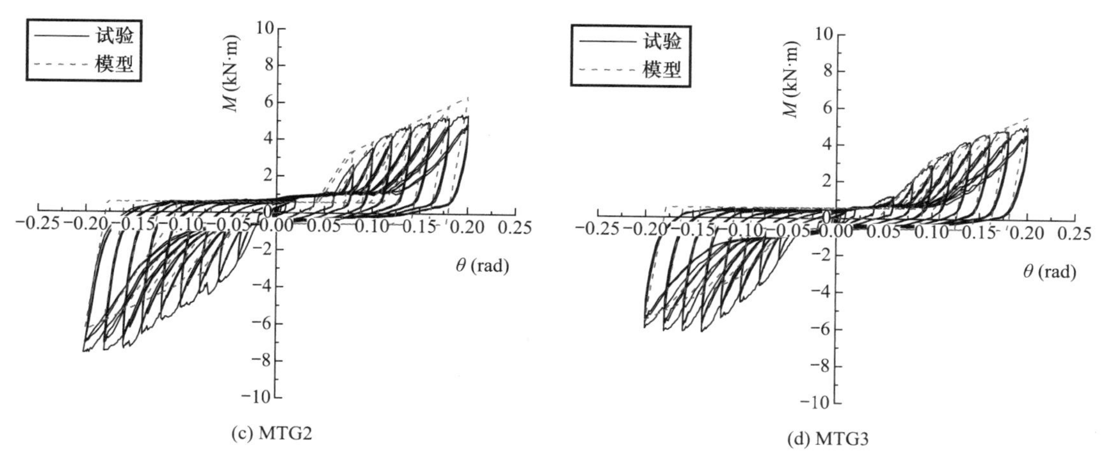

图 11.3-6　模型和试验 M-θ 滞回曲线对比（二）

11.4　本章小结

本章对完好直榫节点和带间隙直榫节点进行了拟静力试验研究，分析了间隙残损对直榫节点抗震性能的影响，主要得到以下结论：

（1）带间隙直榫节点的破坏模式与完好节点的破坏模式相似，表现为拔榫、榫颈和榫头端部横纹挤压塑性变形以及沿着梁长方向的劈裂；然而，与完好节点相比，带间隙直榫节点的最终拔榫量更大，卯口边缘的挤压塑性变形更明显。

（2）带间隙和完好节点的滞回曲线均呈反“Z”形，表现为明显的“捏缩”和“滑移”现象；随着节点残损程度的增加，滞回曲线的初始滑移越大，滞回曲线饱满度越差。

（3）随着残损程度的增加，带间隙直榫节点的强度、初始转动刚度、延性和耗能能力显著降低；虽然间隙的存在降低了节点延性，但带间隙直榫节点的极限转角高达 0.2rad，表明带间隙直榫节点仍具有良好的变形能力。

第12章

松动致斜直榫节点抗震性能退化研究

本章对松动致斜直榫节点开展拟静力试验，分析了松动致斜直榫节点的典型破坏模式及滞回性能等关键参数，研究成果可为古建筑木构架的残损评估提供参考。

12.1 松动致斜直榫节点抗震性能试验

12.1.1 试件设计与制作

根据《营造法式》三等材的要求，制作了4个缩尺比为1∶3.2直榫节点试件，其中包括1个完整节点试件（MT0）和3个不同残损程度的松动致斜节点试件（IMT1～IMT3）。直榫节点试件的几何示意图如图12.1-1所示。直榫节点的原型和模型的详细尺寸如表11.1-1所示。本试验中所用木材为樟子松。木材的含水率和密度分别为14.01%和0.53g/cm^3。

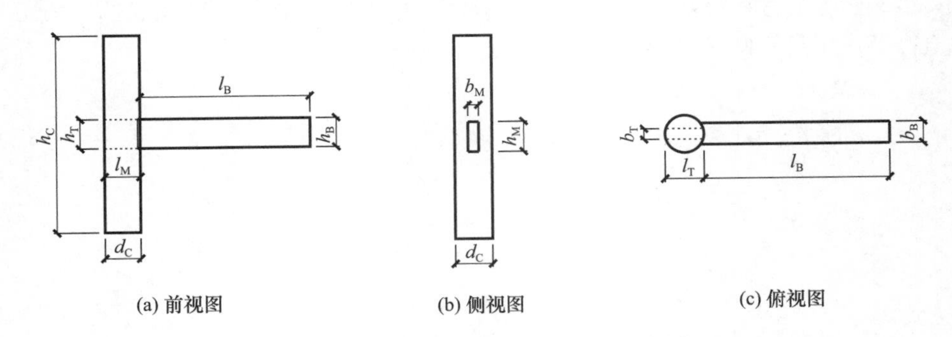

图12.1-1　直榫节点试件的几何示意图

12.1.2 松动致斜直榫节点形成机理

松动致斜直榫节点的形成机理如下：受初始加工误差、环境变化引起的木材干缩和老化以及结构自重、地震作用引起的木材蠕变的影响，节点的榫头部位将会产生不同程度的间隙（即：松动直榫节点，从而引起节点的松动，间隙越大，松动程度也就越大。当带有松动节点的木构架继续受到地震、风荷载以及自重的影响时，木构架会发生倾斜，直到榫头和卯口再次接触，此时也就形成了松动倾斜的直榫节点。基于松动致斜节点的形成机理，本章首先采用削弱榫头尺寸的方法来模拟直榫节点的松动，然后使松动直榫节点的榫头和卯口进一步倾斜至接触状态，便形成了松动致斜直榫节点。松动致斜节点的损伤参数设置和损伤程度见表 12.1-1。

松动致斜节点的残损参数和残损程度　　表 12.1-1

试件编号	δ (mm)	h'_T (mm)	$\theta_{0,initial}$ (rad)	D_I (%)
MT0	0	180	0	0
IMT1	4.67	175.33	0.022	2.59
IMT2	7.00	173.00	0.033	3.89
IMT3	9.00	171.00	0.043	5.00

注：δ 为榫头被削弱高度；h'_T为残损榫头高度；$\theta_{0,initial}$ 为节点初始倾斜角度；D_I 为残损程度，$D_I=\delta/h_M$。

12.1.3 试验加载及量测

1. 加载方案

试验在西安建筑科技大学结构与抗震实验室进行。试验加载装置见图 12.1-2。在加载之前首先将梁推至预定倾斜状态，即：榫头和卯口接触面进入刚刚接触状态，从而形成倾斜节点。值得注意的是，在放置松动致斜节点时，将榫头被削弱的一侧放置于正向加载方向。为了便于加载，将柱水平放置在地面上，柱两端用压梁固定。为了防止柱在加载过程中滑移，在柱两端水平安装了钢制限位装置。采用 MTS 电液伺服加载系统施加由位移控制的水平循环荷载，作动器最大输出荷载为 250kN，最大作动范围为±250mm。水平加载点与柱上边缘之间的垂直距离为 650mm。水平作动器加载头通过钢板和螺栓与梁端相连。作动器和钢板通过铰链进行连接，目的是消除作动器自重引起的弯矩。作动器推的方向为正向加载，拉的方向为负向加载。

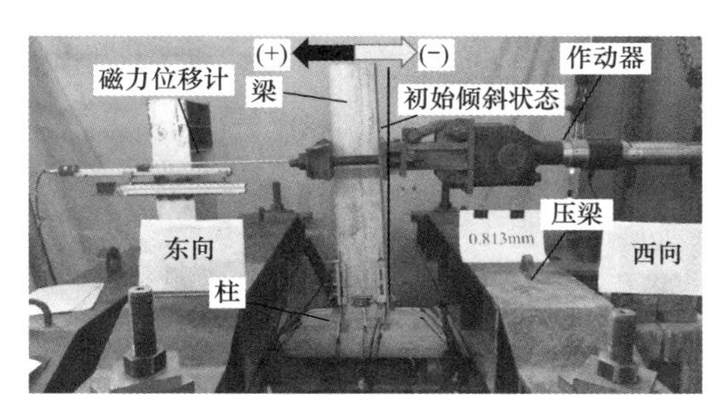

图 12.1-2　试验加载装置

2. 量测方案及加载制度

试件位移测点布置同图 11.1-3 (a)。低周循环往复荷载，加载速率为 0.05mm/s。根据 Xie 等已有节点试验研究，本次试验参考极限位移 Δ_u 取 65mm。试件加载制度与第 11.1 节描述的一致，具体见图 11.1-4。

12.2 试验结果及分析

12.2.1 弯矩-转角滞回曲线

试件 MT0 和 IMT1～IMT3 的 M-θ 滞回曲线如图 12.2-1 所示。从整体上来看，完好节点试件的滞回曲线呈倒“Z”形，而松动致斜节点试件的滞回曲线呈“大雁”形，即，不完全对称的倒“Z”形，所有试件的滞回曲线均呈现出“捏缩”和“滑移”现象，这表明在加载过程中节点产生了较明显的摩擦和滑移。此外，节点的水平滑移随着转角的增加而增加，这是由于榫头和卯口的反复挤压和摩擦，导致塑性变形不断累积，即：每次加载循环结束后，榫头和卯口之间会产生新的间隙，滑移现象变得越来越明显。

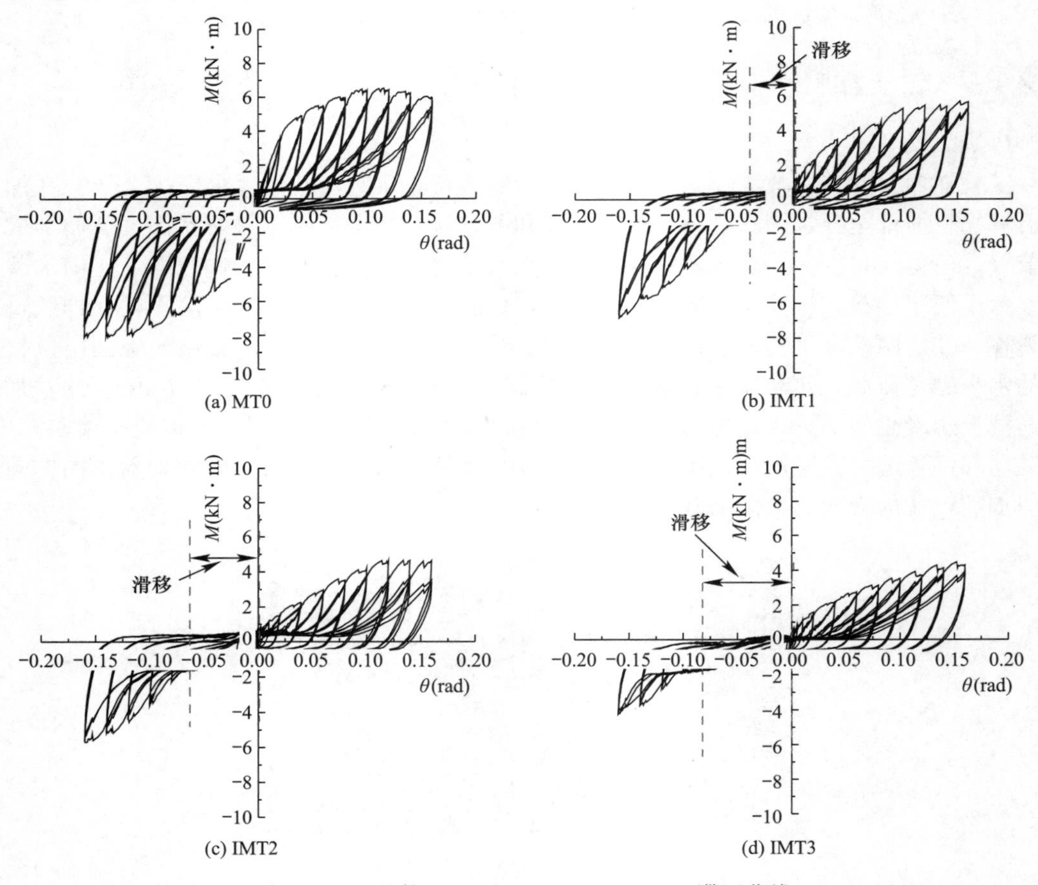

图 12.2-1 试件 MT0 和 IMI1～IMT3M-θ 滞回曲线

完好节点试件的滞回曲线变化情况在第 11.1.3 节中已详细描述，为了简洁起见，这里不再赘述。本节仅分析松动致斜节点试件 IMT1～IMT3 的滞回曲线与试件 MT0 的差异。1）与 MT0 相比，在反向加载前期，松动致斜直榫节点表现出明显的滑移现象，随着残损程度的增加，滞回环的水平滑移现象越明显、越滞后。而在正向加载前期，松动致斜直榫节点的滞回环变化趋势与完好节点类似，随着转角的增加，荷载也逐渐增加，并无滑移现象。这是由于松动致斜节点的榫头右侧和卯口存在初始间隙，榫头在卯口中处于滑移状态，而榫头左侧和卯口处于紧密接触状态，从而导致反向滞回曲线的斜率近似为 0，正向滞回曲线的斜率呈线性增加；2）在相同位移幅值下，与试件 MT0 相比，无论是正向加载还是反向加载期间，松动致斜直榫节点的滞回环饱满度较差，且随着节点残损程度的增加，滞回环面积逐渐减小，这是由于榫头和卯口的接触面积的减小使得榫头和卯口接触不紧密，节点刚度降低，反复挤压引起的累积塑性变形减少，耗能随之减小；3）相同循环幅值下，松动致斜直榫节点的正向滞回环面积远大于松动致斜直榫节点的负向滞回环面积，即：负向能量耗散远小于正向能量耗散，这可以解释为：榫头右侧与卯口之间存在初始间隙，在反向加载前期，榫颈右侧没有接触到卯口，即：榫头在卯口中处于滑移状态，节点仅靠榫头和卯口的侧面摩擦来耗能。在反向加载后期，虽然榫头和卯口由滑移状态变为充分接触状态，榫颈产生了累积塑性变形，耗能量增加，但是由于节点在负向加载初期经历了初始滑移转角，其实际接触后的挤压变形累积量远小于或滞后于正向自始至终存在的累积塑性变形量，从而滞回能量耗散也就越小。

12.2.2　弯矩-转角骨架曲线及转动性能退化规律

基于图 12.2-1 所示的试件 M-θ 滞回曲线，图 12.2-2 为各试件的 M-θ 骨架曲线。为了简洁，完好节点试件 MT0 的 M-θ 骨架曲线变化情况见第 11.1.3 节，本节不再赘述。从图中可以看出，与试件 MT0 的受力过程相比，松动致斜直榫节点在正向加载期间的受力过程与完好节点较为一致，即：弹性阶段、屈服阶段、应变硬化阶段和破坏阶段；然而，在反向加载过程中，松动致斜直榫节点的受力过程可分成滑移阶段、弹性阶段、屈服阶段和应变硬化阶段，可见并没有表现出破坏阶段。在反向加载初期，随着转角的增加，榫卯节点处于滑移状态，但此时节点具备一定的抵抗弯矩能力，这是由于榫头侧面和卯口侧面的摩擦所致。当节点的滑移阶段结束之后，榫头和卯口逐渐接触，进入挤压状态，弯矩随着转角的增加呈线性增加，整个试样处于弹性状态；随着转角增加，曲线表现出屈服的特性，斜率逐渐减小，这是由于榫头受卯口挤压产生了局部塑性变形，导致节点刚度逐渐减小，试件开始进入屈服阶段；随着转角继续增大，荷载也继续增加，榫颈处不可恢复的横纹塑性变形不断累积，节点进入应变硬化阶段。

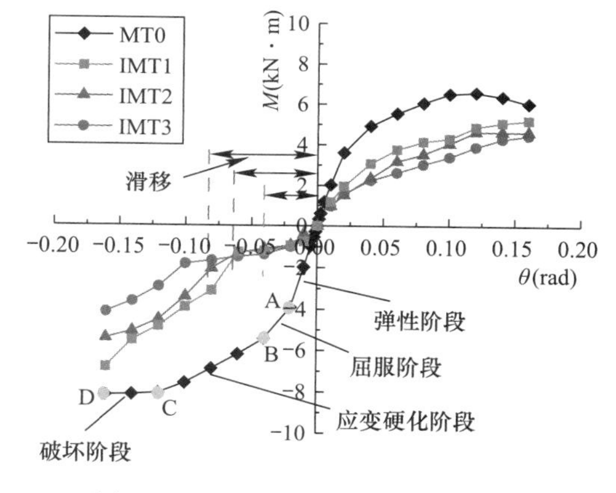

图 12.2-2　各试件的 M-θ 骨架曲线

从图 12.2-2 中也可以看出，在反向加载期间，IMT1～IMT3 从滑移阶段到弹性受力阶段的转角（转折点）分别约为 0.045rad、0.067rad 和 0.086rad，这表明残损程度越大，反向初始滑移阶段越长。此外，无论是正向加载还是反向加载期间，相同转角下，松动致斜直榫节点的承载力降低幅值随着残损程度的增加而逐渐增大，且负向承载力的退化幅值大于正向承载力退化幅值，这是由于在反向加载过程中松动致斜节点存在初始滑移阶段，榫头和卯口接触滞后，导致反向加载过程中节点实际接触后的转角小于正向接触转角，因此，节点抵抗弯矩的能力较低。

表 12.2-1 为试件屈服弯矩、峰值弯矩和极限弯矩、初始转动刚度和延性系数。从表 12.2-1 中可以看出，松动倾斜残损对节点的强度、刚度和延性有显著影响。与完好节点相比，IMT1～IMT3 的正向峰值弯矩分别降为 MT0 的 94.52%、76.78%和 74.13%。IMT1～IMT3 的反向峰值弯矩分别降为 MT0 的 77.38%、66.38%和 50.61%。IMT1～IMT3 的正向初始弹性刚度分别下降为 MT0 的 46.57%、32.57%和 31.17%。IMT1～IMT3 的反向初始弹性刚度分别下降为 MT0 的 48.54%、33.36%和 30.27%。IMT1～3 的正向延性系数分别降低至 MT0 的 50%、50%和 50%，IMT1～3 的反向延性系数分别降低至 MT0 的 24.00%、20.00%和 16.63%，这表明松动致斜残损降低了节点的延性。

试件屈服强度、峰值弯矩、初始转动刚度和延性系数 **表 12.2-1**

试件编号	加载方向	屈服点		峰值点		极限点		μ	k_e (kN·m·rad^{-1})	D_I (%)
		θ_y (rad)	M_y (kN·m)	θ_p (rad)	M_p (kN·m)	θ_u (rad)	M_u (kN·m)			
MT0	正向	0.02	3.61	0.12	6.68	0.16	6.03	8.00	180.38	0.00
	反向	−0.02	−3.92	−0.16	−8.18	−0.16	−8.18	8.00	−195.98	
IMT1	正向	0.04	3.36	0.16	5.70	0.16	5.70	4.00	84.00	2.59
	反向	−0.08	−3.31	−0.16	−6.33	−0.16	−6.33	2.00	−87.55	
IMT2	正向	0.04	2.35	0.12	4.64	0.16	4.63	4.00	58.75	3.89
	反向	−0.10	−3.24	−0.16	−5.43	−0.16	−5.43	1.60	−60.18	
IMT3	正向	0.04	2.25	0.16	4.47	0.16	4.47	4.00	56.22	5.00
	反向	−0.12	−2.91	−0.16	−4.14	−0.16	−4.14	1.33	−54.60	

注：M_y 为屈服弯矩，可使用变形率法来确定；θ_y 为屈服转角；M_p 为峰值弯矩；θ_p 为峰值转角；M_u 为极限弯矩；θ_u 为极限转角；μ 为延性系数，$\mu=\theta_u/\theta_y$；k_e 为初始转动刚度，对于试件 IMT，反向加载过程中榫头和卯口接触后的初始弹性刚度被视为反向初始转动刚度。

12.3 本章小结

本章对完好直榫节点和松动致斜直榫节点进行了拟静力试验研究，分析了松动倾斜残损对直榫节点抗震性能的影响，主要得到以下结论：

（1）与完好节点试件的滞回曲线相比，松动致斜节点试件的滞回曲线呈“大雁”形，且反向加载过程中滞回曲线存在更加明显的“滑移”现象。随着残损程度的增加，松动致斜节点试件的滞回环水平滑移现象越明显、越滞后。

（2）松动致斜节点试件在正向加载期间的受力过程与完好节点较为一致；然而，在反向加载过程中，松动致斜节点的受力过程包含滑移阶段、弹性阶段、屈服阶段和应变硬化阶段，并没有表现出破坏阶段；松动倾斜残损对节点的强度、刚度和延性有显著影响，无论是正向加载还是在反向加载期间，在相同转角下，随着残损程度的增加，松动致斜节点的承载力降低幅值逐渐增大，且负向承载力的退化幅值大于正向承载力退化幅值。

第13章

受力致斜直榫节点抗震性能退化研究

由于时间的推移，许多现存古建筑木结构都出现了一定的损伤，亟待修缮加固，例如，榫卯节点的拔榫、构件的顺纹开裂、屋架的倾斜变形等。其中，导致屋架倾斜变形的主要因素有地震作用、承重构件的木材蠕变以及地基不均匀沉降（均与外力密切相关），上述因素会使屋架的节点产生转动，从而引起屋架倾斜。屋架的倾斜变形是现存古建筑木结构中较为常见的一种损伤，对木结构的整体安全性和稳定性有着不利影响。因此，针对受力致斜木构架的抗震性能进行研究，对古建筑木结构的损伤评估和保护修缮方案的制定具有重要意义。目前，少数学者对不同类型残损榫卯节点及木构架进行了相关抗震性能试验研究，但受力致斜导致的结构损伤类型至今鲜有研究，受力致斜单向直榫节点及相应倾斜木构架的相关研究仍处于空白。

为此，本章对受力致斜直榫节点开展拟静力试验，分析了受力致斜直榫节点及木构架的典型破坏模式及滞回性能等关键参数，研究成果可为古建筑木构架的残损评估提供参考。

13.1 试验概况

13.1.1 试件设计及制作

本试验采用樟子松材，按宋《营造法式》殿堂二等材的尺度要求，按照 1∶3.52，即 1∶2 分二（分二表示宋代二等材每份长度，相当于现在的 1.76cm）的缩尺比例制作 4 个完好单向直榫节点，单向直榫节点尺寸如图 13.1-1 所示。试件模型尺寸见表 13.1-1。

共制作 4 个完好单向直榫节点，试件加工完毕后，保留 1 个完好单向直榫节点，其中 3 个单向直榫节点使用作动器将枋推至三个不同的倾斜角度，以此作为初始状态，按照国家标准《古建筑木结构维护与加固技术标准》GB/T 50165—2020 所述：在抗震变形验算中，木构架的位移角限值取 1/30，故确定以层间位移角 1/30 作为本试验的最大受力致斜倾斜程度。试件编号及倾斜角度见表 13.1-2。

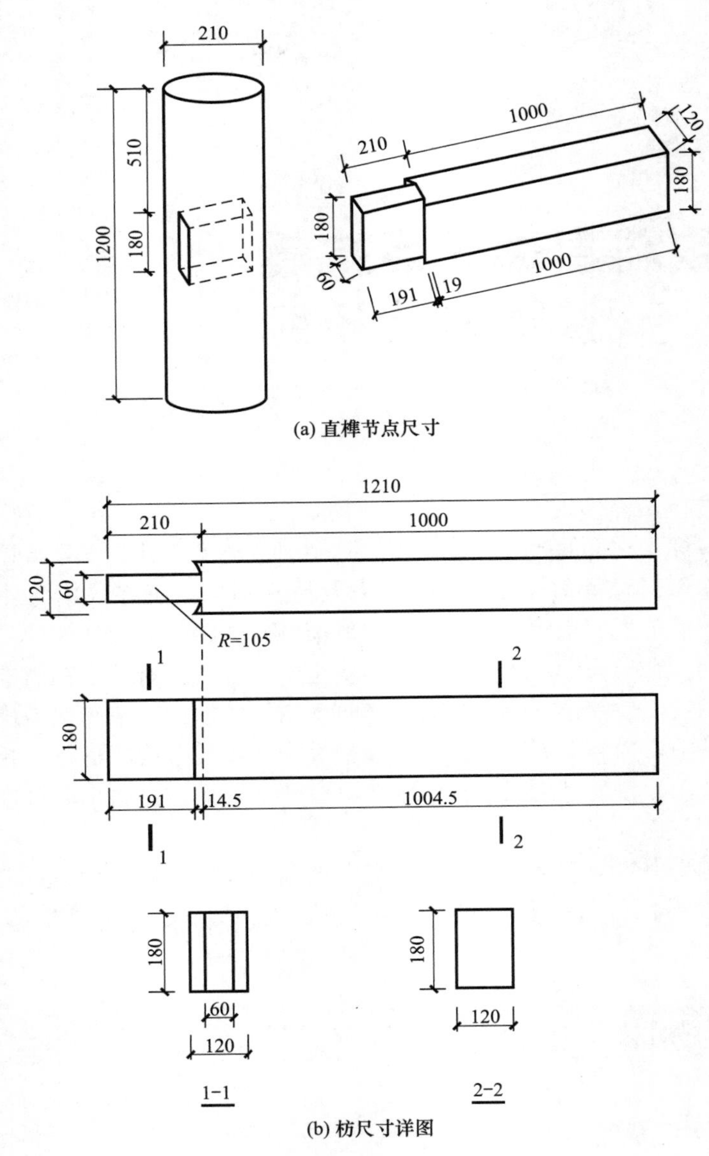

(a) 直榫节点尺寸

(b) 枋尺寸详图

图 13.1-1 单向直榫节点尺寸

试件模型尺寸 表 13.1-1

构件名称		模型尺寸（mm）
柱	柱径	210
额枋	截面高	180
	截面宽	120
单向直榫	榫宽	60
	榫高	180
	榫长	210

注：柱的长度与枋长是按照试验情况来决定的，未按法式尺寸选取。

试件编号及倾斜角度　　表 13.1-2

试件类型	试件数量	试件编号	受力后理想倾斜角度（°）	弧度（rad）	实测倾斜角度（残损程度）(°)	作动器需推动距离（mm）	层间位移角
完好直榫节点	1	SJ-1	—		—	—	—
受力致斜直榫节点	1	SJ-2	0.95	0.017	受力倾斜后实测	10.80	1/60
	1	SJ-3	1.27	0.022	受力倾斜后实测	14.44	1/45
	1	SJ-4	1.91	0.033	受力倾斜后实测	21.67	1/30

13.1.2　加载方案

试验中，采用 MTS 液压式伺服加载系统，并以低周反复加载的形式进行，水平作动器最大荷载为 600kN，位移量程为 750mm，由钢板和螺栓与试件的枋端相连接，作动器中心线距离柱上边缘 650mm。

采用厂房吊车配合称重器，得到作动器自重值 335kN，为减少并尽量消除作动器本身自重对试验结果的影响，使用配重块配合滑轮、柔索，竖直方向拉住作动器，调节配重块自重，通过合力计算，使其与作用器自重相抵消，抵消作动器自重装置如图 13.1-2 所示。

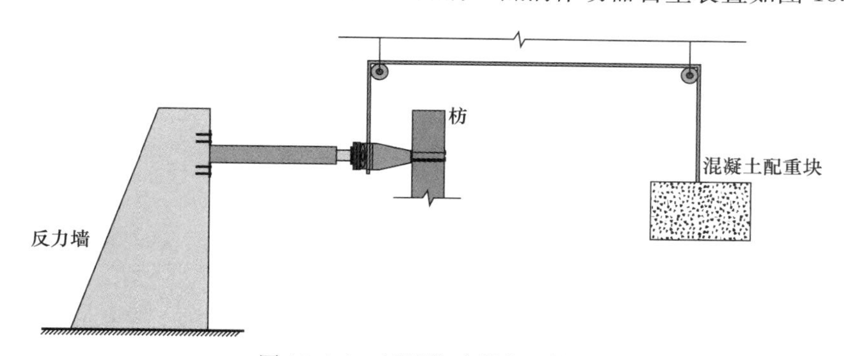

图 13.1-2　抵消作动器自重装置

为防止柱在试验过程中发生转动及水平移动，消除竖向荷载造成的二阶效应，试验将柱子平置，采用压梁、螺栓杆、垫块和反向支撑将柱固定在底座上，通过柱底千斤顶施加柱子所承受的轴向力，由作动器在枋端施加水平荷载以使榫卯节点产生转动；完好榫卯节点、受力致斜榫卯节点加载装置示意图如图 13.1-3 所示。

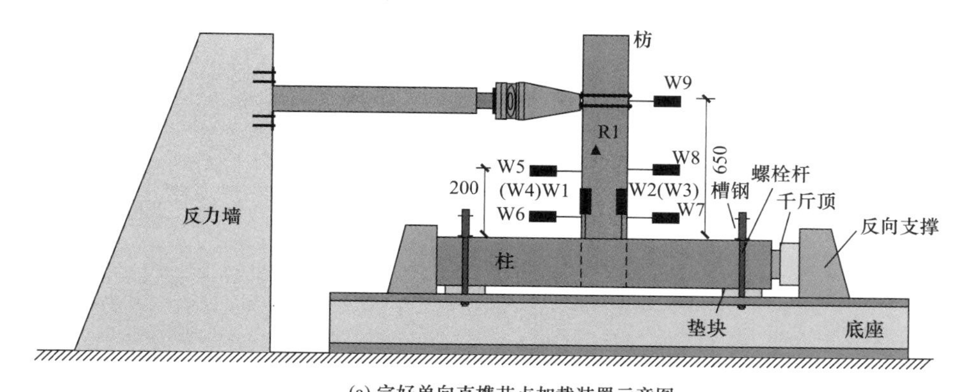

(a) 完好单向直榫节点加载装置示意图

图 13.1-3　安好榫卯节点、受力致斜榫卯节点加载装置示意图（一）

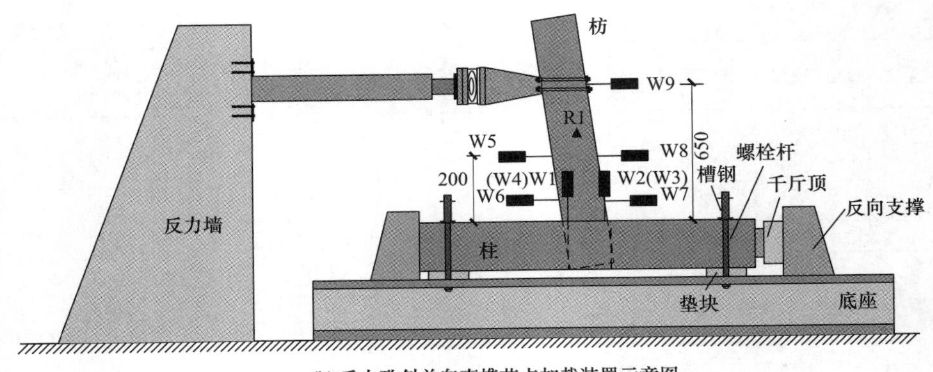

(b) 受力致斜单向直榫节点加载装置示意图

图 13.1-3　安好榫卯节点、受力致斜榫卯节点加载装置示意图（二）

采用位移控制加载程序进行低周反复加载试验，试验加载位移如表 13.1-3 所示，其加载曲线的控制位移是由单向加载试验确定的极限位移值（当载荷降低至极限荷载的 80%或者试件发生严重破坏时的位移值）。完好榫卯节点控制位移值取 65mm。首先，进行一次循环加载，其峰值位移为控制位移的 1.25%、2.5%、5%和 10%，然后进行三次循环加载，峰值位移为控制位移的 20%、40%、60%、80%、100%、120%、140%、160%、180%、200%，循环后终止试验，位移速率为 10mm/min。

试验加载位移　　表 13.1-3

加载历程	控制位移百分比	圈数	幅值（mm）			
			SJ-1	SJ-2	SJ-3	SJ-4
1	1.25%	1	0.813			
2	2.5%	1	1.625			
3	5%	1	3.25			
4	10%	1	6.50			
5	20%	3	13			
6	40%	3	26			
7	60%	3	39			
8	80%	3	52			
9	100%	3	65			
10	120%	3	78			
11	140%	3	91			
12	160%	3	104			
13	180%	3	117			
14	200%	3	130			

13.1.3　量测方案

水平荷载由 MTS 液压伺服加载系统提供。通过 MTS 作动器，可以直接测量枋端处的水平位移和水平力。作动器中心线位置距柱上边缘水平面 650mm。在节点处前后左右各布置 4 个±50mm 量程的位移计 W1、W2、W3、W4，测量榫头拔出量；在枋两侧距柱上边缘 100mm、200mm 处左右分别布置 4 个拉线式位移计 W5、W6、W7、W8，进行节点松动后枋水平位移的测量；在离柱边缘 650mm 处（作动器中心线处）的枋端布置 1 个磁力式位移计 W9，测量枋端位移，如图 13.1-4 所示。在枋中心线位置布置倾角仪 Z1，测量枋、柱转角，如图 13.1-4 所示。

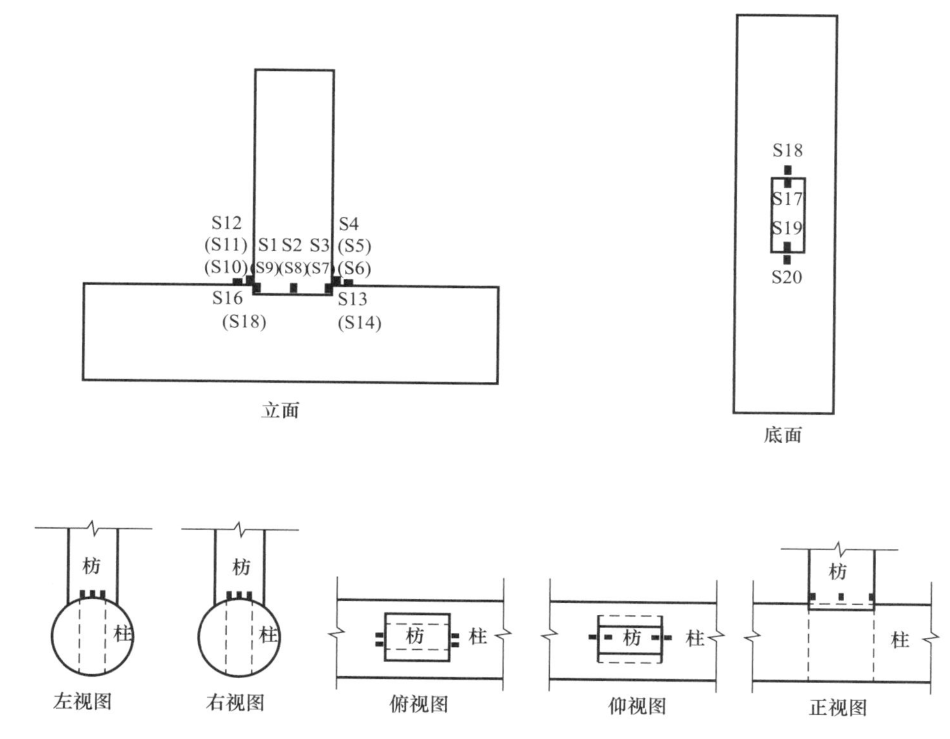

图 13.1-4　应变片布置示意图

为达到测量榫头处的横纹拉压变形、卯口处顺纹拉压变形的目的，在节点处上下左右设置共 20 个应变测量片，应变片布置位置如图 13.1-4 所示，黑色矩形为应变片。为了更加直观观察各节点榫头在试验前后的变形对比，在榫头各截面画 1cm×1cm 的正方形网格，榫头绘制网格如图 13.1-5 所示。

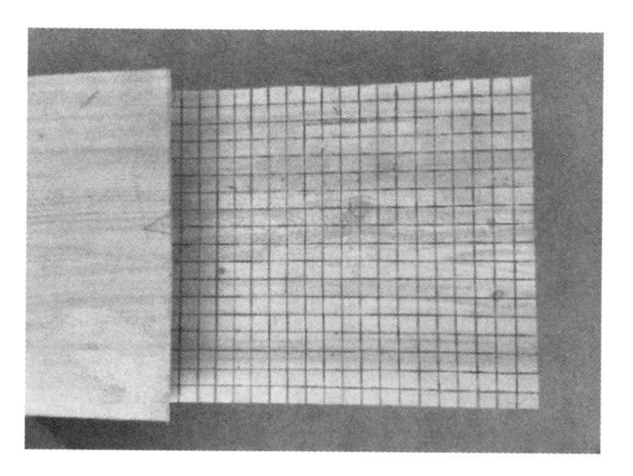

图 13.1-5　榫头绘制网格

采用 TDS-602 数据采集仪对所有数据进行自动采集。以上受力致斜单向直榫节点试件的测量装置均在作动器已将其推至目标角度后记录。

13.1.4　试验过程及现象

本试验共有四个节点，一个完好单向直榫节点、三个受力致斜节点，初始倾斜层间位

图 13.1-6 试验装置

移角分别为 1/60、1/45、1/30。

试验前将试件柱两侧放压梁的位置打磨平整，防止放置后滚动，而后将试件以柱平放，枋竖直的位置放置在底梁上，将压梁压住木柱，安放、布置测点，最后作动器调中，端板上好，试件准备完毕，试件装置如图 13.1-6 所示。

在加载初期阶段，由于受力时，位移很小，节点接触区域变化不明显，随着节点转角的增加，榫头与卯口逐渐挤紧。当节点中枋的转动角度达到 0.08rad 左右时，试件开始出现轻微“嗒嗒”声，且各试件初始受力致斜程度越大，声音出现的位移越早，经观察，此为榫头与卯口挤紧、木材压实的声音。

加载过程中，卯口逐渐被挤紧压实，榫颈处逐渐呈凹陷状态，且控制位移越大，现象越明显，榫颈与卯口间隙也逐渐增大；完好节点左右榫颈处由于挤紧所导致的凹陷变形相差不大，而受力致斜节点左侧（正向加载挤紧处）榫颈比右侧（反向加载挤紧处）榫颈凹陷变形明显，且随着受力致斜程度的增加，凹陷变形差距越大；随后榫头逐渐被拔出，拔出量随着木构架水平位移的增大而增加，试验前后拔榫、榫卯间隙对比如图 13.1-7 所示。

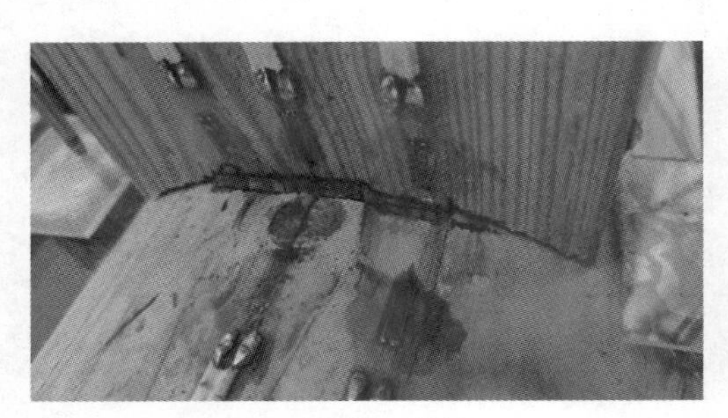

(a) 试验前无拔榫

(b) 试验中拔榫量

(c) 试验前榫卯初始间隙

(d) 试验中榫卯间隙

图 13.1-7 试验前后拔榫、榫卯间隙对比

控制位移逐渐增加，榫肩挤压柱身，柱身处产生逐渐增长的轻微压痕，榫头拔出一侧的榫颈处，部分木纤维发生受拉破坏，节点在快达到每级控制位移最大处，榫卯挤紧时，均会有木纤维挤紧的“嗒嗒”声，随着控制位移级数的增大，受拉破坏纤维数量逐渐增多，榫颈与卯口挤紧的声音逐渐响亮。

节点榫头在加载快接近尾声时出现顺纹劈裂，且伴随着清脆响亮的“啪”声，随着控制位移的增大，裂缝扩展得越宽、长度越长，由此试件承载力下降，试验结束。全部试件的破坏都出现在榫卯连接部位，柱、枋的其他部位基本没有破坏、变形现象。各试件试验过程中破坏现象如图 13.1-8 所示。

(a) 榫颈处纤维被拉断，回零时挤压错位

(b) 榫头发生顺纹劈裂破坏

(c) SJ-2卯口受压纤维劈裂

(d) 榫肩挤压柱身，柱身处产生压痕

(e) 榫肩挤压柱身两侧，产生轻微压痕

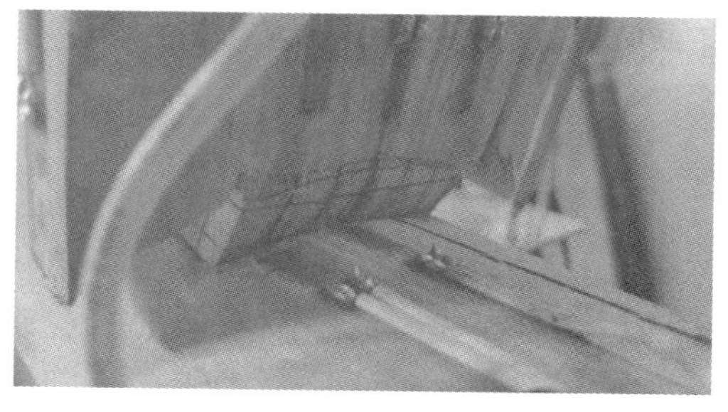

(f) 有一定拔榫后，榫头挤压卯口状态

(g) 榫头纤维劈裂

(h) 试验后卯口状态

图 13.1-8　各试件试验过程中破坏现象（一）

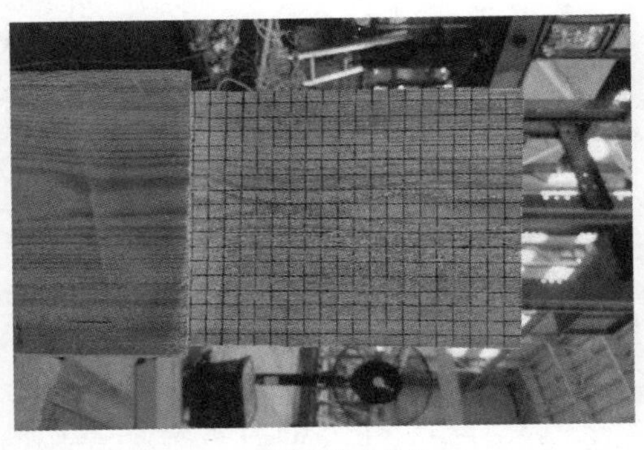

(i) 试验前榫头状态

(j) 试验后榫头状态

图 13.1-8　各试件试验过程中破坏现象（二）

试验结束，试件回零后，各试件拔榫量如下：

SJ-1 拔榫量：东侧榫颈处拔榫 2.5mm，榫颈与卯口间隙 7mm；西侧榫颈处拔榫 4mm，榫颈与卯口间隙 3.5mm；

SJ-2 拔榫量：东侧榫颈处拔榫 3.5mm，榫颈与卯口处间隙 4.5mm；西侧榫颈处拔榫 4.5mm，榫颈与卯口处间隙 6.5mm；

SJ-3 拔榫量：东侧榫颈处拔榫 17mm，榫颈与卯口处间隙 6mm；西侧榫颈处拔榫 18mm，榫颈与卯口处间隙 8mm；

SJ-4 拔榫量：东侧榫颈处拔榫 17mm，榫颈与卯口处间隙 2mm；西侧榫颈处拔榫 20mm，榫颈与卯口处间隙 10mm。

13.2　试验结果及分析

13.2.1　弯矩-转角滞回曲线

通过单向直榫节点的低周反复荷载试验，得到完好与三个不同初始倾斜角度节点的水平承载力与位移关系的滞回曲线，如图 13.2-1 所示，从图中可以看出：

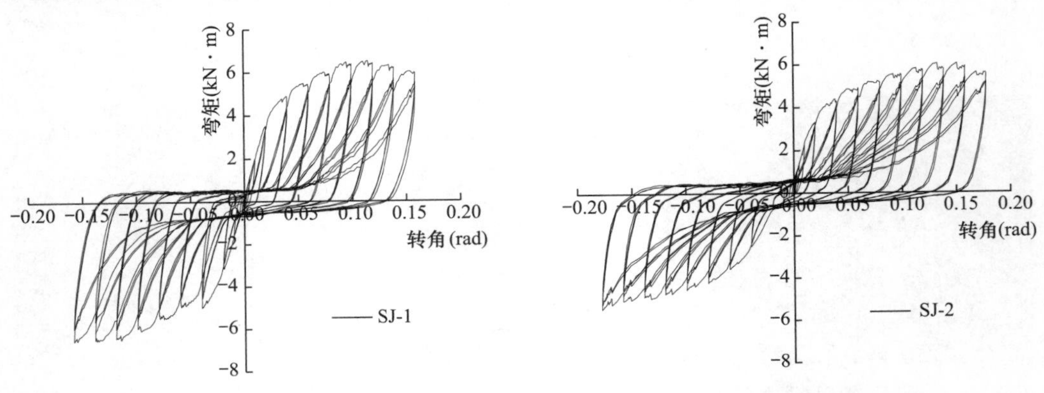

(a) 试件SJ-1弯矩-转角滞回曲线

(b) 试件SJ-2弯矩-转角滞回曲线

图 13.2-1　试件弯矩-转角滞回曲线（一）

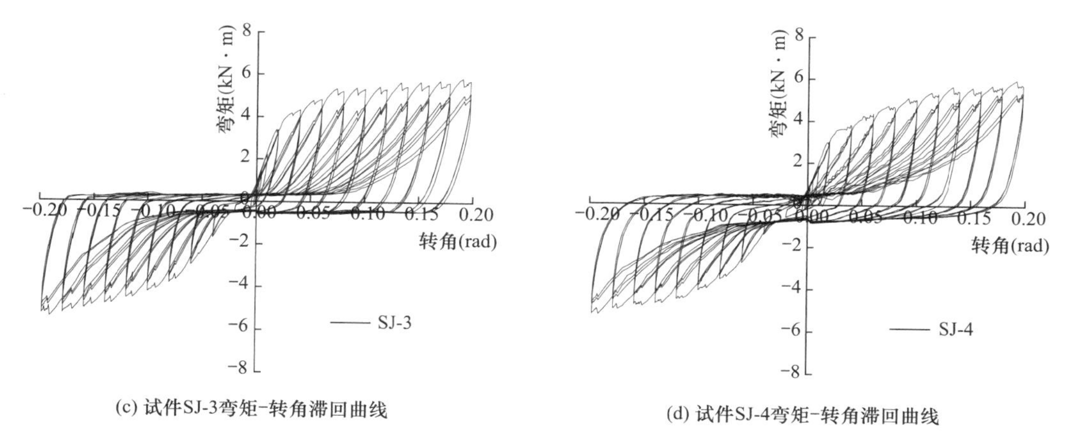

图 13.2-1　试件弯矩-转角滞回曲线（二）

（1）滞回曲线整体呈“弓”型，出现“捏缩”效应，表明该节点在一定程度上受到了滑动的影响，其滞回曲线的形状相对比较饱满，表明该节点具有较好的塑性变形能力。随着初始倾斜残损程度的增大，反向初始滑移段越明显。

（2）在荷载作用的早期，各节点的滞回曲线基本一致，榫卯节点基本处于弹性阶段，残余变形小，节点承载力仅由榫卯间侧面摩擦力提供，榫卯并未出现挤压变形。且滞回环小，呈平行四边形，这表明此时该试件的抗震性能与耗能能力都比较好。完好节点的滞回曲线是比较对称的，受力致斜节点正向滞回环面积较反向大，正向斜率提高较快，说明此时受力致斜节点正向已处于受力状态，反向初始加载段处于滑移状态。加载末期，滞回环呈“Z”型，这说明在荷载作用的后期，试件出现了明显的滑移。

（3）受力致斜程度越大，初始反向滑移段越长，滑移越明显。在 SJ-2 反向位移达到 0.0166rad 左右、SJ-3 位移达到 0.0222ad 左右、SJ-4 达到 0.0333rad 左右，节点度过滑移段，反向承载力陡然上升，斜率开始增大。这是由于作动器水平拉力克服了榫卯间侧向摩擦力的影响，将节点回正，右侧（西侧）榫颈、左侧（东侧）榫头与卯口开始接触，节点反向开始耗能。

13.2.2　弯矩-转角骨架曲线

骨架曲线是在每一轮荷载作用下，达到最大承载力峰值的曲线，它反映了结构的极限承载力和变形性能。图 13.2-2 是各试件的弯矩-转角骨架曲线，图中各节点的骨架曲线是由每个节点在滞回曲线上，将同向各级加载的荷载极值点顺序连接而成。

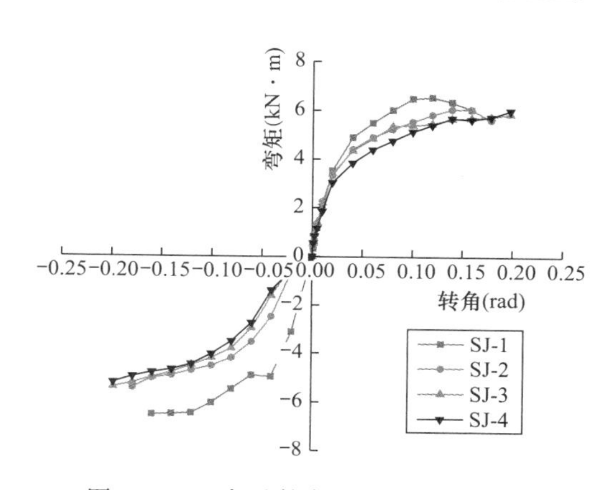

图 13.2-2　各试件弯矩-转角骨架曲线

（1）完好节点、受力致斜节点正向加载的受力过程可以分为弹性阶段、屈服阶段和破坏阶段；受力致斜节点反向加载的受力过程可以分为摩擦滑移阶段、弹性阶段、屈服阶段和破坏阶段。由于受力致斜节点存在一定初始位移，故在反向加载时各节点需要旋转初始倾斜角度（SJ-2 旋转 0.017rad、SJ-3 旋转 0.022rad、SJ-4 旋转 0.033rad），滑移过程存在一定的抗弯承载力，此由榫卯节点的侧向摩擦力提供。

（2）由图 13.2-2 对比可以看出，受力致斜程度越大，节点正向加载就越早进入塑性阶段，这是由于初始倾斜使节点受压区产生一定的塑性变形，致使节点出现一定挤压损伤，初始倾斜角度越大，损伤越明显。

（3）由图 13.2-2 中反向加载图像可以看出，完好节点试件 SJ-1 正反向加载末期均出现下降段，这说明完好节点 SJ-1 试件正反向均已充分耗能。而由 SJ-2、SJ-3、SJ-4 图像可以发现，三个受力致斜节点试件反向加载均未出现下降段，说明初始受力致斜节点反向未能充分耗能。

（4）由图 13.2-2 对比可得，同一级控制位移下，随着受力致斜程度的增大，正反向加载承载力均呈减小趋势，说明初始倾斜角度对节点的抗震承载力会造成一定的影响，且初始倾斜角度越大，抗震承载力越低。

13.2.3 刚度退化

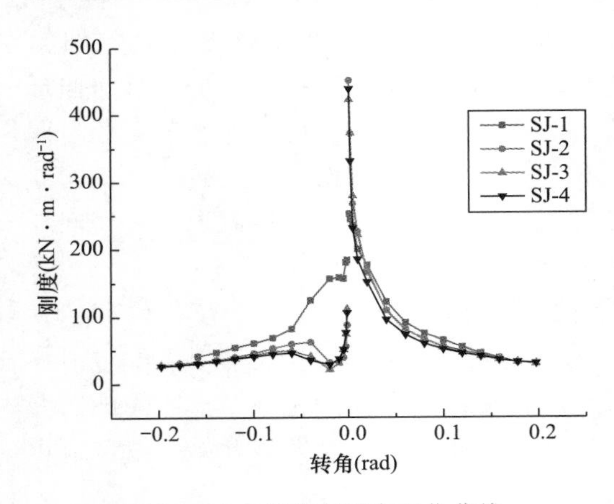

图 13.2-3　各节点刚度退化曲线

在阶段性循环荷载下，结构的刚度随着周期的增加或位移的增加而降低，这就是所谓的刚度退化。采用割线刚度 K 来表示低周反复荷载时试件的刚度，各节点刚度退化曲线如图 13.2-3 所示。该图中的刚度退化曲线是由各个控制位移中，三个循环的骨架曲线在最大位移时所得到的。

（1）通过图 13.2-3 整体图像变化趋势可以看出：试验加载初期，节点抗弯刚度衰减较快，退化现象十分明显，正向刚度在节点屈服后，下降至较低水平且逐渐趋于稳定。反向加载初期节点刚度小于正向刚度，受力致斜各试件度过滑移段后榫卯受压区接触，整体刚度逐渐上升，后随位移值增大，刚度缓慢下降并趋于稳定。

（2）正向加载初始阶段，由于完好节点榫头卯口间存在微缝隙，而受力致斜残损节点正向加载初始为挤压紧实的状态，受力致斜各试件正向加载刚度远大于完好节点试件的刚度，残损试件初始刚度值约为完好节点试件的两倍，这也是受力致斜节点残损的特点之一。

根据图 13.2-3 各受力致斜试件初期刚度变化可以看出，各受力致斜试件初始刚度有一定的差异，但相差不大，且没有较强的规律性，受力致斜节点正向初始刚度虽较完好节点有较大影响，但各受力致斜节点相比，差异不大。

（3）除正向加载初始阶段外，同一控制位移下，随着受力致斜程度的增大，刚度呈降低趋势，即节点受力致斜程度越大，其在各级控制位移下的刚度越弱。说明受力致斜程度对节点刚度有一定削弱作用。

（4）由图 13.2-3 反向加载初期可以看出受力致斜节点的刚度变化基本相同，这是由于此时刚度主要由榫卯节点侧向摩擦力提供，而同种材质、同木材部位制作而成的试件侧向摩擦力几乎相同，由此可知节点的受力致斜程度不影响反向加载初始刚度的变化趋势。

13.2.4　耗能性能

建筑的抗震性能主要由其耗能能力为指标来评判，其耗能能量越高，则抗震性能越好，其滞回环的面积越大，则耗能越大。图 13.2-4 为各节点累积耗能滞回曲线对比。

（1）由图 13.2-4 可以看出：完好节点 SJ-2 的耗能最大，SJ-4 的耗能最小，但各节点试件的总体耗能相差不大，说明初始倾斜会轻微降低节点的耗能能力，且受力致斜（残损）程度越大，节点耗能能力越差。

（2）由图 13.2-4 可以看出：试件加载前期各构架耗能能力相差微弱，几乎相同，第 13 圈开始耗能能力逐渐拉开差距，但总体差距不大，说明受力致斜程度对节点耗能影响不大。

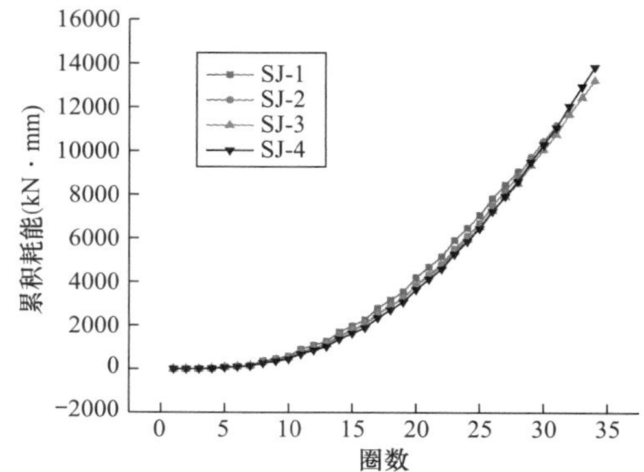

图 13.2-4　各节点累积耗能滞回曲线对比

13.3　本章小结

本章对完好直榫节点和受力致斜直榫节点进行了拟静力试验研究，分析了受力致斜残损对直榫节点抗震性能的影响，主要得到以下结论：

（1）由于受力致斜的损伤特点，受力致斜节点正向加载的初始刚度比完好节点初始刚度要大得多；但随着初始倾斜角度的增加，初始刚度迅速衰减后，同一控制位移下，刚度随受力致斜程度的增大呈降低趋势，即节点受力致斜程度越强，其在各级控制位移下的刚度越弱。说明受力致斜残损程度对节点刚度有一定削弱作用。

（2）受力致斜节点反向加载初期刚度变化基本相同，这是由于此时刚度主要由榫卯节点侧向摩擦力提供，而同种材质、同木材部位制作而成的试件侧向摩擦力几乎相同，由此可知节点的受力致斜程度不影响反向加载初始刚度的变化趋势。

（3）初始倾斜会轻微降低节点的耗能能力；且受力致斜程度越大节点耗能能力越差。

第 14 章

歪闪斗栱节点抗震性能退化研究

14.1 试验概况

14.1.1 试件设计及制作

本试验采用樟子松为原材料制作试件，参考某木塔第二层的叉柱造式斗栱，制作了4 个缩尺比为 1：2.86 的叉柱造式双朵斗栱模型，如图 14.1-1 所示。由于试验目的是研究叉柱造式斗栱歪闪后抗震性能，所以参考应县木塔的实际受损情况及现实因素后将加工好的斗栱试件通过外力分别制作成不同歪闪程度的斗拱模型后进行拟静力试验研究。其中，SJ-1 为未歪闪斗栱模型，作为对照组；SJ-2 正向歪闪 15mm，层间位移角为 1/100；SJ-3 正向歪闪 20mm，层间位移角为 1/75；SJ-4 正向歪闪 30mm，层间位移角为 1/50，模型主要设计参数如表 14.1-1 所示。叉柱造式斗栱模型尺寸如图 14.1-1 所示。

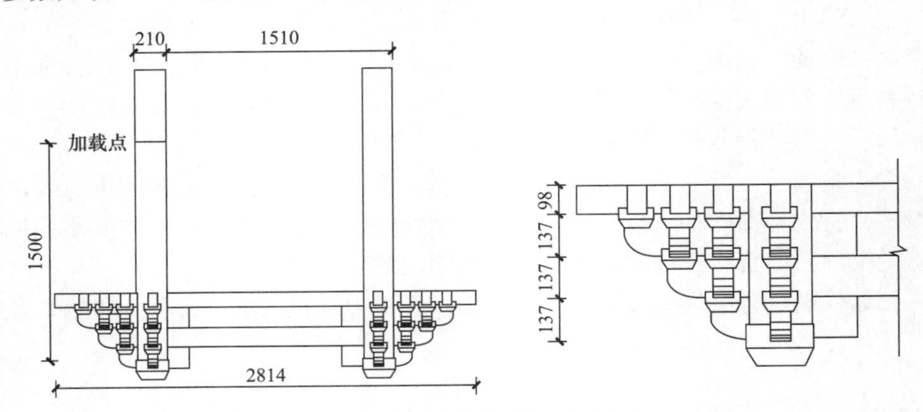

图 14.1-1 叉柱造式斗栱模型尺寸（单位：mm）

模型主要设计参数 表 14.1-1

试件编号	试件数量	要头枋长度（mm）	约束节点枋组成	歪闪角度（°）	层间位移角（rad）	侧移（mm）
SJ-1	1	1510	要头枋、第二跳华枋	0	0	0
SJ-2	1	1510	要头枋、第二跳华枋	0.01	1/100	15
SJ-3	1	1510	要头枋、第二跳华枋	0.013	1/75	20
SJ-4	1	1510	要头枋、第二跳华枋	0.02	1/50	30

14.1.2　试验加载及量测

1. 加载方案

1）加载装置

叉柱造式斗栱试件的加载装置如图 14.1-2 所示。为确保底面平整，在地面上放置一个钢底梁，利用水平仪找平，钢底梁两侧放置钢压梁与地面通过大螺杆将钢底梁压紧以防止其在加载过程中产生滑移，如图 14.1-3（a）所示。栌斗与普拍枋通过栌斗底部的暗销连接。普拍枋利用角钢和小压梁固定于底梁上，两侧通过千斤顶固定，使得斗栱在加载过程中不至于滑移，如图 14.1-3（b）所示。

图 14.1-2　加载装置

(a) 钢底梁固定装置

(b) 普拍枋固定装置

图 14.1-3　SJ-1～SJ-4 试件固定装置

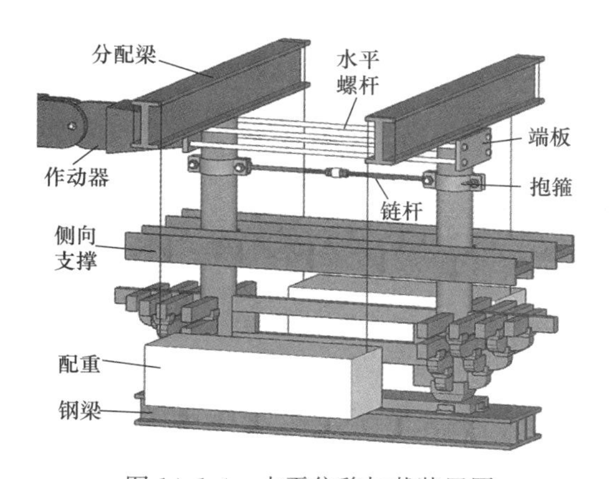

图 14.1-4　水平位移加载装置图

竖向荷载加载装置：叉柱造式斗栱的竖向荷载通过叉柱传至斗栱层，所以在叉柱顶对试件进行竖向荷载的施加。为减小竖向荷载改变对试验造成的影响，本试验采用更加稳定的配重块对试件施加竖向荷载。在两叉柱上端分别放置分配梁，在分配梁中间焊接一个与柱径相同的铁圆环以将分配梁固定在木柱上，将分配梁两端套上钢绳，在两侧通过捯链挂上配重块，如图 14.1-4 所示。竖向荷载通过分配梁传至叉柱顶再传至斗栱。

水平位移加载装置：本试验采用的是通过水平位移控制的低周反复加载程序，所以水平荷载通过作动器施加于叉柱顶（与木构架上部斗栱的耍头枋位置高度相同），将两个水平螺杆连接到作动器的端板上，将端板与叉柱上端相连。为了更好地模拟实际的叉柱造式双朵斗栱的工作模式，本试验在距离栌斗底部

1781mm（框架中普拍枋）位置处通过抱箍安装一根链杆连接两叉柱。

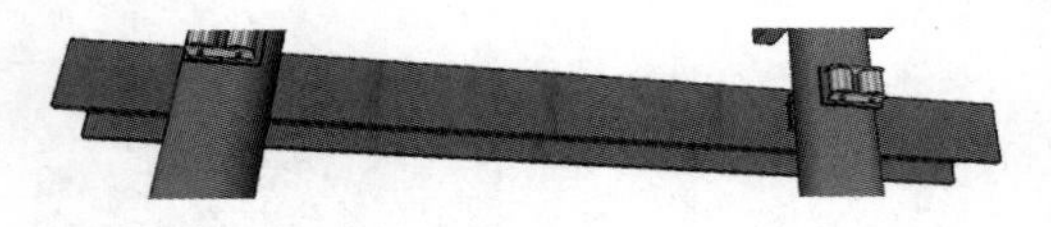
图 14.1-5　平面外抗侧移装置

平面外抗侧移装置（图 14.1-5）：为防止模型面外失稳，在叉柱中部设置侧向约束装置，通过在柱体固定滑轮与侧向支撑接触避免侧向支撑与柱发生摩擦破坏柱体。

2）加载制度

（1）预加载：斗栱模型的栌斗底部通过暗销与木底梁连接，木底梁固定在提前找平的钢梁上。在正式加载前，先对斗栱施加竖向荷载并水平施加 0.075Δ 位移进行预加载，以检查整个试验仪器能否正常运作。

（2）竖向荷载：根据谢启芳等开展的竖向荷载作用下叉柱造式斗栱节点受力性能试验研究中，单朵叉柱造式斗栱施加的第三级荷载为 24kN，可计算出本试验叉柱造式斗栱的竖向荷载为 82kN，约 8.4t。由于实验室的千斤顶施加的荷载会随着试件水平移动而发生变化导致试验产生误差，而本试验的竖向荷载较小，竖向荷载的轻微变动对试验结果的影响较大，所以本试验采用更加稳定的配重块进行竖向荷载的施加。

（3）水平荷载：加载制度如图 14.1-6 所示，本试验采用了位移控制加载程序。根据经验，当位移达到 0.5 倍柱径即竖向荷载超过柱边缘的时候就会成为不利荷载，即极限位移 Δ＝210mm×0.5＝105mm 作为控制位移，水平加载采用变幅值位移控制加载，水平峰值位移为 0.0125Δ、0.025Δ、0.05Δ、0.075Δ、0.1Δ、0.2Δ、0.4Δ、0.6Δ、0.8Δ。前 5 级由于位移较小试件的变化不大，故每级加载一次，5 级以后每级水平峰值位移循环 3 次，位移控制幅值幅值见表 14.1-2。

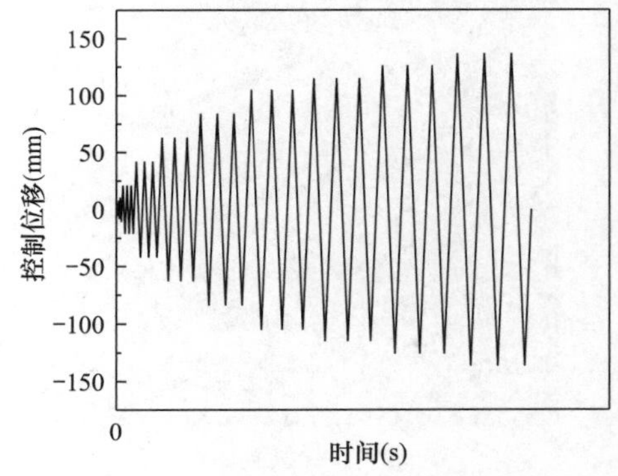

图 14.1-6　加载制度

位移控制幅值　**表 14.1-2**

循环步	循环次数	振幅 Δ（%）	数值（mm）
1	1	1.25	1.3125
2	1	2.5	2.625
3	1	5	5.25
4	1	7.5	7.875
5	1	10	10.5
6	3	20	21
7	3	40	42
8	3	60	63
9	3	80	84
10	3	100	105
11	3	110	115.5
12	3	120	126
13	3	130	136.5

（4）外力致斜：为研究不同歪闪程度对叉柱造式斗栱抗震性能的影响，本章采用外力将加工好的试件推至设定好的角度，基于此角度再进行加载。本试验通过施加与加载制度相同大小的竖向荷载来防止外力致斜过程中试件滑动，水平荷载采用位移控制加载，歪闪位移如表 14.1-3 所示。将试件推至既定位移。

歪闪位移　　表 14.1-3

试件	歪闪角度（°）	层间位移角（rad）	侧移（mm）
SJ-1	0	0	0
SJ-2	0.57	1/100	15
SJ-3	0.76	1/75	20
SJ-4	1.15	1/50	30

2. 量测方案

加载之前的观察：由于斗栱做工复杂，在加工各构件和组装过程中都会产生较大的工艺误差，故在加载之前，先观察该试件的原始情况以便对试验结果进行预判。

加载过程中的观察：在加载过程中主要观察试件易破坏和变形的构件和部位即观察栌斗的开裂和挤压情况、散斗和交互斗的破坏、叉柱肢的劈裂和挤压情况及各枋的破坏变形情况。

为量测叉柱造式斗栱整体及各构件的水平变形和竖向变形，在普拍枋对应高度布置一个磁滞位移计，斗栱各层分别布置一个位移计以测各层之间的相对位移，在两个栌斗底部各布置一个位移计以便测底部的滑移，斗栱层间隔布置两个竖向位移计以测斗栱层的翘曲，在两个栌斗斗耳处分别布置一个位移计以测栌斗的翘曲。在两叉柱中部、要头枋端部分别布置倾角仪以监测试件的倾斜情况，叉柱造式斗栱位移测点布置如图 14.1-7 所示，图中的 LD、VD 和 P 分别代表水平位移计、竖向位移计、倾角仪。

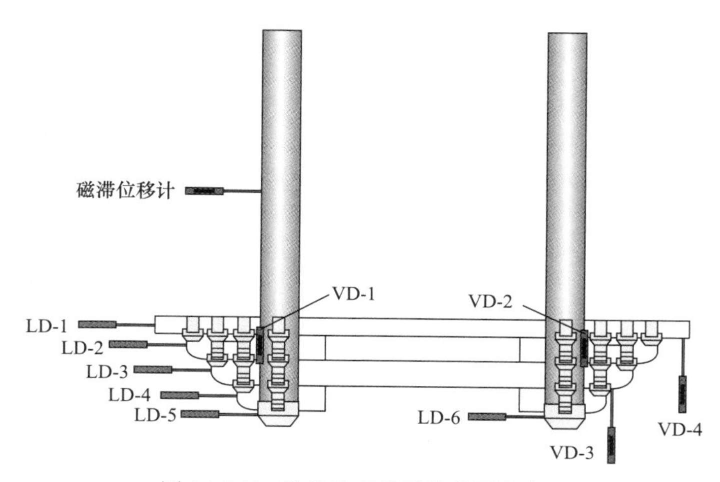

图 14.1-7　叉柱造式斗栱位移测点布置

数据采集：所有数据均通过 TDS-602 数据采集仪自动采集。

14.2 试验结果及分析

14.2.1 试验现象及破坏特征

1. 试验现象

1）SJ-1 的试验现象

加载位移在 10.5mm 之前，试件无明显变化，叉柱柱脚及叉柱肢与耍头枋的交界处缝隙可忽略不计。加载位移在 21mm 时，叉柱肢与耍头枋交叉处在受力方向发生挤压，相反侧产生缝隙。叉柱肢与各枋之间在平面内的接触面受力方向挤压，相反方向产生缝隙。栌斗在泥道栱方向的凹槽出现裂缝。加载位移在 63mm 时，叉柱肢上方出现劈裂，发出木材劈裂的声音。随着加载位移的增加，劈裂的声音断断续续传出，裂缝继续发展。加载位移在 105mm 时，叉柱肢上端翘起，与耍头枋产生 12mm 缝隙，叉柱肢下端翘起 12mm，左侧叉柱肢裂缝达到 6mm。加载结束后，耍头枋上端华枋方向挤压明显痕迹，两栌斗凹槽沿泥道栱方向裂开，栌斗斗耳有叉柱肢底挤压的痕迹。SJ-1 的构件破坏如图 14.2-1 所示。

(a) 叉柱肢上端翘起

(b) 叉柱肢下端翘起

(c) 叉柱肢上端劈裂

(d) 叉柱肢上端挤压变形

图 14.2-1　SJ-1 的构件破坏（一）

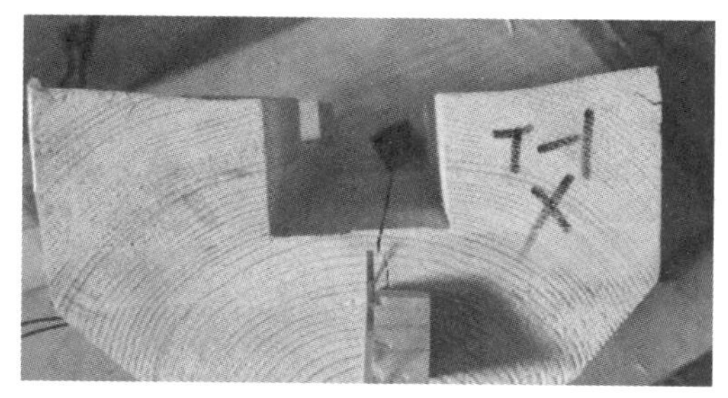

(e) 栌斗中间劈裂

(f) 叉柱肢下端挤压变形

图 14.2-1　SJ-1 的构件破坏（二）

2）SJ-2 的试验现象

先将试件推 15mm（层间位移角为 1/100）致使试件歪闪，两个栌斗斗口泥道栱方向均出现劈裂，其他构件无明显变化；

以 15mm 为相对零点继续加载，随着位移的增加，两个栌斗裂缝的宽度发展得越来越大。加载位移在 21mm 时，歪闪方向叉柱肢上端与耍头枋有挤压，拉向由于实际位移较小并未明显变形。加载位移到 42mm 时结构有轻微响动，柱子发出木头劈裂的声音。歪闪方向叉柱肢上端与耍头枋有挤压，耍头枋有被压的痕迹，叉柱肢在推向翘起，拉向挤压栌斗斗耳。SJ-2 的构件破坏如图 14.2-2 所示。随着加载的进行，不断传出木材劈裂的声音。裂缝继续发展，压痕也越来越深。加载位移到 105mm 时，出现叉柱肢与耍头枋摩擦的声音，歪闪方向叉柱肢与耍头枋产生 12mm 缝隙，左侧叉柱肢裂缝达到 6mm，叉柱肢下端

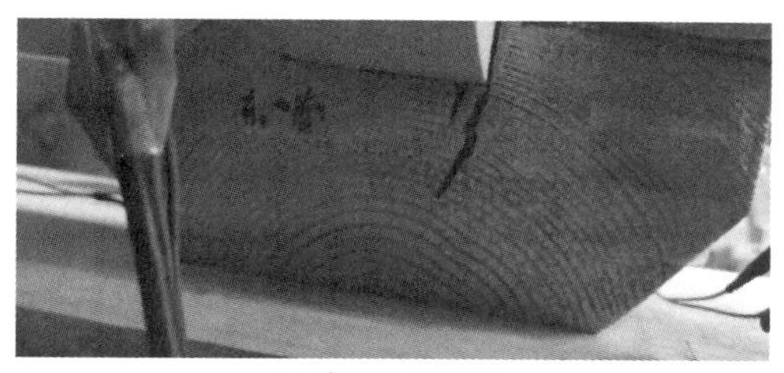

(a) 左侧斗栱开裂

(b) 右侧斗栱开裂

图 14.2-2　SJ-2 的构件破坏（一）

(c) 同柱同位移下受压侧和受拉侧

(d) 柱脚两个方向翘起

(e) 栌斗斗耳受压

(f) 歪闪方向受压程度更严重

图 14.2-2 SJ-2 的构件破坏（二）

翘起 12mm，另一方向叉柱肢上端距离耍头枋翘起 12mm，左侧叉柱肢裂缝达到 6mm，叉柱肢下端翘起 12mm。加载结束后，破坏的位置和情况和 SJ-1 类似，不同的是歪闪方向的压痕较另一方向更深。

3）SJ-3 的试验现象

先将试件推 20mm（层间位移角为 1/75）致使试件歪闪，两个栌斗斗口泥道栱方向均出现劈裂，其他构件无明显变化。以 20mm 为相对零点继续加载，随着加载位移的增加，斗栱裂缝的宽度发展得越来越大。

加载位移在 21mm 时，歪闪方向叉柱肢上端与耍头枋有挤压，拉向由于实际位移较小并未明显变形。歪闪方向加载位移到 42mm 的时，结构有轻微响动，柱子发出木头劈裂的声音，歪闪方向叉柱肢上端与耍头枋有挤压。叉柱肢在推向翘起，拉向挤压栌斗斗耳。随着加载位移的增加，劈裂的声音不断传出。裂缝继续发展，压痕也越来越深。加载结束后，歪闪方向的变形比另一方向的变形明显很多。SJ-3 的构件破坏如图 14.2-3 所示。

4）SJ-4 的试验现象

先将试件推 30mm（层间位移角为 1/50）致使试件歪闪，两个栌斗斗口泥道栱方向均出现劈裂，歪闪方向叉柱肢与耍头枋和叉柱肢底与栌斗斗耳挤压变形较明显。以 30mm 为

(a) 左侧斗栱开裂

(b) 右侧斗栱开裂

(c) 同柱同位移下受压侧和受拉侧

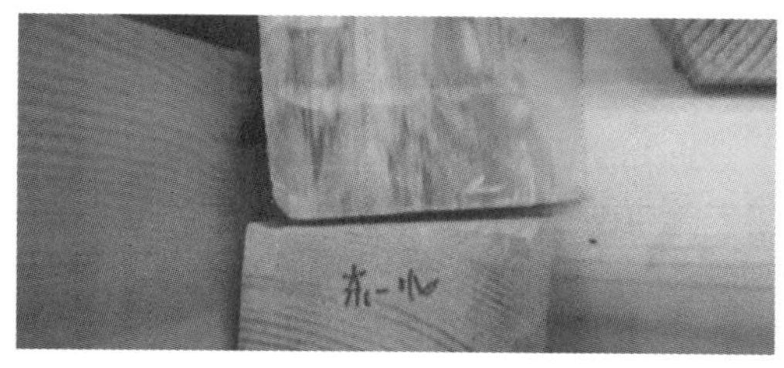

(d) 柱脚两个方向翘起

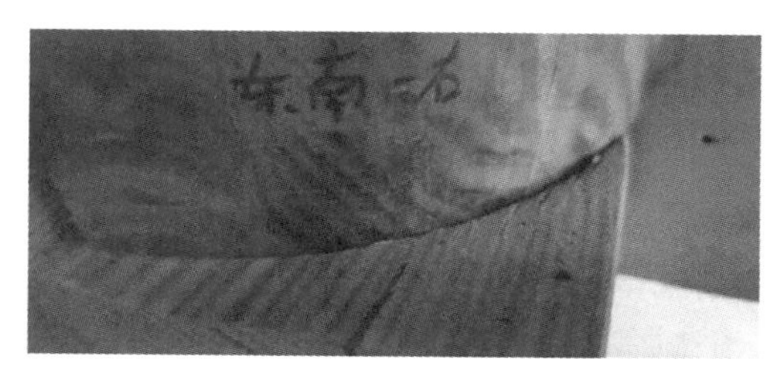

(e) 栌斗斗耳受压

图 14.2-3　SJ-3 的构件破坏

相对零点继续加载，随着加载位移的增加，斗栱裂缝的宽度发展得越来越大，歪闪方向的挤压也越明显。加载位移在 42mm 时，歪闪方向另一侧由于实际位移较小，结构无明显变形。歪闪方向加载位移到 42mm 的过程中，结构有轻微响动，柱子发出木头劈裂的声音。随着加载位移的增加，劈裂的声音断断续续传出。裂缝继续发展，压痕也越来越深。

加载结束后，歪闪方向要头枋的压痕较另一侧更加明显，歪闪方向栌斗斗耳的压痕也更加明显。SJ-4 的构件破坏如图 14.2-4 所示。

(a) 左侧栌斗开裂

(b) 右侧栌斗开裂

图 14.2-4　SJ-4 的构件破坏（一）

(c) 叉柱肢上端翘起

(d) 耍头枋压痕

(e) 栌斗斗耳压痕

图 14.2-4　SJ-4 的构件破坏（二）

2. 破坏特征

由于试件 SJ-1～SJ-4 均是叉柱造式斗栱，所以他们的破坏形式和部位相似：在预加载阶段，栌斗凹槽沿泥道栱方向受竖向荷载产生裂缝，叉柱在传递竖向荷载过程中起到了关键作用。一部分竖向荷载通过叉柱传递给斗栱，另一部分竖向荷载通过叉柱肢传递给栌斗。由于斗栱是由各构件组装而成，所以在预加载施加竖向荷载之后，各层之间挤压将构件之间压实，大部分竖向荷载初期直接通过叉柱肢传递至栌斗导致栌斗在横纹方向产生裂缝。随后水平加载的进行，在位移较小的时候，除栌斗外各构件均无明显变化，各层枋之间有微小位移。当加载至 20%Δ 后栌斗斗耳有被叉柱肢压过的痕迹，叉柱肢下端与斗耳在受力端相互挤压，不受力端彼此分离。叉柱肢上端在受力端与耍头枋相互挤压，另一端彼此分离。加载后期大位移阶段，栌斗底部受力端与木底梁互相挤压，不受力端与木底梁彼此分离，加载结束后木底梁有被栌斗挤压的痕迹。耍头枋、第三跳、第二跳华枋外端的交互斗由于变形较大沿横纹裂开。由于加工及组装误差，交互斗的破坏有三种途径：一是交互斗斗耳与上面枋接触的摩擦力大于交互斗底部的暗销与下面枋接触的摩擦力，交互斗在受到压力时斗耳被挤压变形沿横纹方向开裂，交互斗在受到拉力时被上面的枋带走，此时交互斗底部的暗销也分为两种情况，第一种是随交互斗被拔起导致下面枋的卯口被挤压撑大，第二种是随下面的枋固定导致交互斗底部的卯口被挤压撑大；二是交互斗斗耳与上面枋接触的摩擦力小于交互斗底部的暗销与下面枋接触的摩擦力，交互斗在受到拉力时被下面的枋带走，在受到压力时斗耳被挤压变形沿横纹方向开裂。此途径交互斗斗耳不仅在受压时被挤压，还在受拉时与上面的枋分离在之后的复位中再次挤压碰撞，所以此途径的交互斗较第一种途径的破坏更为严重；三是交互斗斗耳与上面枋接触的摩擦力等于交互斗底部的暗销与下面枋接触的摩擦力，交互斗在受拉时既不被上面的枋带走，也不被下面的枋带走，导致交互斗脱落退出斗栱工作系统。

14.2.2　荷载-位移滞回曲线

1. SJ-1 的滞回曲线分析

SJ-1 的荷载-位移滞回曲线如图 14.2-5 所示。规定向东（左）推为正向，向西（右）

拉为负向。

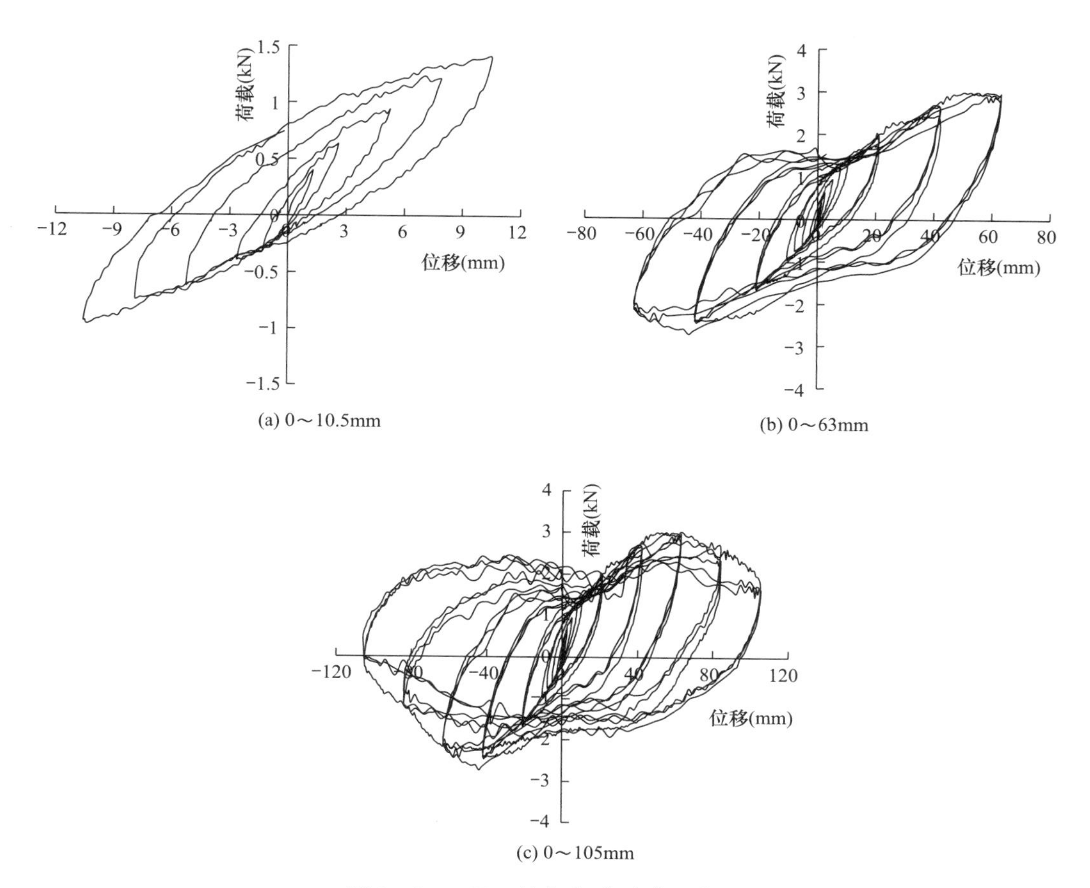

图 14.2-5　SJ-1 的荷载-位移滞回曲线

小位移即位移从 0%Δ 加载到 10%Δ 的滞回曲线如图 14.2-5（a）所示。试件最开始是正向加载，到 1.25%Δ 后开始卸载，由于各构件之间存在制作误差产生缝隙，正向加载时各构件之间相互压实，当力卸载到 0 时，发生了位移滞后，此时需要一定拉力将试件拉回原点并继续反向加载，由此反复。此阶段曲线表现为较饱满的“梭形”，表示此时试件还处于弹性阶段。曲线中正向加载到相同的位移所需要的力较反向加载更大，可能是由于斗栱两侧因加工和组装误差导致刚度不对称。

位移加载到 60%Δ 时出现刚度退化，滞回曲线如图 14.2-5（b）所示，试件在 21mm 后慢慢从弹性阶段进入塑性阶段。试件正向加载到 63mm 所需要的荷载约为 2.97kN，此前荷载一直处于增长状态。试件反向加载到 42mm 时所需要的荷载为 2.42kN，试件反向加载到 63mm 时所需要的荷载为 2.14kN，负向刚度已经出现退化，也证实了上述所说由于构件本身的加工和拼接问题导致负向刚度小于正向刚度。

当刚度退化至 85%以下，为了确保试验的安全性，停止加载。试件总体的滞回曲线如图 14.2-5（c）所示。从整体来看，试件的滞回曲线基本呈现出具有中间捏缩的“梭形”，说明叉柱造式斗栱具有很好的耗能能力。试件正向加载到 63mm 以后刚度开始退化，每级位移加载的第2圈和第3圈需要的荷载较第一圈更小，说明第1圈加载试件已经发生塑性变形导致刚度下降，这个特征在反向加载时更加明显。

2. SJ-2的滞回曲线分析

SJ-2的荷载-位移滞回曲线如图14.2-6所示。歪闪致斜（从初始状态加载到歪闪位移角为1/100）的荷载-位移曲线如图14.2-6（a）所示，正向加载到15mm的荷载为1.81kN，此时试件外部没有明显变化。在歪闪程度的基础上进行与SJ-1相同加载制度的加载，并观察试验现象。小位移即位移加载到10%Δ的滞回曲线如图14.2-6（b）所示，由于试件歪闪的方向是正向，所以在正式加载时可以发现试件的正向刚度明显小于反向刚度。正向加载时，下一个加载步到上一个加载步的最大位移的荷载相同，但是曲线包络的面积更小，说明试件的歪闪对试件的抗震性能有影响，试件歪闪方向的刚度降低。

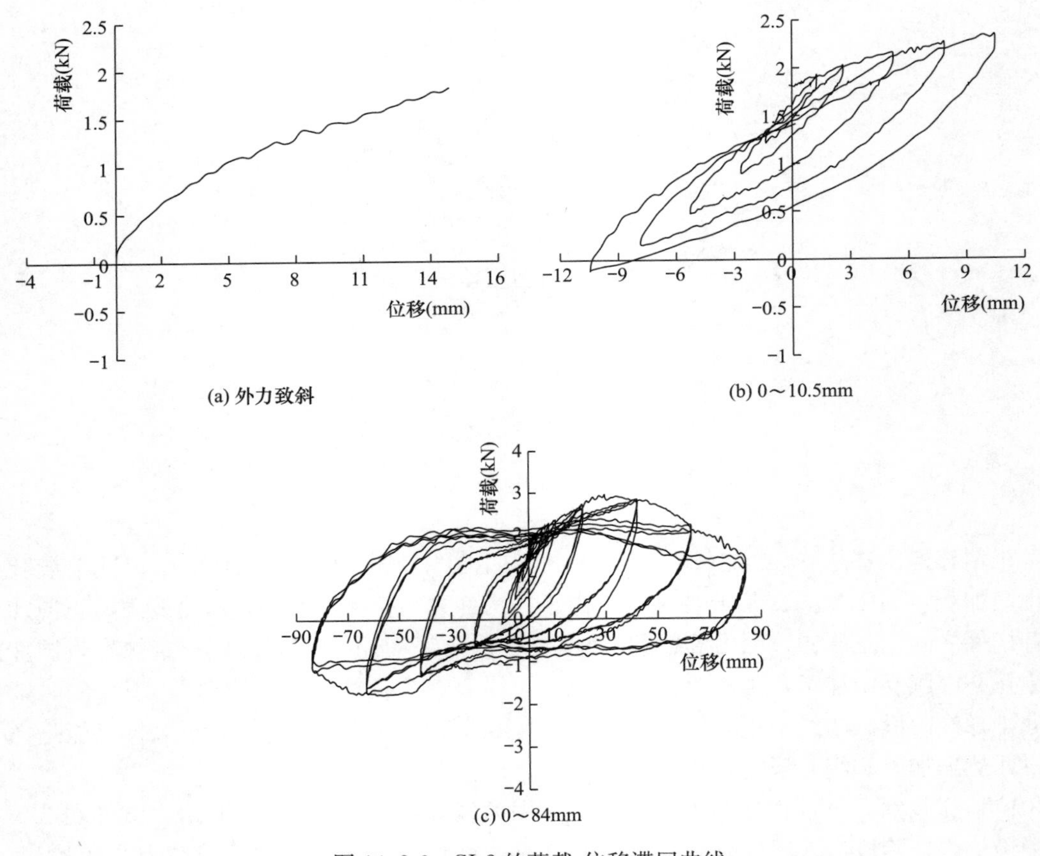

图14.2-6　SJ-2的荷载-位移滞回曲线

刚度出现退化即位移加载到40%Δ的滞回曲线如图14.2-6（c）所示，试件加载到21mm后进入塑性阶段。试件正向加载到42mm时所需荷载为2.82kN，正向加载到63mm时刚度已经退化，所需荷载为2.16kN。试件反向加载到63mm时所需要的荷载为1.70kN，此前荷载一直处于增长状态。正向刚度比反向刚度先退化表明由于歪闪导致正向的刚度小于反向刚度。试件反向加载到63mm之后刚度开始退化。与SJ-1相同，每一级位移加载的第 2 圈和第 3 圈需要的荷载较第一次更小，第 2 圈和第 3 圈的曲线变化不大，说明第 1 圈加载试件被破坏发生塑性变形导致刚度下降。

从整体的滞回曲线来看，试件的滞回曲线与 SJ-1 的形状基本一致，呈现出中间捏缩的“梭形”，说明歪闪位移角为 1/100 的双朵叉柱造式斗栱虽然刚度受到影响，但是同样具有很好的耗能能力。

3. SJ-3 的滞回曲线分析

SJ-3 的荷载-位移滞回曲线如图 14.2-7 所示。歪闪致斜 20mm（从初始状态加载到歪闪位移角为 1/75）的荷载-位移曲线如图 14.2-7a 所示。SJ-3 正向加载到 15mm 时的荷载为 1.27kN，正向加载到 20mm 时的荷载为 1.46kN，此时试件外部没有明显变化。对比 SJ-2 加载到 15mm 时对应的荷载为 1.81kN，较大可能的原因是 SJ-2 叉柱造式斗栱中的叉柱肢与斗栱层接触较 SJ-3 更紧实，存在的缝隙更小，所以需要的荷载更大。

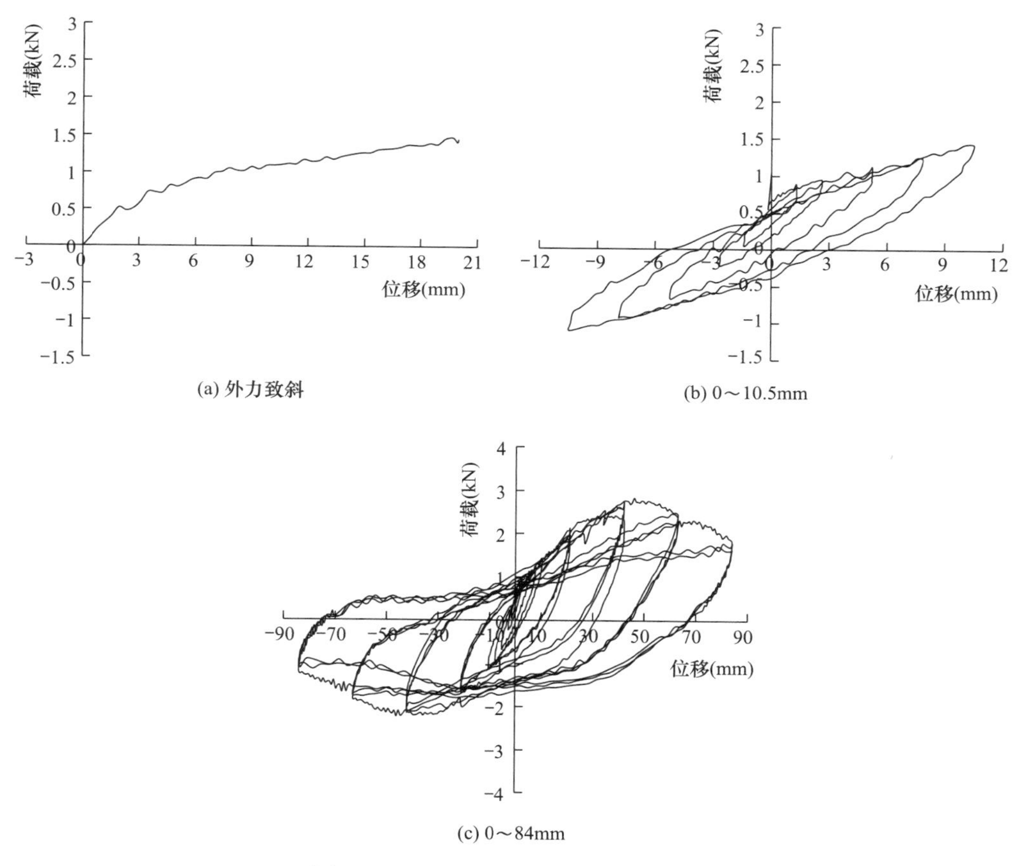

图 14.2-7　SJ-3 的荷载-位移滞回曲线

小位移的滞回曲线如图 14.2-7（b）所示。与 SJ-2 同理，由于试件歪闪的方向是正向，所以在正式加载中可以发现试件的正向刚度小于反向刚度。正向加载时，下一个加载步到上一个加载步的最大位移的荷载相同，但是所消耗的能量更小。

刚度出现退化即位移加载到 40%Δ 的滞回曲线如图 14.2-7（c）所示，试件在加载到 21mm 后进入塑性阶段。正向加载到 42mm 时所需荷载为 2.73kN，正向加载到 63mm 时刚度已经退化，所需荷载为 2.43kN。试件反向加载到 42mm 时所需要的荷载为 2.15kN，此前荷载一直处于增长状态。正向刚度比反向刚度先退化表明歪闪导致正向的刚度小于反向刚度。

试件整体的滞回曲线如图 14.2-7（c）所示。从整体来看，试件的滞回曲线呈现中间捏缩的“梭形”，说明歪闪位移角为 1/75 的双朵叉柱造式斗栱虽然刚度受到影响，但是同样具有很好的耗能能力。试件反向加载到 42mm 之后刚度开始退化，结果与上述初始试件的反向刚度小于正向刚度的预测保持一致。

4. SJ-4 的滞回曲线分析

SJ-4 的荷载-位移滞回曲线如图 14.2-8 所示。歪闪致斜（从初始状态加载到歪闪位移角为 1/50）的荷载-位移曲线如图 14.2-8（a）所示。正向加载到 30mm 时的荷载为 2.10kN，此时试件外部没有明显变化。SJ-4 加载到 15mm 时的荷载为 1.39kN，SJ-2 加载到 15mm 时的荷载为 1.81kN，SJ-3 加载到 15mm 的荷载为 1.27kN，对比可以发现 SJ-4 叉柱造式斗栱中的叉柱肢与斗栱层接触较 SJ-3 更紧实、较 SJ-2 更松。

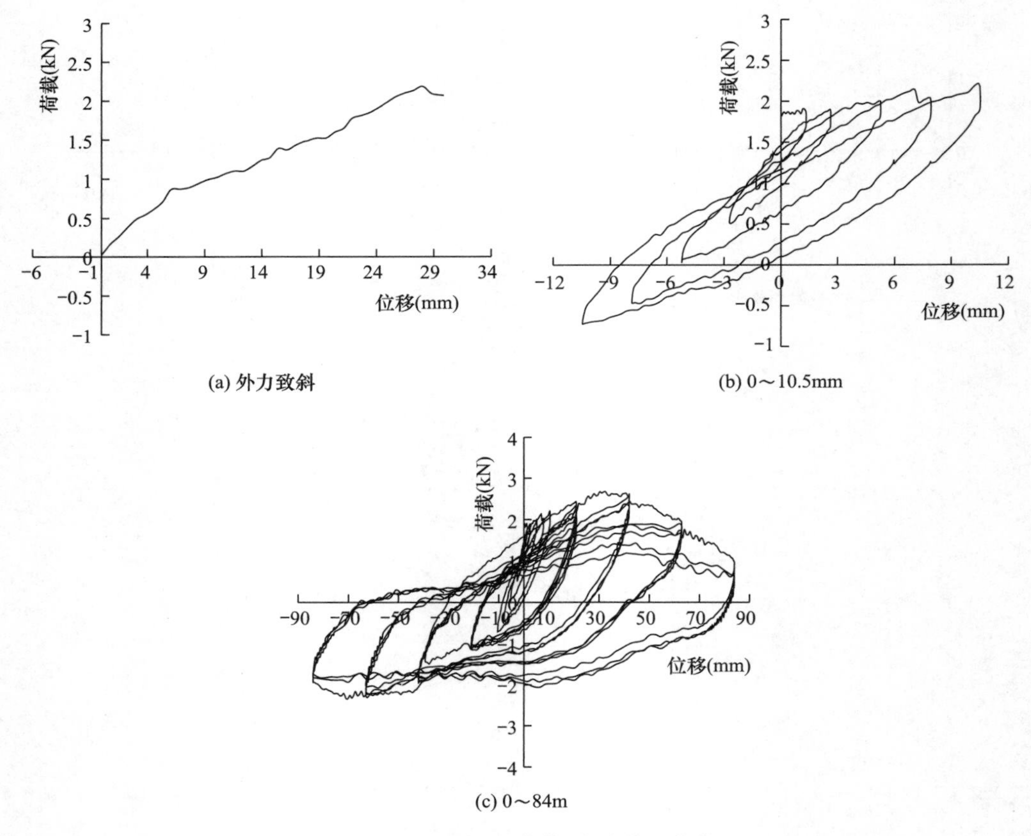

图 14.2-8　SJ-4 的荷载-位移滞回曲线

刚度出现退化即位移从 0%Δ 加载到 40%Δ 的滞回曲线如图 14.2-8（b）所示，试件在加载到 21mm 后进入塑性阶段，试件正向加载到 42mm 时所需荷载为 2.61kN，试件正向加载到 63mm 时刚度已经退化，所需荷载为 1.94kN。反向加载到 63mm 时荷载达到最大值 2.23kN。正向刚度比反向刚度先退化表明由于歪闪导致正向的刚度小于反向刚度。

试件整体滞回曲线如图 14.2-8（c）所示。从整体来看，试件的滞回曲线同样呈现出中间捏缩的“梭形”，说明歪闪位移角为 1/50 的双朵叉柱造式斗栱同样具有很好的耗能能力。试件反向加载到 63mm 之后刚度开始退化。与其他试件相同，每圈位移加载的第 2 圈和第 3 圈需要的荷载较第一次更小，第 2 圈和第 3 圈的曲线变化不大，说明第 1 圈加载试件被破坏发生塑性变形导致刚度下降。与 SJ-2 相同，正向加载时下一个加载步所需要的能量小于上一个加载步所需要的能量；反向加载则相反。

14.2.3　骨架曲线

骨架曲线提取了试件每个加载步最大转角对应的弯矩。其中，转角为木柱水平位移与叉柱底到加载点高度的比值。规定位移推为正，拉为负。SJ-1～SJ-4 的骨架曲线如图 14.2-9 所示。

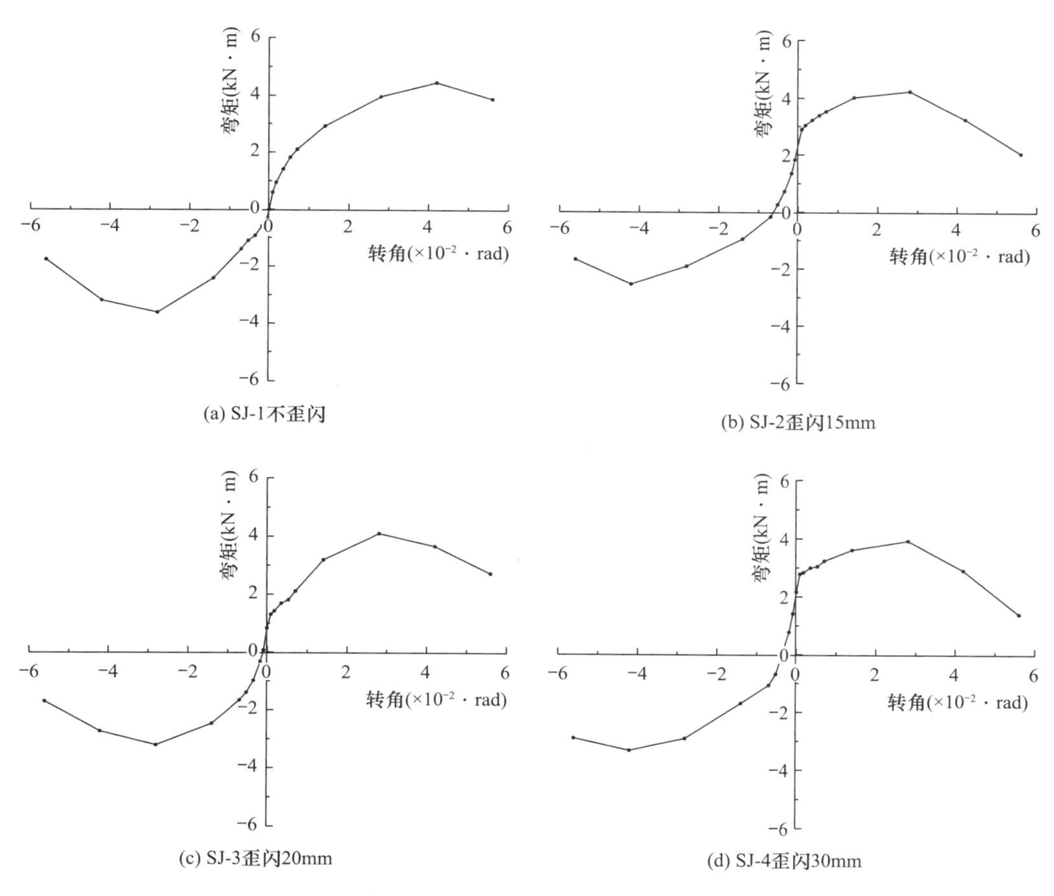

图 14.2-9　SJ-1～SJ-4 的骨架曲线

不歪闪的叉柱造式斗栱 SJ-1 的骨架曲线如图 14.2-9（a）所示。从图中可以看出该骨架曲线的形状为左右两边基本对称的“S 形”。加载到 10%Δ 之前，骨架曲线的斜率很大且接近于一条直线，表示初始刚度大且呈线性发展。图中正向的斜率大于反向的斜率，也证实了上述所说的初始试件的反向刚度小于正向刚度。随着水平位移的增加，骨架曲线的斜率逐渐减小，曲线逐渐变得平缓，在加载位移为 63mm 时达到最大水平力。63mm 后，位移继续增加，而水平力和抗侧刚度逐渐下降。当加载到 84mm 时，水平力大于零表示叉柱造式斗栱在 84mm 时还有一定的抗侧能力。

SJ-2 的骨架曲线如图 14.2-9（b）所示，从图中可以看出该骨架曲线的形状与 SJ-1 相似，但是该骨架曲线为左右不对称的“S 形”。由于 SJ-2 在试验前由水平外力推至 15mm，并基于此进行与 SJ-1 相同的加载制度，所以试件在相对 0mm（实际为正向加载 15mm）的位置有一个初始荷载 1.81kN。在加载初始阶段，骨架曲线正向和反向都接近于一条直线，正向的斜率小于反向的斜率，表示在歪闪 15mm 的情况下，试件的正向刚度受损，比反向刚度小。

SJ-3 的骨架曲线如图 14.2-9（c）所示，从图中可以看出该骨架曲线的形状为左右不对称的“S 形”。SJ-3 在试验前由水平外力推至 20mm，并基于此进行与 SJ-1 相同的加载制度，所以试件在相对 0mm（实际为正向加载 20mm）的位置有一个初始荷载 1.27kN。从曲线整体来看，正向（即歪闪方向）的刚度小于反向的刚度。

SJ-4 的骨架曲线如图 14.2-9（d）所示，该骨架曲线的形状为左右不对称的“S 形”。该曲线正向加载初期的斜率较其他三个明显更平缓，表明歪闪 30mm 使斗栱刚度大幅下降。

SJ-1、SJ-2、SJ-3 和 SJ-4 的骨架曲线对比可知：歪闪程度越大，在加载初始阶段正反向的刚度差就越大，即歪闪程度越大，正向加载的斜率越小，反向加载的斜率越大。

14.2.4 耗能曲线

滞回曲线中滞回环包围的面积即模型的能量耗散能力。面积越大，耗能能力越大。图 14.2-10 为各试件的耗能曲线。由 SJ-1、SJ-2、SJ-3 和 SJ-4 的耗能曲线对比可知：歪闪对双朵叉柱造式斗栱的耗能是有影响的，歪闪程度越大，斗栱的耗能能力越小，说明斗栱抗震性能退化越严重。叉柱造式斗栱的耗能一是来源于各构件之间的摩擦和挤压变形，二是试件中暗销的挤压和剪切变形。小位移加载时，构件处于弹性状态且耗能较低，四个构件的耗能基本相同。随着位移的增加，叉柱的转角逐渐增大且横纹逐渐进入塑性状态，试件的耗能开始不断提高，此阶段试件歪闪程度越大，耗能提升越慢。当转角达到 4.30%后，叉柱肢、栌斗开裂，构件间发生挤压变形，试件的耗能能力显著增强。

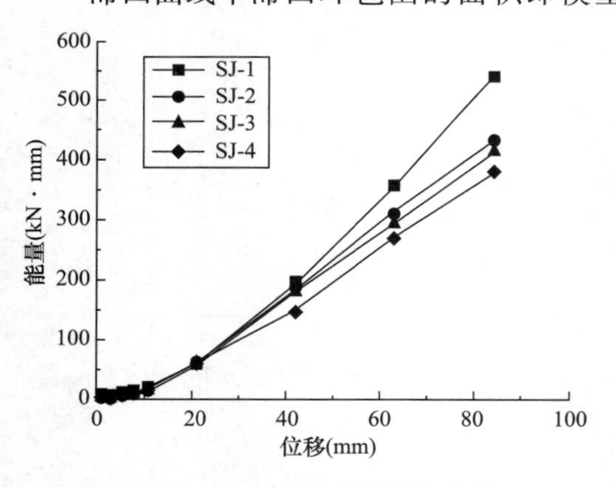

图 14.2-10 各试件的耗能曲线

14.2.5 斗栱层位移分析

斗栱的歪闪包括斗栱的倾斜和错位两部分，所以我们在斗栱每层枋端布置一个位移计以测斗栱层的位移。斗栱层示意图如图 14. 2-11 所示，从上到下分别为耍头枋、第三跳华枋、第二跳华枋和第一跳华枋。

首先对不歪闪的试件即 SJ-1 的各层枋的水平位移进行分析如图 14. 2-12 所示。由图可知枋与栌斗顶面的距离越远，水平位移越大。值得注意的是初始斗栱各层的位移在同级位移的加载过程中也是不对称的，正向位移的幅度大于反向位移的幅度，这是由于本试验选取的双朵叉柱造式斗栱，正向时荷载通过叉柱传递给各枋，各枋在正向加载时直接产生位移，而在负向加载过程中，叉柱传递给各枋，耍头枋和第二跳华枋发生位移时受到另一朵斗栱的限制发生弯曲变形。

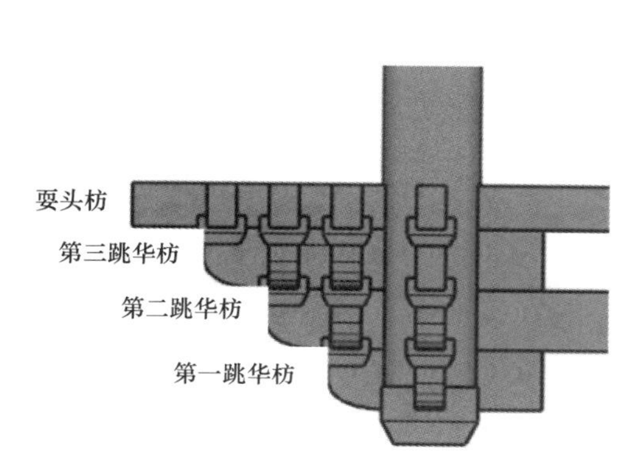

图 14. 2-11　斗栱层示意图

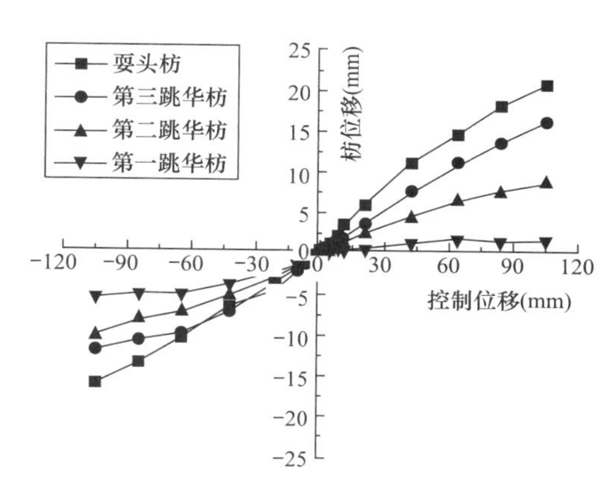

图 14. 2-12　各层枋的水平位移

选取图 14. 2-13 中的第二跳华枋和第三跳华枋的位移进行分析。第二跳华枋的位移如图 14. 2-13（a）所示：小位移的情况下，除去试件本身的歪闪位移，各试件的位移增幅基本一致。当位移到 40%Δ 时，不歪闪的试件基本呈直线增加，歪闪的试件增加的幅度减小，歪闪越严重，减小得越快。其中第二跳华枋歪闪 1/100 的初始歪闪小可能是由于此试件第二跳华枋与栌斗的连接比栌斗与木底梁的连接更紧密导致的，同一起点曲线在大位移下歪闪涨幅的减小的规律更加明显。各试件第三跳华枋位移如图 14. 2-13（b）所示：不歪闪的试件水平位移基本呈直线增加，而歪闪的试件加载到 40%Δ 后涨幅开始减小，歪闪程度越大，位移涨幅下降得越快。

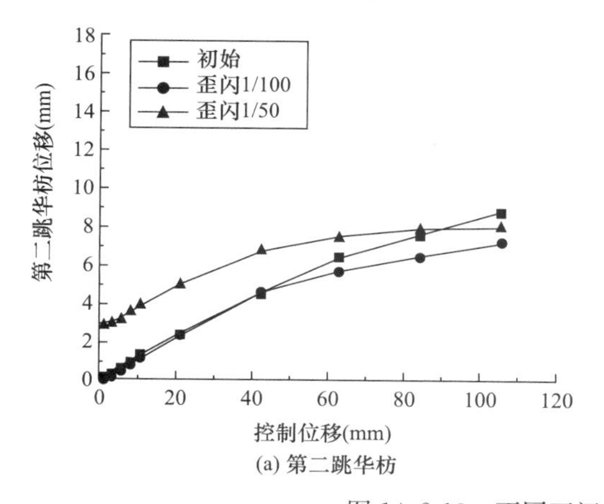

(a) 第二跳华枋

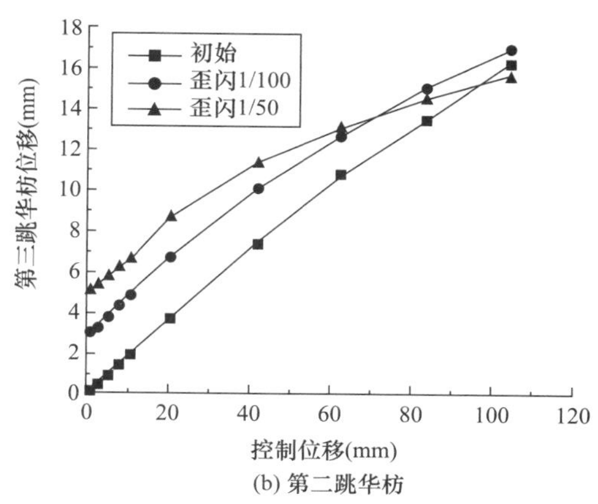

(b) 第二跳华枋

图 14. 2-13　不同歪闪程度的华枋水平位移

将第三跳华枋和第二跳华枋的水平位移做差就可以得到第三跳华枋和第二跳华枋之间的层间位移如图 14.2-14 所示。不同歪闪程度下的试件层间位移都随着加载位移的增加呈直线增加，歪闪程度越大，曲线的斜率就越小。

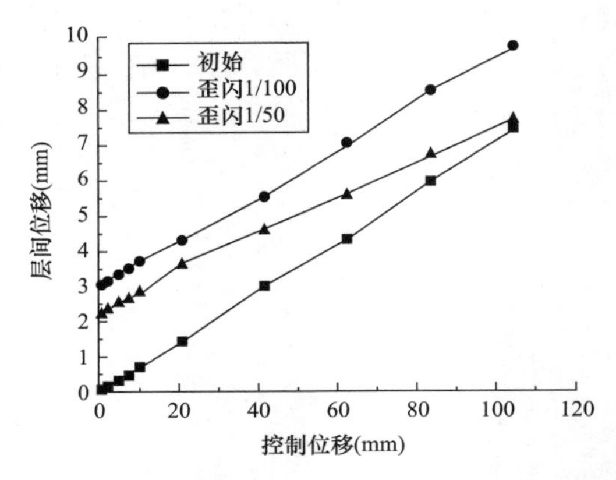

图 14.2-14　第二跳华枋和第三跳华枋之间的层间位移

14.2.6　抗震性能退化规律

通过不同歪闪角度的双朵叉柱造式斗栱的试验对比可知，忽略斗栱构件加工工艺及组装工艺的差异，叉柱造式斗栱的歪闪会造成试件在歪闪方向的抗震性能的退化。首先是斗栱刚度的变化：歪闪对于试件加载初期的刚度影响较大，试验表明试件的歪闪程度越大，小位移下歪闪方向的刚度越小，另一方向的刚度越大。随着位移的增加，两边刚度逐渐开始同步。其次斗栱的承载能力降低，试验发现斗栱歪闪后承载能力不仅在歪闪方向下降了，另一方向的最大承载能力也在下降，最大承载力一般出现在位移为 40%Δ 附近。最后斗栱的耗能能力随着歪闪位移角的增加而降低，不歪闪斗栱的耗能＞歪闪 1/100 的斗栱＞歪闪 1/75 的斗栱＞歪闪 1/50 的斗栱。

14.3　本章小结

针对古建筑木结构中常见的斗栱歪闪现象，以天津蓟州区独乐寺观音阁中的双朵叉柱造式斗栱为原型，参考应县木塔实际受损情况考虑三种歪闪程度对其抗震性能的影响，分析了不同歪闪程度下双朵叉柱造式斗栱抗震性能的退化规律。

第15章

整体平面抗侧力体系性能退化研究——以木构架倾斜为例

木构架是古建筑木结构的关键抗侧力单元，对于保持结构在地震、大风等水平作用下的安全与稳定至关重要。在漫长的历史岁月中，由于本体缺陷以及多种强外力作用的综合影响，古建筑木构架发生了不同类型的残损，如木材老化与腐朽、榫卯节点松动、斗栱歪闪以及整体构架倾斜等，抗震性能发生了不同程度的退化。本章首先探究了代表性木构架抗侧力单元的抗侧性能，然后将木构架分为带斗栱和不带斗栱两类，分别探究了其在榫卯松动、强外力影响下的发生倾斜后抗震性能的退化规律，以期为古建筑木结构的抗震保护提供参考。

15.1 古建筑木结构关键抗侧力体系抗震性能试验研究

斗栱、木构架通过多种方式结合形成古建筑木结构的抗侧力体系，掌握斗栱-木构架组合体系的抗震性能是揭示古建筑木结构抗震机理的重要基础。以天津市蓟州区独乐寺观音阁为原型，选取殿堂型斗栱、叉柱造式斗栱、木构架的代表性组合形式，按1∶2.86的缩尺比制作无额枋的叉柱造式斗栱构架（GJ-1）、上部带殿堂型斗栱与额枋的木构架（GJ-2）、上部殿堂型斗栱-下部叉柱造式斗栱且无额枋的木构架（GJ-3）、上部殿堂型斗栱-下部叉柱造式斗栱且有额枋的木构架（GJ-4）等4榀不同形式的斗栱-木构架模型。通过拟静力试验，分析了不同斗栱-木构架组合体系的破坏形态以及滞回特征、骨架曲线、强度与刚度退化规律、等效黏滞阻尼系数等滞回性能。

15.1.1 试验概况

1. 试件设计与制作

蓟州区独乐寺观音阁整体结构由三层斗栱层、三层柱架及屋架组成，中间楼层的斗栱和与之相交的柱、阑额、普柏枋等构件形成叉柱造式斗栱节点，顶层屋盖处的斗栱为殿堂型斗栱节点，如图15.1-1所示。

由于带斗栱木构架试件的原型取自不同楼层，木构架、左右两攒斗栱的几何尺寸并不完全相同，为方便将其视作相同。柱头斗栱在中间层时属于叉柱形式，在顶层时为殿堂型，为简化起见，将所有试件的柱头斗栱按殿堂型斗栱选用。四个试件在形式上不同，但为便于结果分析，将所有试件高度取作一致。带斗栱木构架试件的示意图见图15.1-1。

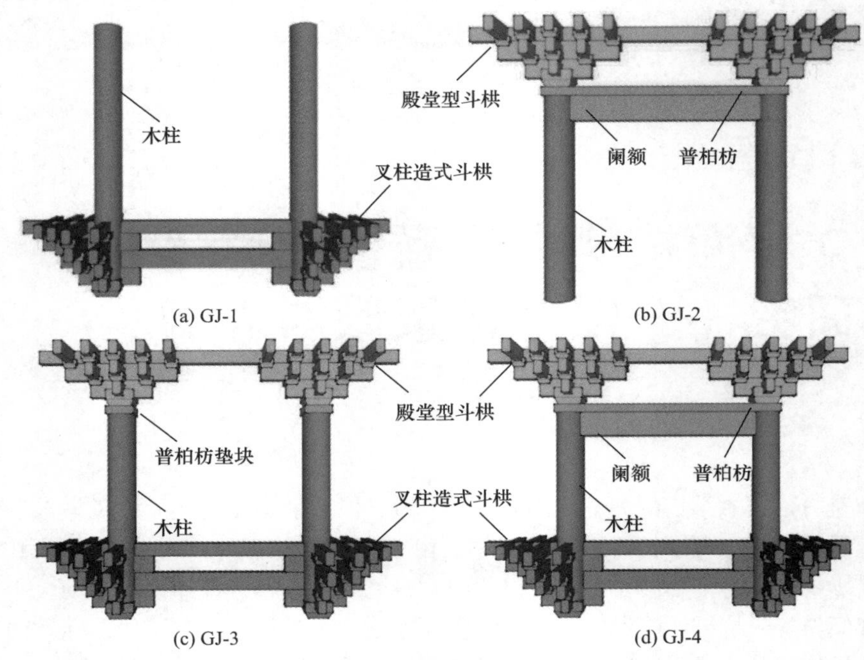

图 15.1-1　带斗栱木构架试件整体构造示意图

此外，进一步给出了叉柱造式斗栱与木柱-阑额-殿堂型斗栱节点部位的详图，如图 15.1-2 所示。

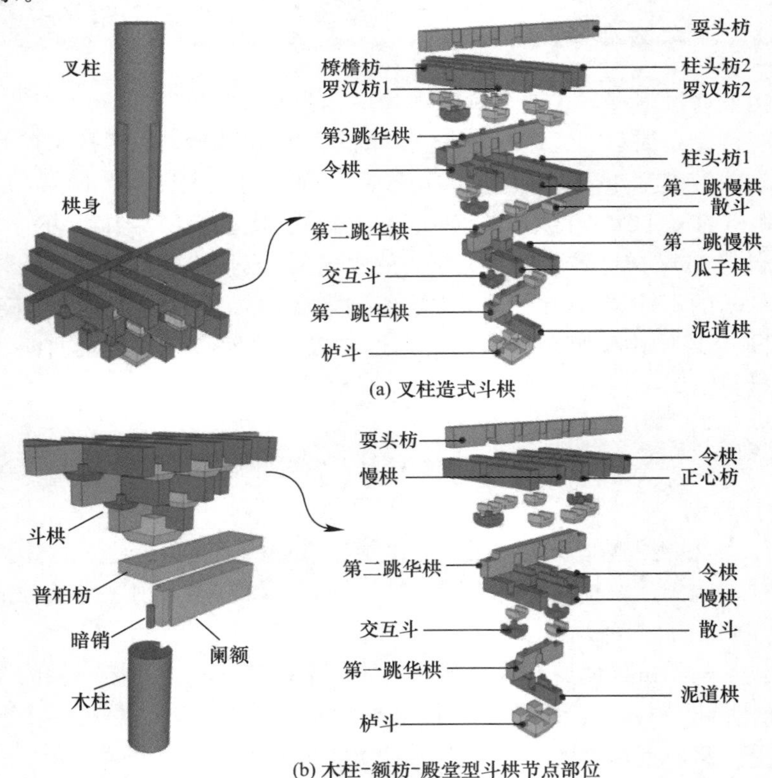

图 15.1-2　叉柱造式斗栱与木柱-额枋-殿堂型斗栱节点部位的部件详图

以樟子松为原材料制作试件，参考蓟州区独乐寺观音阁第二层的叉柱造式斗栱做法，制作了 4 个缩尺比为 1∶2.86 的叉柱造式双朵斗栱模型。双朵叉柱造式斗栱和殿堂型斗栱的主要部件尺寸如表 15.1-1 和表 15.1-2 所示，阑额和普柏枋尺寸分别为 120mm×180mm×1412mm、210mm×60mm×1720mm。阑额两端用燕尾榫，其大头和小头宽度分为 63mm 和 52.5mm、榫头长度为 50mm。四个试件中叉柱直径均为 210mm，但不同试件中叉柱高度不同，可根据图 15.1-1 所示构造与尺寸进行换算得到，叉柱肢长 457mm。

双朵叉柱造式斗栱部件尺寸　　表 15.1-1

序号	构件	长×宽×高（mm×mm×mm）	数量（个）
1	栌斗	201×210×130	2
2	泥道栱	60×98×456	2
3	第一跳华栱	60×137×469	2
4	交互斗	117×105×65	6
5	散斗	105×91×65	24
6	瓜子栱	60×98×404	2
7	第一跳慢栱	60×98×716	2
8	第二跳华栱	60×137×2230	1
9	令栱	60×98×468	2
10	第二跳慢栱	60×98×924	2
11	柱头枋 1、2	60×98×1054	2
12	第三跳华栱	60×137×742	2
13	撩檐枋	60×98×634	2
14	罗汉枋 1	60×98×794	2
15	罗汉枋 2	60×98×950	2
16	耍头枋	60×98×2814	1

双朵殿堂型斗栱部件尺寸表　　表 15.1-2

序号	构件	长×宽×高（mm×mm×mm）	数量（个）
1	栌斗	201×210×130	2
2	泥道栱	60×98×404	2
3	第一跳华栱	60×137×468	2
4	交互斗	117×105×65	6
5	散斗	105×91×65	24
6	令栱	60×98×468	4
7	慢栱	60×98×598	3
8	第二跳华栱	60×137×858	2
9	正心枋	60×98×664	2
10	耍头枋	60×98×2772	1

2. 加载方案

将带斗栱木构架试件组装好，吊装到试验台上。普柏枋放置在试验台，并采用角钢限位以防止其在加载过程中滑移。试件放在普柏枋上，其中栌斗与普拍枋通过暗销连接。为了防止试件在加载过程中发生平面外失稳，采取侧向钢支撑防失稳措施，并通过固定在试件上的滚轮减小支撑与试件的摩擦作用。对于试件 GJ-1，滚轮固定在木柱上，而对于带上部斗栱的试件，钢支撑设置在上部斗栱的耍头枋侧面。加载装置如图 15.1-3。

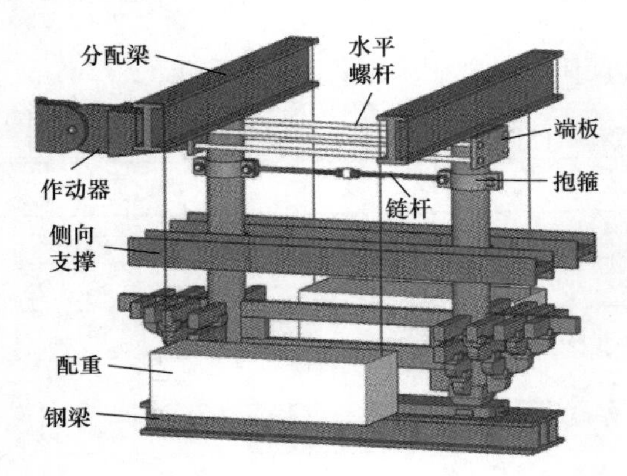

(a) 不带上部斗栱的柱架

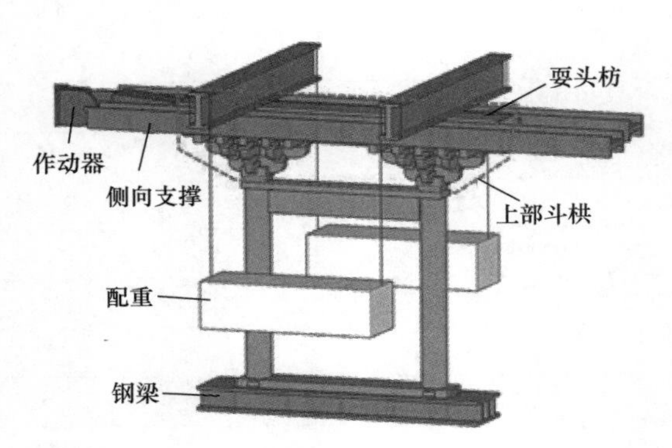

(b) 带上部斗栱的木构架

图 15.1-3　加载装置

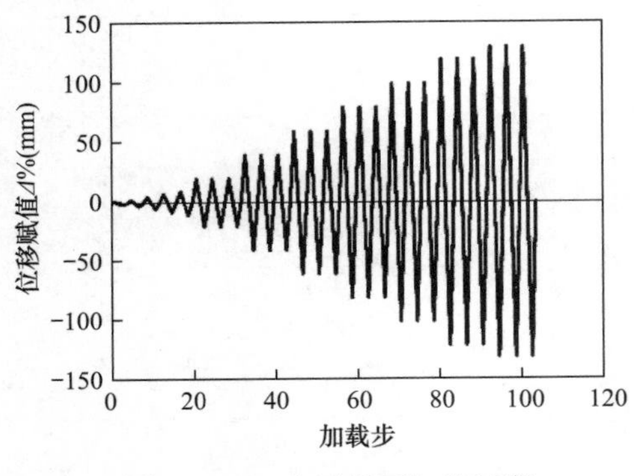

图 15.1-4　水平循环加载制度

根据蓟州区独乐寺观音阁各楼层竖向荷载以及缩尺比，叉柱造式斗栱试件的竖向荷载为 82kN。由于竖向荷载较小，本试验采用混凝土配重块实现竖向加载，避免采用千斤顶时因其轻微变动对试验结果产生较大影响。

水平荷载通过量程为±350mm、荷载控制精度为 0.01kN 的作动器施加。水平循环加载制度如图 15.1-4 所示，采用变幅值位移控制加载，水平峰值位移为 0.0125Δ、0.025Δ、0.05Δ、0.075Δ、0.1Δ、0.2Δ、0.4Δ、0.6Δ、0.8Δ、1.0Δ、1.2Δ、1.3Δ、1.4Δ、1.5Δ、1.6Δ、1.7Δ、1.8Δ。其中 Δ 为极限位移，当位移达到 0.5 倍柱径即竖向荷载超过柱边缘时将演变为不利荷载，故取 Δ=210mm×0.5=105mm。

3. 观察与测量方案

加载过程中注意观察和记录柱顶和柱底、普拍枋和阑额、上部斗栱栌斗与普拍枋等关键接触部件的挤压变形情况等，以及散斗和交互斗、叉柱肢、各层枋的挤压与破坏过程。

为测量木构架整体及斗栱各部件的水平与竖向变形，斗栱各层部件端部分别布置一个水平位移计以测各层部件之间的相对水平位移；在两个栌斗底部各布置一个水平位移计用以测量栌斗水平滑移；斗栱层间各布置两个竖向位移计以测斗栱层的翘曲，在两个栌斗斗耳处分别布置一个位移计以测栌斗的翘曲。在普拍枋中心位置布置一个磁滞位移计，上部斗栱中的两个栌斗底部各布置一个水平位移计以便测上部斗栱底部的滑移，两个栌斗斗耳处分别布置一个竖向位移计以测栌斗翘曲。位移计布置情况见图 15.1-5，其中 LD、VD 分别代表水平位移计、竖向位移计。所有数据均通过 TDS-602 数据采集仪自动采集。

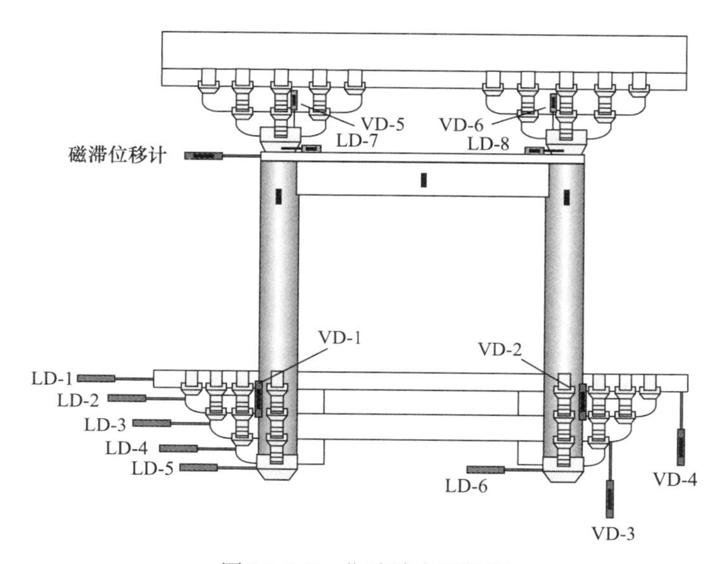

图 15.1-5　位移计布置情况

正式加载前对试件进行预加载，依次施加竖向荷载和水平位移 0.075Δ，以检查仪器是否正常工作。

15.1.2　试验现象及破坏特征

四个木构架试件在整个受力过程中的关键部件破坏情况如图 15.1-6～图 15.1-9 所示。具体破坏过程分析如下：

1）试件 GJ-1。位移小于 10.5mm 时，试件变形较小，叉柱脚与栌斗顶面、叉柱与耍头枋等界面基本无缝隙。加载至 21mm 时，叉柱肢与耍头枋交界处、与各层枋接触面在受力侧挤紧，反侧产生缝隙；栌斗在泥道栱方向的凹槽出现裂缝。加载至 63mm 时，叉柱肢上方出现劈裂，发出木材劈裂的声音。随着加载位移的增加，劈裂的声音断断续续传出，裂缝继续发展。加载至 105mm 时，叉柱肢上端翘起，与耍头枋产生 12mm 缝隙。加载结束后，耍头枋上端华栱方向挤压痕迹明显；两栌斗凹槽沿泥道栱方向裂开；栌斗斗耳有叉柱肢底挤压的痕迹。

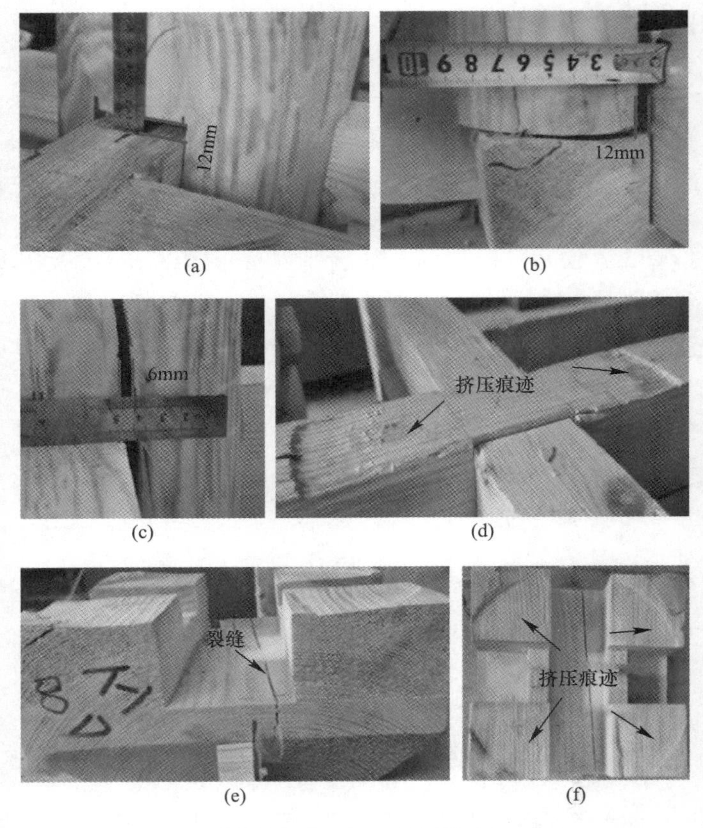

图 15.1-6 GJ-1 破坏形态

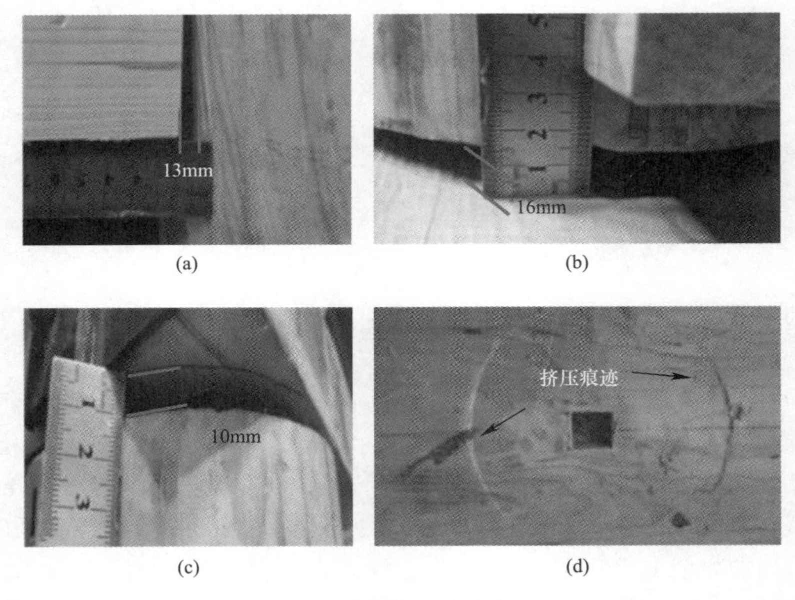

图 15.1-7 GJ-2 破坏形态（一）

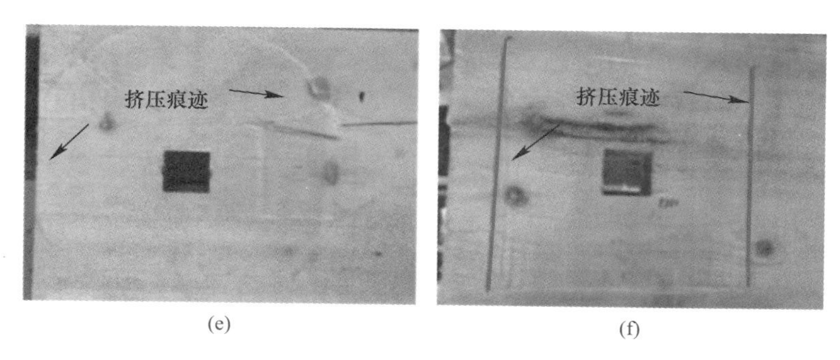

(e)　(f)

图 15.1-7　GJ-2 破坏形态（二）

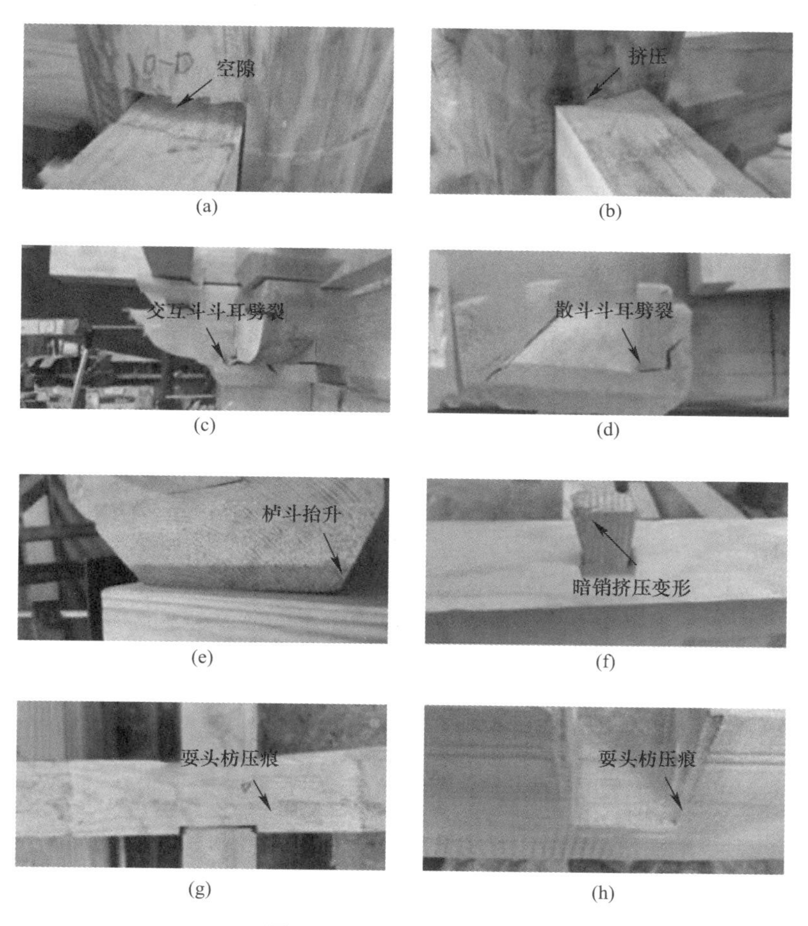

(a)　(b)

(c)　(d)

(e)　(f)

(g)　(h)

图 15.1-8　GJ-3 破坏形态

(a)　(b)

图 15.1-9　GJ-4 破坏形态（一）

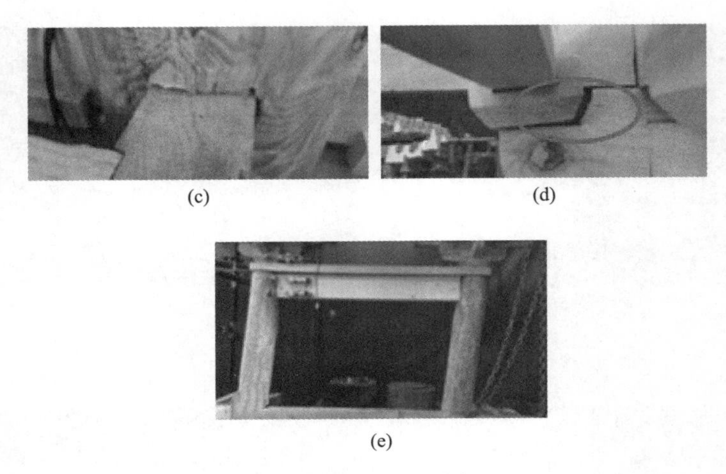

(c)　(d)

(e)

图 15.1-9　GJ-4 破坏形态（二）

2）试件 GJ-2。加载位移小于 10.5mm 时，柱脚抬升位移和阑额拔榫不明显。加载至 21mm 时，燕尾榫拔出 3mm，柱脚抬升 3mm；随着位移增加，各构件间挤压变形越来越严重。加载至 115.5mm 时，燕尾榫拔出 13mm，柱脚抬升 16mm，柱顶与普拍枋产生 10mm 缝隙。加载结束后，普拍枋下端与木柱顶产生挤压变形痕迹，普拍枋上端与上部斗栱栌斗产生挤压变形，木底梁与柱脚产生挤压变形痕迹。

3）试件 GJ-3。加载位移小于 10.5mm 时，此时柱脚抬升不明显。加载至 21mm 时，叉柱肢与耍头枋交叉处在受力方向发生挤压，相反侧产生缝隙；栌斗泥道栱方向被挤压产生裂痕。加载至 84mm 时，产生木材劈裂的声音，耍头枋与第三跳华枋之间产生 6mm 位移，耍头枋与叉柱肢在加载方向产生挤压变形，另一方向产生 9mm 缝隙；试件逐渐开始发出木材劈裂声。加载至 136.5mm 时，耍头枋与第三跳华枋之间的交互斗一侧斗耳发生劈裂，第三跳华枋与第二跳华枋之间的散斗两侧斗耳均发生严重的劈裂，叉柱肢与泥道栱产生缝隙并发生错位，栌斗抬升，上部斗栱栌斗略微抬升，第一跳华枋与栌斗之间产生挤压和翘曲。加载结束之后，华枋之间的暗销被挤压变形，耍头枋上留有与叉柱肢挤压产生的压痕。

4）试件 GJ-4。加载位移在 115.5mm 时，试件伴随有木材劈裂的声音且发出木材挤压摩擦的声音，东边散斗裂开，耍头枋与第三跳华枋之间产生 8mm 位移。加载至 136.5mm 时，叉柱肢上端与耍头枋压坏，耍头枋被挤压变形，最外部的散斗错位严重，整个试件也发生了严重歪闪。加载结束后，耍头枋上留有与叉柱肢挤压产生的压痕，华枋之间的暗销被挤压变形。

15.1.3　试验结果分析与讨论

1. 滞回曲线

试件加载点处的荷载-位移滞回曲线如图 15.1-10 所示。可以看出，各试件滞回性能较好，但滞回曲线的形状、对称性和捏缩程度差别较明显。其中试件 GJ-1 和 GJ-2 的滞回曲线形状分别为中间略微捏缩的“梭形”和“S 形”，试件 GJ-3 和 GJ-4 均呈“弓形”；试件 GJ-2 的捏缩效应最严重，GJ-3 和 GJ-4 次之，GJ-1 的捏缩效应最小；整体上基本是反对称的，但由于各试件均存在一定加工与安装误差，其正反向滞回曲线存在一定差别，这也说明试件在正向和反向加载过程中的滞回耗能特性基本一致。

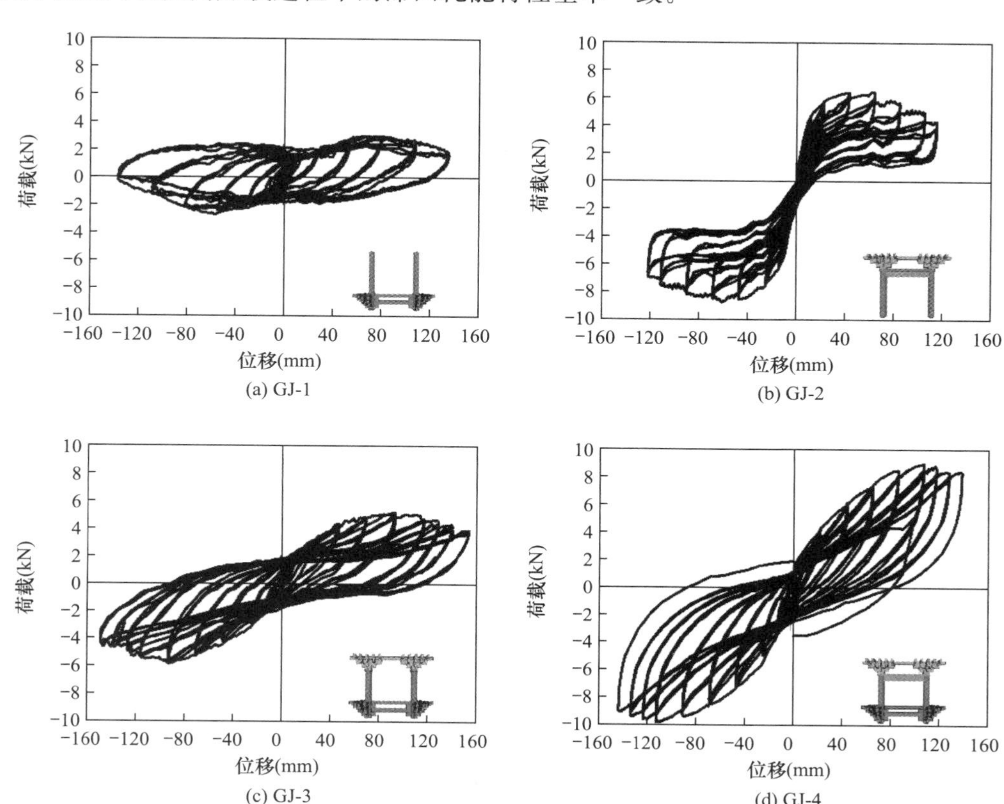

图 15.1-10　荷载-位移滞回曲线

从滞回曲线的象限分布特征看，试件 GJ-1 在四个象限的分布较为均匀，GJ-2 仅分布在第一、三象限，而 GJ-3 和 GJ-4 则大多分布在第一、三象限，并有小部分分布在第二、四象限。说明双朵叉柱造式斗栱构架（GJ-1）较长的叉柱肢在受力过程中产生了明显的 P-Δ 效应。带上部斗栱木构架（GJ-2）呈现较好的摇摆恢复特征，上部斗栱和普柏枋增强了柱子的横向联系，对梁柱榫卯节点拔榫有一定限制作用，卸载后木构架的残余变形较小。

相比试件 GJ-1，试件 GJ-3 中存在上部斗栱，对两根叉柱的约束力明显增强，且承载能力和刚度均显著增强；试件 GJ-4 进一步增加了阑额与普柏枋，木构架的整体性增强，承载能力提高幅度更大，也是四种代表性构造形式的木构架中滞回性能最好的，在相同位移下，试件 GJ-4 的 P-Δ 效应最小。

试件 GJ-2 和 GJ-4 相比，木柱底部为叉柱造式斗栱，但二者滞回特征显著不同，后者承载能力、延性、耗能能力显著提高。

2. 骨架曲线

各式件试件荷载-位移骨架曲线如图 15.1-11 所示。可以看出，所有试件骨架曲线的形状呈

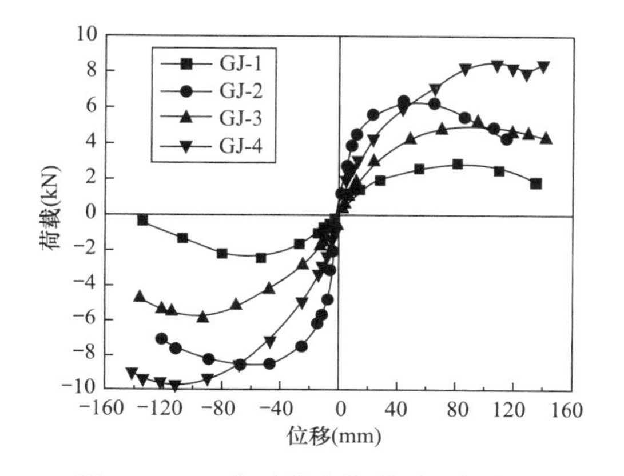

图 15.1-11　各试件荷载-位移骨架曲线

正反向基本对称的"S"形。位移加载初期，骨架曲线斜率大且接近直线，表示初始刚度大且呈线性发展。随着水平位移的增加，骨架曲线斜率逐渐减小，曲线逐渐变得平缓，在达到相应的峰值承载力后，随着位移增加，水平力和抗侧刚度逐渐下降。

由图 15.1-11 可知，试件 GJ-1 刚度最小，GJ-2 刚度最大，说明叉柱造式斗栱对木构架刚度有削弱作用，进一步与试件 GJ-3 和 GJ-4 对比可知，随着叉柱顶部联系的增强，叉柱造式斗栱木构架的抗侧刚度越来越高。

试件 GJ-1、GJ-3 和 GJ-4 骨架曲线具有较高相似性，意味着带下部叉柱造式斗栱层时骨架曲线的一般形状。虽然 GJ-4 仅比 GJ-3 多了阑额和普柏枋，但其峰值承载能力却比前者高 70%，试件 GJ-3 和 GJ-4 的峰值承载能力比 GJ-1 更是高 113%和 262%，这就说明增加阑额和普柏枋、上部斗栱层等可十分显著地提高此类斗栱-木构架组合体系的承载能力。

3. 承载力退化

承载力退化是指结构或构件加载至某一恒定位移幅值后，其承载力随着循环次数的增加而降低的现象，通常用承载力退化系数表示，如式（15.1-1）所示。

$$\lambda_i = F_j^i / F_j^{i-1} \tag{15.1-1}$$

式中，F_j^i 为第 j 级加载时，第 i 次循环峰值点荷载值；F_j^{i-1} 为第 j 级加载时，第 $i-1$ 次循环峰值点荷载值。

试件 GJ-1～GJ-4 的承载力退化系数曲线如图 15.1-12 所示，其中图 15.1-12（a）和图 15.1-12（b）分别为第二次和第三次循环加载时承载力退化系数的变化规律。可以看出，第三次循环加载时承载力退化程度比第二次循环加载时更严重，这是由前两次循环加载过程中木构架的损伤累积效应造成的。在正向加载时四个试件的承载力退化程度明显比负向加载时小，且不同试件承载力退化系数的离散性也比负向加载时更小，这可能是由于试件在加工过程中存在不同程度的初始微小间隙，在正向加载过程中各部件之间的间隙因试件在正向加载方向不断挤紧而减小、在负向加载方向不断增加，反向加载相同位移时，承载力退化程度也就更大，同时，因间隙程度不同，承载力退化程度也就参差不齐，综合表现为承载力退化系数的较高离散性。

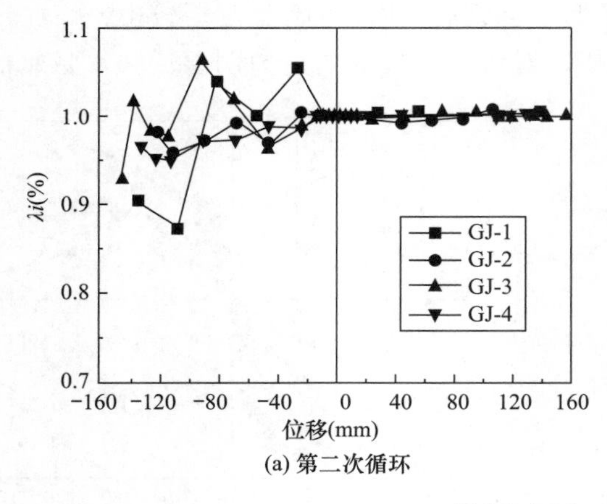

(a) 第二次循环

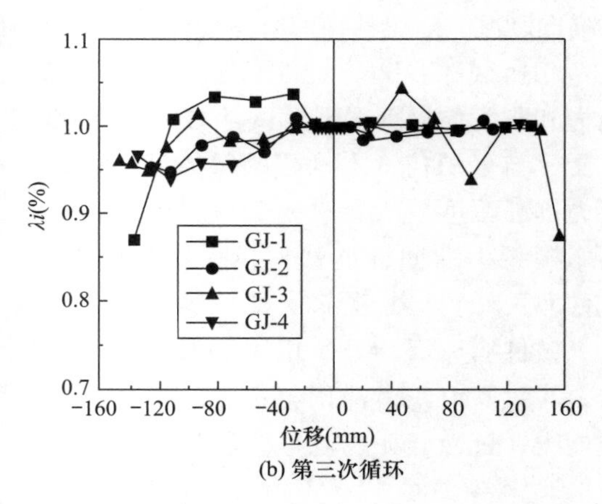

(b) 第三次循环

图 15.1-12　强度退化曲线

4. 刚度退化

结构工程中常采用刚度退化指标综合反映结构和构件累积损伤情况。试件的刚度可用割线刚度来表示，如式（15.1-2）所示。

$$K_i=\frac{|+F_i|+|-F_i|}{|+X_i|+|-X_i|} \tag{15.1-2}$$

式中，$+F_i$ 和 $-F_i$ 分别为第 i 级加载过程中正向和负向荷载最大值；$+X_i$ 和 $-X_i$ 分别为 $+F_i$ 和 $-F_i$ 的对应位移。

由式（15.1-2）得到的试件刚度退化规律如图 15.1-13 所示。可以看出，四个试件的刚度退化趋势相近，均以位移 21mm 近似为界，经历了明显的两阶段退化过程，位移小于 21mm 时试件刚度退化速率较大，位移大于 21mm 时刚度退化速率较小。试件 GJ-2 的初始刚度最大，为 0.83kN/mm，试件 GJ-3 和 GJ-4 次之，分别为 0.25kN/mm 和 0.43kN/mm，试件 GJ-1 的初始刚度最小，为 0.13kN/mm。对比 GJ-2 和 GJ-4，前者刚度大，说明叉柱实际上是削弱了带上部斗栱木构架的抗侧刚度；对比试件 GJ-3 与 GJ-4 的初始刚度可知，阑额和普柏枋的存在有助于增加带斗栱木构架体系的抗侧刚度；试件 GJ-2 比 GJ-1 仅多了带上部斗栱，但使木构架的抗侧刚度大幅提高，说明上部约束构件对木构架抗侧刚度的影响非常大。

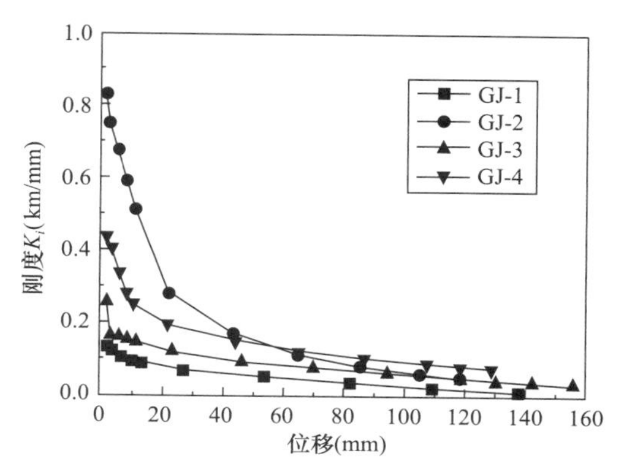

图 15.1-13　刚度退化曲线

试件 GJ-1 和 GJ-2 在整个加载过程中的刚度退化率最大，加载结束时均下降了约 95%；试件 GJ-3 和 GJ-4 在整个加载过程中的刚度退化率分别为 88%和 84%。试件 GJ-1 的初始刚度最小，为 0.13kN/mm，加载结束时（136.4mm）刚度为 0.01kN/mm，对应的退化率为 95%。可见，虽然各类试件的初始抗侧刚度相差较大，但加载结束时的抗侧刚度退化程度却较接近。目前，由于木构架涉及较多部件和接触面，其刚度退化规律与部件接触间隙与材料局部挤压损伤过程有关，但受结构复杂性和观测手段不精细等因素限制，目前尚且难摸清各类构架抗侧刚度退化本因。

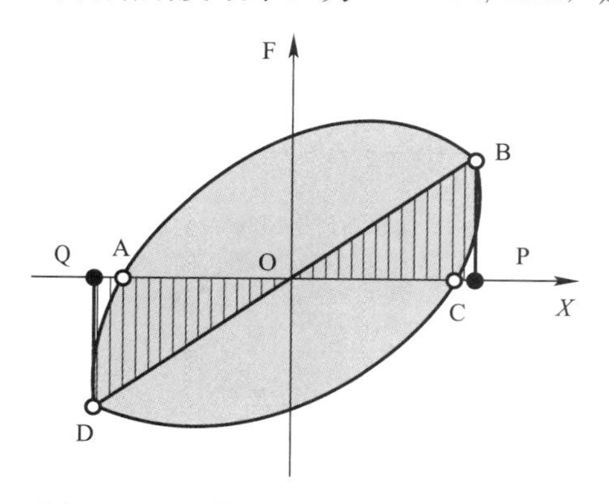

图 15.1-14　等效黏滞阻尼系数计算示意

5. 等效黏滞阻尼系数

结构工程中常采用等效黏滞阻尼系数衡量结构和构件的耗能能力，其计算简图和计算方法分别如图 15.1-14 和式（15.1-3）所示。

$$\zeta_{eq}=\frac{1}{2\pi}\cdot\frac{S_{(ABC+CDA)}}{S_{(BOP+DOQ)}} \tag{15.1-3}$$

式中，$S_{(ABC+CDA)}$ 为滞回曲线所包围的面积；$S_{(BOP+DOQ)}$ 为三角形 BOP 和 DOQ 的面

积之和。

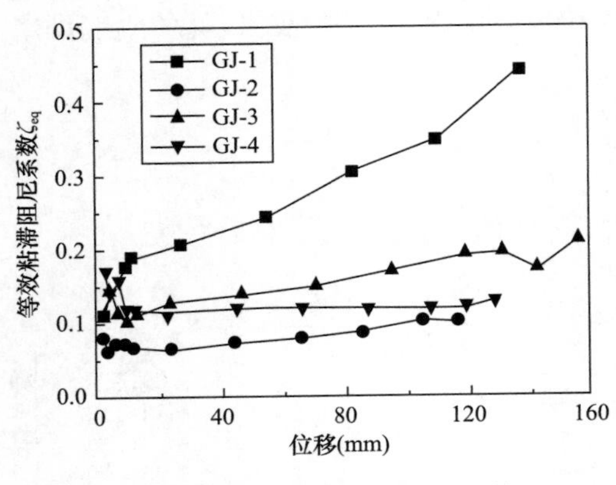

图 15.1-15　等效黏滞阻尼系数

试件 GJ-1～GJ-4 的等效黏滞阻尼系数曲线如图 15.1-15 所示。可以看出，各试件的等效黏滞阻尼系数虽然在加载刚开始时略有下降，但总体呈现稳步上升趋势，直至试验结束。试件 GJ-1 的黏滞阻尼系数最大而试件 GJ-2 最小，意味着前者耗能能力最好而试件 GJ-2 耗能能力最弱，说明长叉柱斗栱构架的耗能能力较好，对于整体结构而言，以往仅仅将叉柱斗栱当作节点未必能够真实反映结构的防震性能。

另一方面，带上部斗栱木构架的耗能能力是所有组合中最弱的，这就说明高层古建筑木结构中，叉柱造式斗栱构架比梁柱木构架的耗能性能好。此外，GJ-2 的木柱摇摆特征明显，具有较好的可恢复性，对于维持结构的整体稳定性至关重要；试件 GJ-3 和 GJ-4 的耗能能力处于 GJ-1 和 GJ-2 之间，这是由于前者的柱子受到了阑额、普柏枋、上部斗栱等构件不同程度的约束作用，约束能力越强则耗能性能越弱。

6. 位移模式与层间位移角

试件 GJ-1～GJ-4 的位移模式和层间位移角曲线如图 15.1-16 所示。由图 15.1-6（a）可知，四个试件的水平位移随着高度的增加均呈现增加趋势，各试件在同一结构层以及同一试件在不同结构层的位移以及位移增加幅度均存在较大差异，这是由于不同结构层的刚度差异造成的。结合图 15.1-16（b）作进一步分析可知，试件 GJ-1～GJ-4 的层间位移角分布规律相近，均在柱顶最大，上部殿堂型斗栱层最小，意味着上部斗栱层的抗侧刚度大；同时可以看出，不同试件的最大、最小层间位移角数值存在较大差别，这就说明相同结构层在不同结构中的位移反应不同，这是由斗栱与木构架组成的整体抗侧力体系的综合抗侧刚度决定的，体现了不同特征结构层之间的相互作用效应。

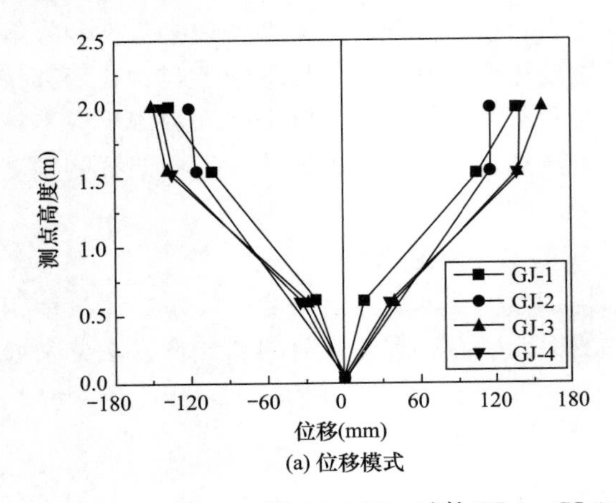

(a) 位移模式

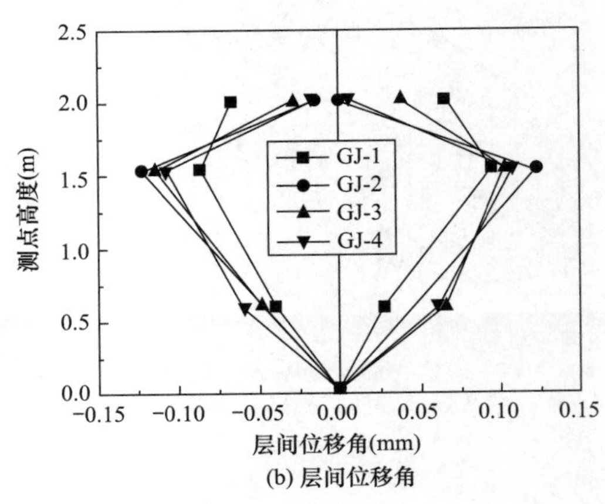

(b) 层间位移角

图 15.1-16　试件 GJ-1～GJ-4 的位移模式与层间位移角曲线

7. 斗栱层间滑移分析

分析叉柱造式斗栱各部件在不同抗侧力单元中的层间滑移情况，有助于进一步掌握叉柱造式斗栱对不同抗侧力单元抗震性能的影响机制。为此，将试件 GJ-1、GJ-3 和 GJ-4 的叉柱造式斗栱各层滑移量随柱顶位移的变化规律如图 15.1-17 所示。可以看出，随着侧向位移的增加，叉柱造式斗栱的层间滑移量也逐渐增大，且基本呈现线性增加趋势。三个试件中叉柱造式斗栱的各部件层间正反向滑移情况并不对称，特别是对于两根叉柱顶部无约束的抗侧力单元 GJ-1，其 W13、W34、W45 不对称特征十分显著；试件 GJ-3 和 GJ-4 中叉柱造式斗栱在正反向加载过程中，W13 仍然具有强烈不对称性，而 W34 和 W45 基本呈对称分布状态。

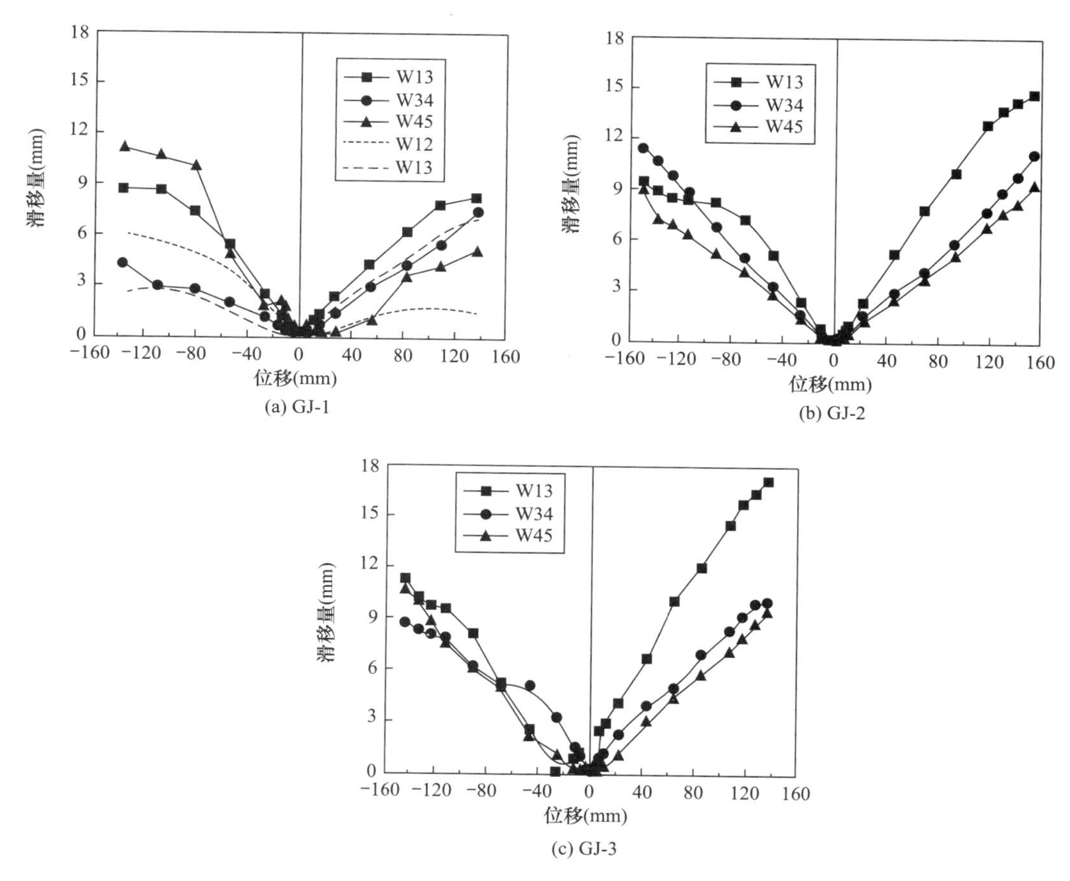

图 15.1-17　叉柱斗栱部件层间滑移

15.2 松动直榫连接木构架抗震性能退化研究

15.2.1 试件设计及制作

根据实验室条件和相似理论，按照《营造法式》三等材的要求，设计并制作了 3 个缩尺比为 1∶3.2 的直榫连接木框架试件。其中，包括 1 个完好木框架试件（TF0）和 2 个不同松动程度的直榫连接木框架试件（TFG1～TFG2）。木框架尺寸如图 15.2-1 所示。木框架模型详细尺寸和竖向荷载见表 15.2-1。

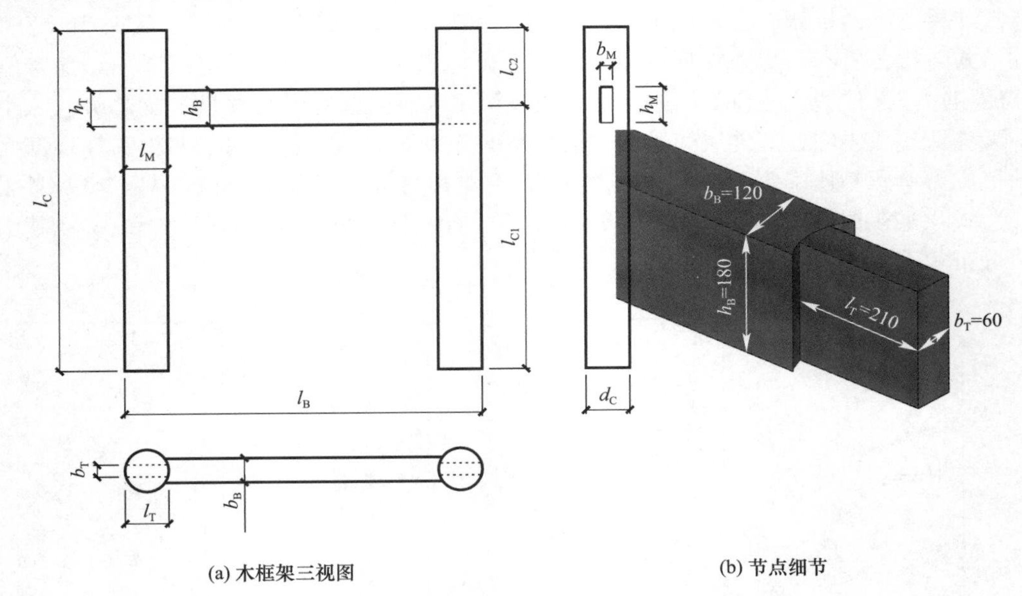

(a) 木框架三视图　　(b) 节点细节

图 15.2-1　木框架尺寸

木框架试件详细尺寸及竖向荷载　　表 15.2-1

试件编号	柱（mm）			梁（mm）			榫头/卯口（mm）			N (kN)	δ (mm)	D_G (%)
	d_C	l_{C1}	l_C	b_B	h_B	l_B	$b_{T\text{-}M}$	h_T	$l_{T\text{-}M}$			
TF0	210	1310	1700	120	180	1720	60	180	210	20	0	0
TFG1	210	1310	1700	120	180	1720	60	171	210	20	9	5
TFG2	210	1310	1700	120	180	1720	60	162	210	20	18	10

注：d、b、h 和 l 分别为构件的直径、宽度、高度和长度；C、B、M 和 T 分别代表柱、梁、卯口和榫头；δ 为榫头被削弱的尺寸，即：榫头和卯口之间的竖向间隙；N 为总竖向荷载；D_G 为残损程度，其等于 δ 与完好木框架的节点榫头高度的比值。

值得注意的是，3 个木框架试件整体尺寸相同，仅木框架节点中榫头和卯口之间的间隙各不相同。加工木框架试件所用木材与节点试件为同一批次木材，其材料性能与节点的一致，为了简洁，这里不再赘述，具体见表 11.1-3。

15.2.2　试验加载及量测

（1）加载装置

试验在西安建筑科技大学结构与抗震实验室进行。试验加载装置和位移计布置图见图 15.2-2。

在本试验中，通过压梁将支撑木框架的钢梁固定在地面上，压梁两端通过钢螺栓横向固定。利用螺栓将铰支座固定在水平钢梁上，来防止铰支座的滑移。将木框架试件的柱脚放置在钢铰支座的套筒中。采用电液伺服加载系统来施加由水平位移控制的低周循环往复荷载，其最大作动范围为±250mm、最大输出荷载为 250kN。水平加载点到铰支座的旋转中心的垂直距离为 1410mm（柱底到铰支座旋转中心的距离为 100mm）。水平作动器的加

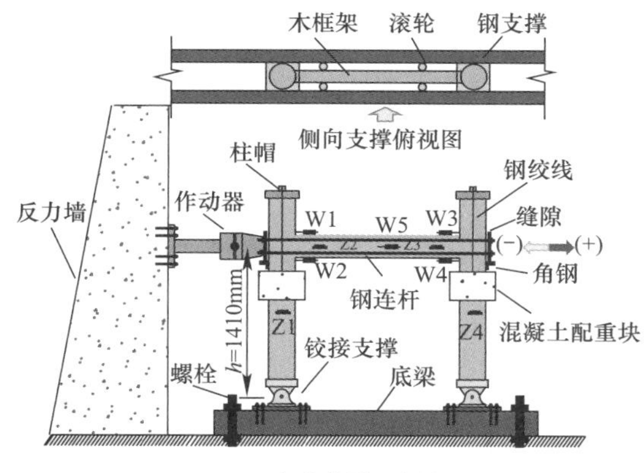

(a) 加载装置示意图

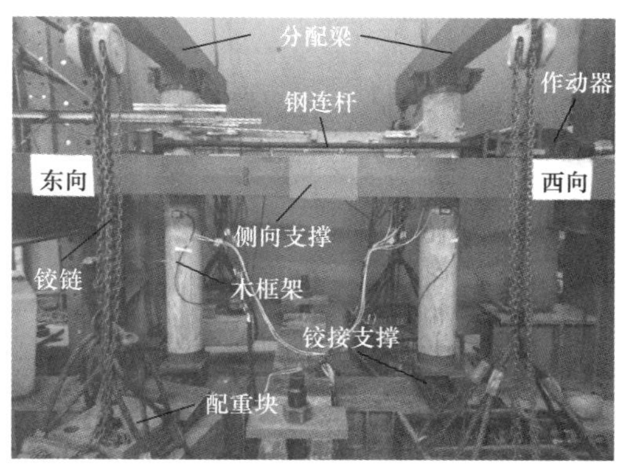

(b) 加载现场

图 15.2-2　试件加载装置和位移计布置图

载头通过两块钢板和四根直径为 35mm 的钢连杆连接在两根柱的卯口外侧。值得注意的是，在两块钢板与两个立柱外侧之间预留 30mm 的间隙，便于榫头的拔出。为了便于施加水平荷载，在两根柱的外侧的卯口处分别安装两根角钢来支撑水平连杆以及钢板。作动器和钢板通过铰链进行连接，目的是消除作动器的重力引起的弯矩。将加工好的钢柱帽安装在柱顶，来避免柱顶区域出现应力集中。利用分配梁和铰链将竖向荷载传递至两个立柱顶部，竖向荷载采用混凝土配重块来模拟，这确保了竖向荷载始终沿着垂直向下的方向施加。为了防止木框架平面外失稳，将带有四个滚轮的侧向支撑系统放置在木梁的每一侧。作动器推的方向为正向加载，拉的方向为负向加载。

（2）量测方案

木框架试件的位移测点布置如图 15.2-2（a）所示。测量内容包括：1）在榫肩两侧安装四个量程为±50mm 的线性压电式位移传感器 W1～W4，以测量拔榫；2）测斜仪将四个倾角仪 Z1～Z4 分别安装在横梁和两根立柱上，以测量榫卯节点的转角；3）在梁的跨中一侧安装一个量程为±300mm 的磁力式位移传感器 W5，来测量木框架水平侧移。此外，使用作动器的力传感器测量木框架水平荷载，其余试验数据均由 TDS-602 数据采集仪自动记录。

（3）加载制度

按照国际试验标准 ISO-16670 施加低周循环往复荷载，加载速率为 0.05mm/s。试验加载包括预加载和正式加载：1）预加载：以 1mm 的位移幅值对试件施加反复荷载 1～2 次，检查试验装置、测量设备以及试件连接状态等；2）正式加载：首先，依次以参考极限位移 Δ_u 的 1.25%、2.5%、5%和 10%进行循环加载，每个加载循环为 1 次；其次，依次用作四个循环的位移循环振幅，分别采用参考极限位移 Δ_u 的 20%、40%、60%、80%、100%、120%、140%和 160%进行循环加载，每级加载循环为 3 次。根据已有木构架的试验结果，本次试验参考极限位移 Δ_u 取 141mm。低周循环加载制度如图 15.2-3 所示。

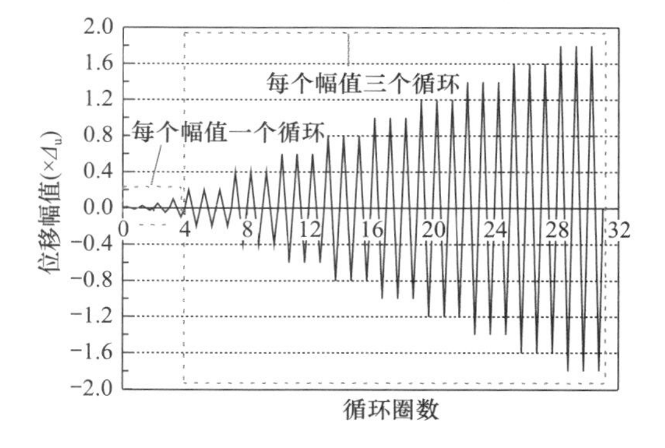

图 15.2-3　低周循环加载制度

15.2.3 试验结果及分析

1. 试验现象及破坏模式

整体而言，所有木框架试件的破坏均发生在节点区域，柱和枋基本完好。各试件的典型破坏模式如下所述。

对于试件 TF0，在初始加载期间，由于加载位移幅度较小，榫卯节点的接触区域没有明显变化。当循环幅值为 $0.2\Delta_u$ 时，木框架节点处不断传出“咔哒”声，这是由于榫头和卯口之间的相互挤压和摩擦所致。随着循环幅值的增加，梁、柱之间的相对转角以及拔榫长度逐渐增加。当循环幅值增加至 $0.8\Delta_u$ 时，左侧榫颈受到卯口挤压，产生了不可逆的横纹塑性变形［图 11.5-4（a）］，嵌压深度约为 12mm。右侧榫颈周围的初始裂缝由于受到卯口的挤压而继续扩展［图 15.2-4（b）］。当位移幅值达到 $1.2\Delta_u$ 时，右侧榫头端部受卯口挤压而产生的横向劈裂裂缝，宽度高达 3mm［图 15.2-4（c）］，拔榫长度高达 24mm［图 15.2-4（d）］。当循环幅值达到 $1.4\Delta_u$ 时，木框架的抗侧承载力降低，加载结束。在对加载完毕后的木框架拆解后，可以观察到，在榫头端部和颈部有明显的横纹累积塑性变形［图 15.2-4（e）］，这是由于榫头处木材横纹抗压强度低于卯口处木材顺纹抗压强度，榫头较卯口将提前进入塑性状态。此外，柱卯口边缘处被严重挤压［图 15.2-4（f）］。完好木框架试件 TF0 的典型失效模式如图 11.2-4 所示。试件 TF0 在循环幅值为 $+1.4\Delta_u$ 时的变形状态如图 15.2-5 所示。

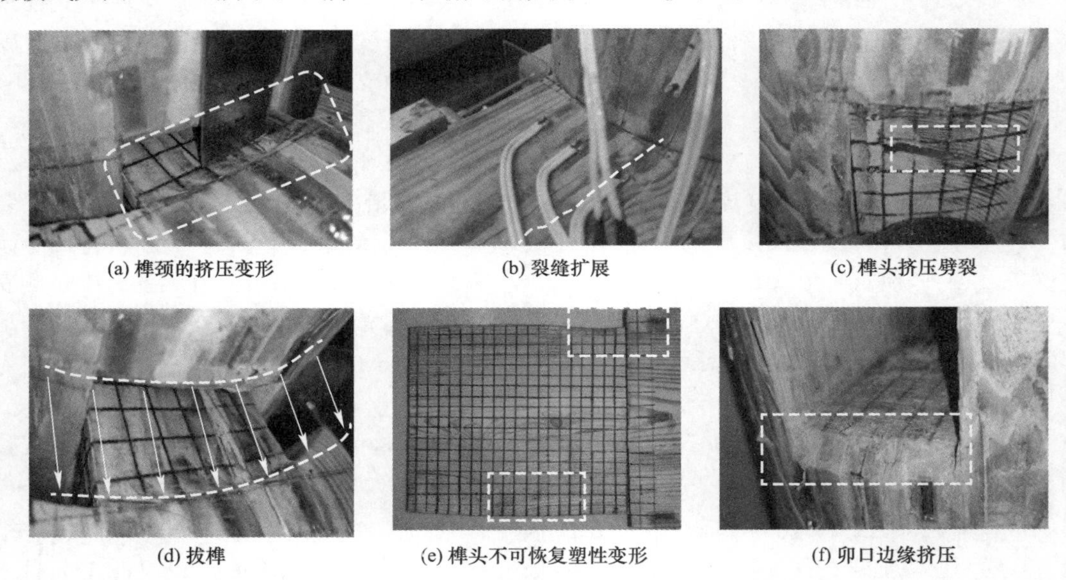

(a) 榫颈的挤压变形　(b) 裂缝扩展　(c) 榫头挤压劈裂

(d) 拔榫　(e) 榫头不可恢复塑性变形　(f) 卯口边缘挤压

图 15.2-4　完好木框架试件 TF0 的典型失效模式

试件 TFG1～2 的试验现象与试件 TF0 的试验现象相似，但也存在一些差异，具体如下：在加载初期，由于木框架的节点中存在初始间隙，榫卯节点处于自由转动状态，几乎没有抵抗弯矩的能力，此时，整个木框架是一个可变机构。当 TFG1 和 TFG2 的位移幅值分别达到 $0.4\Delta_u$ 和 $0.8\Delta_u$ 时，木框架的节点开始由自由转动状态转变为挤压、接触状态。随着循环幅值的增加，木框架节点区域的拔榫量［图 15.2-6（a）］和榫颈处不可恢复的横纹塑性变形［图 15.2-6（b）］变得越来越明显。此外，卯口边缘和榫肩之间的接触区域存在残余凹痕［图 15.2-6（c）］，凹痕深度随着位移幅值的增加而增加，这是因为卯口的木材横纹抗压强度低于榫肩的木材顺纹抗压强度，在相同应力水平下，卯口边缘的横纹木材率先进入塑性状态。

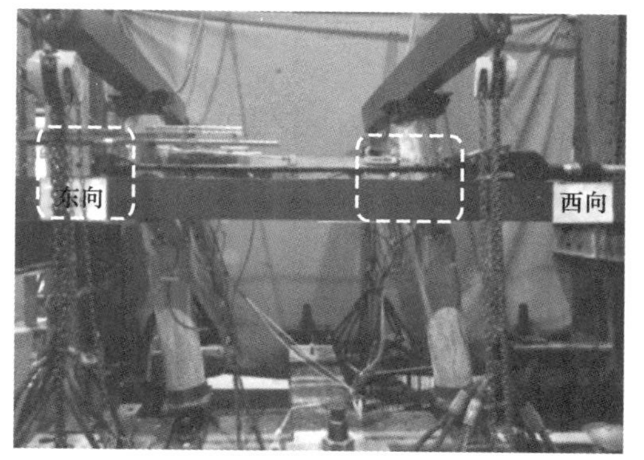

图 15.2-5　1.4Δ_u 循环幅值下试件 TF0 变形状态

当 TFG1 的正向循环幅值为 1Δ_u 时，左侧节点区域发出一声响亮的“啪啪”声。经观察，受卯口挤压，榫肩处产生了顺纹劈裂裂缝［图 15.2-6（d）］，其宽度约为 1mm，长度约为 150mm。当 TFG1 和 TFG2 的位移幅值分别达到 1.6Δ_u 和 1.8Δ_u 时，榫头的挤压变形更加严重，榫头拔出更加明显，认为不适合继续加载，加载结束。试件松动直榫连接木构架被拆解后，经观察，与试件 TFG2 相比，试件 TFG1 卯口边缘的残余压痕（即：不可恢复的横纹塑性变形）更明显，且其宽度较小［图 15.2-6（e）和 15.2-6（f）］。此外，TFG1 的榫头端部和颈部横纹塑性变形更为严重［图 15.2-6（g）和 15.2-6（h）］的典型失效模式如图 15.2-6 所示。试样 TFG1、TFG2 在最大循环幅值下的变形状态如图 15.2-7 所示。

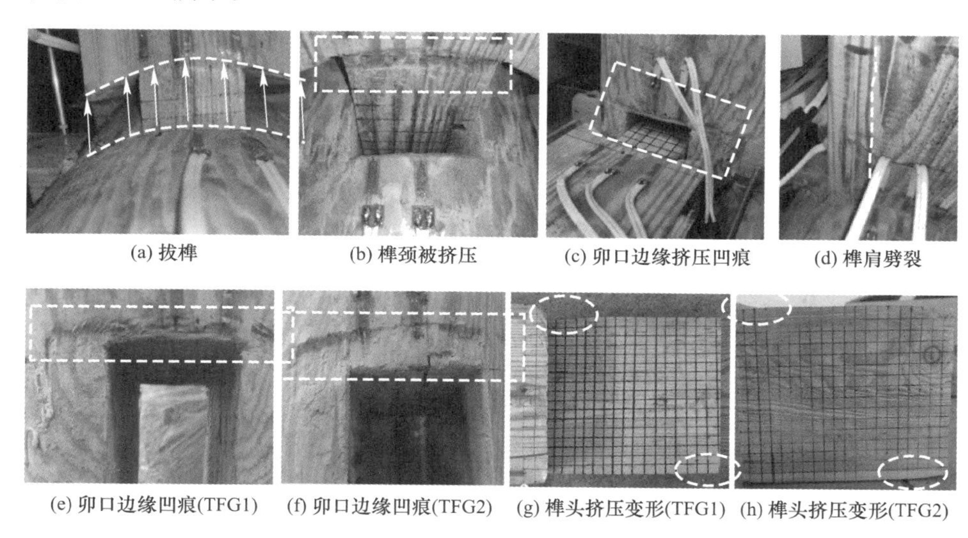

(a) 拔榫　(b) 榫颈被挤压　(c) 卯口边缘挤压凹痕　(d) 榫肩劈裂

(e) 卯口边缘凹痕(TFG1)　(f) 卯口边缘凹痕(TFG2)　(g) 榫头挤压变形(TFG1)　(h) 榫头挤压变形(TFG2)

图 15.2-6　试件 TFG1 和 TFG2 典型失效模式

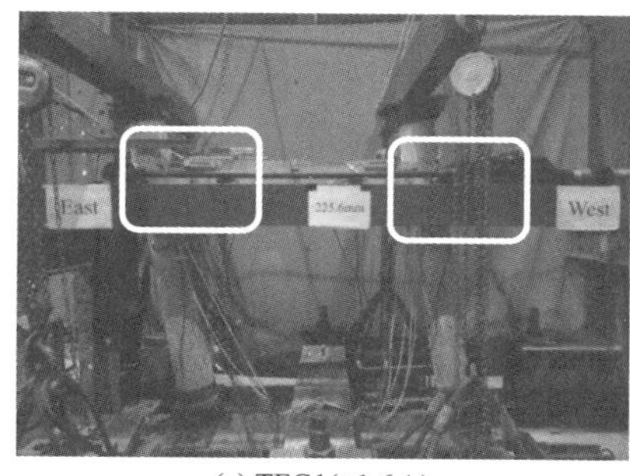

(a) TFG1(+1.6Δ_u)

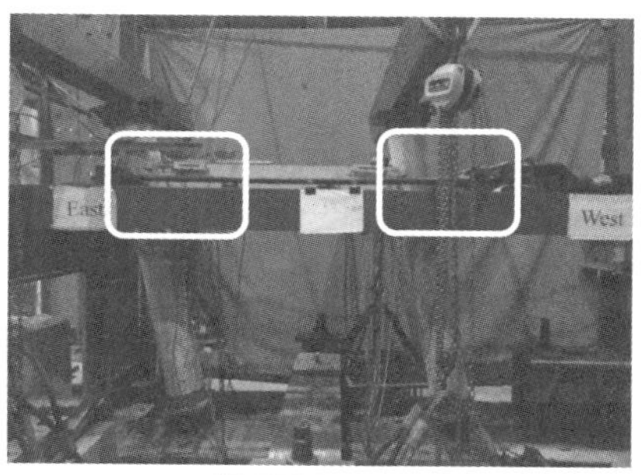

(b) TFG2(+1.8Δ_u)

图 15.2-7　最大循环幅值下试件 TFG1 和 TFG2 的变形状态

2. 间隙对滞回性能的影响

为了研究间隙对木框架滞回性能的影响，图 15.2-8 对比了试件 TF 和 TFG1、TFG2 的抗侧力-侧移（F-Δ）滞回曲线。总的来说，所有试件的滞回曲线均呈现出倒“Z”形和明显的“捏缩”效应，说明木框架的榫头和卯口之间存在持续的滑移。此外，与不考虑 P-Δ 效应的试件滞回曲线相比（P-Δ 效应是指在水平位移 Δ 作用下，木框架柱顶上的竖

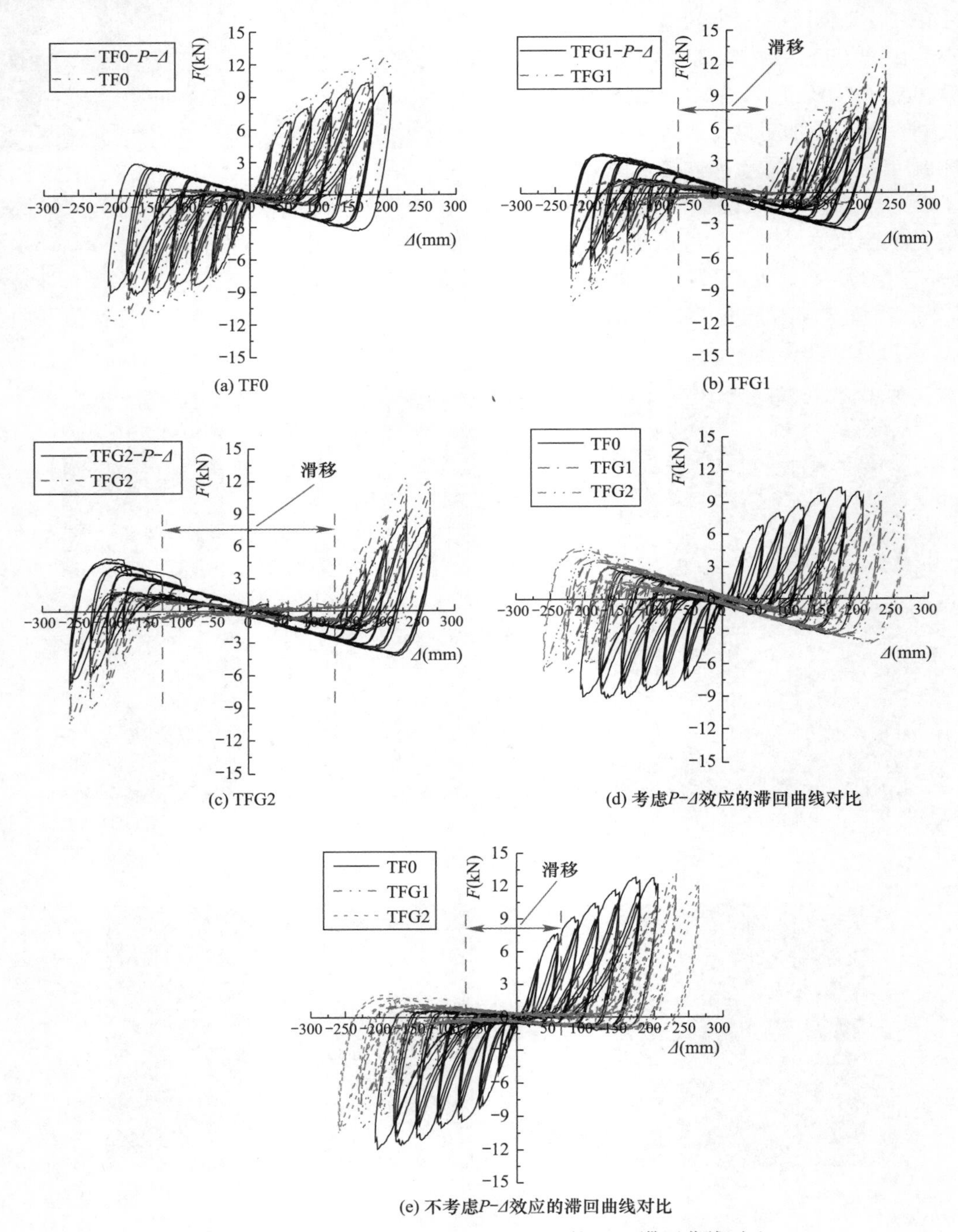

图 15.2-8 试件 TF0 和 TFG1、TFG2 的 F-Δ 滞回曲线对比

向荷载 P 在柱顶上产生的附加弯矩，可根据虚拟侧向加载法将其转换为附加水平力 F'，水平荷载的表达式为：$F'=2P\Delta/h$，其中，h 为柱高)，考虑 P-Δ 效应的试件滞回曲线表现出明显的负刚度特性，即：卸载路径的斜率为负，并通过第 2 象限和第 4 象限，这可以解释为：在正向卸载或负向卸载期间，木框架几乎无法抵抗外部荷载，作动器必须克服竖向荷载引起的附加水平拉力（P-Δ 效应）才能使得木框架回到初始位置，位移越接近零，P-Δ 效应越小，在作动器上产生的水平反力越小。与完好木框架 TF0 的滞回环相比，在相同位移幅值下，试件 TFG1、TFG2 的滞回环饱满度较差。此外，试件 TFG1～2 的滞回曲线也表现出明显的水平滑移现象，残损程度越大，滑移现象越明显。这是因为间隙的存在减小了木框架榫头与卯口之间的接触面积，使得榫头与卯口之间的接触滞后，榫头横纹累积塑性变形也滞后，导致在相同位移幅值下滑动阶段增加，滞回能量耗散随之减少。

对于试件 TF0，从图 15.2-8（e）可以看出，当位移幅值小于 $0.0025\Delta_u$ 时，滞回环面积较小，呈梭形，这是因为木框架的榫头和卯口没有完全接触，能量主要由榫头侧面和卯口侧面之间的摩擦来消耗。当位移幅值在 $(0.0025\sim0.01)\Delta_u$ 时，滞回环呈倒“S”形，滞回曲线逐渐变陡，说明木框架的榫头和卯口接触越来越充分，节点间的相互作用越来越强。当位移幅值大于 $0.02\Delta_u$，滞回曲线的斜率开始减缓并逐渐减小，这是由于榫头被卯口反复挤压，导致横纹塑性变形无法恢复，且不断累积，拔榫量越来越大。

对于试件 TFG1、TFG2，从图 15.2-8（e）可以看出，与完好木框架试件 TF0 相比，在加载前期，滞回曲线呈现出明显的捏缩和水平滑移现象，这是因为木框架的榫头和卯口之间存在初始间隙，榫头和卯口没有相互挤压接触，榫卯接头处于自由转动状态，且几乎没有抗弯能力，整个木框架处于自由转动状态，即：几何可变机构，几乎没有耗能能力。当试件 TFG1、TFG2 的位移幅值分别达到 $0.04\Delta_u$ 和 $0.08\Delta_u$ 时，滞回曲线的斜率开始增大，这是由于木框架的节点开始从自由转动状态转变为相互接触状态。随着位移幅值的不断增大，滞回曲线的面积也逐渐增大，说明木框架整体耗能增加。当试件 TFG1、TFG2 的位移幅值分别大于 $0.08\Delta_u$ 和 $0.12\Delta_u$ 时，两者的滞回环斜率逐渐变得缓和，这是由于榫头受到卯口挤压，榫头发生了不可恢复的横纹塑性变形，从而使得木框架耗能降低。

3. 间隙对强度、初始弹性刚度和延性的影响

结合图 15.2-8（d）和图 15.2-8（e）所示的滞回曲线，图 15.2-9 对比了试件 TF0 和

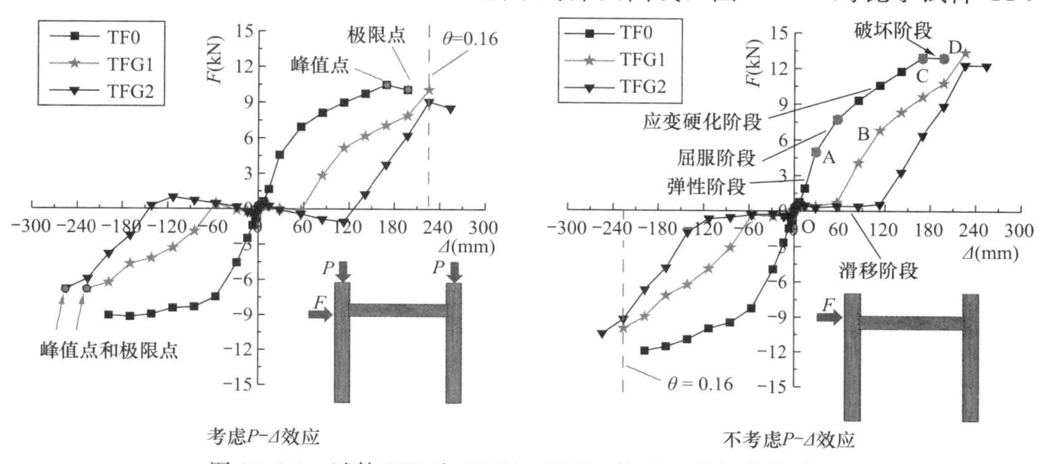

图 15.2-9　试件 TF0 和 TFG1、TFG2 的 F-Δ 骨架曲线对比

TFG1、TFG2 的 F-Δ 骨架曲线。试件 TF0 的受力过程可分为四个阶段：弹性阶段（OA段）、屈服阶段（AB 段）、应变硬化阶段（BC 段）和破坏阶段（CD 段）。在加载初期，木框架的榫头和卯口随着位移的增加逐渐相互挤压，荷载与位移呈线性关系，整个试件处于弹性阶段。当循环幅值大于 $0.02\Delta_u$ 时，骨架曲线的斜率逐渐减小，刚度逐渐降低，这是由于榫头的端部和颈部产生了局部横纹塑性变形，试件开始进入屈服阶段。随着侧移的不断增加，试件荷载不断增加，这是由于榫头塑性变形的不断累积以及木材横纹的受压硬化导致，此时，木框架进入了应变硬化阶段。当正向位移达到 $0.12\Delta_u$ 时，试件的承载力开始下降，这是由于榫头纤维劈裂，导致木框架承载能力和刚度下降，木框架进入破坏阶段。

与试件 TF0 相比，试件 TFG1、TFG2 的受力过程增加了初始滑移阶段，没有表现出明显的破坏阶段，试件 TFG1、TFG2 从滑移阶段转变为弹性阶段的位移约为 $0.04\Delta_u$ 和 $0.08\Delta_u$，且残损程度越大，初始滑移阶段越长。从图 15.2-9（b）也可以看出，在相同位移幅值下，随着残损程度的增加，木框架抗侧承载力退化越明显。当位移幅值达到 $0.14\Delta_u$，试件 TFG1、TFG2 的正向承载力分别降低了 16.37%和 31.42%，负向承载力分别降低了 24.72%和 43.86%。此外，在相同位移幅值下，TFG 的正向承载力退化幅值大于负向承载力退化幅度，这是由于木材裂纹、节疤和斜纹等初始天然缺陷、试件加工误差和加载装置的不完全对称造成的。

根据图 15.2-9（b）所示的骨架曲线，表 15.2-2 给出了试件 TF0 和 TFG1、TFG2 的强度、初始弹性刚度和延性系数试验结果。值得注意的是，为了消除木材离散性、加工误差和加载装置不完全对称的影响，采用正、负向加载循环的参数平均值进行后续分析。由表 15.2-2 可见，间隙对木框架的强度、初始弹性刚度和延性有显著影响。与完好木框架相比，TFG1、TFG2 的峰值和极限荷载分别退化为 TF0 的 91.65%和 91.41%，初始弹性刚度分别退化为 TF0 的 57.89%和 55.11%，延性系数分别降低至 TF0 的 38.57%和 25.71%，说明间隙弱化了木框架的延性。此外，当层间位移角 θ 达到 0.16rad 时，TFG1、TFG2 的抗侧承载力没有降低，表明松动的木框架仍然具有良好的变形能力。

试件 TF0 和 TFG1、TFG2 的强度、初始弹性刚度和延性系数　　表 15.2-2

试件编号	加载方向	屈服点		峰值点		极限点		μ	K_e (kN/mm)	D_G (%)
		Δ_y (mm)	F_y (kN)	Δ_p (mm)	F_p (kN)	Δ_u (mm)	F_u (kN)			
MT0	正向	28.2	4.99	169.2	12.94	197.4	12.89	7.0	0.177	0
	负向	−28.2	−4.94	−197.4	−11.98	−197.4	−11.98	7.0	0.175	
	平均	28.2	4.97	183.3	12.46	197.4	12.46	7.0	0.176	
TFG1	正向	84.6	4.06	225.6	13.01	225.6	13.01	2.7	0.120	5
	负向	−84.6	−3.11	−225.6	−10.03	−225.6	−10.03	2.7	0.098	
	平均	84.6	3.585	225.6	11.52	225.6	11.52	2.7	0.109	
TFG2	正向	141	3.29	225.6	12.30	253.8	12.27	1.8	0.097	10
	负向	−141	−1.83	−253.8	−10.50	−253.8	−10.50	1.8	0.097	
	平均	141	2.56	239.7	11.40	253.8	11.39	1.8	0.097	

注：F_y 为屈服荷载，可通过变形率法进行确定；Δ_y 为屈服位移；F_p 为峰值荷载；Δ_p 为峰值位移；F_u 为极限荷载；Δ_u 为极限位移；μ 为延性系数，其等于 Δ_u 与 Δ_y 的比值；K_e 为初始弹性刚度；值得注意的是，对于试件 TFG1、TFG2，将 TFG1、TFG2 中榫头和卯口接触后的初始刚度视为初始弹性刚度。

15.3　松动致斜直榫连接木构架抗震性能退化研究

15.3.1　试验概况

1. 试件设计及制作

根据实验室条件和相似理论，按照《营造法式》三等材的要求，设计并制作了 3 个缩尺比为 1∶3.2 的直榫连接木框架试件。其中，包括 1 个完好木框架试件（TF0）和 2 个不同松动倾斜程度的直榫连接木框架试件（ITF1、ITF2）。加载装置见图 15.2-1。各木框架试件的设计参数和初始侧移量以及原型和模型的尺寸转换关系见表 15.3-1。

木框架试件设计参数及初始侧移量　　　　表 15.3-1

试件编号	柱（mm）			梁（mm）			榫头/卯口（mm）			δ (mm)	Δ_{ini} (mm)	D_I (%)
	d_C	l_{C1}	l_C	b_B	h_B	l_B	$b_{T\text{-}M}$	h_T	$l_{T\text{-}M}$			
TF0	210	1310	1700	120	180	1720	60	180	210	0	0	0
ITF1	210	1310	1700	120	180	1720	60	173	210	7	47.00	3.9
ITF2	210	1310	1700	120	180	1720	60	171	210	9	60.42	5

注：d、b、h 和 l 分别为构件的直径、宽度、高度和长度；C、B、M 和 T 分别代表柱、梁、卯口和榫头；δ 为榫头被削弱的尺寸，即：榫头和卯口之间的竖向间隙；Δ_{ini} 为理论计算的初始侧移（倾斜）量，其等于初始倾斜转角与柱高的乘积；D_I 为残损（松动致斜）程度，其等于 δ 与完好木框架的节点榫头高度的比值。

值得注意的是，本节中 3 个木框架试样的整体尺寸虽相同，但每个木框架节点中榫头和卯口之间的间隙各不相同。采用人工模拟的方式来形成松动倾斜直榫木框架，具体步骤如下：首先制作松动直榫木框架，然后在外力下将松动直榫木框架的两木柱同时进行倾斜，最终倾斜至榫头和卯口上、下表面开始接触。上述倾斜后的木框架状态被定义为松动致斜直榫木框架，这也保证了其受力状态与实际古建筑木结构中倾斜木构架的受力状态基本一致。加工松动致斜直榫木框架所用的木材与节点试件为同一批次樟子松材，其材料性能与节点一致，具体见表 15.3-1。

2. 试验加载及量测

松动致斜直榫连接木框架的试验加载装置如图 15.3-1 所示。具体的加载装置细节及布置同第 15.2.2 节描述的一致。在施加循环荷载之前，分别在每根柱的顶部施加 10kN 的竖向荷载（采用混凝土配重块来模拟竖向荷载）。竖向荷载施加完毕后，以位移控制的低周循环往复荷载，位移加载速率为 0.05mm/s。根据已有木框架试验研究，本次试验参考极限位移 Δ_u 取 141mm。试件加载制度与第 15.2.2 节中的一致，见图 15.2-3。

15.3.2　试验结果及分析

1. 松动致斜直榫连接木框架滞回性能分析

为了研究松动致斜残损对木框架滞回性能的影响，图 15.3-2 对比了试件 TF0 和 ITF1、ITF2 的 F-Δ 滞回曲线。从整体上来看，试件 TF0 的滞回曲线呈倒“Z”形，而试件 ITF1、ITF2 的滞回曲线呈“大雁”形，即，不完全对称的倒“Z”形，这是由于在反

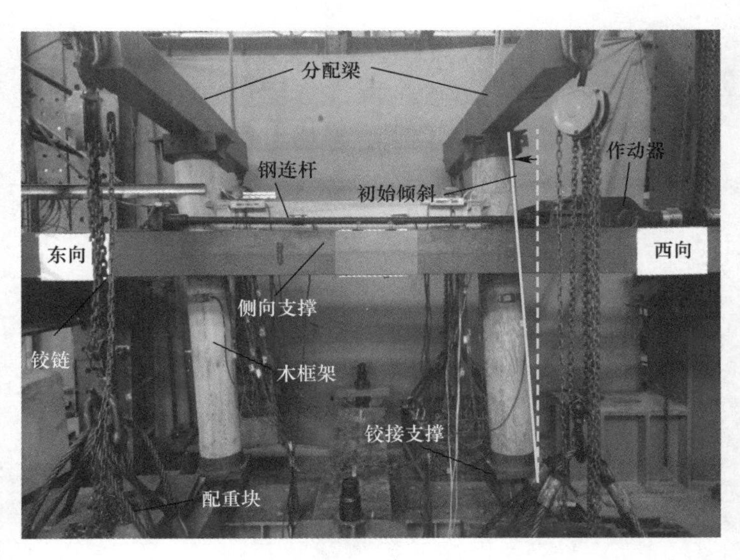

图 15.3-1　试件加载装置

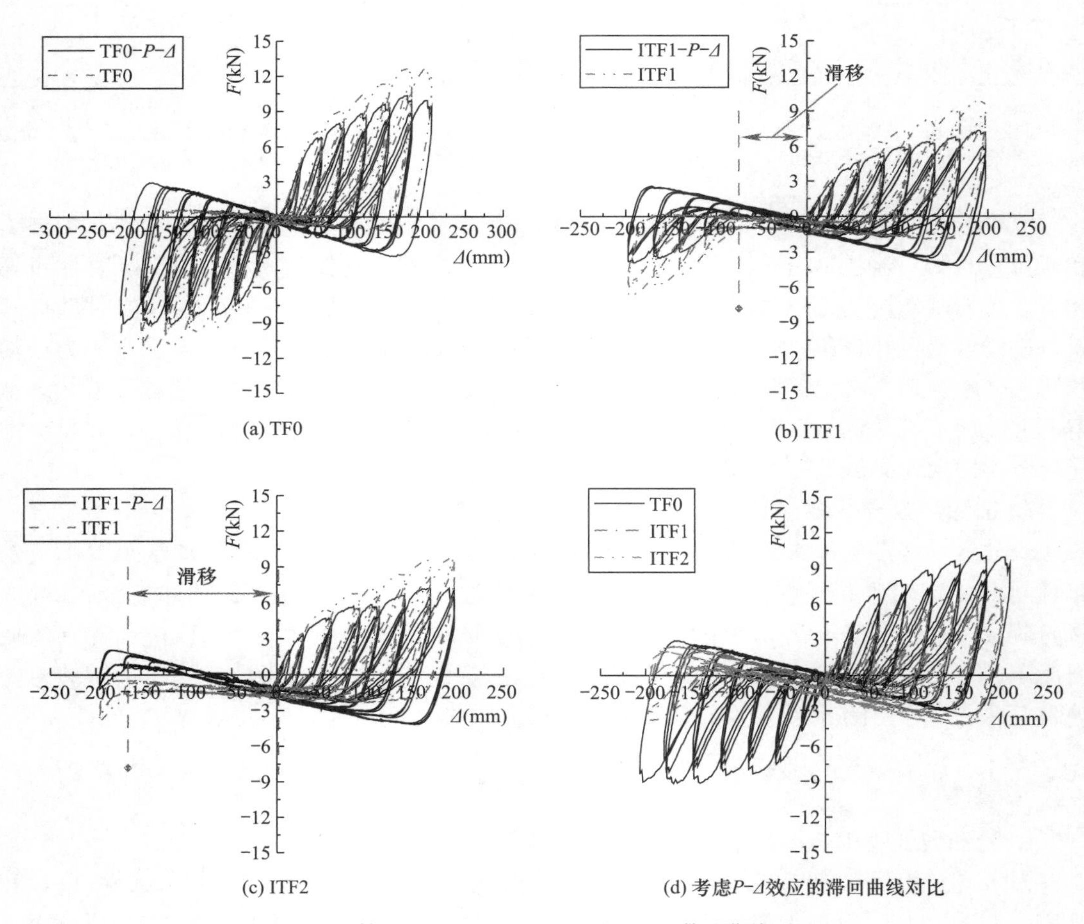

图 15.3-2　试件 TF0 和 ITF1、ITF2 的 F-Δ 滞回曲线对比（一）

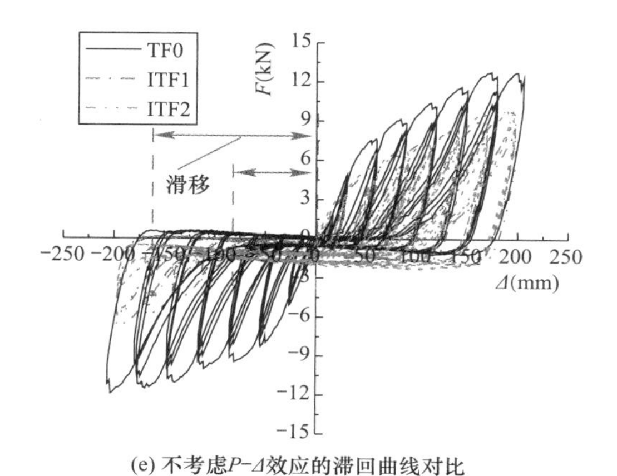

(e) 不考虑P-Δ效应的滞回曲线对比

图 15.3-2　试件 TF0 和 ITF1、ITF2 的 F-Δ 滞回曲线对比（二）

向加载阶段木框架的节点存在滑移，榫头和卯口接触相较于正向加载阶段而滞后，因此，负向滞回环饱满度较差。所有试件的滞回曲线均呈现出“捏缩”和“滑移”现象，这表明在加载过程中节点产生了较明显的摩擦和滑移。此外，木框架水平滑移随着转角的增加而增加，这是由于榫头和卯口的反复挤压和摩擦，导致塑性变形不断累积，即：每次加载循环结束后，榫头和卯口之间会产生新的间隙，滑移现象变得越来越明显。对于试件 TF0，其滞回曲线变化情况在第 15.2.2 节中已详细描述，为了简洁起见，这里不再赘述。本节仅分析松动致斜木框架试件 ITF1、ITF2 的滞回曲线与试件 TF0 的差异。具体分析如下：

1）与 TF0 相比，在反向加载前期，松动致斜木框架表现出明显的滑移现象，随着残损程度的增加，滞回环水平滑移现象越明显、越滞后。而在正向加载前期，松动致斜木框架的滞回环变化趋势与完好木框架类似，随着侧向位移的增加，荷载也逐渐增加，并无滑移现象。这是由于松动致斜木框架的榫头和卯口存在初始间隙，反向加载过程中木框架的榫卯节点处于滑移状态，而在正向加载过程木框架的榫头和卯口处于紧密接触状态，从而导致反向滞回曲线的斜率近似为 0，正向滞回曲线的斜率呈线性增加［图 15.3-2（e）］。

2）在相同位移循环幅值下，与试件 TF0 相比，无论是在正向加载还是反向加载期间，ITF1、ITF2 的滞回环饱满度较差，且随着木框架残损程度的增加，滞回环面积逐渐减小，这是由于榫头和卯口的接触面积的减小使得节点的榫头和卯口接触不紧密，节点抗弯刚度和木框架整体抗侧刚度降低，反复挤压引起的累积塑性变形减少，滞回耗能随之减小。

3）相同位移循环幅值下，ITF1、ITF2 的正向滞回环面积远大于 ITF1、ITF2 的负向滞回环面积，即：负向能量耗散远小于正向能量耗散，这是由于木框架的榫卯节点存在初始间隙，在反向加载前期，木框架的榫卯节点处于滑移状态，木框架仅靠节点榫头和卯口的侧面摩擦来耗能。在反向加载后期，虽然木框架的榫头和卯口由滑移状态变为充分接触状态，节点的榫颈产生了累积塑性变形，耗能量增加，但是由于木框架在负向加载初期经历了初始滑移，其实际接触后的挤压变形累积量远小于或滞后于正向自始至终存在的累积塑性变形量，从而能量耗散也就越小。

4）当正向位移循环幅值大于 $0.02\Delta_u$，所有滞回曲线的斜率开始减缓并逐渐减小，这是由于榫头被卯口反复挤压，产生了不可恢复的横纹塑性变形，此外，节点的塑性变形不断累积，拔榫量越来越大，使得整体抗侧刚度变差。

5）与试件 TF0 相比，当试件 ITF1、ITF2 的反向位移循环幅值分别达到 $0.04\Delta_u$ 和 $0.12\Delta_u$ 时，其滞回曲线的斜率才开始逐渐增大，这是由于松动致斜木框架的节点开始从自由转动状态转变为相互挤压接触状态。随着反向位移幅值的不断增大，负向滞回曲线面积也逐渐增大，说明木框架在负向加载时的耗能增加，但仍远小于相同循环幅值下的正向滞回耗能。

2. 松动致斜直榫连接木框架 *F*-*Δ* 骨架曲线

结合图 15.3-2（d）和图 15.3-2（e）所示的 *F*-*Δ* 滞回曲线，得到了试件 TF0 和 ITF1、ITF2 的 *F*-*Δ* 骨架曲线，如图 15.3-3 所示。从图 15.3-3 可以看出，与 TF0 的受力过程相比（TF0 的骨架曲线变化情况见第 15.2.3 节），在正向加载期间，ITF1、ITF2 的受力过程可以分为弹性阶段、屈服阶段和应变硬化阶段，并没有表现出明显的破坏阶段。然而，在反向加载过程中，ITF1 的受力过程可分成滑移阶段、弹性阶段和屈服阶段，ITF2 的受力过程可分成滑移阶段和弹性阶段，可见，随着残损程度的增加，木框架在反向阶段的受力状态发生了改变，残损程度越大，反向加载阶段木框架的榫头和卯口接触越滞后，木框架也就很难进入屈服阶段，仍处于弹性阶段。在反向加载初期，随着位移幅值的增加，木框架的榫卯节点处于滑移状态，但此时木框架具备一定的抵抗外荷载能力，这是由于木框架的榫头侧面和卯口侧面的摩擦所提供。当初始滑移阶段结束之后，木框架的榫头和卯口逐渐接触，开始进入挤压状态，荷载随着位移幅值的增加呈线性增加，整个试样处于弹性状态；随着位移幅值的增加，曲线表现出屈服的特性，斜率逐渐减小，这是由于木框架的榫头受卯口挤压产生了局部塑性变形，导致节点抗弯刚度逐渐降低，木框架抗侧刚度也随之降低，试件开始进入屈服阶段；随着位移幅值的继续增加，荷载也继续增加，榫颈处不可恢复的横纹塑性变形不断累积，节点进入应变硬化阶段。

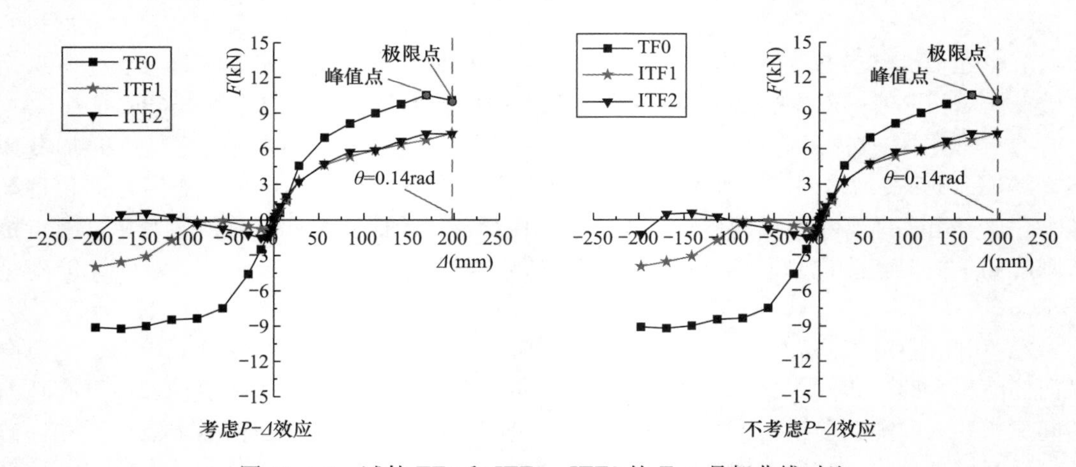

图 15.3-3 试件 TF0 和 ITF1、ITF2 的 *F*-*Δ* 骨架曲线对比

从图 15.3-3 中也可以看出，在反向加载期间，ITF1、ITF2 从滑移阶段过渡到弹性受力阶段的位移幅值（转折点）分别约为 $0.4\Delta_u$ 和 $0.12\Delta_u$，这表明残损程度越大，反向初始滑移阶段越长。此外，无论是正向加载还是在反向加载期间，相同位移幅值下，

ITF1、ITF2 的负向承载力降低幅值随着残损程度的增加而逐渐增大（初始滑移阶段除外，这是由于加工精度的差异导致榫头侧面和卯口侧面提供的摩擦力不同），且负向承载力退化幅值大于正向承载力退化幅值，这是由于在反向加载过程中松动致斜木框架存在初始滑移阶段，木框架的榫头和卯口接触滞后，导致反向加载过程中木框架的节点实际接触后的位移小于正向接触位移，因此，木框架的抗侧能力较低。此外，试件 ITF1、ITF2 在正向加载期间的正向抗侧力-位移变化曲线差异较小，这与试件的初始残损程度设置有关，但木框架的抗侧性均发生了显著的退化。在实际工程中，古建筑木结构的木构架一旦存在松动倾斜这类残损，在地震作用下，其将对结构的抗侧性能造成严重的影响，因此，需要结合木构架的具体的残损程度，采取合理的修缮方案对其进行加固和修缮。

基于图 15.3-3 所示的试件 F-Δ 骨架曲线，表 15.3-2 为各试件屈服荷载、峰值荷载、极限荷载、初始抗侧刚度和延性系数的试验结果。可以看出，松动倾斜残损对木框架的强度、刚度和延性有显著影响。与完好木框架相比，ITF1、ITF2 的正向峰值荷载分别降为 TF0 的 78.43%和 77.89%。ITF1、ITF2 的反向峰值荷载分别降为 TF0 的 56.26%和 33.39%。ITF1、ITF2 的正向初始抗侧刚度分别下降为 TF0 的 75.14%和 72.88%。ITF1、ITF2 的反向初始抗侧刚度分别下降为 TF0 的 49.12%和 42.28%。ITF1、ITF2 的正向延性系数与 TF0 保持一致，但 ITF1 的反向延性系数降低至 TF0 的 20%，这表明松动致斜残损降低了木框架在反向加载阶段的延性。

各试件屈服荷载、峰值荷载、极限荷载、初始抗侧刚度和延性系数的试验结果　　表 15.3-2

试件编号	加载方向	屈服点		峰值点		极限点		μ	K_e (kN/mm)	D_1 (%)
		Δ_y (mm)	F_y (kN)	Δ_p (mm)	F_p (kN)	Δ_u (mm)	F_u (kN)			
TF0	正向	28.2	4.99	169.2	12.94	197.4	12.89	7.0	0.177	0
	负向	−28.2	−4.94	−197.4	−11.98	−197.4	−11.98	7.0	0.175	
ITF1	正向	28.2	3.76	197.4	10.11	197.4	10.11	7.0	0.133	3.89
	负向	−141	−3.51	−197.4	−6.74	−197.4	−6.74	1.4	0.086	
ITF2	正向	28.2	3.64	197.4	10.04	197.4	10.04	7.0	0.129	5.00
	负向	—	—	−197.4	−4.00	−197.4	−4.00	—	0.074	

注：F_y 为屈服荷载，可通过变形率法进行确定；Δ_y 为屈服位移；F_p 为峰值荷载；Δ_p 为峰值位移；F_u 为极限荷载；Δ_u 为极限位移；μ 为延性系数，其等于 Δ_u 与 Δ_y 的比值；K_e 为初始抗侧刚度；值得注意的是，对于试件 ITF1、ITF2，将榫头和卯口接触后的初始刚度视为初始抗侧刚度；“—”代表松动致斜木框架在反向加载阶段没有进入屈服状态。

15.4　受力致斜直榫连接木构架抗震性能退化研究

15.4.1　试件设计与制作

本试验采用樟子松材，按照宋《营造法式》中的做法，以 1∶3.52 的缩尺比例，制作 3 个完好木构架，构架中柱与枋的尺寸见图 15.4-1，试件模型尺寸见表 15.4-1。

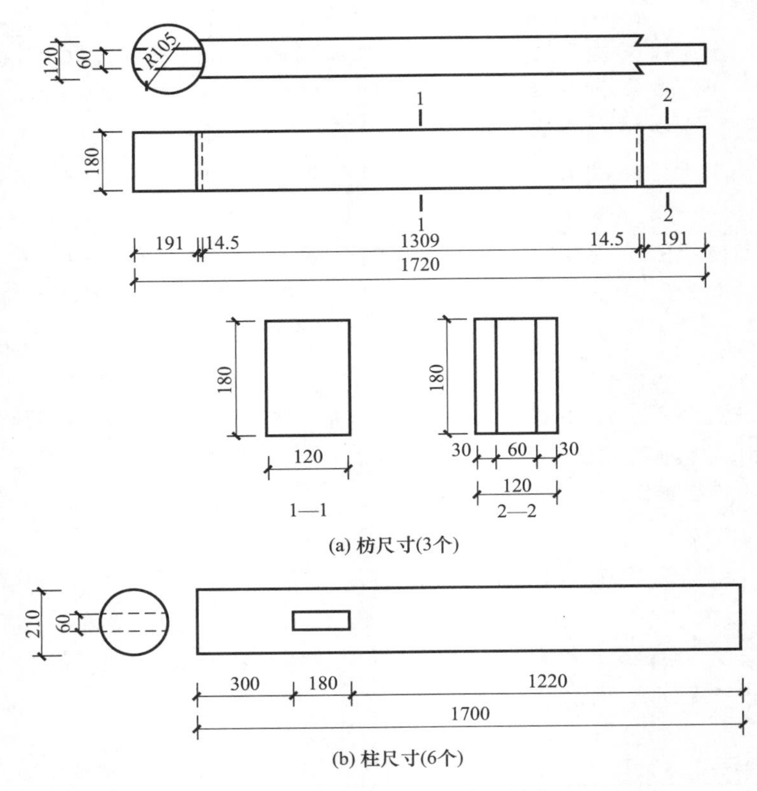

图 15.4-1　构架中柱与枋的尺寸（单位：mm）

试件模型尺寸　　**表 15.4-1**

构件及其尺寸名称		模型尺寸（mm）
柱	柱径	210
	柱高	1700
额枋	枋高	180
	枋宽	120
	枋长	1720
单向直榫	榫头宽	60
	榫头高	180
	榫头长	210

共制作 3 个完好单向直榫木构架，试件加工完毕后，保留 1 个完好木构架。其中 2 个木构架考虑木结构抗震层间位移角，使用作动器将其推至 2 个不同的倾斜角度，以此作为初始状态。按照《古建筑木结构维护与加固技术标准》GB/T 50165—2020 所述：在抗震变形验算中，木构架的位移角限值取 1/30，故确定以层间位移角 1/30 作为本试验的最大受力致斜倾斜程度。试件编号及倾斜角度见表 15.4-2。

试件编号及倾斜角度　　表 15.4-2

试件类型	试件数量	试件编号	受力后理想倾斜角度（°）	弧度（rad）	实测倾斜角度（残损角度）(°)	作动器需推动距离（mm）	层间位移角（rad）
完好直榫木构架	1	GJ-1	—		—	—	—
受力致斜直榫木构架	1	GJ-2	1.27	0.022	受力倾斜后实测	31.33	1/45
	1	GJ-3	1.91	0.033	受力倾斜后实测	47.00	1/30

15.4.2　加载方案

试验采用 MTS 液压式伺服加载系统，采用低周反复加载方式，水平作动器最大荷载为 600kN，位移量程为 750mm。通过托板和滚轮小车将作动器托在侧向支撑上如图 15.4-2 所示。滚轮小车与作动器同时运动，以此消除作动器摩擦力对试件的影响（即加载时除近侧作动器端板外，螺杆、作动器另一侧端板均与试件无接触）。两端各留出 30mm 空隙，不妨碍节点拔榫。在加载中后期，推、拉方向近端放置木块填补缝隙，以此消除木构架过正时突然倾覆对作动器受力的影响。作动器端板、托板、滚轮小车与侧向支撑的位置关系。

(a) 东侧柱左侧

(b) 东侧柱右侧

图 15.4-2　作动器端板、托板、滚轮小车与侧向支撑的位置关系

根据古建筑木结构柱的荷载分配大致情况，还原实际古建筑柱的竖向荷载大小，根据相关文献，每根柱约承载 10kN（相当于屋盖重量），故木构架两柱顶部共施加 20kN 竖向荷载。为模拟古建筑木结构柱脚与柱基的搁置特征，保证柱头平面受力均匀，柱脚套于特制的钢柱帽中，与地槽通过铰接连接，如图 15.4-3 所示。

通过混凝土/铁配重块对木构架施加恒定竖向荷载。为减少并尽量消除作动器本身自重（335kN）对试验结果的影响，使用配重块配合滑轮，竖直方向拉住作动器，配重块自重与作用器自重相抵消，抵消装置与节点相同。在枋的两侧设置横向支撑，以阻止构架平面外的倾覆，如图 15.4-3 所示。考虑到木构架的水平荷载承载能力较小，本章采用变幅值位移控制加载方法，利用作动器对其进行水平反复荷载的施加，加载装置如图 15.4-4 所示。

图 15.4-3　柱脚搁置状态

图 15.4-4　加载装置

采用位移控制加载程序进行低周反复加载试验，其加载曲线的控制位移是由单向加载试验确定的极限位移值（当载荷降低至极限荷载的 80%或者试件发生严重破坏时的位移值），取极限位移为 141mm，试验加载位移见表 15.4-3。首先，进行一次循环加载，其峰值位移为控制位移的 1.25%、2.5%、5%和 10%，其次，进行三次循环加载，峰值位移为控制位移的 20%、40%、60%、80%、100%、120%、140%、160%、180%、200%，循环后终止试验，位移速率为 10mm/min。

试验加载位移　　　　**表 15.4-3**

加载历程	控制位移百分比	圈数	幅值（mm）		
			GJ-1	GJ-2	GJ-3
1	1.25%	1	1.76		
2	2.5%	1	3.53		
3	5%	1	7.05		
4	10%	1	14.1		
5	20%	3	28.2		
6	40%	3	56.4		
7	60%	3	84.6		
8	80%	3	112.8		
9	100%	3	141		
10	120%	3	169.2		
11	140%	3	197.4		

15.4.3　量测方案

通过 MTS 液压伺服加载系统在木构架外侧施加水平荷载。木构架的水平力可直接由 MTS 作动器测得，水平位移由磁力式位移计测得，作动器中心线位置距铰接底座铰接点 1410mm。

在与作动器齐平的枋中布置一个磁力式位移计 W11（距柱底水平面 1410mm）以测量忽略拔榫的构架侧移。在两榫卯上下前后端面处各布置两个±5cm 位移计 W1～W8，测量榫头相对卯口拨出量。W9 测量柱脚移动，拉线式位移计 W10 放置在距柱铰铰接中心 705mm 处，测量柱中移动位移。在每个节点相应的柱端与枋端处布置倾角仪 Z1～Z4，测量梁、柱的转角，如图 15.4-5 所示。

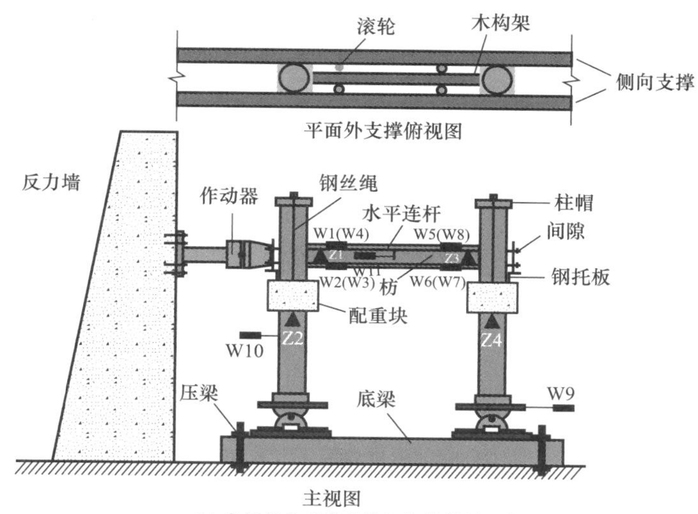

(a) 完好单向直榫木构架加载装置示意图

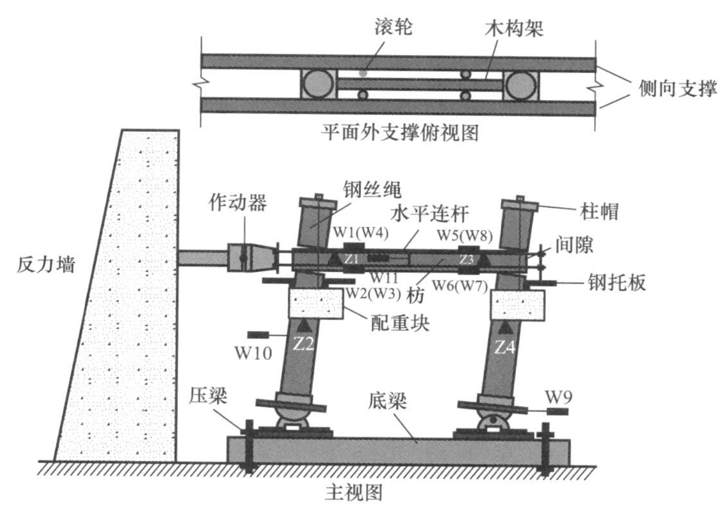

(b) 受力致斜单向直榫木构架加载装置示意图

图 15.4-5　木构架加载装置示意图

在转动过程中，节点变形主要集中在榫头和卯口处。为测得榫头、卯口的受压变形，在节点处上下前后各设置共 36 个应变测量片，如图 15.4-6 所示。为了直观观察榫头的横纹受压变形，在榫头各截面画 1cm×1cm 的网格。数据采集：所有数据均通过 TDS-602 数据采集仪自动采集。受力致斜木构架试件的测量装置均在作动器已将其推至目标角度后开始测量。

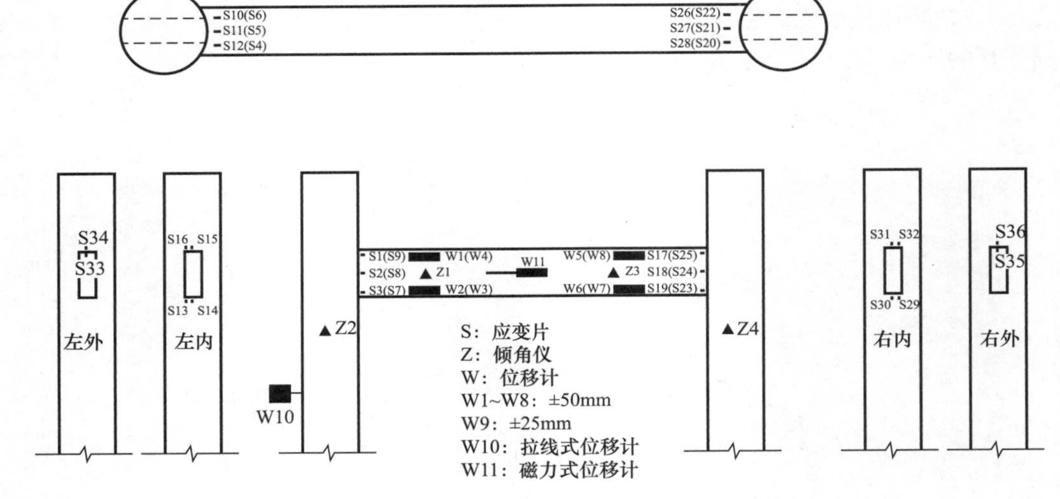

图 15.4-6　应变片、位移计和倾角仪布置示意图

15.4.4　试验过程及现象

本试验共有三个木构架，一个完好木构架，两个初始倾斜角度分别为 1.27°、1.91°的倾斜木构架。

试验前，将柱放于钢槽铰接支座上，通过柱脚下垫铁块的形式防止试件绕柱脚铰接中心发生东西方向的旋转，侧向支撑将构架侧面固定，防止试件发生平面外倾覆。然后将配重块放置柱顶，来模拟柱顶竖向荷载，拿走铁块，再施加水平低周反复荷载直至试验结束。在加载中后期，推拉方向近端放置木块填补缝隙，以此消除木构架过正时突然倾覆对作动器受力的影响，试验中观测构架的变形和破坏形式。

（1）GJ-1 试件

加载初始，所施加的位移较小，木构架的节点区域变化不明显，伴随有十分轻微的“嗒嗒”响声。随着榫卯节点转角的增大，榫卯节点“嗒嗒”的声音越来越大，榫卯也开始出现挤压变形。加载过程中，上下卯口边缘、榫头边缘及榫颈处逐渐被挤紧，枋逐渐被拔出，拔出量随着木构架水平位移的增大而增加，如图 15.4-7 所示。

(a) 试验前无拔榫

(b) 试验中拔榫量

图 15.4-7　试验前后拔榫量对比

试件破坏均发生在节点处，榫头颈部、上下榫头外侧、卯口内侧变形较大，柱和枋其余部分基本完好。构架 GJ1 在加载过程中，卯口逐渐被挤紧，榫头拔出一侧的木纤维受拉。随控制位移的增大，受拉侧木纤维承受的拉力逐渐增大，最后木纤维被拉断，榫头下部纤维受拉劈裂，出现顺纹通长裂缝，构架承载力下降，试验结束。GJ-1 试件破坏前后对比情况如图 15.4-8 所示。

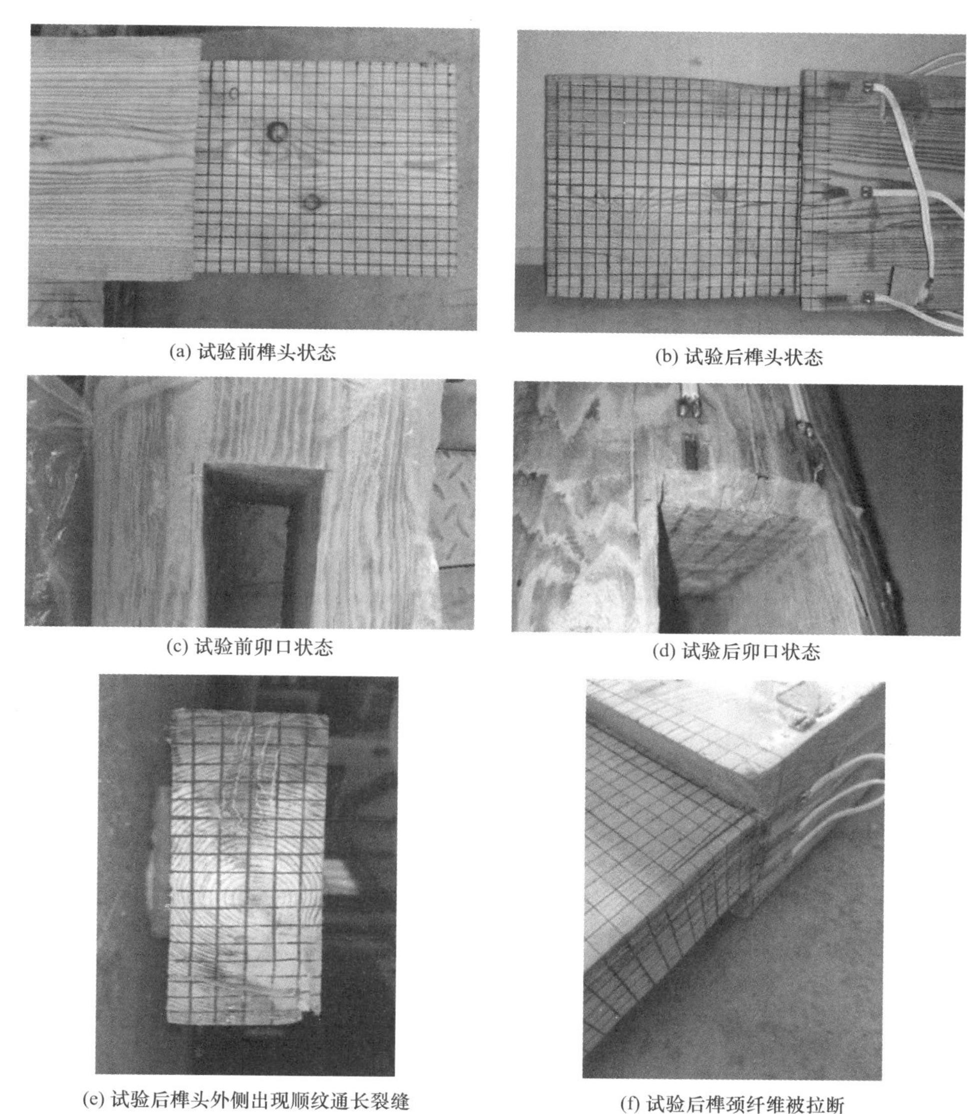

(a) 试验前榫头状态　(b) 试验后榫头状态

(c) 试验前卯口状态　(d) 试验后卯口状态

(e) 试验后榫头外侧出现顺纹通长裂缝　(f) 试验后榫颈纤维被拉断

图 15.4-8　GJ-1 试件破坏前后对比

最终，木构架回正后东侧拔榫量为 10mm，榫颈处挤压凹陷 7mm；西侧拔榫量为 10mm，榫颈挤压凹陷 5mm。

（2）GJ-2 试件

加载前，利用作动器将直立完好木构架向东侧（正向）推 50mm 的水平位移，持荷 2h 后作动器推侧端板离开木构架，木构架水平位移恢复至 31.3mm，以此时的状态作为初始状态开始正式加载。此时木构架东侧内上侧拔榫 5mm，下侧挤紧无拔榫，西侧内下侧拔榫 6mm，上侧挤紧无拔榫，两侧榫头外侧上下与卯口无间隙。

加载初期，控制位移较小，偶尔有轻微细小的嗒嗒声，节点区域变化不明显；滞回曲线加载至 28.2mm 第一圈正向时，东侧南侧下部榫肩发生劈裂，间断发出三次清脆响亮的“啪”声，第三次回零后西侧上部榫颈已出现轻微压痕如图 15.4-9（a）所示。

56.4mm 正向加载过程中，每间隔 10s 出现一次“啪”声，声音共出现 3 次，经观察是初始缺陷裂缝扩展引起的，也是在此时，木构架承载力出现下降；继续加载，两侧榫头外侧上下逐渐挤压与卯口产生间隙，随位移值的增大，间隙越来越大，榫头拔出量也逐渐增大，榫颈与卯口互相挤压如图 15.4-9（b）所示，轻微“嗒嗒”声也逐渐演变成清脆响亮的“啪”。由于榫头卯口挤压、摩擦、滑移拔出，木构架节点处产生“咯吱咯吱”声。

(a) 榫颈出现轻微压痕

(b) 榫颈卯口挤压

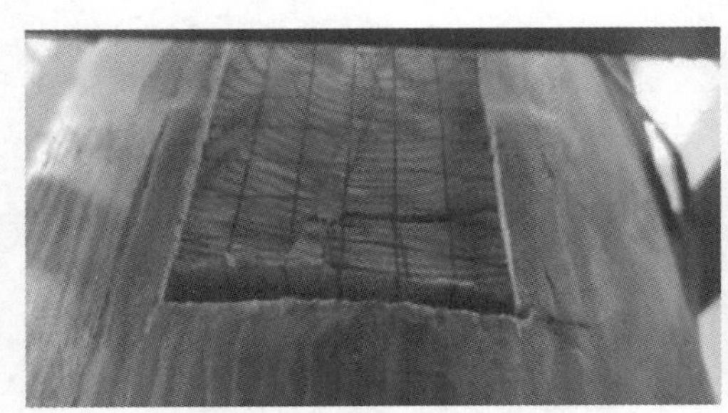

(c) 加载中西侧榫头外侧裂缝

(d) 加载后西侧榫头外侧裂缝

(e) 榫头拔榫

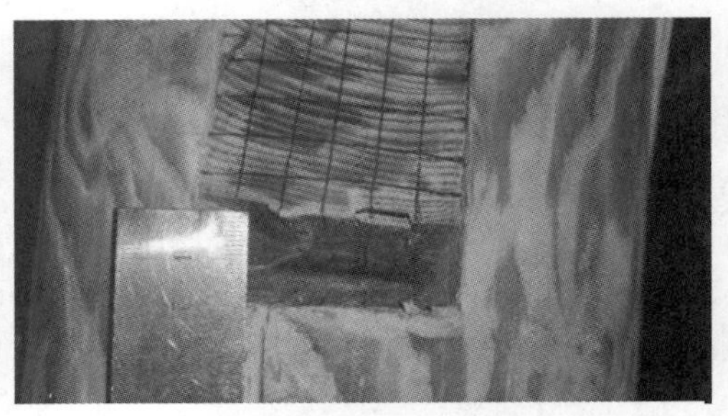

(f) 东侧外侧榫卯挤压间隙

图 15.4-9 试件 GJ-2 的破坏现象（一）

(g) 榫头纤维拉断

图 15.4-9　试件 GJ-2 的破坏现象（二）

86.4mm 第一次反向加载时，随着“啪”一声后，西侧榫头外侧出现长度 3cm 长，3mm 宽裂缝，如图 15.4-9（c）所示，随着位移增加，裂缝逐渐扩展。141mm 正向第一次加载时，东侧上部南侧榫头纤维被拉断，如图 15.4-9（g）所示；169.2mm 第一次反向加载时，西侧外部榫头裂缝已贯通，最终达到 9mm，如图 15.4-9（d）所示。继续加载至 197.4mm，承载力降低至最大荷载的 85%，结束加载。

加载结束，控制位移归零，东侧内侧下部、西侧内侧上部卯口挤压出现轻微变形；经测量，因挤压，东侧外侧榫卯间隙达到 6mm，西侧外侧榫卯间隙达到 8mm，东侧内侧上部拔榫 15mm，下部拔榫 9mm，西侧内侧下部拔榫 11mm，上部拔榫 10mm。

层间位移角为 1/45 的受力致斜木构架试件破坏前后对比如图 15.4-10 所示。

（3）GJ-3 试件

加载前，利用作动器将直立完好木构架向东侧（正向）推 60mm 的水平位移，持荷 2h 后作动器推侧端板离开木构架，木构架水平位移恢复至 47mm，以此时的状态作为初始状态开始正式加载。此时木构架东侧内上侧拔榫 7mm，下侧挤紧无拔榫，西侧内下侧拔榫 8mm，上侧挤紧无拔榫；东侧榫头外侧下部榫卯间隙为 6.5mm，西侧榫头外侧上部榫卯间隙为 6mm。

加载初期，控制位移较小，节点区域变化不明显；滞回曲线加载至 28.2mm 第三圈正向时，经观察，西侧榫颈因累积受压已下凹 1mm 左右，随着控制位移的增大，榫颈与内卯口处、外侧榫头上下部挤压凹陷愈发明显，外侧榫卯间隙越来越大。

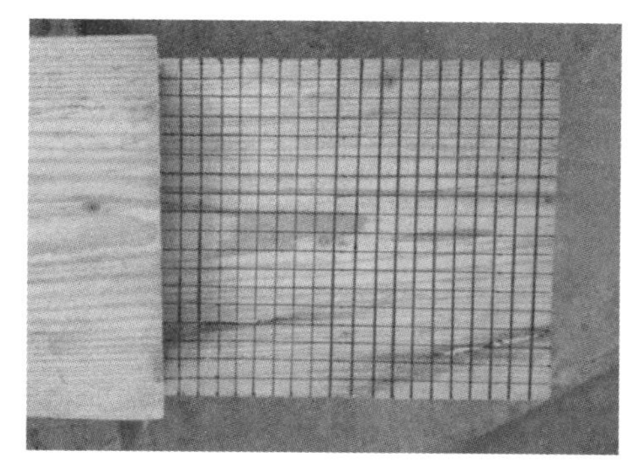

(a) 东侧榫头试验前状态

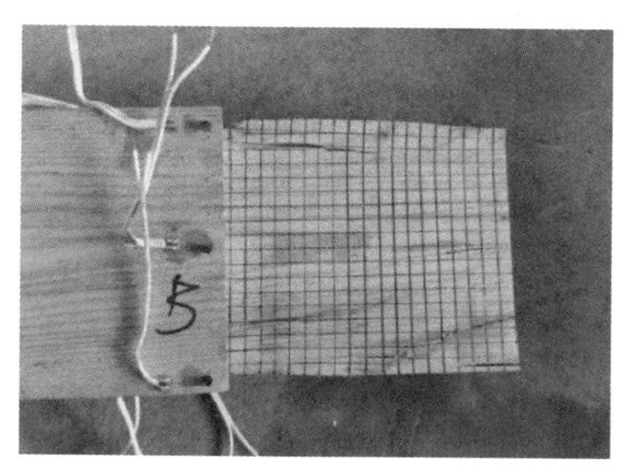

(b) 东侧榫头试验后状态

图 15.4-10　GJ-2 试件破坏前后对比（一）

(c) 西侧榫头试验前状态

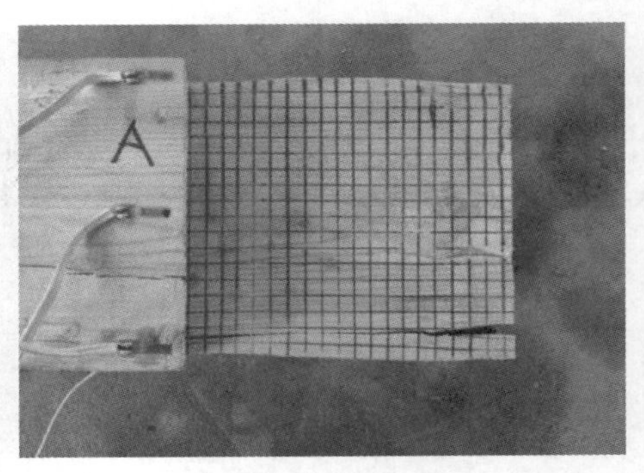

(d) 西侧榫头试验后状态

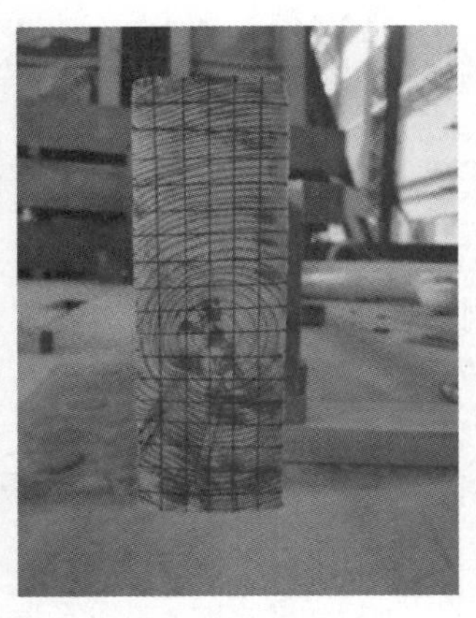

(e) 西侧榫头外侧试验前状态

(f) 西侧榫头外侧试验后状态

(g) 东侧内卯口试验后状态

(h) 西侧内卯口试验后状态

图 15.4-10　GJ-2 试件破坏前后对比（二）

112.8mm 第三次正向加载后，榫颈与卯口处已挤压严重，榫颈处有小的劈裂裂缝，榫肩与柱身挤压处均有一定的受压变形，西侧榫头外部出现放射状劈裂裂缝，如图 15.4-11（e）；东侧榫颈处与卯口挤压产生几条顺纹劈裂裂缝，如图 15.4-11（d）；榫头外部发生顺纹劈裂，如图 15.4-11（c）；木构架过正前后、即将达到控制位移时，均会有微小“嗒嗒”声出现，此为榫头与卯口分离、榫头与卯口挤紧摩擦所发出的。

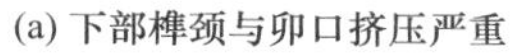

(a) 下部榫颈与卯口挤压严重

(b) 东侧榫颈处发生顺纹劈裂并拉断

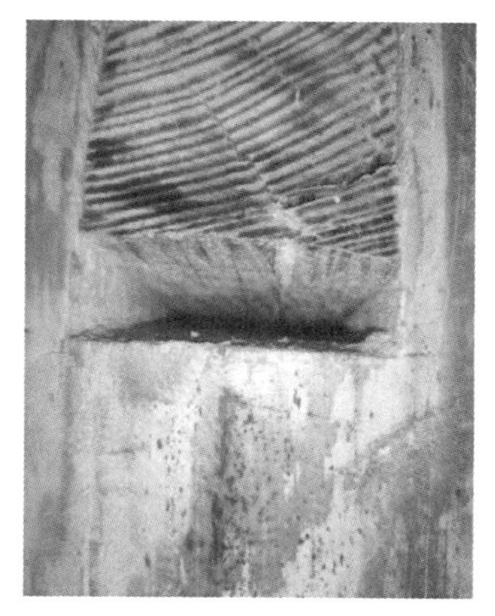

(c) 东侧榫头外侧产生顺纹裂缝

(d) 榫颈处产生顺纹裂缝

(e) 西侧榫头外侧顺纹劈裂

图 15.4-11　试件 GJ-3 的破坏现象

随着控制位移的逐渐增大，已有裂缝开裂程度逐渐增大，东侧榫颈南侧发生顺纹劈裂并拉断，“嗒嗒”声逐渐演变为清脆响亮且无规律的“咯噔咯噔”声，偶尔夹杂着裂缝开展发出的“啪”声；加载至 197.4mm，作动器达到最大安全位移，不适宜继续加载，停止继续加载。层间位移角为 1/30 的受力致斜木构架试件破坏前后对比如图 15.4-12 所示。

(a) 西侧榫头试验前状态

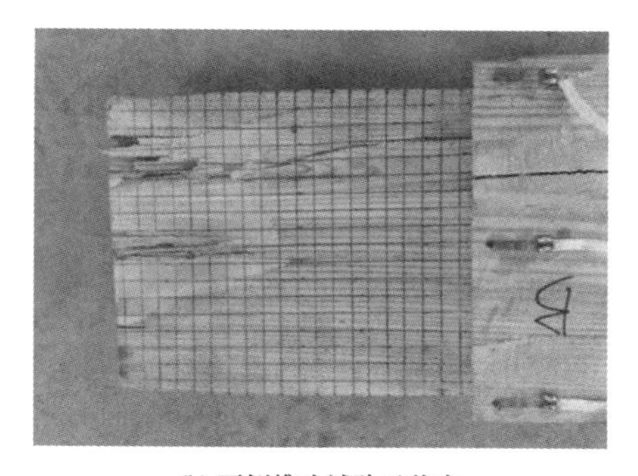

(b) 西侧榫头试验后状态

图 15.4-12　GJ-3 试件破坏前后对比（一）

(c) 东侧榫头试验前状态

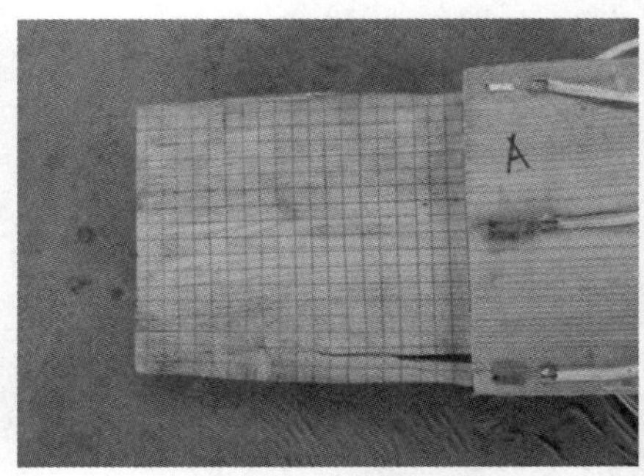

(d) 东侧榫头试验后状态

(e) 东侧榫头下侧试验前状态

(f) 东侧榫头下侧试验后状态

(g) 东侧内卯口试验后状态

(h) 西侧外侧卯口试验后状态

图 15.4-12　GJ-3 试件破坏前后对比（二）

加载结束，木构架控制位移归零，东侧内侧下部、西侧内侧上部卯口挤压变形明显；经测量，因挤压，东侧外侧榫卯间隙达到 10mm，西侧外侧榫卯间隙达到 11mm；东侧内侧上部拔榫 19mm，下部拔榫 13mm，西侧内侧下部拔榫 15mm，上部拔榫 12mm。

15.4.5　试验结界及分析

1. 荷载-位移滞回曲线

通过单向直榫木构架的低周反复荷载试验，得到完好与两种初始倾斜程度受力致斜木构架的荷载-位移（F-Δ）滞回曲线，如图 15.4-13 所示，可以看出：

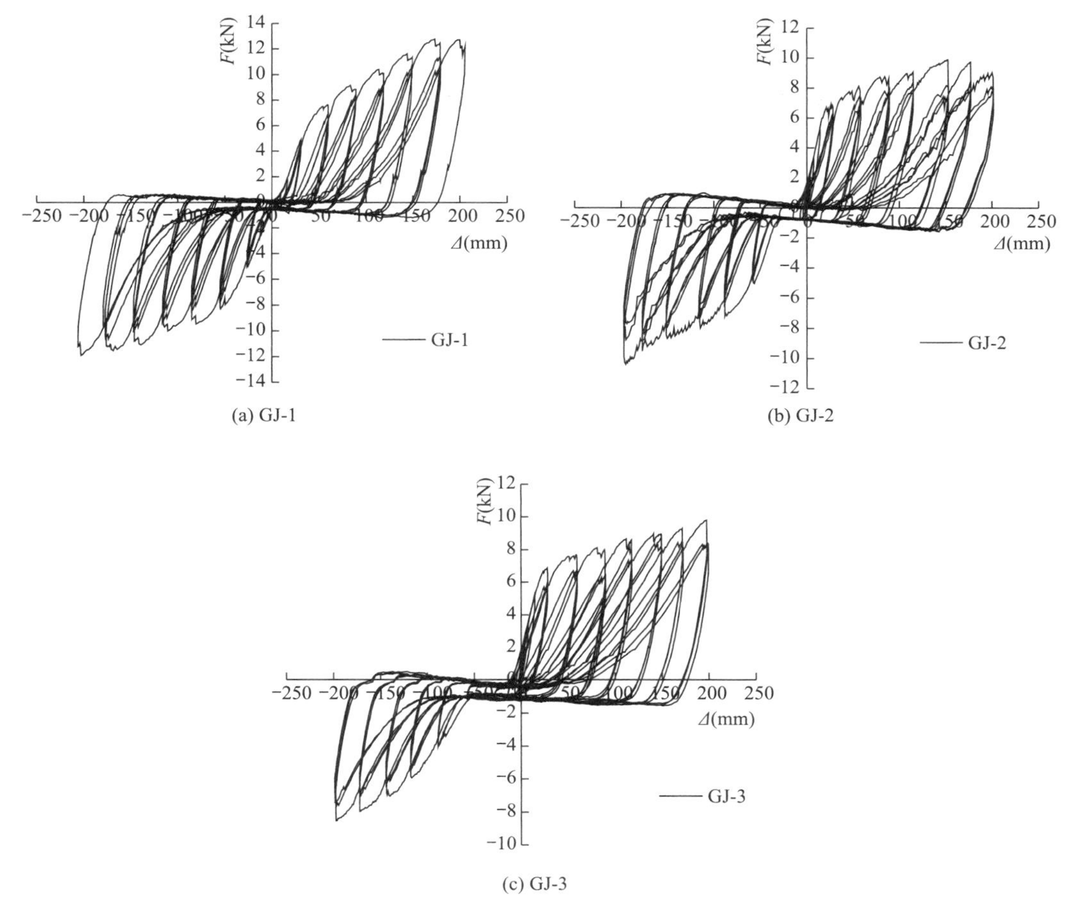

(a) GJ-1

(b) GJ-2

(c) GJ-3

图 15.4-13 完好/受力致斜木构架荷载-位移滞回曲线（不考虑二阶效应）

（1）滞回曲线出现“捏缩”效应，其形状呈反“S”形，表明木构架发生了较大的滑移现象，并随着水平位移的增加而增加。随着初始木构架受力倾斜程度的增大，反向滑移越明显。

（2）在试验加载的初始阶段，完好木构架各滞回环较小且基本重合，这表明构架榫卯节点之间基本处于弹性阶段，残余变形小，木构架承载力仅由榫卯间侧面摩擦力提供，榫卯并未出现挤压变形。随着加载过程的推进，加载起始时的曲线逐渐变陡，倾斜坡度随之增加，这表明榫头与卯口接触部分的咬合强度在不断增加，榫卯接触越来越充分，节点间的相互作用越来越强。由于榫头的拔榫、榫卯的挤压变形和柱顶的竖向荷载，当加载到 45mm 附近时，木构架加载曲线的斜率逐渐变缓，且随着受力变形的增大，结构的刚度也随之下降。

（3）加载初期，受力致斜木构架滞回曲线正向位移斜率远大于完好木构架，这说明初始倾斜致使木构架榫卯已挤紧，此时木构架正向处于弹性阶段，继续施加一定的水平位移会使木构架刚度增大。反方向发生水平位移时，木构架出现滑移段，滑移位移大小为初始倾斜位移大小。

随着位移的增大，曲线正向迅速变陡，斜率增大，当 GJ-2 正方向加载到 21mm 左右，GJ-3 正方向加载到 23mm 左右时，曲线开始变缓，斜率逐渐降低，且控制位移越大，曲线变缓得越明显，这是因为此时木构架正向已经进入塑性阶段。

反观此时木构架反方向位移的滞回曲线，当 GJ-2 反方向加载到 31mm 左右，GJ-3 反方向加载到 50mm 左右时，曲线刚度由负刚度转为正刚度，斜率逐渐增大，这是由于此时木构架处于刚刚过正的状态，开始向西侧倾斜，两侧榫卯内侧西上、东下的位置开始接触，刚度逐渐增大，此时木构架反方向处于弹性阶段。

当木构架 GJ-2 反方向加载到 83mm 左右，GJ-3 反方向加载到 108mm 左右时，曲线开始变缓，斜率逐渐降低，且控制位移越大，曲线变缓得越明显，这是因为此时木构架反向已经进入塑性阶段。

(4) 根据图 15.4-13 (b) 和图 15.4-13 (c) 可以看出，加载末期，受力致斜木构架滞回曲线正向已达到木构架最大承载能力，但反向未出现下降段，仍有递增趋势，且反向最大承载力小于等于正向最大承载力，这是因为木构架是在正方向有一定残损的状态下开始加载的，反方向初始状态完好，当加载到控制位移为 197.4mm 时，此时木构架正向已达到极限承载状态，抗震能力已充分发挥，而反向还未达到极限承载状态，考虑作动器已达到安全位移极限，不适宜继续加载。

(5) 从图 15.4-13 (b)、图 15.4-13 (c) 可以看出，GJ-3 最大承载力小于 GJ-2 最大承载力，即当木构架已发生受力致斜导致的残损时，其承载能力将随初始倾斜程度的增大而减小。

2. 荷载-位移骨架曲线

木构架骨架曲线由滞回曲线得到，为各控制位移第一圈滞回环最大承载力的连线。由图 15.4-14 可以看出：

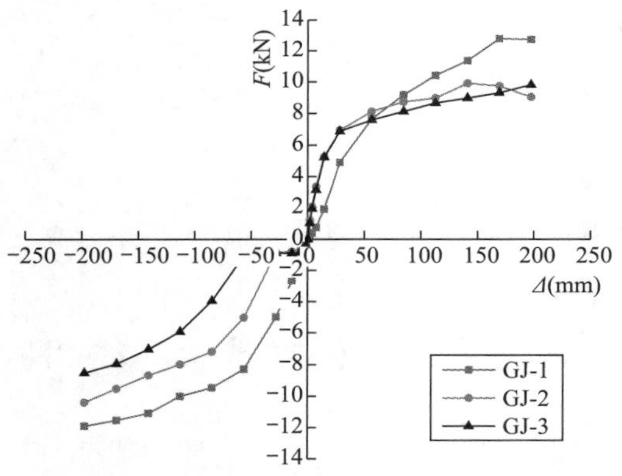

图 15.4-14 完好/受力致斜木构架去除二阶效应的力-位移骨架曲线

(1) 完好木构架的受力过程可以分为以下几个阶段：摩擦滑移阶段、弹性阶段、屈服阶段和破坏阶段。由于榫卯之间存在一定的缝隙，加载初期，控制位移较小，承载力仅由榫卯侧面摩擦力提供，承载力较小；当榫卯受压面接触时，榫卯挤压接触越来越充分，骨架曲线斜率逐渐增大，这表明试件的刚度增加，承载力与水平位移呈线性递增关系，此时构架处于弹性阶段。当榫卯进入塑性变形的过程中时，试件的节点部位逐渐松动，构架骨架曲线逐渐趋于平缓，刚度降低，构架开始发生屈服，此阶段为屈服阶段。此后，构架承载力仍会逐渐缓慢增加，直到榫头顺纹劈裂，至此构架承载力下降，达到破坏阶段。

(2) 受力致斜木构架正向受力过程可以分为：弹性阶段、屈服阶段和破坏阶段；受力致斜木构架反向受力过程可以分为：静摩擦阶段，摩擦滑移阶段、弹性阶段、屈服阶段。受力致斜反方向发生水平位移时，木构架首先经历一个静摩擦阶段，由于位移较小，二阶效应微弱，水平荷载由榫卯节点侧面产生的静摩擦力提供；而后，木构架进入摩擦滑移，因为此时木构架仍处于初始（向东侧的）倾斜状态，要发生大的反向位移，需抵抗榫卯节点的侧面摩擦力；受力致斜初始位移越大，摩擦滑移段所需经历的位移越大；

(3) 木构架反向并未完全耗能；且正向 GJ-1 最大承载力 12.79kN 大于 GJ-2 最大承载

力 9.89kN 大于 GJ-3 最大承载力 9.80kN，由此证明，受力致斜所引起的残损对木构架的承载力有一定影响。受力致斜木构架正向的骨架曲线在加载初期斜率较高，水平抗侧力及抗侧刚度均大于加载初期的完好木构架，GJ-2 与 GJ-3 在加载初期两者曲线基本重合，斜率大体相等，说明榫头损伤在初期对正向木构架的抗震性能影响较大；但随着加载循环位移幅值的增大，受力致斜木构架过早进入塑性阶段，且进入塑性阶段后斜率突变几乎为零，无法继续承担后续耗能工作。

3. 刚度退化分析

在阶段性循环荷载下，结构的刚度随着周期的增加或位移的增加而降低，这就是所谓的刚度退化。采用割线刚度 K 来表示低周反复荷载时试件的刚度，不同受力致斜程度木构架刚度退化曲线如图 15.4-15 所示。图中刚度退化曲线是构架在最大位移符值下第三次循环骨架曲线中提取的刚度退化曲线。从图 15.4-15 中可以看出：

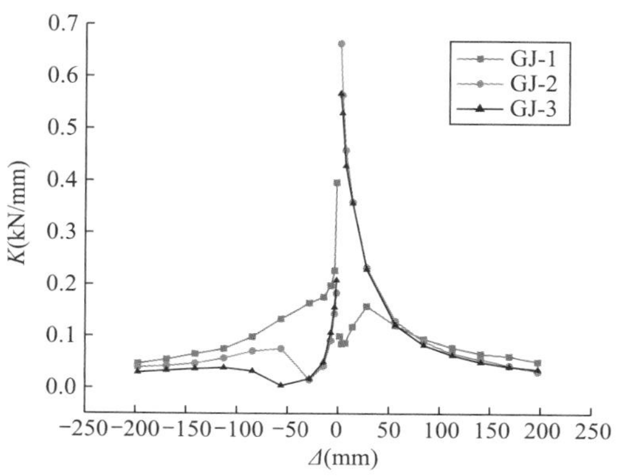

图 15.4-15　不同受力致斜程度下木构架刚度退化曲线对比

（1）由于完好木构架存在加工误差，致使小位移状态时正负向加载刚度不对称，正向加载刚度较小，控制位移到达 28.2mm 后，构架刚度退化图像又对称，符合完好木构架在大位移状态下的刚度规律。故而，我们忽略初始误差的影响，认为正向初始荷载刚度衰减规律与负向初始荷载刚度的衰减规律是一致的。

（2）各木构架刚度在加载初期较大，随后迅速减小，加载后期，各木构架刚度几乎相同，木构架刚度衰减速度较为缓慢且基本保持不变。从图 15.4-15 中正向可以看出：受力致斜木构架正向初始刚度较大，几乎是完好木构架的 1.75 倍，试件 GJ-3 初始刚度要略小于试件 GJ-2 的初始刚度。

（3）受力致斜木构架初始刚度要远小于完好木构架，且−28.2mm 前 GJ-2、GJ-3 刚度变化曲线几乎相同，因为此时的刚度变化主要是榫卯节点侧面摩擦力影响的；试件 GJ-2 到达−28.2mm 左右、GJ-3 到达−56.4mm 左右，构架刚度开始提升，随后下降，因为此时刚好度过滑移的负刚度阶段，木构架过正，开始向西倾斜，承载力升高。

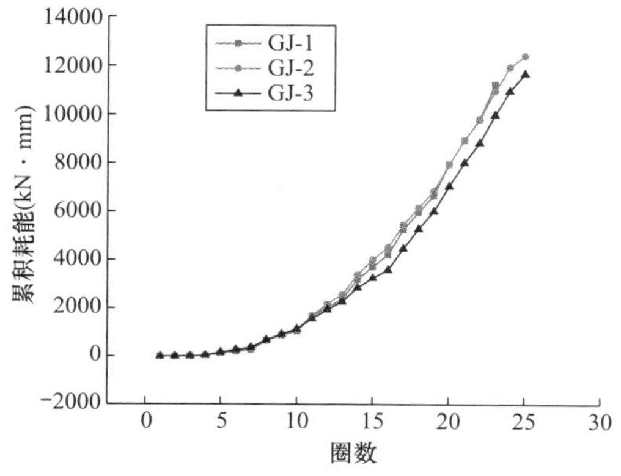

图 15.4-16　各构架滞回曲线圈数与累积耗能关系曲线

（4）对比图 15.4-16 正负向刚度曲线，可明显看出受力致斜木构架初始正负向刚度相差较大，正向刚度远大于负向刚度，这是因为正向木构架初始状态就为节点挤紧受力状态，承载力较大。

4. 耗能性能

建筑的抗震性能主要由其耗能能力为指标来评判，其耗能能量越高，则抗震性能越好，其滞回环的面积越大，则耗能愈大。图 15.4-16 为各构架滞回曲线圈数与累积耗能的关系累积耗能。

（1）由图 15. 4-16 可以看出：虽然由于作动器原因，完好木构架最后一级位移的第二圈第三圈未加，但从第 23 圈对比可以看出，完好木构架 GJ-1 的总耗能略大于受力致斜木构架 GJ-2 总耗能大于受力致斜木构架 GJ-3 总耗能，说明有一定初始受力倾斜的木构架对其耗能性能有衰减作用；且受力致斜（残损）程度越大，越不利于其抗震。

（2）由图 15. 4-16 可以看出：GJ-1 与 GJ-2 耗能能力相差微弱，几乎相同，主要是 GJ-2 的受力致斜程度较小，初始受力致斜位移处于弹塑性阶段交界处，对自身耗能影响不大，故而，其耗能能力几乎与完好木构架相同。

15.5 歪闪殿堂型斗栱-木构架抗震性能退化研究

15.5.1 试验概况

1. 试件设计与制作

本试验采用樟子松为原材料制作试件，根据及相关文献，参考某木塔第二层的框架，制作了 4 个 1∶2. 86 的缩尺木构架模型。参考应县木塔的实际受损情况及现实因素将加工好的试件通过荷载作用形成不同歪闪程度情况以便后续试验的研究。SJ-5 不做歪闪处理保留初始状态作对照组；SJ-6 正向歪闪 15mm，层间位移角为 1/100；SJ-7 正向歪闪 20mm，层间位移角为 1/75；SJ-8 正向歪闪 30mm，层间位移角为 1/50，殿堂型斗栱-木构架模型参数如表 15. 5-1 所示。殿堂型斗栱-木构架模型尺寸如图 15. 5-1 所示。

殿堂型斗栱-木构架模型参数 表 15. 5-1

试件编号	数量	要头枋长度（mm）	普柏枋长度（mm）	约束节点组成	工作方式	歪闪角度（°）	层间位移（rad）	侧移（mm）
SJ-5	1	2771	1720	普柏枋、阑额	普柏枋	0	0	0
SJ-6	1	2771	1720	普柏枋、阑额	普柏枋	0. 01	1/100	15
SJ-7	1	2771	1720	普柏枋、阑额	普柏枋	0. 013	1/75	20
SJ-8	1	2771	1720	普柏枋、阑额	普柏枋	0. 02	1/50	30

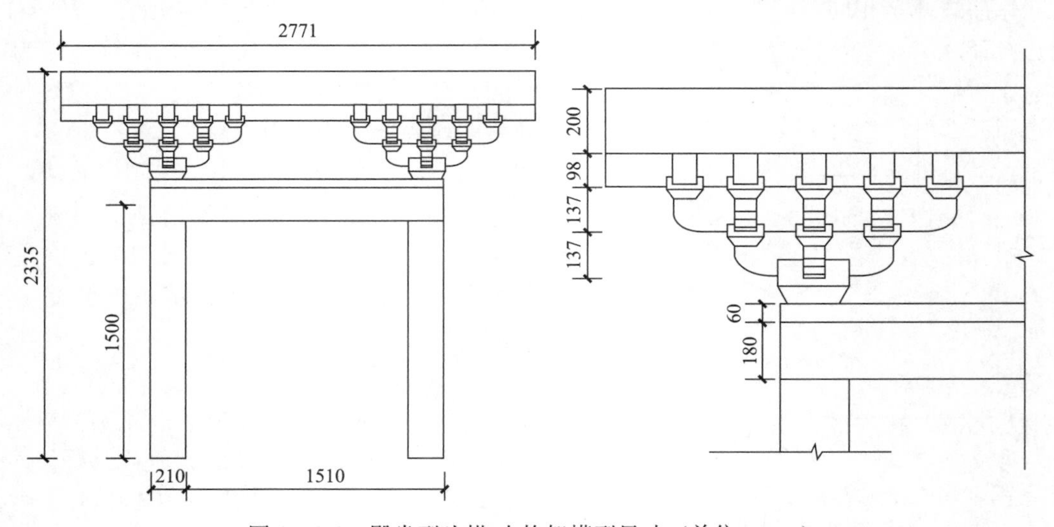

图 15. 5-1 殿堂型斗栱-木构架模型尺寸（单位：mm）

2. 加载方案

(1) 加载装置

本试验木构架模型的现场加载装置如图 15.5-2 所示。布置细节如下所述：

图 15.5-2　加载装置

试件的固定装置（图 15.5-3）：为确保底面平整，在地面上放置一个钢底梁并找平，钢底梁两侧放置钢压梁与地面通过大螺杆将钢压梁压紧以防止钢底梁在加载过程中产生滑移、木柱底部通过暗销与木底梁连接，木底梁利用小压梁固定于底梁上。两侧通过千斤顶固定，使得试件在加载过程中不至于滑移。

(a) 钢底梁固定装置

(b) 普拍枋固定装置

图 15.5-3　试件固定装置

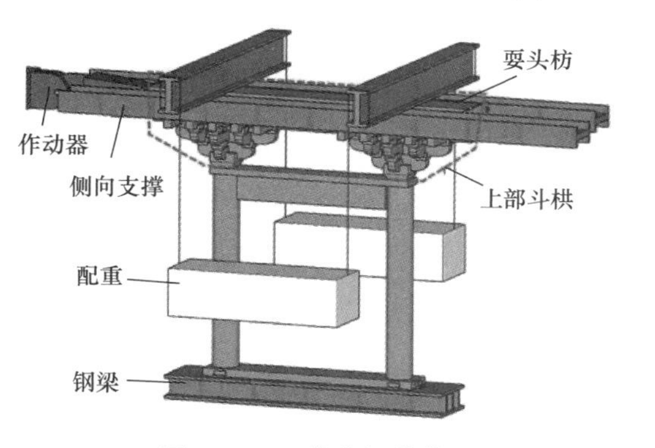

图 15.5-4　荷载加载装置

顶端竖向荷载加载装置：在分析木构架的受力和荷载传递特征基础之上，本试验仍然采用更加稳定的配重块对试件施加竖向荷载。在上部斗栱要头枋对应木柱中心的位置分别放置分配梁，在分配梁中间焊接一个与要头枋宽度相同的钢片以将分配梁固定在要头枋上，两个分配梁两端分别套上钢绳，在两侧通过捯链挂上配重块，荷载加载装置如图 15.5-4 所示。竖向荷载通过分配梁传至要头枋，再传至斗栱，最后传至木柱。

水平位移加载装置：本试验采用的是通过水平位移控制的低周反复加载程序，所以水平荷载通过作动器施加于上部斗栱的要头枋，将两个水平螺杆连接到作动器的端板上，将端板与要头枋一侧相连。平面外抗侧移装置如图 15.5-5 所示。

平面外抗侧移装置：为防止模型平面外失稳，在上部斗栱的要头枋侧面设置侧向约束装置，如图 15.5-5 所示通过在要头枋侧面固定滑轮与侧向支撑接触避免侧向支撑与要头枋发生摩擦破坏要头枋。

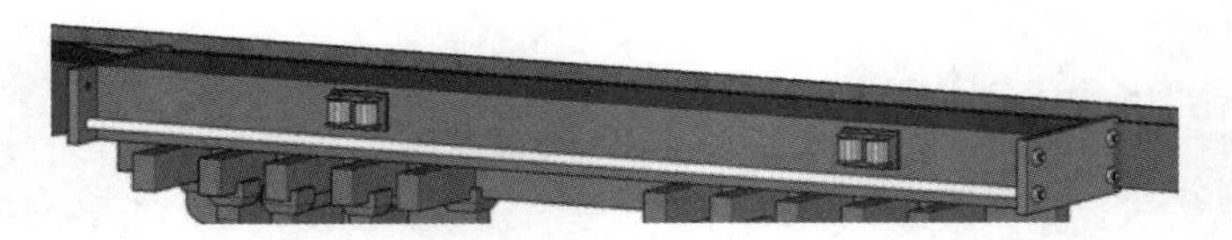

图 15.5-5　平面外抗侧移装置

（2）加载制度

1）木构架柱底通过暗销与木底梁连接，木底梁固定在提前找平的钢梁上。为确保加载系统的正常运行，首先对试件施加竖向荷载并施加 0.075Δ 的水平位移进行预加载。竖向荷载的取值与叉柱造式斗栱试验一致，通过配重块施加 82kN 竖向荷载（包括上部斗栱重量）。

2）低周反复加载程序：低周反复加载试验采用位移控制加载程序，根据经验，当位移达到 0.5 倍柱径即竖向荷载超过柱边缘的时候就会成为不利荷载，即极限位移 Δ＝210mm×0.5＝105mm 作为控制位移，水平加载采用变幅值位移控制加载，水平峰值位移为 0.0125Δ、0.025Δ、0.05Δ、0.075Δ、0.1Δ、0.2Δ、0.4Δ、0.6Δ、0.8Δ、1.0Δ、1.1Δ。前 5 级由于位移较小，试件的变化不大，故每级加载一次，5 级以后每级水平峰值位移循环 3 次。

3）外力致斜：为研究不同歪闪程度对木构架抗震性能的影响，本课题采用外力将加工好的试件推至设定好的角度，基于此角度再进行加载。通过施加与上述加载制度相同大小的竖向荷载，水平荷载采用位移控制加载，歪闪位移如表 15.5-2 所示。将试件推至既定位移。

3. 观察与测量方案

（1）加载之前的观察：由于燕尾榫和燕尾槽是人为加工，不可能做到榫卯之间完全贴合且每个试件不一致。故在加载之前先观察该试件的原始情况以便对试验结果进行预判。

歪闪位移　　**表 15.5-2**

试件	歪闪角度（°）	层间位移角（rad）	侧移（mm）
SJ-5	0	0	0
SJ-6	0.01	1/100	15
SJ-7	0.013	1/75	20
SJ-8	0.02	1/50	30

（2）加载初期：在加载过程中主要观察试件易破坏和变形的构件和部位即观察柱顶和柱底的挤压和变形情况、普拍枋和阑额的挤压和变形情况以及上部斗栱栌斗与普拍枋的挤压和变形情况。

（3）为量测框架整体及各构件水平变形和竖向变形，在普拍枋布置一个磁滞位移计，上部斗栱的两个栌斗底部各布置一个水平位移计以便测上部斗栱底部的滑移，两个栌斗斗耳处分别布置一个竖向位移计以测栌斗的翘曲，两柱脚分别放置两个水平位移计和两个竖向位移计以测柱底的滑移和翘曲。在两木柱侧面分别放置一个倾角仪、在阑额中部放置一个倾角仪以监测试件的倾斜情况，木构架的位移计测点布置图如图 15.5-6 所示。

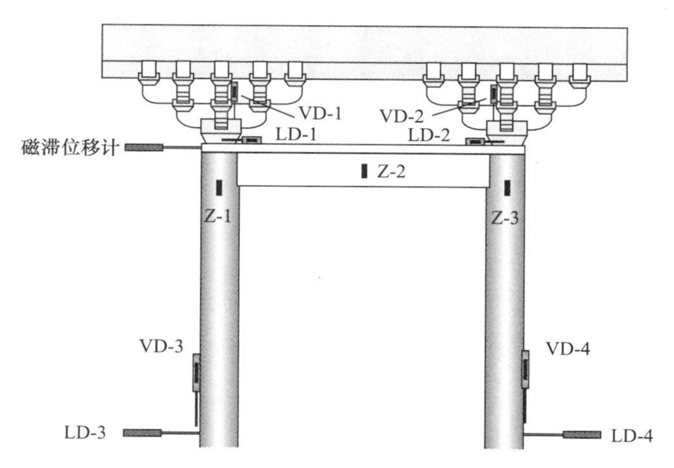

图 15.5-6　木构架的位移计测点布置图

15.5.2　试验现象及破坏特征

1. 试验现象

（1）试件 SJ-5

加载位移在 10.5mm 之前，由于上部斗栱加工误差导致构件间的缝隙使得作动器位移大于控制位移。此时柱脚抬升不明显，阑额的拔隼也不明显，可忽略不计。加载位移在 21mm 时，燕尾榫拔出 3mm，柱脚抬升 3mm。随着位移的增加，各构件间的挤压变形越来越严重。加载位移在 115.5mm 时，燕尾榫拔出 13mm，如图 15.5-7（a）所示。柱脚抬升 16mm，如图 15.5-7（b）所示。柱顶与普拍枋产生 10mm 缝隙，如图 15.5-7（c）所示。

加载结束后，普拍枋下端有与木柱顶挤压所产生的变形痕迹，如图 15.5-7（d）所示。普拍枋上端有与上部斗栱的栌斗挤压所产生的变形痕迹，如图 15.5-7（e）所示。如图 15.5-7（f）所示木底梁有与木柱柱脚挤压所产生的变形痕迹。

（2）试件 SJ-6

先将试件推 15mm（层间位移角为 1/100）致使试件歪闪，歪闪后两个栌斗斗口泥道栱方向均出现劈裂，其他构件无明显变化。以 15mm 为相对零点继续加载，随着加载位移的增加，歪闪方向普拍枋与柱顶挤压产生的变形和底梁与柱底挤压产生的变形持续增加。

(a) 燕尾榫拔出

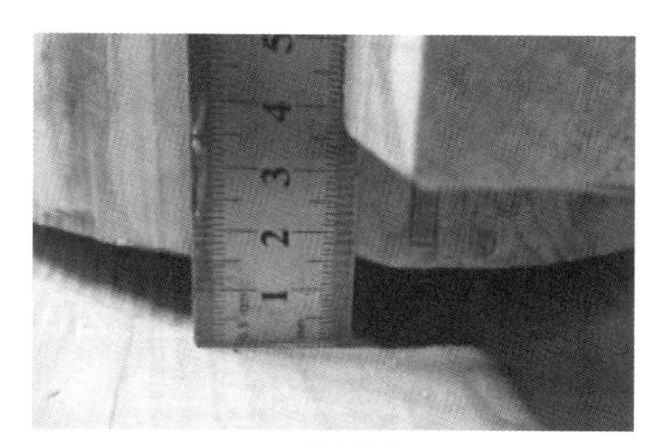

(b) 柱底抬升

图 15.5-7　SJ-5 构件破坏图（一）

(c) 柱顶翘起

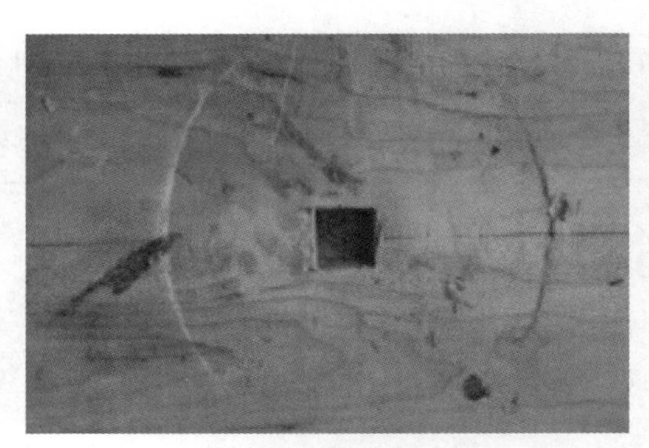

(d) 柱脚与木底梁挤压变形

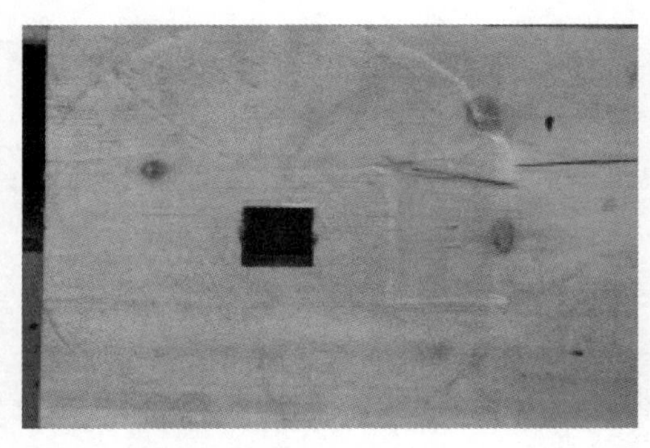

(e) 柱顶与普拍枋挤压变形

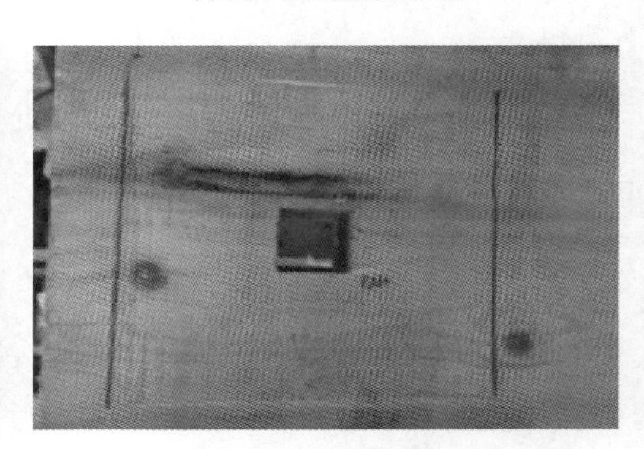

(f) 栌斗与普拍枋挤压变形

图 15.5-7　SJ-5 构件破坏图（二）

正向加载位移在 42mm 时，燕尾榫拔出 6mm，柱脚抬升 8mm，柱顶与普拍枋产生 4mm 缝隙。负向位移加载在 42mm 时，燕尾榫拔出 5mm，柱脚抬升 3mm，柱顶与普拍枋产生 2mm 缝隙。正向加载位移在 115.5mm 时，如图 15.5-8（a）所示燕尾榫拔出 15mm。如图 15.5-8（b）所示柱脚抬升 15mm。柱顶与普拍枋产生 10mm 缝隙如图 15.5-8（c）所示。负向位移加载在 115.5mm 时，燕尾榫拔出 10mm，柱脚抬升 11mm，柱顶与普拍枋产生 9mm 缝隙。

加载结束后，普拍枋下端有与木柱顶挤压产生的变形痕迹，普拍枋上端有与上部斗栱的栌斗挤压所产生的变形痕迹，木底梁有与木柱柱脚挤压所产生的变形痕迹，痕迹普遍表现为歪闪方向较另一方向压痕更深如图 15.5-8（d）所示。

（3）试件 SJ-7

先将试件推 20mm（层间位移角为 1/75）致使试件歪闪。此时柱顶与普拍枋产生 2mm 缝隙，柱脚抬升 3mm。以 20mm 为相对零点继续加载，随着加载位移的增加，歪闪方向普拍枋与柱顶以及底梁与柱底产生的变形持续加深。正向加载到 115.5mm 时，燕尾榫拔出 11mm，如图 15.5-9（a）所示。柱脚抬升 16.5mm，如图 15.5-9（b）所示。柱顶与普拍枋产生 11mm 缝隙，如图 15.5-9（c）所示。负向位移加载在 115.5mm 时，燕尾榫拔出 10mm，柱脚抬升 11mm，柱顶与普拍枋产生 5mm 缝隙。

加载结束后，普拍枋下端有与木柱顶挤压所产生的变形痕迹，普拍枋上端有与上部斗栱的栌斗挤压所产生的变形痕迹，木底梁有与木柱脚挤压所产生的变形痕迹，痕迹普遍表现为歪闪方向较另一方向压痕更深，如图 15.5-9（d）所示下部为歪闪方向。

(a) 燕尾榫拔出

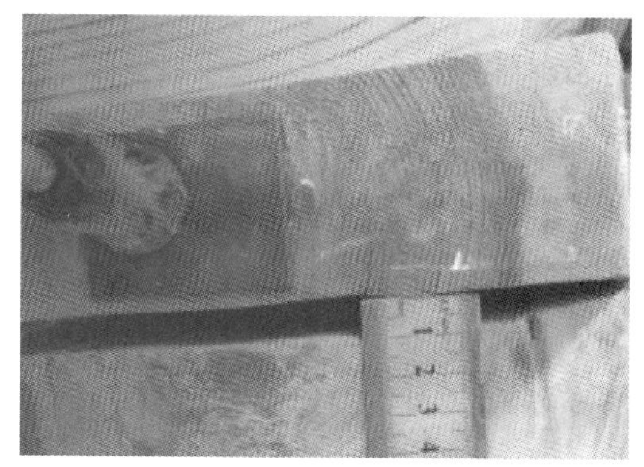

(b) 柱顶与普拍枋分离

(c) 柱脚抬起

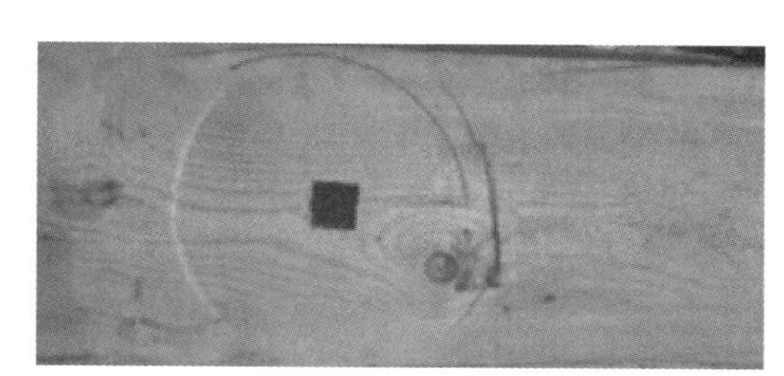

(d) 柱底压痕

图 15.5-8　SJ-6 的构件破坏图

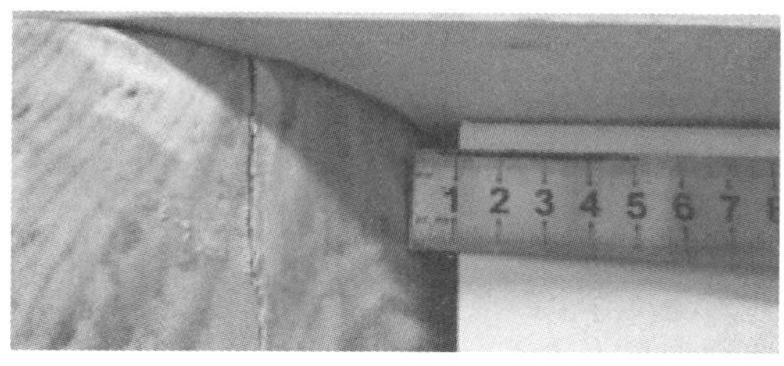

(a) 燕尾榫拔出

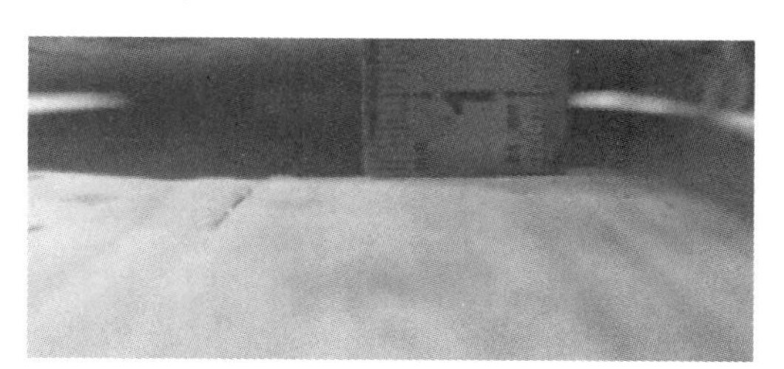

(b) 柱底抬升

(c) 柱顶翘起

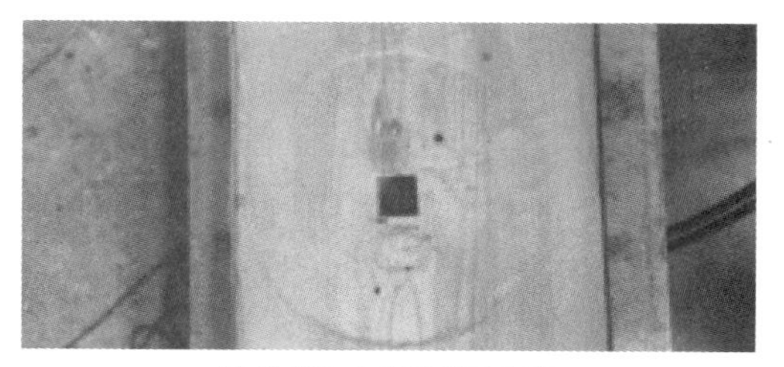

(d) 柱脚与木底梁挤压变形

图 15.5-9　SJ-7 构件破坏图

（4）试件 SJ-8

先将试件推 30mm（层间位移角为 1/50）致使试件歪闪，此时柱顶与普拍枋产生 1mm 缝隙，柱脚抬升 4mm。以 30mm 为相对零点继续加载，正向加载位移为 115.5mm 时，燕尾榫拔出 18mm 如图 15.5-10（a）所示。柱脚抬升 19mm 如图 15.5-10（b）所示。柱顶与普拍枋产生 11mm 缝隙如图 15.5-10（c）所示。负向位移加载在 115.5mm 时，燕尾榫拔出 11mm，柱脚抬升 11mm，柱顶与普拍枋产生 8mm 缝隙。

(a) 燕尾榫拔出

(b) 柱底抬升

(c) 柱顶翘起

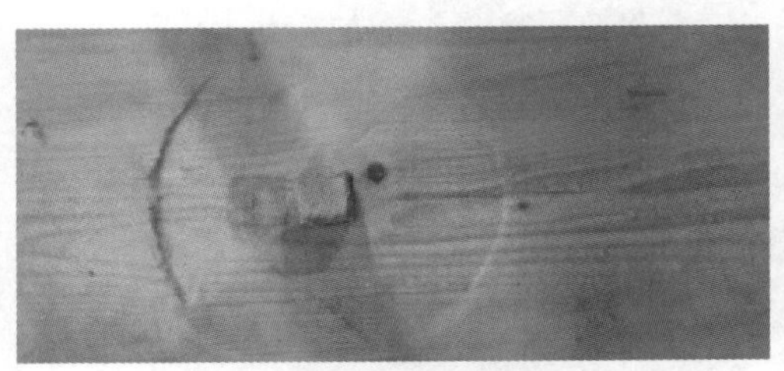

(d) 柱脚与木底梁挤压变形

(e) 试验过程中的变形

图 15.5-10　SJ-8 构件破坏图

加载结束后，普拍枋下端有与木柱顶挤压所产生的变形痕迹如图 15.5-10（d）所示。普拍枋上端有与上部斗栱的栌斗挤压所产生的变形痕迹，木底梁有与圆柱柱脚挤压所产生的变形痕迹，痕迹普遍表现为歪闪方向较另一方向压痕更深。

2. 破坏特征

规定试件向左推为试件正向加载，向右拉为反向加载。如图 15.5-11 所示试件左边的木柱定义为 A 柱、右边的木柱定义为 B 柱。由于 SJ-5～SJ-8 均是相同形式的木构架，所以它们的破坏形式和部位相似：在预加载阶段，竖向荷载的施加对试件并无实质性破坏，上部斗栱在承受竖向荷载之后构件之间的连接更加紧密了。水平位移加载至正向 20%Δ 时，可观察到普拍枋与木柱左边受压方向互相挤压，右边不受力方向互相分离，阑额与 A 柱下端受力互相挤压，下端不受力互相分离，与 B 柱上端受力互相挤压，下端不受力互相分离。A 柱与底部木梁左侧互相挤压，右侧互相分离。反向加载破坏特征则相反。水平位移正向加载到 40%Δ 后，上述所说的破坏特征则更加明显，且普拍枋和下面的木底梁留有被木柱挤压变形的痕迹。除此之外，上部斗栱的栌斗与普拍枋也出现了彼此挤压和分离的现象。

SJ-5、SJ-6、SJ-7 和 SJ-8 分别正向歪闪了 0mm、15mm、20mm、30mm。在试验结束后，拆开木构架的构件发现：随着歪闪程度的增加，试件的变形程度也越来越不对称，例如柱底对木底梁造成的挤压，木柱在歪闪方向对木底梁挤压留下的压痕明显深于另一方向，栌斗和木柱顶在普拍枋上留下的压痕也是歪闪方向比另一方向更深。

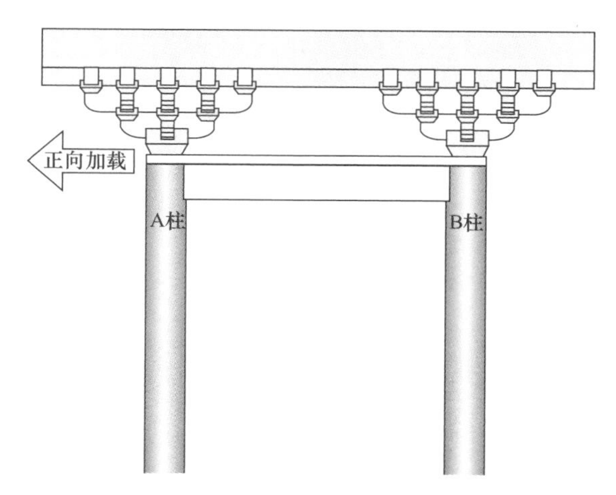

图 15.5-11　试件受力方向示意图

15.5.3　试验结果分析与讨论

1. 滞回性能分析

（1）SJ-5 的荷载-位移滞回曲线分析

SJ-5 的荷载-位移滞回曲线如图 15.5-12 所示。规定位移推向为正，拉向为负。加载初期的滞回曲线如图 15.5-12（a）所示。由于试件存在初始缝隙，当力卸载到 0 时，发生了位移滞回，此时需要一定拉力将试件拉回原点并继续反向加载。小位移阶段的曲线表现为扁长的“梭形”，此时试件还处于弹性阶段。曲线中正向加载到相同的位移所需要的力较反向加载更小，可能是由于左右两边的木柱柱径不一样以及阑额的燕尾榫和木柱的燕尾槽人工加工误差导致左右两边有差异，最终导致推向的刚度略小于拉向的刚度。

位移加载到 40%Δ 的滞回曲线如图 15.5-12（b）所示。试件在 21mm 后慢慢从弹性阶段进入塑性阶段，荷载的增加明显减缓。试件正向加载到 42mm 时所需要的荷载约为 8.45kN，加载到 63mm 时所需要的荷载约为 8.36kN，表明在 63mm 时正向刚度已经出现退化，试件反向也是在 63mm 出现刚度退化。正向的最大荷载小于反向的最大荷载，证实了上述所说的由于构件本身的加工和拼接问题导致反向刚度大于正向刚度。

试件整体的滞回曲线如图 15.5-12（c）所示。从整体来看，试件的滞回曲线基本呈现出左右对称的“双旗帜”形，说明带木构架具有较好的耗能能力。在大位移的情况下，随着荷载的降低，刚开始位移并未发生很大变化，当荷载下降 2～3kN 后，位移又开始迅速减小，可能是因为试件在正向加载将试件推到最大位移后开始卸载，试件的另一侧与链杆的拉板有一定的缝隙，所以在最大位移处停滞。试件反向加载到 63mm 以后刚度开始退化，每级位移加载的第 2 圈和第 3 圈需要的荷载较第一圈更小，说明第 1 圈加载试件发生塑性变形导致刚度下降。进行下一个加载步时，曲线是贴着前一个加载步的曲线上来的，说明在第 1 圈加载对试件造成破坏之后重复同样的加载对试件的影响很小。

（2）SJ-6 的荷载-位移滞回曲线分析

SJ-6 的荷载-位移滞回曲线如图 15.5-13 所示。歪闪致斜（从初始状态加载到歪闪位移角为 1/100）的荷载-位移曲线如图 15.5-13（a）所示，SJ-6 正向加载到 15mm 的荷载为

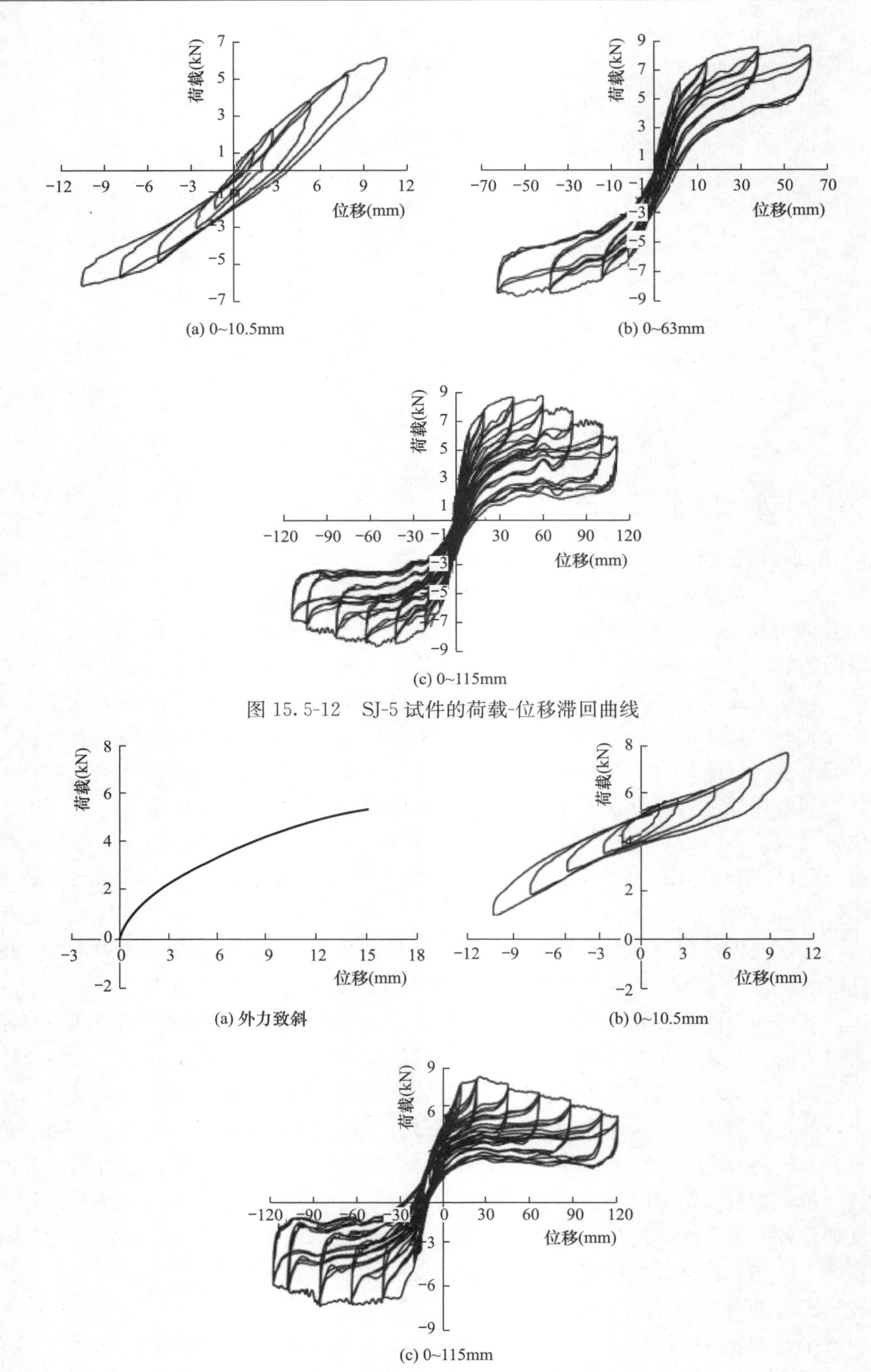

图 15.5-12　SJ-5 试件的荷载-位移滞回曲线

图 15.5-13　SJ-6 试件的荷载-位移滞回曲线

5.36kN，此时试件外部没有明显变化。在歪闪程度的基础上进行与 SJ-5 相同加载制度的加载并观察试验现象。

小位移阶段的滞回曲线如图 15.5-13（b）所示。在位移为 0 到 10%Δ 过程中，试件正向和反向都处于弹性阶段。正向加载时，下一圈加载步到上一圈加载步的最大位移的荷载相同，但是所消耗的能量更小。说明试件的歪闪对试件的抗震性能是有影响的，试件歪闪方向的刚度降低。

位移加载到 40%Δ 时出现刚度退化，滞回曲线如图 15.5-13（c）所示。加载到 10.5mm 后木材进入塑性阶段。试件正向加载到 21mm 时所需荷载为 8.02kN，加载到 42mm 时刚度退化，此时所需荷载为 7.70kN。试件反向最大水平承载力出现在 84mm 处。正向刚度比反向刚度先退化，表明由于歪闪导致正向的刚度小于反向刚度。

试件整体的滞回曲线如图 15.5-13（c）所示。从整体来看，试件的滞回曲线呈现出左小右大的“双旗帜”形，说明歪闪位移角为 1/100 的木构架虽然刚度受到影响。与 SJ-5 相同，每级位移加载的第 2 圈和第 3 圈需要的荷载较第一圈更小，第 2 圈和第 3 圈的曲线变化不大，说明第 1 圈加载试件被破坏发生塑性变形导致刚度下降。

（3）SJ-7 的滞回曲线分析

SJ-7 的荷载-位移滞回曲线如图 15.5-14 所示。歪闪致斜（从初始状态加载到歪闪位移角为 1/75）的荷载-位移曲线如图 15.5-14（a）所示。SJ-7 正向加载到 20mm 时的荷载为 5.88kN，此时试件外部没有明显变化。

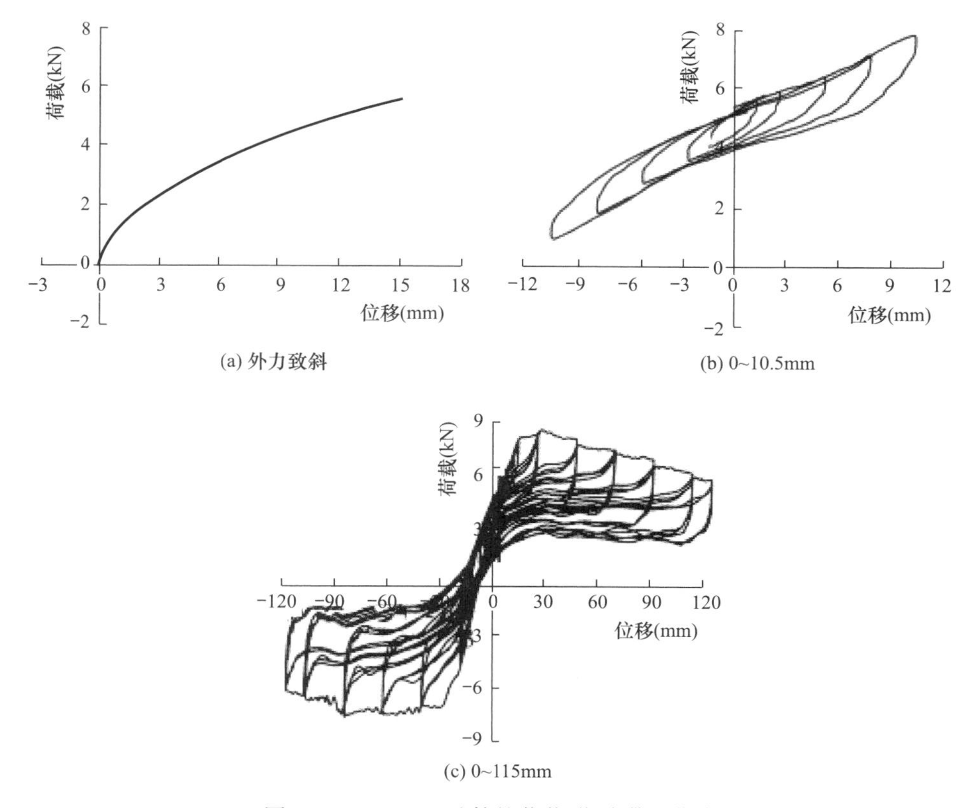

图 15.5-14　SJ-7 试件的荷载-位移滞回曲线

小位移的滞回曲线如图 15.5-14（b）所示，此时试件处于弹性阶段。正向加载时，下一个加载步到上一个加载步的最大位移较上一个加载步的荷载更小，所消耗的能量也更少。反向加载时，曲线的饱满程度不如正向加载的饱满程度，且在第 3、4、5 个加载步快到最大时，出现荷载减缓到上一加载步相近荷载的现象。从图中可以看出正向加载的耗能明显大于反向加载的耗能，说明试件的歪闪对试件歪闪方向的抗震性能有影响，试件歪闪方向的刚度降低。

刚度出现退化即位移加载到 40%Δ 的滞回曲线如图 15.5-14（c）所示，试件在加载到 10.5mm 后进入塑性阶段。试件正向加载到 21mm 时所需荷载为 6.91kN，试件正向加载到 42mm 时刚度已经退化，所需荷载为 6.94kN。试件反向加载到 63mm 时所需要的荷载为 6.11kN，为反向的最大水平承载力。正向刚度比反向刚度先退化表明由于歪闪导致正向的刚度小于反向刚度。

从整体来看，试件的滞回曲线为左小右大的"双旗帜"形，比 SJ-6 的曲线更不对称。说明歪闪位移角的增加使木构架左右的抗震性能差异增大。从宏观来看，正向加载曲线单次循环的面积明显大于反向加载曲线单次循环的面积。当位移加载到 100%Δ 时，正向荷载小于反向荷载，说明试件正向歪闪后能承受的荷载降低了。

（4）SJ-8 的荷载-位移滞回曲线分析

SJ-8 的荷载-位移滞回曲线如图 15.5-15 所示。歪闪致斜（从初始状态加载到歪闪位移角为 1/50）的荷载-位移曲线如图 15.5-15（a）所示。SJ-8 正向加载到 30mm 时的荷载为 5.11kN，此时试件外部没有明显变化。

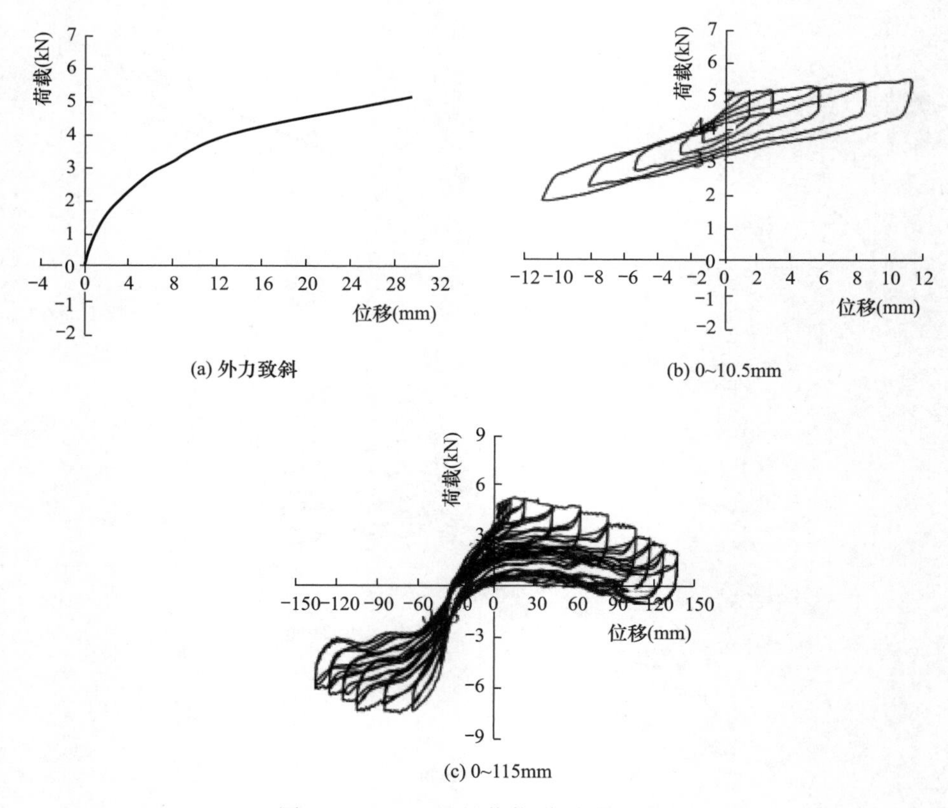

图 15.5-15　SJ-8 的荷载-位移滞回曲线

小位移阶段的滞回曲线如图 15.5-15（b）所示。在位移为 0～10%Δ 过程中，试件正向和反向都处于弹性阶段。正向加载时，下一个加载步的荷载到上一个加载步的最大位移与上一个加载步的荷载重合并随着位移的增加继续增大，相同位移的情况下下一个加载步所消耗的能量更少。反向加载时，曲线的饱满程度略小于正向加载的饱满程度。从宏观来看，正向加载的滞回环面积明显大于反向加载，说明试件的歪闪对试件歪闪方向的抗震性能有影响，试件歪闪方向的耗能降低。

刚度出现退化即位移加载到 20%Δ 的滞回曲线如图 15.5-15（c）所示，试件在加载到 10.5mm 后进入塑性阶段。试件正向加载到 10.5mm 时所需荷载为 5.35kN，试件正向加载到 21mm 时刚度已经退化，所需荷载为 5.23kN。试件反向最大承载力为 7.44kN，出现在反向位移为 63mm 处。正向刚度比反向刚度先退化表明由于歪闪导致正向的刚度小于反向刚度。

试件整体的滞回曲线如图 15.5-15（c）所示。从整体来看，呈现出左小右大的双旗帜形。在正向加载到 120mm 后，卸载时出现了水平力小于零的情况，说明此时试件失去了承载力，而负向仍具有较好的抗侧能力。

2. 骨架曲线

SJ-5～SJ-8 的骨架曲线如图 15.5-16 所示。SJ-5 的骨架曲线如图 15.5-16（a）所示。从图中可以看出该骨架曲线的形状为左右对称的“S 形”。位移加载到 10%Δ 前，骨架曲线的斜率很大且接近于一条直线，表示水平力随着位移的增加快速增长。图中正向的斜率小于反向的斜率，也证实了上述所说的初始试件的反向刚度大于正向刚度。随着水平位移的增加，水平力的增长逐渐放缓，加载到 63mm 后，水平力和抗侧力随着位移的增加而减小。当加载到 115mm 时，结构仍具抗侧力。

SJ-6 的骨架曲线如图 15.5-16（b）所示，从图中可以看出该骨架曲线的形状与 SJ-5 相似，但是该骨架曲线为左右不对称的“S”形。由于 SJ-6 在试验前在水平外力的作用下歪闪了 15mm，所以试件在相对 0mm（实际为正向加载 15mm）的位置有一个初始荷载 5.36kN。在加载初始阶段，骨架曲线正向和反向都接近于一条直线，正向的斜率略小于反向的斜率，表示在歪闪 15mm 的情况下，试件的正向刚度受损，较反向刚度小。

SJ-7 的骨架曲线如图 15.5-16（c）所示，从图中可以看出该骨架曲线的形状为左右不对称的“S”形。试件在相对 0mm（实际为正向加载 20mm）的位置有一个初始荷载 5.88kN。在加载初始阶段，骨架曲线正向和反向都接近于一条直线，正向的斜率小于反向的斜率，表示在试件歪闪 20mm 的情况下，试件的正向刚度受损，较反向刚度小。

SJ-8 的骨架曲线如图 15.5-16（d）所示，从图中可以看出该骨架曲线的形状为左右非常不对称的“S”形甚至更类似于“反 Z”形。表示歪闪程度的增加，木构架左右两边的各项性能的不对称性也在增加，正向最大承载力对应的位移不断前移。

根据 SJ-5、SJ-6、SJ-7 和 SJ-8 的骨架曲线对比可知：歪闪程度越大，在加载初始阶段正反向的刚度差就越大，即歪闪程度越大，正向加载的斜率越小，反向加载的斜率越大。

3. 耗能分析

图 15.5-17 为各试件的耗能曲线对比图。由 SJ-5、SJ-6、SJ-7 和 SJ-8 的耗能曲线对比可知：歪闪木构架的刚度是有影响的：歪闪程度越大，木构架的刚度越小，说明木构架的抗震性能退化越严重。

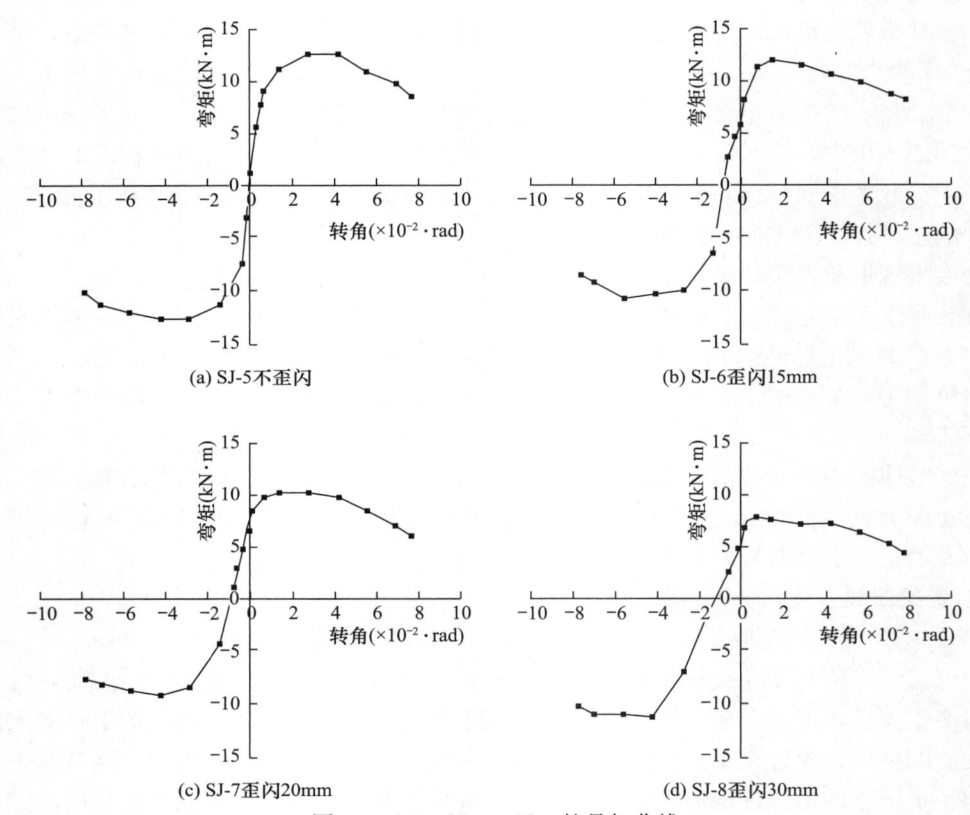

图 15.5-16　SJ-5～SJ-8 的骨架曲线

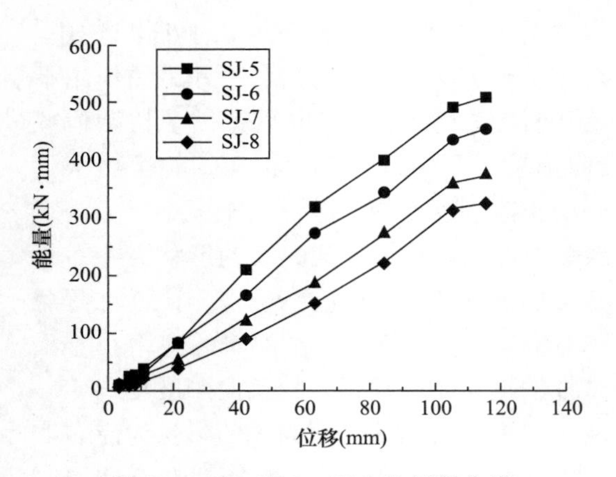

图 15.5-17　SJ-5～SJ-8 的耗能曲线

木构架的耗能一是来源于各普拍枋和阑额与柱之间的摩擦和挤压变形，二是木构架中暗销的挤压和剪切变形。在小位移阶段，试件处于弹性状态，耗能较低。随着位移的增加，木柱和燕尾榫的横纹逐渐进入塑性阶段，试件的耗能能力也逐渐增强。当转角在4.30%后，随着木底梁的变形破坏、构件间的挤压和摩擦，试件的耗能能力显著增强。当试件进入破坏阶段后，试件耗能的增长趋势明显减缓。

4. 退化规律

通过不同歪闪角度的木构架的试验对比可知，忽略木构架中连接件加工产生的原始差异，木构架的歪闪会造成其在歪闪方向的抗震性能的退化。首先是木构架的刚度的减小，加载初期随着歪闪程度的增加，木构架的刚度在歪闪方向和另一方都减小，随着位移的增加，刚度减小的差异慢慢减弱。其次是木构架的承载能力在歪闪方向随着歪闪程度的增加而减小，另一方向的承载力退化程度较歪闪方向更弱。歪闪程度越大，木构架在歪闪方向的最大承载力出现得越早，反之在另一方向的最大承载力出现得越晚。最后是木构架的耗能能力，随着歪闪位移角的增加而降低，初始框架的耗能能力最大，歪闪 1/50 的框架耗能最小。

15.6　歪闪殿堂型斗栱-叉柱造式斗栱木构架抗震性能退化研究

15.6.1　试验概况

1. 试件设计与制作

制作 1 个与试件 GJ-4 相同的带叉柱造式斗栱的木构架（有阑额和普拍枋），在基础上进行歪闪处理，并进一步研究其抗震性能。歪闪角度为 0.01rad，对应层间位移角和位移分别为 1/100rad 和 15mm。

2. 加载方案

1）加载装置

加载装置如图 15.6-1 所示。试件的固定装置与叉柱造式斗栱试验的固定装置一样，竖向加载装置、水平加载装置和平面外抗侧移装置与木构架的加载装置一样，故本章不再赘述。

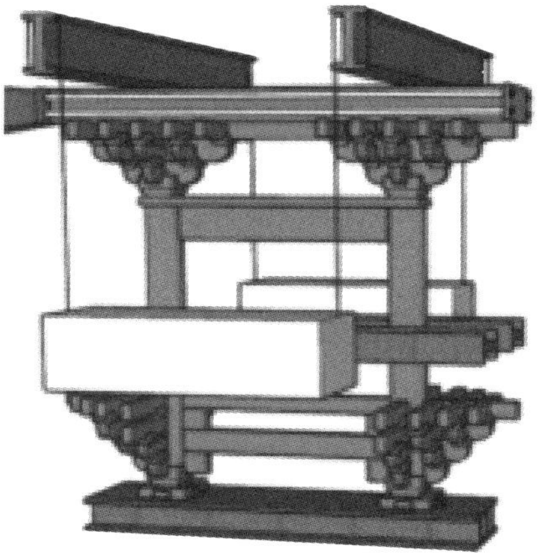

图 15.6-1　加载装置

2）加载制度

（1）在正式加载前，先对试件施加竖向荷载并水平施加 0.075Δ 位移进行预加载，以检查整个试验仪器能否正常运作。通过配重块和上部斗栱施加的竖向荷载为 82kN。

（2）低周反复加载程序：采用极限位移 Δ＝210mm×0.5＝105mm 作为控制位移，水平加载采用变幅值位移控制加载，水平峰值位移为 0.0125Δ、0.025Δ、0.05Δ、0.075Δ、0.1Δ、0.2Δ、0.4Δ、0.6Δ、0.8Δ、1.0Δ、1.2Δ、1.3Δ、1.4Δ、1.5Δ、1.6Δ、1.7Δ、1.8Δ。前 5 级由于位移较小试件的变化不大，故每级加载一次，5 级以后每级水平峰值位移循环 3 次。

（3）外力致斜：为研究不同歪闪程度对带叉柱造式斗栱的木构架抗震性能的影响，本课题采用外力将加工好的试件推至设定好的角度，基于此角度再进行加载。本试验通过施加与加载制度相同大小的竖向荷载来防止外力致斜过程中试件滑动，水平荷载采用位移控制加载，根据歪闪位移角计算得出位移进行位移控制。

3. 观察与测量方案

SJ-10 和 SJ-11 的观察和测量方案如图 15.6-2 所示：

（1）加载之前的观察：由于试件各构件做工复杂，在加工各构件和组装过程中都会产生较大的工艺误差，故在加载之前，先观察该试件的原始情况以便对试验结果进行预判。

（2）加载过程中的观察：在加载过程中主要观察试件易破坏和变形的构件和部位即观察柱顶和柱底的挤压和变形情况、普拍枋和阑额的挤压和变形情况、上部斗栱栌斗与普拍枋的挤压和变形情况、下面栌斗的开裂和挤压情况、散斗和交互斗的破坏、叉柱肢的劈裂和挤压情况及各枋的挤压和破坏情况。

（3）为测量木构架整体及斗栱层各构件的水平和竖向变形，在普拍枋布置一个磁滞位

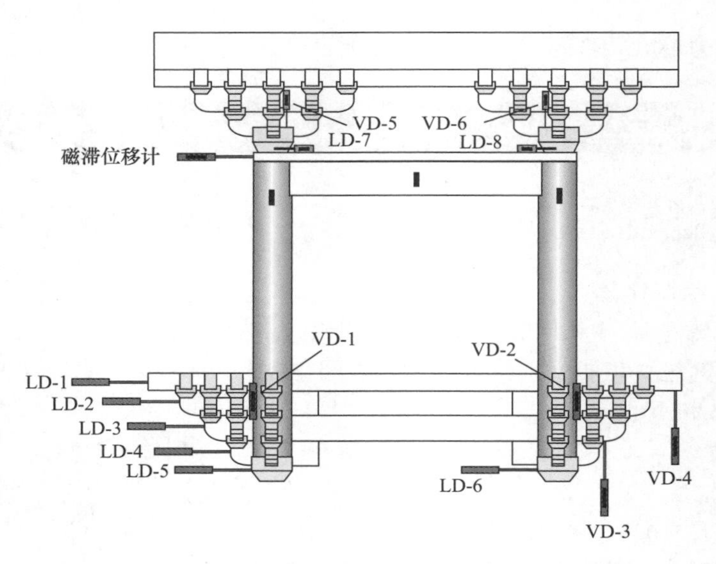

图 15.6-2 位移计测点布置图

移计，上部斗栱中的两个栌斗底部各布置一个水平位移计以便测上部斗栱底部的滑移，两个栌斗斗耳处分别布置一个竖向位移计以测栌斗的翘曲。下部斗栱各层枋分别布置一个水平位移计以测各层的水平位移，在两个栌斗底部各布置一个水平位移计以便测底部的滑移，斗栱层间隔布置两个竖向位移计以测斗栱层的翘曲，在两个栌斗斗耳处分别布置一个竖向位移计以测栌斗的翘曲。在两木柱分别放置一个倾角仪、在阑额中部放置一个倾角仪以监测试件的倾斜情况。SJ-9 与 SJ-10 和 SJ-11 的观察与测量方案相似，故不再赘述。

15.6.2 试验现象及破坏特征

1. 试验现象

先将试件推 15mm（层间位移角为 1/100）致使试件歪闪，两个栌斗斗口泥道栱方向均出现劈裂，其他构件无明显变化。以 15mm 为相对零点进行加载。随着加载位移的增加，歪闪方向普拍枋与柱顶、底梁与柱底产生的变形持续加深。正向加载位移在 115.5mm 时，试件伴随有木材劈裂的声音且发出木材挤压摩擦的声音，要头枋与叉柱肢上端产生 11.5mm 缝隙如图 15.6-3（a）所示，燕尾榫拔出 15mm 如图 15.6-3（b）所示，普拍枋与阑额最外端产生 6.5mm 缝隙如图 15.6-3（c）所示。反向加载位移在 115.5mm 时，要头枋与叉柱肢上端挤压产生变形如图 15.6-3（d）所示。

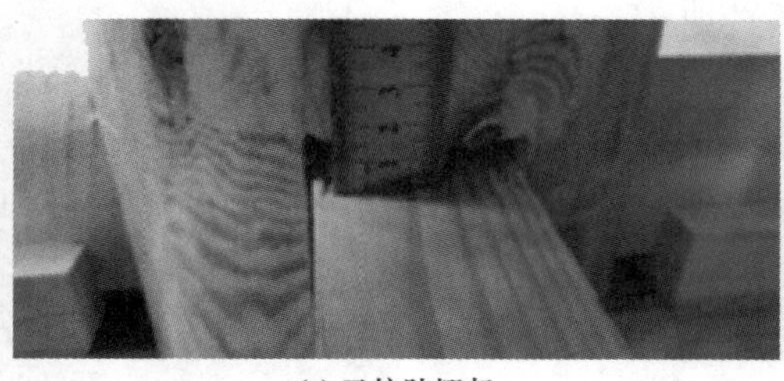

(a) 叉柱肢翘起

(b) 燕尾榫拔出

图 15.6-3 试件破坏形态（一）

(c) 普拍枋抬升

(d) 叉柱肢翘起

(e) 整体倾斜

(f) 叉柱肢与耍头枋挤压

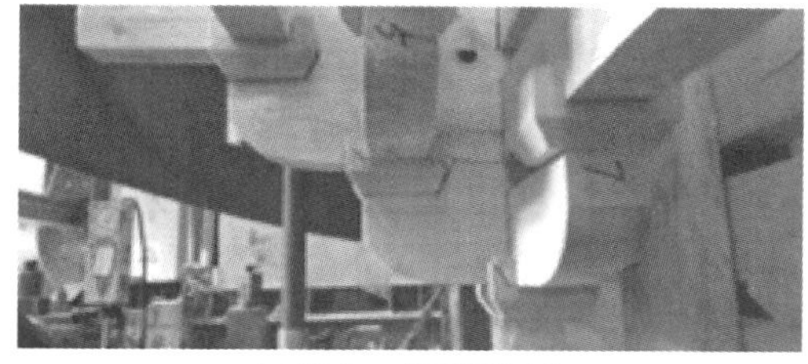

(g) 散斗、交互斗破坏

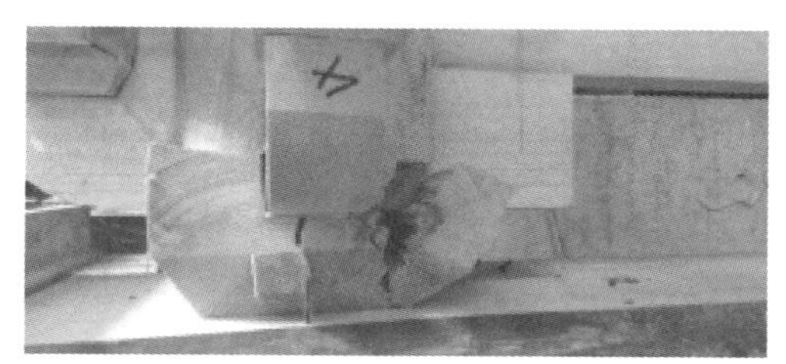

(h) 栌斗破坏

图 15.6-3　试件破坏形态（二）

加载位移在 147mm 时，能明显听到拔榫的声音。正向加载位移在 157.5mm 时，整体歪闪情况如图 15.6-3（e）所示。加载结束之后，耍头枋上留有与叉柱肢挤压产生的压痕如图 15.6-3（f）所示，多出散斗、交互斗斗耳被压裂如图 15.6-3（g）所示，栌斗斗耳被严重破坏如图 15.6-3（h）所示。

2. 破坏特征分析

试件具有叉柱造式斗栱的破坏特征：小位移时，栌斗没压坏。随着加载位移的增加，耍头枋和叉柱肢上端挤压导致耍头枋先变形破坏，后叉柱肢上端也有被挤压的痕迹，叉柱肢下端与栌斗产生挤压，导致栌斗沿横纹方向开裂，部分散斗和交互斗由于变形过大斗耳沿横纹方向开裂，各层枋之间发生错位产生相对位移。

试件也有木构架的破坏特征：上部斗栱栌斗与普拍枋之间互相挤压，普拍枋上面被栌斗挤压变形，下面被柱顶挤压变形，以及木构架的燕尾榫拔出等破坏特征。

15.6.3　试验结果分析与讨论

1. 荷载-位移滞回曲线

试件的荷载-位移滞回曲线如图 15.6-4 所示。歪闪致斜（从初始状态加载到歪闪位移角为 1/100）的荷载-位移曲线如图 15.6-4（a）所示，试件正向加载到 15mm 时的荷载为 7.14kN，此时试件外部没有明显变化。

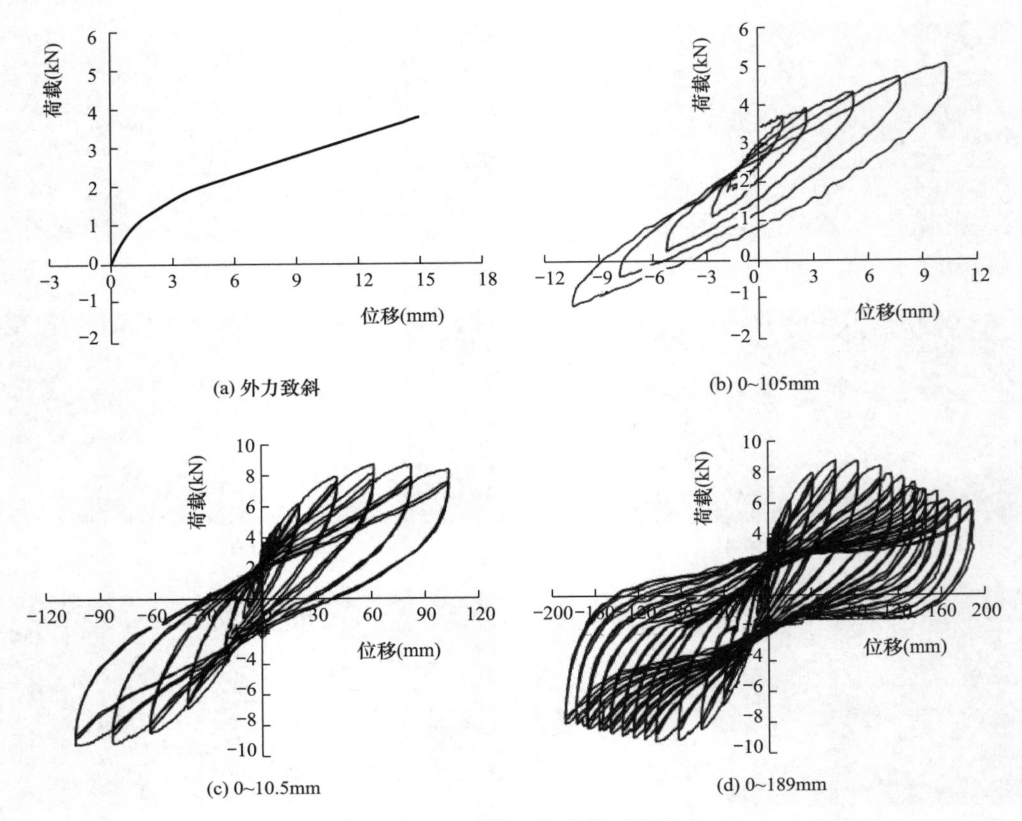

图 15.6-4　荷载-位移滞回曲线

小位移阶段的滞回曲线如图 15.6-4（b）所示。在位移为 0～10%Δ 过程中，试件正向和反向都处于弹性阶段。正向加载时，下一个加载步到上一个加载步的最大位移的荷载相同，但是所消耗的能量更小。反向加载时，下一个加载步较上一个加载步的最大位移的荷载大，说明试件的歪闪对试件的抗震性能是有影响的，试件歪闪方向的刚度降低。

刚度出现退化即位移加载到 40%Δ 的滞回曲线如图 15.6-4（c）所示，试件在加载到 10.5mm 后进入塑性阶段，试件正向加载到 63mm 时所需荷载为 8.69kN，正向加载到 84mm 时刚度已经退化，所需荷载为 8.63kN。试件反向加载到 105mm 时达到最大水平荷载为 9.39kN。正向刚度比反向刚度先退化表明由于歪闪导致正向的刚度小于反向刚度。

刚度退化至 85%以下即位移加载到 180%Δ 的滞回曲线如图 15.6-4（d）所示。从整体来看，试件的滞回曲线与 SJ-10 的形状基本一致，呈现出中间捏缩的“梭形”，说明歪闪位移角为 1/100 的带叉柱造式斗栱的木构架虽然刚度受到影响，但是同样具有良好的耗能能力。试件反向加载到 105mm 之后刚度开始退化。每个位移加载的第 2 次和第 3 次需要的荷载较第一次更小，第 2 次和第 3 次的曲线变化不大，说明第 1 次加载试件被破坏发生塑性变形导致刚度下降。从图中可以看出，试件在加载位移到 100%Δ 后，虽然最大荷载在降低，但是降低的幅度很小，加载位移到 180%Δ 时正向仍然能承受 5.61kN 的荷载，反向能承受 8.22kN 的荷载，说明带叉柱造式斗栱的木构架在很大歪闪的情况下仍然具有很好的耗能能力。

2. 耗能对比分析

图 15.6-5 为各试件的耗能曲线。可以看出，带叉柱造式斗栱的木构架在小位移时耗能小幅度直线增加且耗能较小。当试件进入塑性阶段后耗能大幅度直线增加，耗能开始增大。当位移到 100%Δ 后，试件进入屈服阶段，耗能增加的幅度减小。

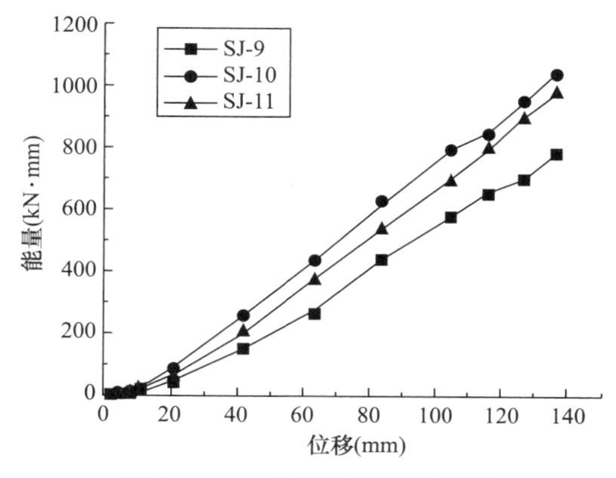

图 15.6-5　各试件的耗能曲线

SJ-9 的耗能一是来源于叉柱造式斗栱各构件间的摩擦与挤压变形，二是构件中的暗销的挤压和剪切变形。SJ-10、SJ-11 的耗能一是来源于各普拍枋、阑额、与柱之间的摩擦和挤压变形，二是来源于叉柱造式斗栱中各构件间的摩擦与挤压变形，三是试件中暗销的挤压和剪切变形。在小位移加载时，各试件耗能基本一致。当转角达到 4.30%后，随着木底梁的变形破坏、构件间的挤压和摩擦，试件的耗能能力显著增强。当试件进入破坏阶段后，试件耗能的增长趋势明显减缓。

对比 SJ-9、SJ-10 的耗能曲线可知：有普拍枋阑额的带叉柱造式斗栱的木构架比用链杆代替的带叉柱造式斗栱的木构架的抗震性能更好。二者的耗能增长的趋势一致，都可以用三个阶段表示，即弹性阶段-强化阶段-破坏阶段。

对比 SJ-10、SJ-11 的耗能曲线可知：歪闪 15mm 的带叉柱造式斗栱的木构架较不歪闪的耗能更大，与 SJ-2 和 SJ-6 的歪闪退化规律一致。

3. 三种试件的对比分析

在叉柱造式斗栱的叉柱上面增加两朵连续的上部斗栱，此形式增加了构件的整体性，相较于叉柱造式斗栱更加稳定，承受的最大荷载从 2.96kN 增加到 5.56kN，提升了约 1.88 倍。峰值荷载对应的位移也从 63mm 延迟到 115.5mm，说明在叉柱造式斗栱的叉柱上加上连续的上部斗栱可以使试件在更大的位移下也能保持良好的抗震性能。

在双朵叉柱造式斗栱的叉柱顶增加两朵连续的斗栱，上面再加上一套阑额和普拍枋后，试件的抗震性能进一步增加。相较于双朵叉柱造式斗栱即 SJ-1 而言，最大承载能力从 2.96kN 增加到 9.59kN，提升了约 3.24 倍。相较于没有阑额和普拍枋的试件即 SJ-9 而言，最大承载能力从 5.56kN 增加到 9.59kN，提升了约 1.72 倍。相较于木构架即 SJ-5 而言，最大承载能力从 8.45kN 增加到 9.59kN，提升了约 1.13 倍。综上，带叉柱造式斗栱的木构架（有阑额普拍枋的）较叉柱造式斗栱和木构架而言，抗震性能都有很大的提升。

带叉柱造式斗栱的木构架的歪闪同时具备了叉柱造式斗栱和木构架的歪闪特征：小位移下在歪闪方向的刚度降低，最大承载力降低且最大承载力出现提前，耗能能力降低。

15.7　本章小结

本章针对古建筑木结构中的关键抗侧力体系，研究了其抗震性能。在此基础上，针对殿堂型斗栱-木构架、殿堂型斗栱-叉柱造式斗栱木构架这两种抗侧力体系开展了倾斜变形的影响，分析了不同木构架体系的抗震性能退化规律。

参考文献

[1] 朱忠漫. 干缩裂缝对历史建筑木构件受力性能影响的试验研究 [D]. 南京：东南大学，2015.

[2] 周长东，梁立灿，阿斯哈，等. 内嵌钢筋外包 CFRP 布复合加固矩形截面木柱轴压性能试验研究 [J]. 建筑结构学报，2020，41 (7)：173-181.

[3] 周伟建. 基于形状记忆合金加固的古建筑木结构单向直榫构架抗震性能研究 [D]. 西安：西安建筑科技大学，2016.

[4] 周乾. 故宫古建木柱典型残损问题分析及建议 [J]. 水利与建筑工程学报，2015，13 (6)：107-112.

[5] 周乾，杨娜. 故宫古建榫卯节点典型残损问题分析 [J]. 水利与建筑工程学报，2017，15 (5)：12-19，38.

[6] 周乾，闫维明，杨小森，等. 汶川地震导致的古建筑震害 [J]. 文物保护与考古科学，2010，22 (1)：37-45.

[7] 周乾，闫维明，慕晨曦，等. CFRP 布包镶加固底部糟朽木柱轴压试验 [J]. 湖南大学学报（自然科学版），2016，(3)：120-126.

[8] 周乾，闫维明. 古建筑榫卯节点抗震加固数值模拟研究 [J]. 水利与建筑工程学报，2010，8 (3)：23-27.

[9] 周乾，闫维明，纪金豹. 木构古建梁柱节点拔榫过程数值模拟 [J]. 山东建筑大学学报，2014，29 (4)：308-314.

[10] 周明，刘秀英，富岩. 木材天然耐腐性室内试验标准方法的研究 [J]. 木材工业，1991，5 (2)：29-32.

[11] 赵柔. 木构件腐朽程度的试验研究 [D]. 南京：东南大学，2018.

[12] 赵均海，俞茂宏，杨松岩，等. 中国古代木结构有限元动力分析 [J]. 土木工程学报，2000，33 (1)：32-35.

[13] 赵鸿铁，张凤亮，薛建阳，等. 古建筑木结构的结构性能研究综述 [J]. 建筑结构学报，2012，33 (8)：1-10.

[14] 赵鸿铁，薛建阳，隋䶮，等. 中国古建筑木结构及其抗震—试验、理论及加固方法 [M]. 北京：科学出版社，2012：103-112.

[15] 张利朋，谢启芳，吴亚杰，等. 基于木材弹塑性损伤本构的古建木结构残损梁柱构件损伤非线性分析 [J]. 土木与环境工程学报（中英文），2022，44 (2)：98-106.

[16] 张建丽. 应县木塔残损状态实录与分析 [D]. 太原理工大学，2007.

[17] 张风亮. 中国古建筑木结构加固及其性能研究 [D]. 西安建筑科技大学，2013.

[18] 俞茂宏. 西安古城墙研究-建筑结构和抗震 [M]. 西安交通大学出版社，1992：36-40.

[19] 姚利宏，王喜明，费本华，等. 木结构建筑防火的研究现状 [J]. 木材工业，2007，21 (5)：29-31.

[20] 姚侃，赵鸿铁，葛鸿鹏. 古建木结构榫卯连接特性的试验研究 [J]. 工程力学，2006，23 (10)：168-173.

[21] 杨忠，江泽慧，任海青，等. 木材加速腐朽试验方法的研究 [J]. 木材工业，2007，21 (4)：12-20.

[22] 杨夏，郭小东，吴洋，等. 基于脱榫状态的古建筑木结构燕尾榫节点试验研究 [J]. 文物保护与考古科学，2015，27 (1)：54-58.

[23] 许涛，张玉敏，宋晓胜. 拔榫状态下的古建筑木结构透榫节点试验 [J]. 河北联合大学学报：自然科学版，2014，36 (1)：92-96.

[24] 许清风，朱雷. CFRP 维修加固局部受损木柱的试验研究 [J]. 土木工程学报，2007，(8)：41-46.

[25] 许清风，李向民，张晋，等. 木梁三面受火后力学性能的试验研究 [J]. 土木工程学报，2011. 44 (7)：64-71.

[26] 徐明刚，邱洪兴. 古建筑木结构榫卯节点抗震试验研究 [J]. 建筑科学，2011，27 (7)：56-58.

[27] 谢启芳. 中国木结构古建筑加固的试验研究及理论分析 [D]. 西安：西安建筑科技大学，2007.

[28] 谢启芳，赵鸿铁，薛建阳，等. 中国古建筑木结构榫卯节点加固的试验研究 [J]. 土木工程学报，2008，41 (1)：28-34.

[29] 谢启芳，杜彬，李双，等. 残损古建筑木结构燕尾榫节点抗震性能试验研究 [J]. 振动与冲击，2015，34 (4)：165-170，210.

[30] 谢启芳，郑培君，向伟，等. 残损古建筑木结构单向直榫榫卯节点抗震性能试验研究 [J]. 建筑结构学报，2014，35 (11)：143-150.

[31] 谢启芳，张利朋，王龙，等. 全国 23 处古建筑木结构关键构件残损调查报告 [R]. 西安：西安建筑科技大学，2022.

[32] 谢启芳，张保壮，李胜英，等. 残损木柱力学性能退化试验研究与有限元分析 [J]. 建筑结构学报，2021，42 (8)：1-10.

[33] 夏海伦. 不同松动程度下古建筑透榫节点抗震性能试验研究 [D]. 西安：西安建筑科技大学，2015.

[34] 吴洋，郭小东，宋晓胜，等. 拔榫状态下古建筑燕尾榫节点性能试验研究 [J]. 广西大学学报：自然科学版，2014，39 (1)：43-47.

[35] 王玉迪. 考虑松动残损直榫节点的多层木结构古建筑抗震性能分析 [D]. 西安建筑科技大学，2018.

[36] 王雪亮，张帆，李瑞宗. 加速腐朽环境下木构件的强度退化时变模型 [J]. 武汉理工大学学报，2015，37 (6)：76-80.

[37] 王蔚，高培基. 褐腐真菌木质纤维素降解机制的研究进展 [J]. 微生物学通报，2002，29 (3)：90-93.

[38] 王丽宇. 木材裂纹扩展及其断裂行为的研究 [M]. 北京：中国环境科学出版社，2004.

[39] 隋䶮，赵鸿铁，薛建阳，等. 古代殿堂式木结构建筑模型振动台试验研究 [J]. 建筑结构学报，2010，31 (2)：35-40.

[40] 上官蔚蔚. 白腐对落叶松木材细观和微观力学性能的影响 [D]. 北京：中国林业科学研究院，2012.

[41] 任世学，姜贵全，屈红军. 植物纤维化学实验教程 [M]. 哈尔滨：东北林业大学出版社，2008：53-54.

[42] 秦术杰. 残损状态下古建木结构节点受力性能及评估方法研究 [D]. 北京交通大学，2019.

[43] 乔冠峰. 古木楼阁飞云楼损伤机理与修缮保护研究 [D]. 太原理工大学，2017.

[44] 潘禹臣. 损伤对木梁抗震性能影响的研究 [D]. 扬州：扬州大学，2018.

[45] 马炳坚. 中国古建筑木作营造技术（第二版）[M]. 北京：科学出版社，2003：125-139.

[46] 罗哲文. 中国古代建筑 [M]. 上海：上海古籍出版社，2001.

[47] 刘一星，赵广杰. 木材学 [M]. 北京：中国林业出版社，2012：215-220.

[48] 刘栋栋，邓素芬. 基于有限元分析的木结构屋架耐火性能研究 [J]. 北京建筑大学学报，2015，31（1）：1-7.

[49] 刘波，付跃进，马星霞，等. 木材生物病害严重区域古建筑木构件树种选择及与生物病害的关系 [J]. 林业科学，2021，57（12）：108-121.

[50] 李义柱. 不同松动程度下古建筑燕尾榫节点抗震性能试验研究 [D]. 西安：西安建筑科技大学，2015.

[51] 李鑫. 古建筑木构件材质性能与残损检测关键技术研究 [D]. 北京工业大学，2015.

[52] 李铁英. 应县木塔现状结构残损要点及机理分析 [D]. 太原理工大学，2004.

[53] 李铁英，秦慧敏. 应县木塔现状结构残损分析及修缮探讨 [J]. 工程力学，2005，22（S1）：199-212.

[54] 李猛，陆伟东，刘开封. 木构架榫卯节点滞回性能的数值模拟 [J]. 南京工业大学学报：自然科学版，2015，37（3）：125-129.

[55] 李诫（宋）. 营造法式 [M]. 上海：商务印书馆，1950：73-75.

[56] 李改云，任海青，秦特夫，等. 茯苓褐腐过程中木材化学成分的变化 [J]. 林业科学研究，2009，22（4）：592-596.

[57] 康昆，乔冠峰，陈金永，等. 榫卯间隙对古建筑木结构燕尾榫节点承载性能影响的有限元分析 [J]. 中国科技论文，2016，11（1）：38-42.

[58] 金重为，郎飚生，尤纪雪. 天然耐腐木材的抗腐力及其在腐朽过程中化学成分的变化 [J]. 林业科学，1989，25（5）：447-452.

[59] 谷雨，邱洪兴，王靖翔，等. 腐朽对木柱承载力影响的数值模拟 [J]. 淮海工学院学报（自然科学版），2015，24（z1）：60-63.

[60] 谷雨. 腐朽对古木建筑构件力学性能的影响 [D]. 南京：东南大学，2016.

[61] 古建筑木结构维护与加固规范编制组. 古建筑木结构用材的树种调查及其主要材性的实测分析 [J]. 四川建筑科学研究，1994（1）：11-14.

[62] 龚仁梅，何灵芝，沈隽，等. 温度对人工林落叶松材物理力学性能的影响 [J]. 林业科技，2000，25（5）：38-40.

[63] 葛晓雯，王立海，侯捷建，等. 褐腐杨木微观结构、力学性能与化学成分的关系研究 [J]. 北京林业大学学报，2016，38（10）：112-122.

[64] 葛威珍，许清风，武林超. 不同脱榫程度下透榫节点抗弯性能试验研究 [C]//土木工程新材料、新技术及其工程应用交流会论文集（下册），2019：523-526.

[65] 高大峰，张鹏程，赵鸿铁，等. 中国古建木构架在水平反复荷载作用下变形及内力特征 [J]. 世界地震工程，2003（30）：9-14.

[66] 方东平，俞茂宏，宫本裕，等. 木结构古建筑结构特性的计算研究 [J]. 工程力学，2001，18（1）：137-144.

[67] 淳庆，乐志，潘建伍. 中国南方传统木构建筑典型榫卯节点抗震性能试验研究 [J]. 中国科学：技术科学，2011，41（9）：1153-1160.

[68] 池玉杰. 木材腐朽与木材腐朽菌 [M]. 北京：科学出版社，2003：167.

[69] 程献宝. 初期褐腐对杉木宏观和组织力学性能的影响 [D]. 北京：中国林业科学研究院，2011.

[70] 陈志勇. 应县木塔典型节点及结构受力性能研究 [D]. 哈尔滨工业大学，2011.

[71] 陈晓军，杨立中，邓志华，等. 木材在火灾环境中热解行为的数值模拟 [J]. 燃烧科学与技术，

2002，8（4）：333-337.

[72] 陈国莹. 古建筑旧木材材质变化及影响建筑变形的研究［J］. 古建园林技术，2003（3）：49-53.

[73] 曹磊. 落叶松胶合木梁力学性能研究［D］. 长沙：中南林业科技大学，2017.

[74] 阿斯哈，周长东，杨礼赣. 复合加固木柱轴压特性试验研究［J］. 土木工程学报，2021，54（2）：1-9.

[75] Zhou Qian，Yan Weiming，Ji Jinbao. Process of tenon pulled out of mortise of Chinese ancient beam-column joints by simulation［J］. Journal of Shandong Jianzhu University，2014，29（4）：308-314.（in Chinese）

[76] Zhang W P，Song X B，Gu X L，et al. Compressive behavior of longitudinally cracked timber columns retrofitted using FRP sheets［J］. Journal of Structural Engineering，2012，138（1）：90-98.

[77] Zhang B Z，Xie Q F，Li S Y，et al. Effects of gaps on the rotational performance of traditional straight mortise-tenon joints［J］. Engineering Structures，2022，260：114231.

[78] Yang Xia，Guo Xiaodong，Wu Yang，et al，Experimental study on dovetail joint in historic timber buildings under the state of out of mortise［J］. Sciences of Conservation and Archaeology，2015，27（1）：54-58.（in Chinese）

[79] Yang Q S，Gao C，Wang J，et al. Probability distribution of gaps between tenon and mortise of traditional timber structures［J］. European Journal of Wood and Wood Products，2020，78：27-39.

[80] Xue J Y，Xu D，Xia H L. Experimental study on seismic performance of through-tenon joints with looseness in ancient timber structures［J］. International Journal of Architectural Heritage，2020，14（4）：483-495.

[81] Xue J Y，Wu C W，Zhang X C，et al. Effect of pre-tension in superelastic shape memory alloy on cyclic behavior of reinforced mortise-tenon joints［J］. Construction and Building Materials，2020，241：118136.

[82] Xu Tao，Zhang Yumin，Song Xiaosheng. Experimental study on dovetail joint in historic timber buildings under the state of out of mortise［J］. Journal of Hebei United University：Natural Science Edition，2014，36（1）：92-96.（in Chinese）

[83] Xie Qifang，Zheng Peijun，Xiang Wei，et al. Experimental study onaseismic behavior of damaged straight mortise-tenon joints of ancient timber buildings［J］Journal of Building Structures，2014，35（11）：143-150.（in Chinese）

[84] Xie Q F，Zhang L P，Zhou W J，et al. Cyclical behavior of timber mortise-tenon joints strengthened with shape memory alloy：experiments and moment-rotation model［J］. International Journal of Architectural Heritage，2019，13（8）：1209-1222.

[85] Xie Q F，Zhang B Z，Zhang L P，et al. Normal contact performance of mortise and tenon joint：theoretical analysis and numerical simulation［J］. Journal of Wood Science，2021，67（1）：1-21.

[86] Xie Q F，Wang L，Zheng P J，et al. Rotational behavior of degraded traditional mortise-tenon joints：Experimental tests and hysteretic model［J］. International Journal of Architectural Heritage，2018，12（1）：125-36.

[87] Xia Hailun. Experimental study on seismic behavior ofthrough tenon joints under different looseness in ancient wooden buildings［D］. Xi' an：Xi' an University of Architecture and Technology，2015.（in Chinese）

[88] Wu Yang，Guo Xiaodong，Song Xiaosheng，et al. Experimental study on mechanical behavior of dovetailjoint in historic buildings out of mortise［J］. Journal of Guangxi University：Natural Sci-

ence Edition，2014，39 (1)：43-47. (in Chinese)

[89] Witomski P，Olek W，Bonarski J T. Changes in strength of scots pine wood (Pinus silvestris L.) decayed by brown rot (Coniophora puteana) and white rot (Trametes versicolor) [J]. Construction and Building Materials，2016，102 (2)：162-166.

[90] Winandy J E，Morrell J J. Relationship between incipient decay，strength，and chemical composition of douglas-fir heartwood [J]. Wood and Fiber Science，1993，25 (3)：278-288.

[91] Winandy J E，Clausen C A，Curling S. Predicting the effects of decay on wood properties and modeling residual service-life [C] //Proceedings of the 2nd Annual Conference on Durability and Disaster Mitigation in Wood-Frame Housing. Madison，2001：261-263.

[92] Wang C H，Leicester R H，Min N. Probabilistic procedure for design of untreated timber Poles inground under attack of decay fungi [J]. Reliability Engineering and System Safety，2008，93：476-481.

[93] Van Z，Salinas J J，Mehaffey J R. Compressive strength of lumber at high temperatures [J]. Fire and Materials，2005，29 (2)：71-90.

[94] Thomas GC (1997) Fire resistance of light timber framed walls and floors. Dissertation，University of Canterbury.

[95] Song X B，Wu Y J，Jiang R. Compressive capacity of longitudinally cracked wood columns retrofitted by self-tapping screws [J]. Journal of Zhejiang University-Science A，2015，16 (12)：964-975.

[96] Song X B，Jiang Y M，Gu X L，et al. Load-carrying capacity of lengthwise cracked wood beams retrofitted by self-tapping screws [J]. Journal of Structure Engineering，2020，1 (1)：1-11.

[97] Seo J M，Choi I K，Lee J R. Static and cyclic behavior of wooden frames with tenon joints under lateral load [J]. Journal of Structural Engineering，ASCE，1999，125 (3)：344-349.

[98] Schaffer EL (1970) Elevated temperature effect on the longitudinal mechanical properties of wood. Dissertation，University of Wisconsin System.

[99] Qingshan Yang，Pan Yu，Siu-seong Law. Load resisting mechanism of the mortise-tenon connection with gaps under in-plane forces and moments [J]. Engineering Structures，2020，219 (C)：1-16.

[100] Ogawa K，Sasaki Y，Yamasaki M. Theoretical estimation of the mechanical performance of traditional mortise-tenon joint involving a gap [J]. Journal of Wood Science，2016，62 (3)：242-250.

[101] Nakagawa T，Ohta M. Collapsing process simulations of timber structures under dynamic loading I：simulations of two-story frame models [J]. Journal of Wood Science，2003，49：392-397.

[102] Mizumoto S. The Effect of decay caused by gloeophyllum trabeum on the strength properties of Japanese red pine sap-wood [J]. Journal of the Japanese Forestry Society，1965，48 (1)：7-11.

[103] Ma L L，Xue J Y，Dai W Q，et al. Moment-rotation relationship of mortise-through-tenon connections in historic timber structures [J]. Construction and Building Materials，2020，232：117285.

[104] Lie TT (1992) Structural fire protection. New York，America.

[105] Li X W，Zhao J H，Ma GW，et al. Experimental study on the seismic performance of a double-span traditional timber frame [J]. Engineering Structures，2015，98：141-150.

[106] Li SC，Jiang ZJ，Luo HZ，et al. Seismic behavior of straight-tenon wood frames with column foot damage [J]. Advances in Civil Engineering，2019：1604208.

[107] Li Meng，Lu Weidong，Liu Kaifeng. Numerical simulation of hysteretic behavior of mortise and

tenon joint in chuan-dou style wood Frame [J]. Journal of Nanjing Tech University: Natural Science Edition, 2015, 37 (3): 125-129. (in Chinese)

[108] Leicester R H, Cole I S, Foliente G C, et al. Prediction models for durability of timber construction [C]. Proceedings of the 5th World Conference on Timber Engineering, Lausanne, Switzerland, August, 1998, 2-10.

[109] Konig J, Walleij L (2000) Timber frame Assemblies exposed to standard and parametric fires: Part 2: a design model for standard fire exposure. Report, Institute for Träteknisk Forskning.

[110] Knudson RM, Schniewind AP (1975) Performance of structural wood members exposed to fire. Forest Prod J.

[111] King WS, Richard Yen JY, Alex Yen YN. Joint characteristics of traditional Chinese wooden frames [J]. Engineering Structures, 1996, 18 (8): 635-644.

[112] Khaliq W, Bashir MF (2016) High temperature mechanical and material properties of burnt masonry bricks. Mater Struct 49: 1-14.

[113] Kang Kun, Qiao Guanfeng, Chen Yong, et al. The influence of gap between tenon and mortise on the bearing behavior of the dovetail joints in ancient timber structure by finite element analysis [J]. China Science Paper, 2016, 11 (1): 38-42. (in Chinese)

[114] ISO-16670, Timber structure-Joints made with mechanical fasteners-Quasi-static reversed-cyclic test method [S]. International Organization for Standard, 2003.

[115] Inayama M. Design of traditional otoshikomi shear wall [J]. Perfect Menu for Seismic Wooden Houses Knowledge, 2003: 274-279.

[116] He J X., Yu P, Wang J, et al. Theoretical model of bending moment for the penetrated mortise-tenon joint involving gaps in traditional timber structure [J]. Journal of Building Engineering, 2021, 42: 103102.

[117] 中华人民共和国住房和城乡建设部. 《古建筑木结构维护与加固技术标准》: GB/T 50165—2020 [S]. 四川: 中国建筑工业出版社, 2020.

[118] 中华人民共和国住房和城乡建设部. 《木结构试验方法标准》: GB/T 50329—2012 [S]. 北京: 建筑工业出版社, 2012.

[119] 中华人民共和国住房和城乡建设部. 造纸原料有机溶剂抽出物含量的测定: GB/T 2677.6—1994 [S]. 北京: 中国标准出版社, 1994.

[120] 中华人民共和国住房和城乡建设部. 造纸原料综纤维素含量的测定: GB/T 2677.10—1995 [S]. 北京: 中国标准出版社, 1995.

[121] 中华人民共和国住房和城乡建设部. 无疵小试样木材物理力学性质试验方法 第1部分: 试样采集: GB/T 1927.1—2021 [S]. 北京: 中国标准出版社, 2021.

[122] 中华人民共和国住房和城乡建设部. 无疵小试样木材物理力学性质试验方法 第2部分: 取样方法和一般要求: GB/T 1927.2—2021 [S]. 北京: 中国标准出版社, 2021.

[123] 中华人民共和国住房和城乡建设部. 无疵小试样木材物理力学性质试验方法 第3部分: 生长轮宽度和晚材率测定: GB/T 1927.3—2021 [S]. 北京: 中国标准出版社, 2021.

[124] 中华人民共和国住房和城乡建设部. 无疵小试样木材物理力学性质试验方法 第4部分: 含水率测定: GB/T 1927.4—2021 [S]. 北京: 中国标准出版社, 2021.

[125] 中华人民共和国住房和城乡建设部. 无疵小试样木材物理力学性质试验方法 第5部分: 密度测定: GB/T 1927.5—2021 [S]. 北京: 中国标准出版社, 2021.

[126] 中华人民共和国住房和城乡建设部. 无疵小试样木材物理力学性质试验方法 第9部分: 抗弯强度测定: GB/T 1927.5—2021 [S]. 北京: 中国标准出版社, 2021.

［127］ 中华人民共和国住房和城乡建设部. 无疵小试样木材物理力学性质试验方法 第 10 部分：抗弯弹性模量测定：GB/T 1927.10—2021［S］. 北京：中国标准出版社，2021.

［128］ 中华人民共和国住房和城乡建设部. 无疵小试样木材物理力学性质试验方法 第 11 部分：顺纹抗压强度测定：GB/T 1927.11—2021［S］. 北京：中国标准出版社，2022.

［129］ 中华人民共和国住房和城乡建设部. 无疵小试样木材物理力学性质试验方法 第 12 部分：横纹抗压强度测定：GB/T 1927.12—2021［S］. 北京：中国标准出版社，2021.

［130］ 中华人民共和国住房和城乡建设部. 无疵小试样木材物理力学性质试验方法 第 13 部分：横纹抗压弹性模量测定：GB/T 1927.13—2022［S］. 北京：中国标准出版社，2022.

［131］ 中华人民共和国住房和城乡建设部. 无疵小试样木材物理力学性质试验方法 第 14 部分：顺纹抗拉强度测定：GB/T 1927.14—2022［S］. 北京：中国标准出版社，2022.

［132］ 中华人民共和国住房和城乡建设部. 无疵小试样木材物理力学性质试验方法 第 15 部分：横纹抗拉强度测定：GB/T 1927.15—2022［S］. 北京：中国标准出版社，2022.

［133］ 中华人民共和国住房和城乡建设部. 无疵小试样木材物理力学性质试验方法 第 16 部分：顺纹抗剪强度测定：GB/T 1927.16—2022［S］. 北京：中国标准出版社，2022.

［134］ 中华人民共和国国家林业局和草原局. 木材耐久性能第 1 部分：天然耐久性实验室试验方法［S］. 北京：中国标准出版社，2009.

［135］ 中华人民共和国住房和城乡建设部. 木结构设计标准：GB 50005—2017［S］. 北京：中国建筑工业出版社，2017.

［136］ 中华人民共和国国家林业局和草原局. 无疵小试样木林物理学性质试验方法 第 9 部：抗弯强度测定：GB/T1927.9—2021［S］. 北京：中国标准出版社，2021.

［137］ Firmanti A，Subiyanto B，Takino S. The critical stress in various stress levels of bending member on fire exposure for mechanically graded lumber［J］. Journal of wood science，2004，50（5）：385-390.

［138］ Dong XY，Ma LL，Xue JY. Mechanical behaviors of Tou-Kung in historic timber structures subjected to vertical load［J］. Structures，2023，47：1352-1365.

［139］ Chen K Y，Qiu H X，Sun M L，et al. Experimental and numerical study of moisture distribution and shrinkage crack propagation in cross section of timber members［J］. Construction and Building Materials，2019，221：219-231.

［140］ Chang WS，Hsu MF. Rotational performance of traditional Nuki joints with gap Ⅱ：the behavior of butted Nuki joints and its coMParision with continuous Nuki joints［J］. Journal of Wood Science，2007，53（5）：401-407.

［141］ Chang WS，Hsu MF，Komatsu K. Rotational performance of traditional Nuki joints with gap Ⅰ：theory and verification［J］. Journal of Wood Science，2006，52（1）：58-62.

［142］ Chang WS. Research on rotational performance of traditional Chuan-Dou timber joints in Taiwan［D］. Taiwan：National Chen Kung University，2006：13-17.

［143］ Chang WS. Research on rotational performance of traditional Chuan-Dou timber joints in Taiwan［D］. National Chen Kung University，Taiwan，2006.

［144］ Chang W S，Hsu M F. Rotational performance of traditional Nuki joints with gapⅡ：the behavior of butted Nuki joint and its coMParison with continuous Nuki joint［J］. Journal of Wood Science，2007，53：401-407.

［145］ Chang W S，Hsu M F，Komatsu K. Rotational performance of traditional Nuki joints with gap I：theory and verification［J］. Journal of Wood Science，2006，52：58-62.

［146］ Cabaleiro M，Lindenbergh R，Gard W F，et al. Algorithm for automatic detection and analysis of cracks in timber beams from LiDAR data [J]. Construction and Building Materials, 2017, 130: 42-53.

[147] Bulleit W M, Sandberg L B, Drewek M W, et al. Behavior and modeling of wood-pegged timber frames. Journal of Structural Engineering, ASCE, 1999, 125 (1): 3-9.

[148] Bidoung JC, Pliya P, Meukam P, Noumowé A, Beda T Behaviour of clay bricks from small-scale production units after high temperature exposure. Mater Struct, 2016, 49: 1-16.

[149] ASTM D198-15. Standard Test Methods osf Static Tests of Lumber in Structural Sizes [S]. ASTM International, 2015.